高等职业教育精品工程系列教材——基于 MOOC、翻转课堂模式

印制电路板设计与制作项目教程

主　编　叶　莎　陈贵银

副主编　胡燕妮　张　罡　黄　铂　喻战武

主　审　余峰浩　冯常奇

电子工业出版社
Publishing House of Electronics Industry
北京·BEIJING

内 容 简 介

本书主要介绍绘制原理图、制作原理图元件、绘制层次原理图、设计 PCB 封装、设计 PCB 单层板、双层板和多层板的知识和操作技能；以及 PCB 单层板的实验室简易制法、多层板制板前的 CAM 制作方法和多层板制作的生产工艺流程。

本书是基于校企"双元合作"编写的教材，采用基于工作过程的项目引导、任务趋动+信息化的编写模式，项目载体是智能小车，按照企业工作流程设计任务，任务的主体是引导性问题，用问题引领专业知识和实践技能，按照由简单到复杂的顺序，将学生的学习过程、工作过程、学习能力和个性发展相融合，遵循学生认知规律和"理论够用"的原则，内容深入浅出。本书与"好大学在线 MOOC 平台"开设的《电子 CAD 技术》SPOC 课堂配套；并设置了工作手册式"作业指导书"和"学习过程记录表"。

本书可作为高职院校应用电子、智能产品开发、集成电路设计与制造、电子工艺与管理、电子制造技术与设备、移动互联网应用技术、物联网应用技术等专业的教材，还可以用于电子信息类中职、成人大专及电子产品制图员、计算机辅助设计绘图员、PCB 板图设计员等职业资格证书培训的教学，也可供电子产品生产制造行业、PCB 设计与制造行业、物联网行业从事电子电路设计、板图设计、图形制作、PCB 生产工艺管理的工程技术人员参考。

未经许可，不得以任何方式复制或抄袭本书之部分或全部内容。
版权所有，侵权必究。

图书在版编目（CIP）数据

印制电路板设计与制作项目教程 / 叶莎，陈贵银主编. —北京：电子工业出版社，2021.1
ISBN 978-7-121-30716-4

Ⅰ．①印⋯ Ⅱ．①叶⋯ ②陈⋯ Ⅲ．①印制电路—电路设计—高等学校—教材②印刷电路—制作—高等学校—教材 Ⅳ．①TN41

中国版本图书馆 CIP 数据核字（2016）第 314485 号

责任编辑：郭乃明
印　　刷：北京盛通数码印刷有限公司
装　　订：北京盛通数码印刷有限公司
出版发行：电子工业出版社
　　　　　北京市海淀区万寿路 173 信箱　邮编　100036
开　　本：787×1 092　1/16　印张：22　字数：563.2 千字
版　　次：2021 年 1 月第 1 版
印　　次：2025 年 7 月第 6 次印刷
定　　价：58.00 元

凡所购买电子工业出版社图书有缺损问题，请向购买书店调换。若书店售缺，请与本社发行部联系，联系及邮购电话：（010）88254888，88258888。
质量投诉请发邮件至 zlts@phei.com.cn，盗版侵权举报请发邮件至 dbqq@phei.com.cn。
本书咨询联系方式：（010）88254561，guonm@phei.com.cn。

前　　言

　　CAD 是英文"Computer Aided Design（计算机辅助设计）"的缩写，是指利用计算机及其图形设备帮助设计人员进行产品和工程的设计；CAM 是英文"Computer Aided Manufacturing（计算机辅助制造）"的缩写，是指利用计算机来进行生产设备管理控制和操作的过程。随着 CAD 与 CAM 的普及和广泛应用，产品生产和制造的传统模式发生了深刻变化，从而带动制造业技术的迅猛发展，CAM 技术已经应用于各种类型的制造过程，正在创造一个自动化制造的世界。CAD 和 CAM 技术已成为制造类企业提高创新能力、产品开发能力，增强企业竞争力的一项关键技术。利用 CAD 工具，电子电路设计的大量工作可以通过计算机完成，设计人员可以借助计算机的帮助，完成从电路设计、性能分析到设计出 PCB 的整个过程。随着微型计算机应用技术的普及和发展，人们越来越多地利用计算机来进行电子线路设计，CAD 技术已成为每一位从事电子技术开发与学习的人都必须了解与掌握的技术。

　　将 CAD 和 CAM 应用于 PCB 设计和制造的软件有很多，本书参考相关行业 PCB 设计和生产普遍使用的软件，兼顾国家《计算机辅助绘图员（电子类中、高级）》等级证书考试、某些省份高职院校"电子产品设计与制作大赛"和学校实验室手工制作 PCB 选用的软件情况，选择 Protel DXP 2004 SP2、Altium Designer 17 和 Genesis 2000 这三款软件作为主要载体，介绍了用 Protel DXP 2004 SP2 设计电路原理图，设计 PCB 单层板、PCB 双层板；用 Altium Designer 17 设计 PCB 多层板及用 Genesis 2000 进行 PCB 制板前的 CAM 制作的使用方法，并介绍了实验室简易制作 PCB 单层板的流程、方法，以及 PCB 多层板的工业生产工艺流程。

　　本书根据电子信息工程类国家职业技能标准《广电和通信设备电子装接工》（职业编码：6-25-04-07）的知识和技能要求，由企业技术专家和院校相关专业教师组成编写团队，按照工学结合的模式编写。本书编写目标是培养电子产品制造行业、PCB 设计与制造行业从事版图设计、图形制作、生产管理的高素质技术技能人才，使其具备对新知识、新技能的学习能力和创新创业能力，具备使用计算机绘制电路原理图、设计并制作 PCB 的能力，具备解读、编写作业指导书和组织实施生产的能力。

　　本书在内容编排上采用模块化设计，按照项目引领、任务驱动的模式编写。项目（学习任务）的载体来源于某省"高职院校大学生电子产品设计与制作技能大赛"的载体——智能小车 PCB。本书的编写思路是通过对计算机辅助设计、PCB 设计和生产的岗位分析，提炼岗位典型工作任务，将 PCB 设计与制作的工作流程转化成绘制原理图、设计 PCB 和制作 PCB 这三个模块的学习内容；再根据高职学生学习认知规律、理论基础知识相对薄弱而动手能力较强的学习特点，以及由简单到复杂的顺序，将学习内容细化为 8 个学习任务（每个学习任务含 1 个工作任务），让学生在操作中学习知识和技能。结合 2 学时为 1 个学习单元的教学规律，以及完成每个任务需要的知识和技能，本书又将每个学习任务分解为若干个学习活动，每个学习活动为1个学习单元（2学时）。学习活动的主体是学生，每个学习活动都含有若干个（关于完成工作任务需要的知识和技能的）引导问题，以及SPOC课堂的视频资源介绍，帮助和引导学生在完成工作任务的过程中，自主学习PCB设计与制作的专业知识和操作技能。其中学习任务7在校内实训阶段实施，学习任务8可以放在企业顶岗实习阶段实施。

在好大学在线（CNMOOC）平台和职教云平台上的《电子CAD技术》SPOC课堂上有与本书配套的微课视频和习题库，这些多媒体教学材料也将上传至电子工业出版社有限公司的华信教育资源网，可用于开展与本书配套的线上、线下混合式教学。本书学习任务1和学习任务2的学习过程样例为教师开展SPOC教学提供参考；附录中的学习过程记录表用于记录学生线上、线下学习，考勤、团队合作、职业素养情况，可作为过程考核和多元化学习评价的依据，绘制智能小车电源电路原理图的学习作业指导书是按照企业作业指导书格式编写的，供读者编写生产工艺文件参考。

本书主要特色如下：

1．校企"双元合作"编写的工学结合教材

本书"制板前的CAM制作""PCB多层板的制作工艺"等学习内容由深圳创维-RGB电子有限公司技术专家喻战武领导的企业专家团队编写，这个团队还参与了"PCB多层板的设计"和"PCB元件设计"等内容的审核。

2．创新教学模式，采用模块化设计

本书采用"基于工作过程的项目引领、任务驱动+信息化"的教学模式。书中SPOC课堂教学活动的流程设计是对"互联网+职业教育"形式下开展教学活动的探索。

3．内容编排上的创新

本书在内容编排上以绘制小车电路的原理图、设计并制作单元电路PCB需要的知识和技能为主线，用一条明线（职业能力线）、两条暗线（知识线和自主学习能力线）展开学习和工作过程；通过引导问题、SPOC课堂的微课视频引导学生自主学习知识和技能，使教师、学生角色发生了变化，教师的职责由"施教"变为"导学"，学生成为学习的主体，将学生的学习过程、工作过程、学习能力和个性发展相融合，学中做，做中学。

4．互联网+职业教育

本书配有好大学在线慕课平台、职教云平台开设的《电子CAD技术》SPOC课堂，在书中的每个学习活动都标注了SPOC课堂上的教学视频内容，使学生可以在任何时候通过手机观看网上课堂教学视频并进行练习。

5．内容选择符合职业学生的认知规律

本书的工作任务从简单到复杂，符合职业院校学生学习心理规律；引导问题的设计体现以学生为主体的编写思想；书中设置的"制板前的CAM制作"和"PCB多层板的制作工艺"等方面的内容，弥补了现有同类图书相关内容缺失的不足；"采用企业设计规范设计PCB封装"部分内容解决了以往在校学习的知识和技能与企业实际生产不符的缺陷。

6．学习评价多元化

本书采用学生、小组和老师共同评价的方式，利用"互联网+评价"的手段，以过程考核的思路评价学生的综合能力和综合素质，附录中的"学习过程记录表"可作为过程考核评价的依据。

参加本书编写的有武汉船舶职业技术学院的胡燕妮（学习任务1：学习活动1、2、3）、黄铂（学习任务1：学习活动4、5）、叶莎（学习任务2、6及学习任务8：学习活动1）、张罡（学习任务3）、陈贵银（学习任务4、5）、周锐、杨金福（学习任务7）等老师和深圳创维-RGB电子有限公司的技术专家喻战武（学习任务8：学习活动2、3），由叶莎负责全书的统稿。

本书由武汉船舶职业技术学院余峰浩、冯常奇副教授担任主审，他们对书稿进行了认真、负责、全面的审阅。

本书在编写过程中得到了电子工业出版社有限公司郭乃明编辑，深圳富士康公司王锐工程师，深圳创维-RGB电子有限公司陈军主任工程师、谢龙工程师、张宝工程师，以及武汉船舶职业技术学院的周明、陈双全、牛涛老师的关心和帮助，在此表示衷心感谢。由于编者水平和经验有限，书中难免有错误和不妥之处，敬请读者批评指正。

本书配套的《电子CAD技术》SPOC课堂网址：http://www.cnmooc.org

作　者

目　　录

概述 ·· 1

模块 1　绘制原理图 ·· 4

学习任务 1　简单电路的原理图设计——绘制小车电源原理图 ······································· 4

学习目标 / 4　　工作任务 / 4　　任务分析 / 5　　任务实施 / 7

1.1　学习活动 1　创建 PCB 项目文件和设置系统参数 ··· 7
1.2　学习活动 2　设置图纸参数和工作环境参数 ·· 21
1.3　学习活动 3　加载元件库和放置元件 ·· 37
1.4　学习活动 4　原理图布局与布线 ·· 54
1.5　学习活动 5　报表文件的生成与打印 ·· 67

学习任务小结 / 74　　拓展学习 / 75　　思考与练习 / 75　　实训题 / 76

学习任务 2　设计复杂电路的原理图——绘制超声波测距电路原理图 ························· 80

学习目标 / 80　　工作任务 / 80　　任务分析 / 80　　任务实施 / 83

2.1　学习活动 1　绘图工具的使用 ·· 83
2.2　学习活动 2　绘制原理图元件 ·· 92
2.3　学习活动 3　绘制复杂电路原理图 ·· 109

学习任务小结 / 117　　拓展学习 / 118　　思考与练习 / 118　　实训题 / 118

学习任务 3　设计层次原理图——绘制 ZYD2-1 型循迹小车电路层次原理图 ············ 122

学习目标 / 122　　工作任务 / 122　　任务分析 / 123　　任务实施 / 123

3.1　学习活动 1　自顶向下设计层次原理图 ·· 123
3.2　学习活动 2　自底向上设计层次原理图 ·· 131

学习任务小结 / 134　　拓展学习 / 135　　思考与练习 / 135　　实训题 / 135

模块 2　PCB 设计ꞏ··· 138

学习任务 4　手工设计 PCB——智能小车灭火驱动电路 PCB 单层板的设计 ············· 138

学习目标 / 138　　工作任务 / 138　　任务分析 / 139　　任务实施 / 139

 4.1　学习活动1　PCB 设计基础 ··· 139

 4.2　学习活动2　设置 PCB 板层和放置设计对象 ································· 146

 4.3　学习活动3　手工设计 PCB 单层板 ··· 162

 学习任务小结 / 170　　拓展学习 / 170　　思考与练习 / 170　　实训题 / 171

学习任务 5　学习 PCB 自动布线技术——设计循迹避障小车电路 PCB 双层板 ········ 173

 学习目标 / 173　　工作任务 / 173　　任务分析 / 174　　任务实施 / 175

 5.1　学习活动1　加载网络表和进行 PCB 布局 ····································· 175

 5.2　学习活动2　设置设计规则与进行自动布线 ···································· 186

 学习任务小结 / 196　　拓展学习 / 197　　思考与练习 / 197　　实训题 / 197

学习任务 6　PCB 元件封装设计——循迹传感器电路 PCB 元件封装的设计 ············ 201

 学习目标 / 201　　工作任务 / 201　　任务分析 / 202　　任务实施 / 202

 学习活动　PCB 元件封装的设计 ·· 202

 拓展学习 / 225　　思考与练习 / 225　　实训题 / 225

模块 3　PCB 制作 ·· 230

学习任务 7　制作 PCB 单层板——循迹传感器电路 PCB 单层板的制作 ················ 230

 学习目标 / 230　　工作任务 / 230　　任务分析 / 230　　任务实施 / 231

 7.1　学习活动1　PCB 设计综合实例 ··· 231

 7.2　学习活动2　PCB 设计文件的输出 ··· 243

 7.3　学习活动3　手工制作 PCB 单层板 ·· 254

 学习任务小结 / 260　　拓展学习 / 260　　思考与练习 / 260　　实训题 / 261

学习任务 8　PCB 多层板的设计与制作

     ——设计、制作多功能智能小车 PCB 四层板 ························· 265

 学习目标 / 265　　工作任务 / 265　　任务分析 / 267　　任务实施 / 267

 8.1　学习活动1　PCB 多层板的设计 ·· 267

 8.2　学习活动2　制板前的 CAM 制作 ·· 289

 8.3　学习活动3　PCB 多层板的制作工艺 ·· 315

 学习任务小结 / 324　　拓展学习 / 324　　思考与练习 / 324　　实训题 / 325

附录 A　Protel 常用元件库 …… 326

附录 B　几种常用元件封装规格尺寸 …… 327

附录 C　作业指导书 …… 335

附录 D　学习过程记录表 …… 337

附录 E　教学过程设计样例 …… 338

参考文献 …… 340

概 述

大部分电子爱好者的第一个机器人作品是智能小车。智能小车，也称轮式机器人，其外形如图 0-0-1 所示。它的运行不需要人工干预，具有自动循迹、避障等功能，车载显示屏能够自动实时显示时间、速度、里程。通过编程可控制智能小车的行驶速度，准确定位、停车。智能小车还可以远程传输图像；可以按照预先设定的模式在特定环境里自动运行，适合在人类无法工作的环境或危险环境中工作。智能小车相关技术可以应用于无人驾驶、自动生产线、自动仓储、服务机器人等领域。

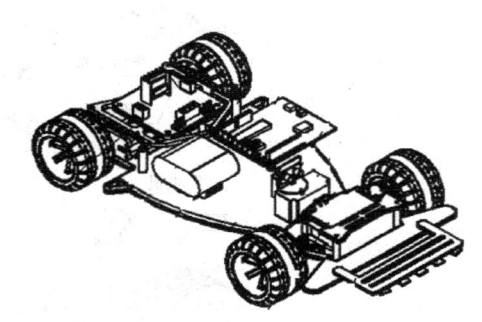

图 0-0-1　智能小车外形图

智能小车是机器人的雏形，对其控制系统的研究将有助于推动机器人控制系统的发展。随着智能化技术的发展，对于智能小车控制技术的研究也越来越受关注。全国电子技能竞赛与各省电子技能竞赛中经常出现与智能小车相关的题目，全国各大高校也都重视对智能小车控制系统的研究。

本书中对小车的称谓随着学习的深入而逐渐变化，"小车"没有单片机控制，是最简单的小车；"循迹小车"由单片机调控，属于智能小车；"多功能智能小车"则属于智能机器人。

智能小车的组装离不开印制电路板和元件。图 0-0-2 是智能小车的组装示意图。

印制电路板又称为印刷电路板或印制线路板（Printed Circuit Board，PCB），是一种通过印制导线、焊盘及金属化过孔等来实现电路元件各个引脚之间电气连接的专用板材。

PCB 是怎么制作出来的呢？PCB 的设计制作过程可以分为以下几个步骤。

1. 设计原理图

原理图（SCH，英文 Schematic 的缩写形式）是按电路元件工作顺序绘制图形符号，详细表示电路、设备或成套装置的全部基本组成和连接关系，而不考虑其实际位置的一种简图，用于让人们详细了解系统工作原理，分析和计算电路特性。这里我们主要用它表示电路的基本组成和连接关系。

设计原理图即用 EDA（Electronic Design Automation，即电子设计自动化）软件在计算机上绘制原理图。本书用的设计软件是 Protel DXP 2004 SP2。

智能小车的原理图如图 0-0-3 所示。

2. 生成网络表

网络表是用于表示原理图中所有电气元件的电气连接关系（网络）的文件。网络表是原理图（SCH）与 PCB 之间的"桥梁"，是 PCB 自动布线的"灵魂"。

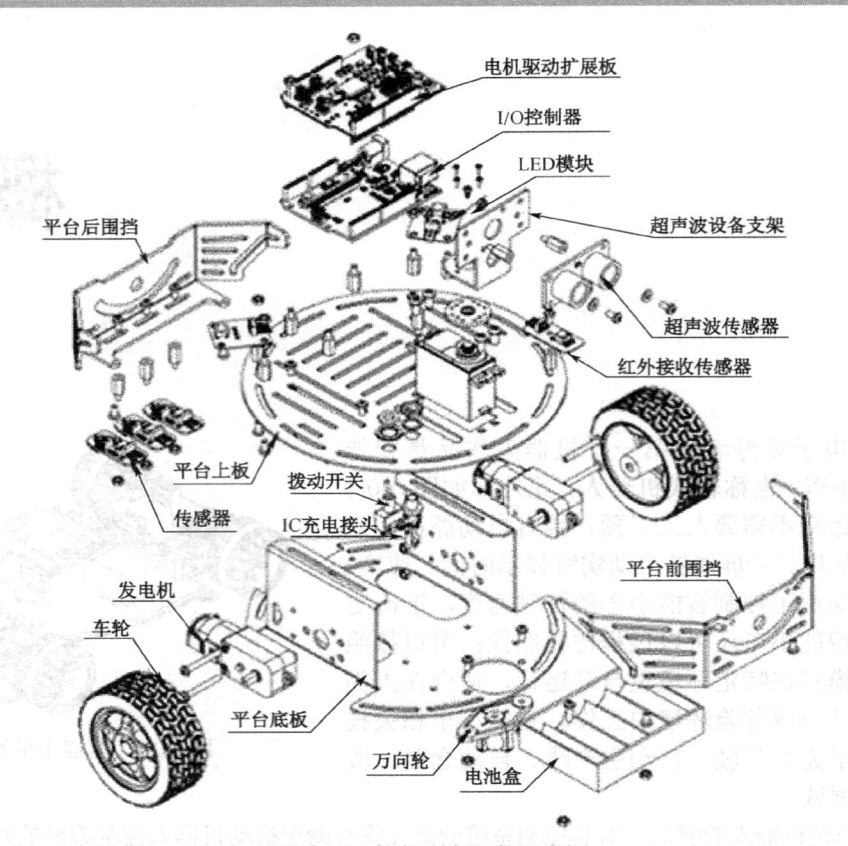

图 0-0-2 智能小车组装示意图

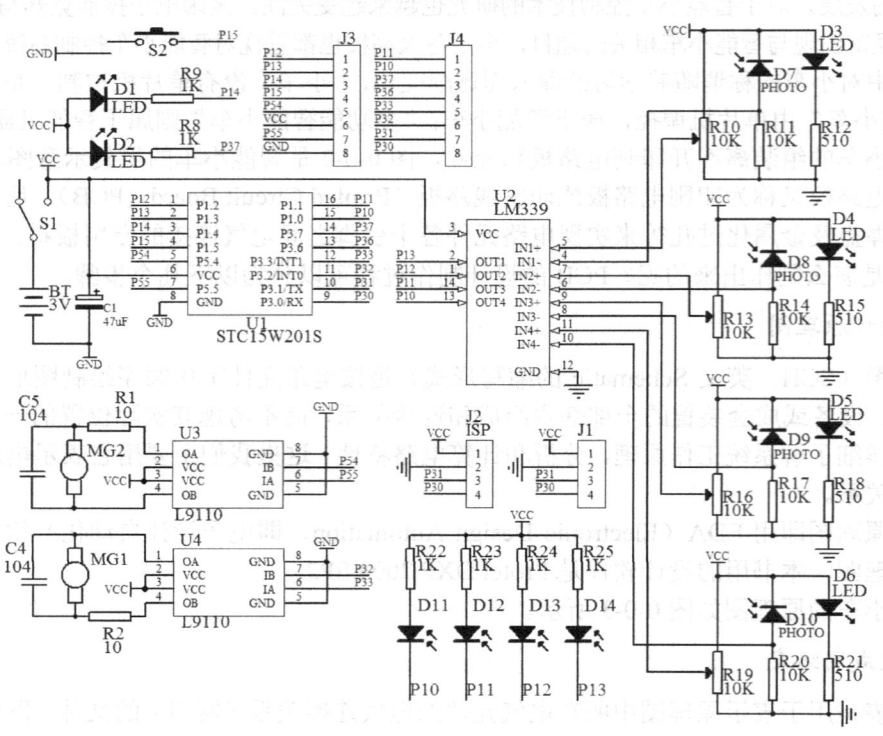

图 0-0-3 智能小车的原理图

一般来讲，Protel DXP 2004 SP2 能够根据原理图文件中的电气连接关系生成一个网络表。用户可在设计 PCB 系统时引用该网络表，并进行 PCB 的绘制。

3. 设计 PCB

设计 PCB 就是用 EDA 软件在计算机上设计导线、焊盘和金属化过孔等，形成元件各个引脚之间具有特定电气连接的电路。这部分工作主要在 PCB 设计环境中完成。在 PCB 设计环境中，根据从网络表中获得的电气连接关系及封装形式，将元件的引脚用信号线连接起来，就可以完成 PCB 的布线工作了。智能小车 PCB 设计图如图 0-0-4 所示。

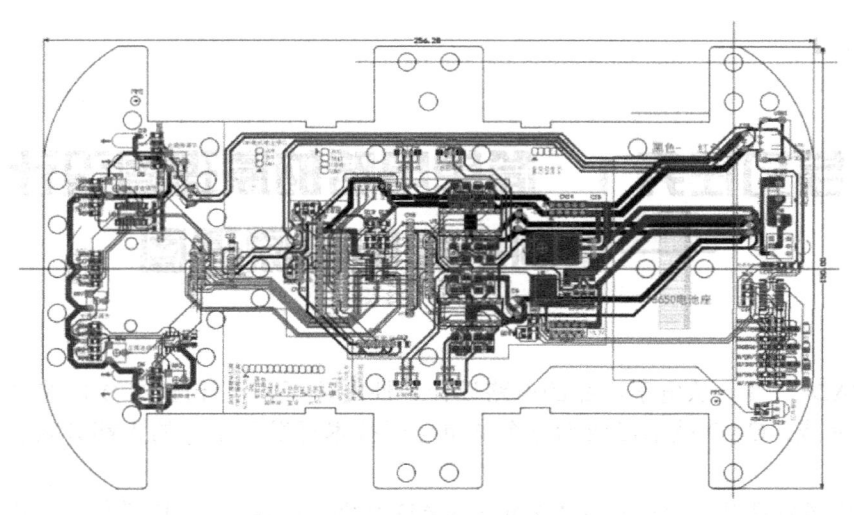

图 0-0-4　智能小车 PCB 设计图

4. 生成 PCB 报表

这一步主要是生成光绘报表和钻孔报表，为制作 PCB 做准备。

5. 制作 PCB

制作 PCB 就是将设计好的 PCB 设计图转印到覆铜板（表面涂有一层很薄的铜层的专用板材）上，再用化学蚀刻法在板上制作出电路的过程。本书围绕智能小车 PCB 的设计与制作，介绍 PCB 的设计与制作过程。如图 0-0-5 所示为智能小车主板的元件布置图。

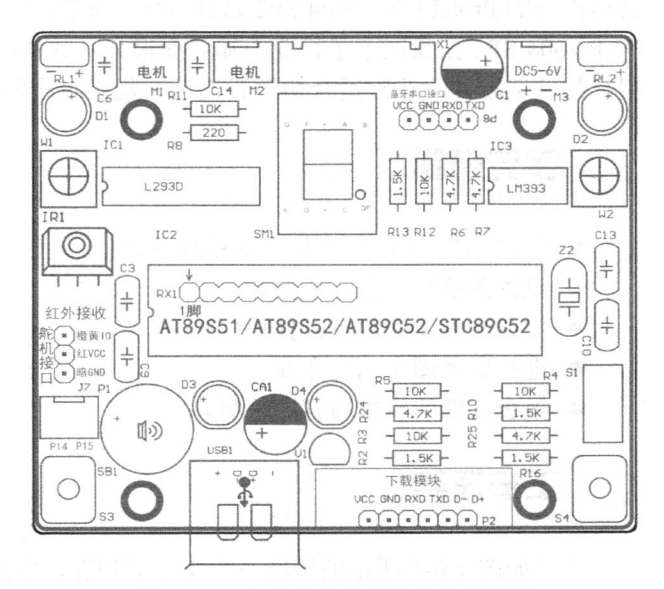

图 0-0-5　智能小车主板的元件布置图

模块 1　绘制原理图

学习任务 1　简单电路的原理图设计
——绘制小车电源原理图

利用 CAD 工具，从电子产品的电路设计、性能分析到设计出 PCB 的整个过程都可借助计算机来完成，CAD 技术已成为每个从事电子技术开发与学习的人都必须了解与掌握的技术。

目前，许多软件开发公司开发了大量的 CAD 软件。在众多 CAD 软件中，由美国 Altium 公司推出的 Protel DXP 2004 SP2 以其方便、易学、实用、快速的特点得到了广泛的应用。Protel DXP 2004 SP2 在我国电子行业中知名度很高，其学习和入门比较容易，很快成为了众多 CAD 用户的首选软件，非常适合初学者设计一些相对简单的电路。

学习目标

- 创建 PCB 项目文件和设置系统参数。
- 设置图纸和工作环境参数。
- 加载元件库和放置元件。
- 进行原理图布局与布线。
- 报表文件的生成与打印输出。

工作任务

设计如图 1-0-1 所示的智能小车电源原理图，电路元件参数如表 1-0-1 所示。

模块 1　绘制原理图

智能小车电源电路

图 1-0-1　智能小车电源原理图

表 1-0-1　电路元件参数

元件名称	元件库中参考名	元件标号	元件标称值或型号	元件封装形式	所在库名称
三端稳压器	Volt Reg	VR1	7805	SIP-G3/Y2	Miscellaneous Devices.IntLib
开关	SW-PB	S1	SW-SPST	SPST-2	Miscellaneous Devices.IntLib
二极管	Diode 1N4007	D1	IN4007	Diode 0.4	Miscellaneous Devices.IntLib
电解电容	Cap Pol1	C1	470µF	RB5-10.5	Miscellaneous Devices.IntLib
电解电容	Cap Pol1	C2	10µF	RB5-10.5	Miscellaneous Devices.IntLib
瓷片电容	Cap	C3	0.1µF	RAD-0.3	Miscellaneous Devices.IntLib
电阻	Res2	R1	510Ω	AXIAL 0.4	Miscellaneous Devices.IntLib
发光二极管	LED0	DS1	LED	LED-0	Miscellaneous Devices.IntLib
接插件	Header 2	J1	CON2	Header2	Miscellaneous Connectors.IntLib
接插件	Header 2	J2	CON2	Header2	Miscellaneous Connectors.IntLib

任务分析

依照原理图的设计流程，将学习任务 1 的学习过程分解为 5 个学习活动，每个学习活动是 1 个学习单元，如图 1-0-2 所示。每个学习单元需 2 学时。

学习任务1

学习活动1　创建PCB项目文件和设置系统参数 ⇒ 学习活动2　设置图纸参数和工作环境参数 ⇒ 学习活动3　加载元件库和放置元件 ⇒ 学习活动4　原理图布局与布线 ⇒ 学习活动5　报表文件的生成与打印输出

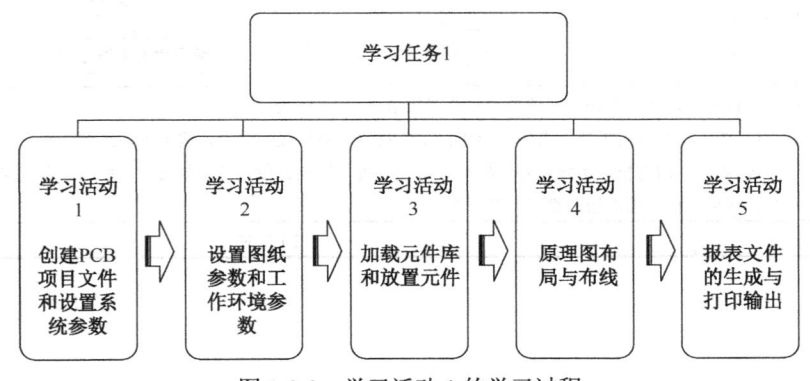

图 1-0-2　学习活动 1 的学习过程

每个学习活动分为课前线上 SPOC 课堂学习、课中多媒体机房学习和课后学习三个阶段，如表 1-0-2 所示。

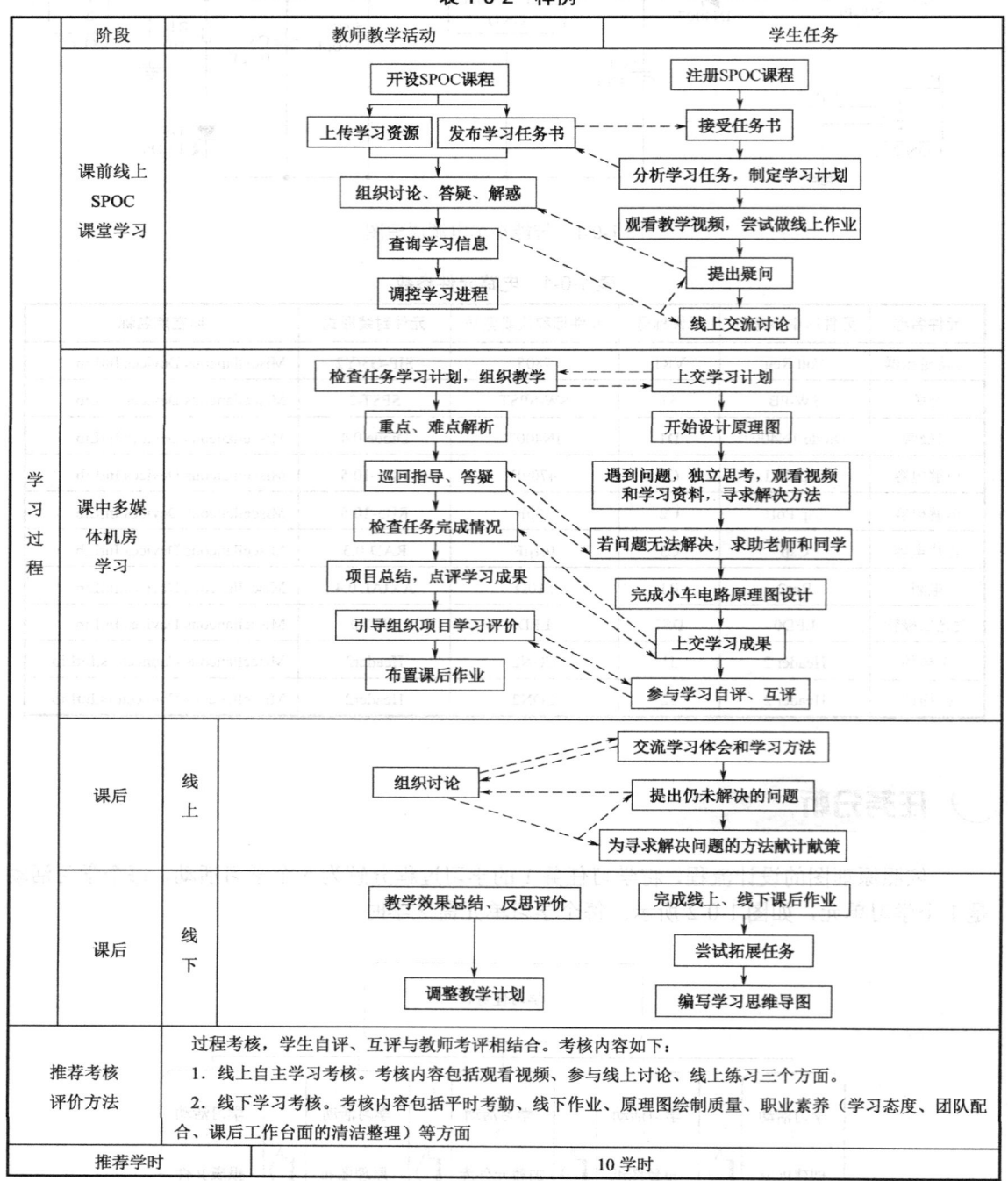

表 1-0-2　样例

阶段		教师教学活动	学生任务
学习过程	课前线上 SPOC 课堂学习	开设SPOC课程 → 上传学习资源、发布学习任务书 → 组织讨论、答疑、解惑 → 查询学习信息 → 调控学习进程	注册SPOC课程 → 接受任务书 → 分析学习任务，制定学习计划 → 观看教学视频，尝试做线上作业 → 提出疑问 → 线上交流讨论
	课中多媒体机房学习	检查任务学习计划，组织教学 → 重点、难点解析 → 巡回指导、答疑 → 检查任务完成情况 → 项目总结，点评学习成果 → 引导组织项目学习评价 → 布置课后作业	上交学习计划 → 开始设计原理图 → 遇到问题，独立思考，观看视频和学习资料，寻求解决方法 → 若问题无法解决，求助老师和同学 → 完成小车电路原理图设计 → 上交学习成果 → 参与学习自评、互评
课后	线上	组织讨论	交流学习体会和学习方法 / 提出仍未解决的问题 / 为寻求解决问题的方法献计献策
课后	线下	教学效果总结、反思评价 → 调整教学计划	完成线上、线下课后作业 → 尝试拓展任务 → 编写学习思维导图
推荐考核评价方法		过程考核，学生自评、互评与教师考评相结合。考核内容如下： 1. 线上自主学习考核。考核内容包括观看视频、参与线上讨论、线上练习三个方面。 2. 线下学习考核。考核内容包括平时考勤、线下作业、原理图绘制质量、职业素养（学习态度、团队配合、课后工作台面的清洁整理）等方面	
推荐学时		10 学时	

任务实施

1.1 学习活动1 创建PCB项目文件和设置系统参数

在使用Protel DXP 2004 SP2前，一般要对此软件系统的一些常用参数进行设置。Protel DXP 2004 SP2以工程项目为单位，实现对项目文件的组织管理。学习活动1主要学习Protel DXP 2004 SP2软件的功能、安装、界面管理、系统参数设置方法，以及创建和编辑项目文件的方法。

1.1.1 学习目标

- 能安装、启动Protel DXP 2004 SP2。
- 能切换中文/英文界面。
- 能设置屏幕分辨率和常用的系统参数。
- 能对面板的三种显示方式进行切换。
- 能创建并编辑PCB项目文件。

1.1.2 学习活动描述与分析

学习活动1的设计任务是在计算机上完成下面操作：

（1）安装、启动Protel DXP 2004 SP2。

（2）设置系统参数：系统字体为Tahoma，字形为常规，字号为8号；每隔10分钟自动保存1次，保存份数为1份，保存于D盘名称为"智能小车电源电路"的文件夹。

（3）创建名为"智能小车电源电路"的项目文件，并将其保存在D盘名称为"智能小车电源电路"的文件夹内。

通过本部分内容的学习，学生应能设置屏幕的分辨率；会安装、启动Protel DXP 2004 SP2软件，并能切换中文/英文界面；能对工作面板的三种显示方式进行切换；能设置系统字体和自动备份参数；了解Protel DXP 2004 SP2的文档组织结构，学会创建和编辑PCB项目文件，为设计原理图做好准备。

本部分内容的**学习重点**是学会设置Protel DXP 2004 SP2系统参数及掌握项目文件的创建和编辑方法。如何成功安装Protel DXP 2004 SP2是本部分内容的**学习难点**。安装软件时要注意软件运行要求，应在英文界面状态下使用软件。观看SPOC课堂上的视频，有助于理解和掌握创建项目文件和设置系统参数的方法。

1. 学习引导问题

要完成学习活动1的设计任务，须弄清楚以下问题：

（1）什么是PCB？一块PCB是怎么生产出来的？

（2）什么是Protel？Protel DXP 2004 SP2主要功能有哪些？该软件在什么环境下运行？

（3）Protel DXP 2004 SP2系统的屏幕分辨率要求是多少？

（4）Protel DXP 2004 SP2的主窗口由哪几部分组成？

（5）Protel DXP 2004 SP2有哪些常用的菜单命令和工具栏按钮？

（6）Protel DXP 2004 SP2 需要设置的系统参数有哪些？为什么要设置这些参数？
（7）工作面板有何用途？打开工作面板的方式有几种？
（8）Protel DXP 2004 SP2 项目文件的文档组织结构和管理方式是怎样的？
（9）PCB 设计与制作常用的文件类型有哪几种？

须掌握以下操作技能：
（1）设置屏幕的分辨率。
（2）启动/关闭 Protel DXP 2004 SP2 软件。
（3）将英文界面切换为中文界面。
（4）切换工作面板的三种显示方式。
（5）设置系统字体和自动备份参数。
（6）创建、打开、保存、关闭和退出 PCB 项目文件。

2. SPOC 课堂上的视频资源

（1）任务 1.0 Protel DXP 2004 SP2 软件的安装。
（2）任务 1.1 Protel DXP 2004 SP2 软件概况。
（3）任务 1.2 Protel DXP 2004 SP2 主窗口界面。
（4）任务 1.3 系统常用参数的设置。
（5）任务 1.4 Protel DXP 2004 SP2 项目文件的文档组织结构和管理方式。

1.1.3 相关知识

1. 电子线路 CAD

CAD 技术广泛应用于航空、电子、汽车、船舶、轻工、建筑等领域。随着微型计算机应用技术的普及和发展，人们越来越多地利用计算机来进行电子线路设计。电子线路 CAD 是电子线路计算机辅助设计的简称，是计算机辅助设计应用于电子系统软硬件设计的方法和手段的总称。

2. Protel DXP 2004 SP2 简介

Protel 软件的前身是美国 ACCEL Technologies 公司于 20 世纪 80 年代推出的 TANGO 软件包。Protel Technology 公司于 1991 年推出了 Protel for Windows 1.0 版，于 1998 年推出了 Protel 98，于 1999 年推出了 Protel 99，于 2000 年推出了 Protel 99 SE。2001 年 Protel Technology 公司更名为 Altium 公司，于 2002 年推出新产品 Protel DXP，并于 2004 年推出了整合 Protel 完整 PCB 板级设计功能的一体化电子产品开发系统环境——Altium Designer 2004。

Protel 的主要功能包括原理图设计、PCB 设计、FPGA 设计、PLD 设计、混合信号仿真及信号完整性分析等，用户使用最多的是该软件的原理图设计和 PCB 设计功能。以下为 Protel 的运行环境：

（1）最低配置。Altium 公司为用户定义的 Protel 软件最低运行配置如下。
- 操作系统：Windows 2000 Professional。
- 硬件配置：CPU 主频为 500MHz，内存为 128MB，显示分辨率为 1024×768(dpi)，显存为 8MB。

（2）标准配置。推荐的运行环境如下。
- 操作系统：Windows XP。
- 硬件配置：CPU 采用 P4 处理器（1.2GHz 或更高主频）；内存为 512MB；硬盘空间为 620MB；显示分辨率为 1280×1024(dpi)，显存为 32MB。

1.1.4 学习活动实施

1. 安装 Protel 软件

1）设置屏幕分辨率

以 Windows 7 操作系统为例，用鼠标右击（即右键单击，后同）桌面空白处，弹出的下拉菜单如图 1-1-1 所示。在出现的下拉菜单中单击（即左键单击，后同）【屏幕分辨率】，弹出如图 1-1-2 所示对话框。

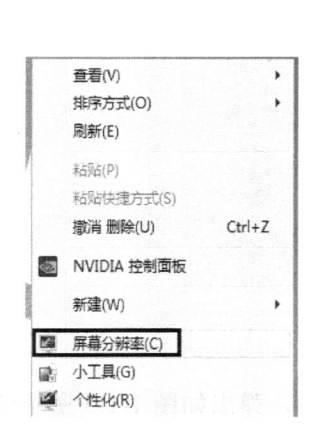

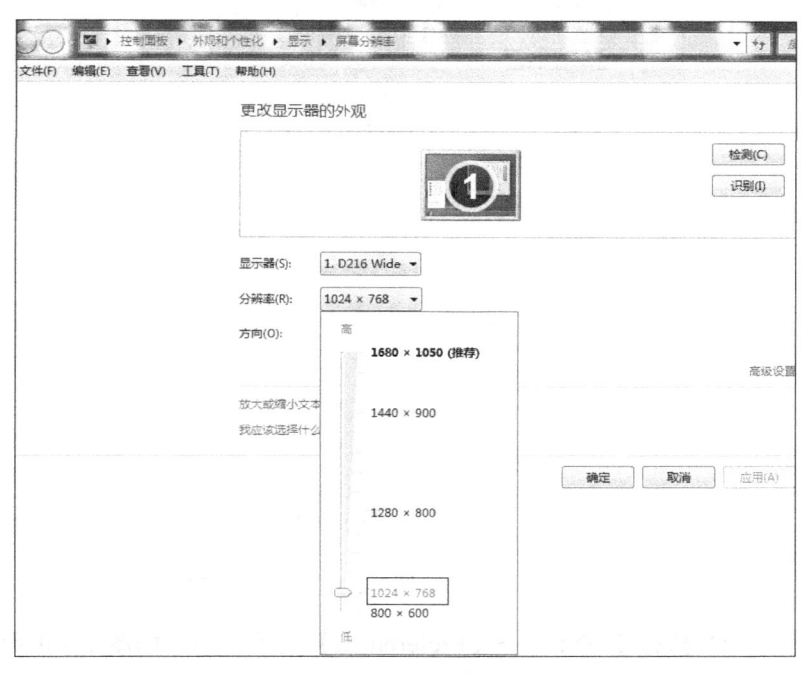

图 1-1-1　弹出的下拉菜单　　　　图 1-1-2　设置屏幕的分辨率

单击【分辨率】选项框右边的三角形下拉按钮，在弹出的分辨率选项中，将滑块条移动到适当的分辨率（如"1024×768"），单击【确定】按钮。

◆ 提示：观看 SPOC 课堂教学视频：Protel 软件概述。

2）正式安装

Protel 软件有两个版本，即 30 天试用版（Trial version）和正式版。试用版可以直接从 Protel 的官方网站（网址：http://www.protel.com）上注册下载，可以试用 30 天。

使用 Protel 正式版则须通过正规经销渠道购买。在购买时随安装光盘赠送一个许可证号。购买 Protel 正式版的用户还可以从官方网站上下载正式版的升级包。

安装步骤：先安装 Protel DXP 2004 软件，再安装 Protel DXP 2004 SP2。Protel 有 SP1、SP2、SP3、SP4 共 4 个补丁包，用户可以根据自己的需要选择安装相应的补丁包，一般 SP1 和 SP2

是必需的，SP3 和 SP4 可以视需要选择安装，安装了相应的补丁包后，界面与之前相比会有些区别。**本书主要是针对安装了 SP2 补丁包的软件环境编写的，下文中如无特殊说明，均将 Protel DXP 2004 SP2 简称为 Protel。**

安装和使用注意事项：软件安装位置默认为 C 盘，若有不兼容问题，可改为安装到 D 或 E 盘。本书的学习要求在英文界面状态下使用该软件。

2. 切换 Protel 中文/英文界面

Protel 支持中文界面，但是在汉化之前应该先安装 SP2 补丁包。

（1）安装了 SP2 补丁包后，启动 Protel，进入 Protel 的英文主窗口界面，如图 1-1-3 所示。

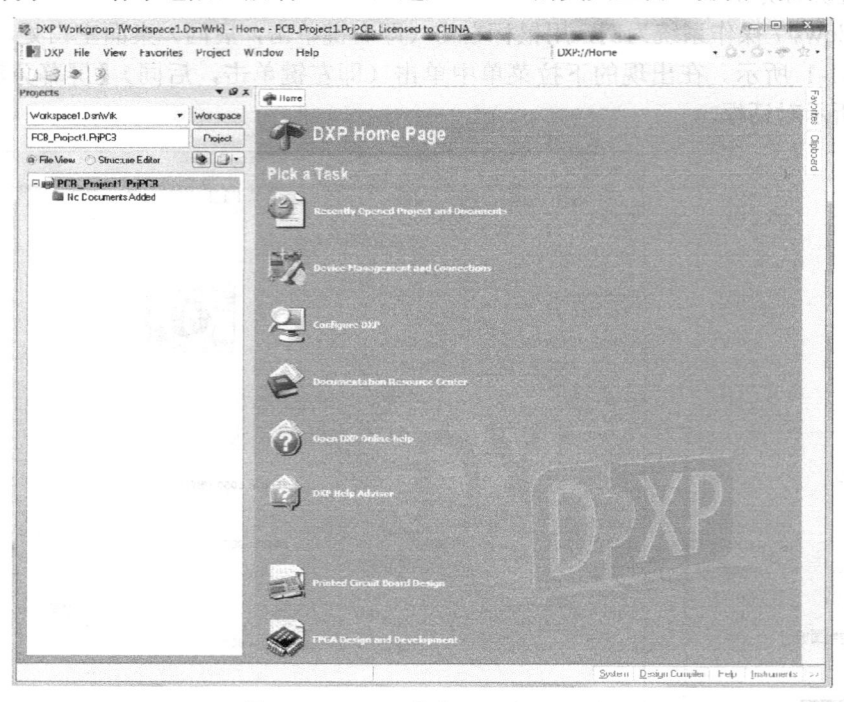

图 1-1-3　Protel 的英文主窗口界面

（2）执行【DXP】→【Preferences】菜单命令，如图 1-1-4 所示，弹出如图 1-1-5 所示的【Preferences】（系统参数设置）对话框。

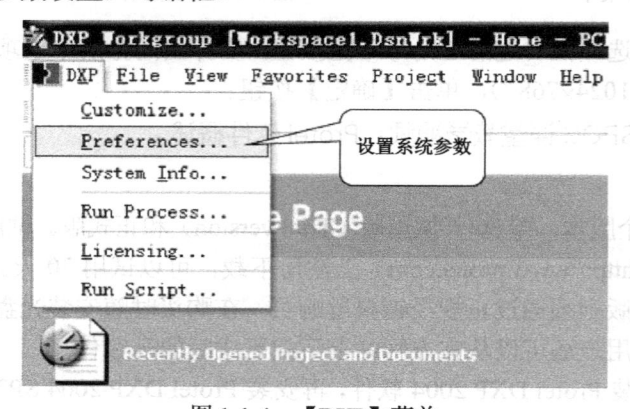

图 1-1-4　【DXP】菜单

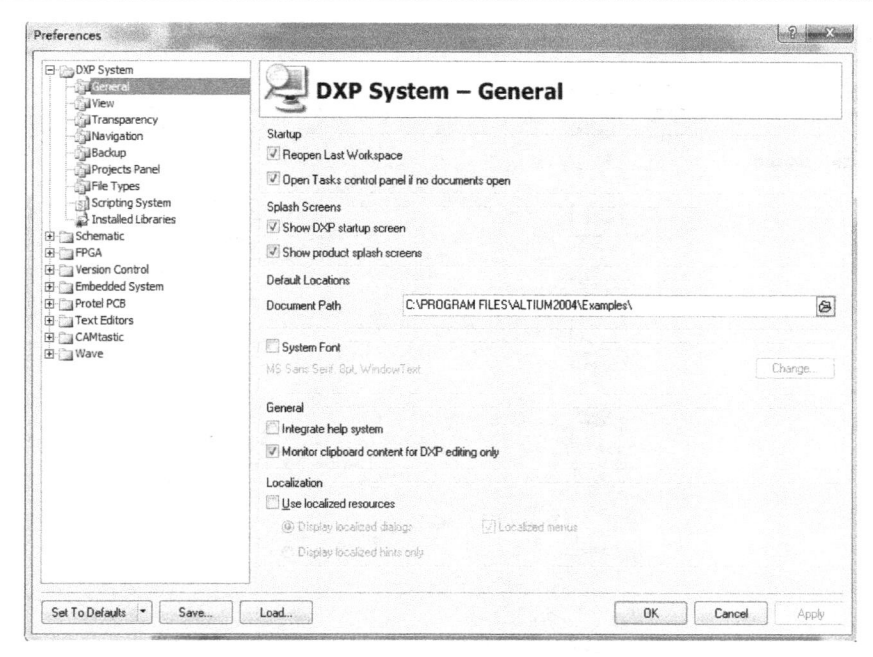

图 1-1-5 【Preferences】对话框

（3）在【Preferences】对话框中的【Localization】区域中勾选【Use localized resources】复选框，如图 1-1-6 所示。单击【OK】按钮，弹出【DXP Warning】对话框。

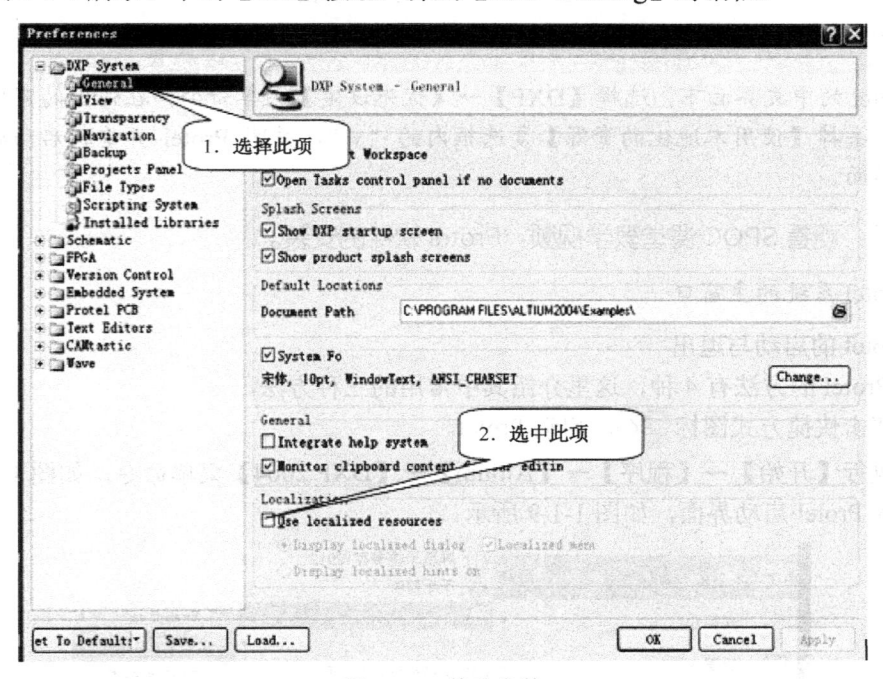

图 1-1-6 修改参数

（4）单击【DXP Warning】对话框中的【OK】按钮，返回之前的【Preferences】对话框，单击【OK】按钮，关闭 Protel。

（5）重新启动 Protel，系统的主窗口就变成了中文界面，如图 1-1-7 所示。

图 1-1-7 Protel 的中文界面

📖 提示：

在 Protel 的中文界面下，选择【DXP】→【优先设定】菜单命令，在弹出的窗口的【本地化】区域，去掉【使用本地化的资源】复选框内的"√"，关闭 Protel 并重新启动后，系统又回到英文界面。

🔊 提示：观看 SPOC 课堂教学视频：Protel 软件的安装。

3. Protel 系统的主窗口

1）Protel 的启动与退出

启动 Protel 的方法有 4 种，这里介绍其中常用的三种方法。

（1）双击快捷方式图标 ![icon]，启动 Protel。

（2）执行【开始】→【程序】→【Altium】→【DXP 2004】菜单命令，如图 1-1-8 所示，就可以进入 Protel 启动界面，如图 1-1-9 所示。

图 1-1-8 启动 Protel

（3）执行【开始】→【DXP 2004】菜单命令，也可以启动 Protel。

退出方法：执行菜单命令【文件】→【退出】，或单击窗口右上方 ❌ 按钮，即可退出 Protel。

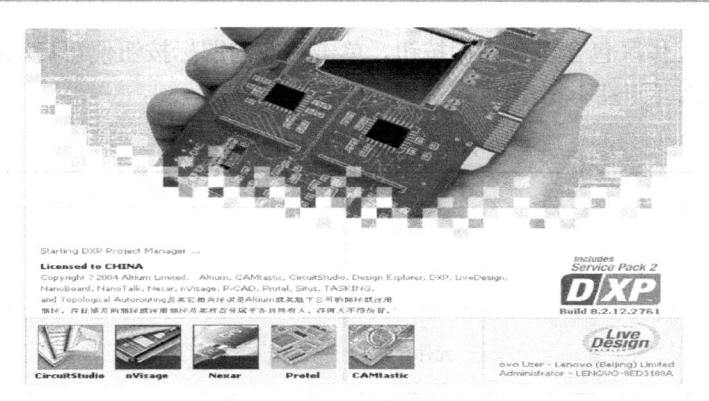

图 1-1-9 Protel 的启动界面

2）Protel 的主窗口

Protel 主窗口主要由标题栏、菜单栏、工具栏、面板标签、工作区、面板控制区和状态栏等部分组成，如图 1-1-10 所示。

（1）标题栏。标题栏显示当前操作文件相关信息，可执行最小化、最大化和关闭软件操作。

（2）菜单栏。菜单栏包含【DXP】、【File】（文件）、【View】（查看）、【Favorites】（收藏）、【Projects】（项目）、【Windows】（视窗）和【Help】（帮助）7 个部分：

【DXP】：主要实现对系统设置的管理。

【File】：实现对文件的管理。

【View】：用于显示管理菜单、工具栏等。

【Favorites】：收藏菜单。

【Projects】：项目管理菜单。

【Windows】：窗口布局管理菜单。

【Help】：帮助文件管理菜单。

用左键单击菜单栏中的某个菜单，可弹出里面相应的子菜单。

（3）工具栏。工具栏包含了菜单命令的快捷按钮，主要用于快速打开或管理文件，如图 1-1-11 所示。

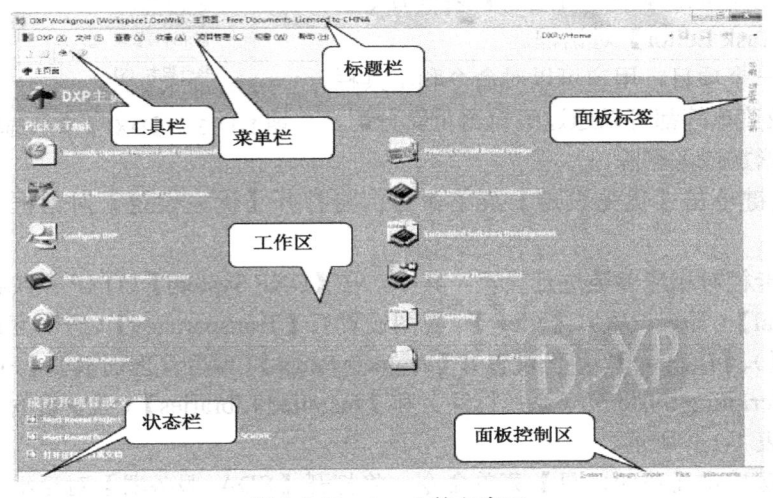

图 1-1-10 Protel 的主窗口

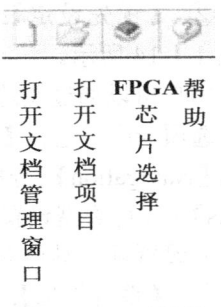

图 1-1-11 工具栏

（4）工作区。工作区包含多个图标按钮，单击对应的图标按钮便可启动相应的功能，工作区图标按钮的功能如表 1-1-1 所示。

表 1-1-1　工作区图标按钮功能

图　标　按　钮	功　　　能	图　标　按　钮	功　　　能
Recently Opened Project and Documents	打开最近使用的项目和文件	Printed Circuit Board Design	新建电路设计项目
Device Management and Connections	元件管理	FPGA Design and Development	创建 FPGA 项目
Configure DXP	配置 DXP 软件	Embedded Software Development	打开嵌入式软件
Reference Designs and Examples	打开参考例程	DXP Scripting	打开 DXP 脚本
Help and Information	打开帮助索引	DXP Library Management	管理元件库

3）Protel 的系统菜单

Protel 的系统菜单用于设置系统参数和查询信息等操作。Protel 的中文系统菜单如图 1-1-12 所示。

图 1-1-12　Protel 的中文系统菜单

这些菜单选项与大多数 Windows 应用程序的菜单选项基本相同，提供了 Protel 的基本操作功能。

（1）【DXP】菜单。单击【DXP】，可以看到其包含的主要内容，如图 1-1-13 所示。

① 【用户自定义】：用左键单击【用户自定义】菜单命令，将打开【Customizing Pick A Task Editor】对话框。

在该对话框中，对于每一个项目，用户可以对命令和工具栏进行定义。另外，对工具栏或菜单等都可以通过编辑器重新分配，还可以对菜单里的命令进行增加或者删除。

图 1-1-13　【DXP】菜单选项

② 【优先设定】：用左键单击【优先设定】菜单命令，将打开【优先设定】对话框，如图 1-1-14 所示。

用户可以通过左边选项卡栏对相应参数进行设置，其中，在【DXP System】（DXP 系统菜单）选项卡中，包含【General】（常规设置）、【View】（视图设置）、【Transparency】（透明度设置）、【Navigation】（导航设置）、【Backup】（备份设置）、【Projects Panel】（项目管理面板）、【File Types】（文件类型设置）、【Scripting System】（系统标注）和【Installed Libraries】（已安装的元件库）设置项，具体含义如表 1-1-2 所示。

③ 【系统信息】：以左键单击【系统信息】菜单命令，将打开【EDA 服务器】对话框，在该对话框中可以查看相应的系统信息。

图 1-1-14 【优先设定】对话框

表 1-1-2 设置项及其含义

设 置 项	含 义
General	设置系统启动或某一编辑器启动时的特性（如中文界面的设置）
View	设置 Protel 系统的显示参数（建议采用默认设置）
Transparency	设置浮动工具栏及对话框的透明效果（建议采用默认设置）
Navigation	设置对所选中的对象进行高亮度显示的方法（建议采用默认设置）
Backup	设置是否启用自动保存功能及备份数量
Projects Panel	设置项目管理面板的各种选项、文档操作及管理形式（建议采用默认设置）
File Types	设置 Protel 能够支持的文件类型（建议采用默认设置）
Scripting System	安装脚本项目文件（建议采用默认设置）
Installed Libraries	设置 Protel 系统元件库（建议采用默认设置）

（2）【文件】菜单。【文件】菜单主要用于执行创建、打开、保存文件及退出软件等，【文件】菜单如图 1-1-15 所示。

① 【创建】：用于创建新的文件，其包含的子菜单如图 1-1-16 所示。

② 【打开】：用于打开 Protel 可以识别的已经存在的文件。

③ 【打开项目】：用于打开项目文件。

④ 【保存项目】：用于保存当前设计的项目文件。

⑤ 【另存项目为】：用于把当前项目文件另存为其他名称的项目文件。

⑥ 【全部保存】：保存当前设计的所有项目文件。

⑦ 【最近使用的文档】：用于打开最近操作的文档。

⑧ 【退出】：退出 Protel 软件。

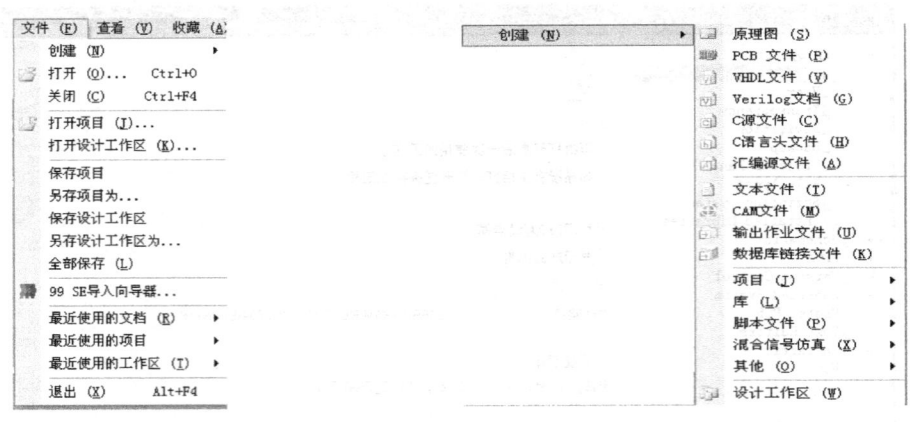

图 1-1-15　【文件】菜单　　　　　　　　图 1-1-16　【创建】子菜单

(3)【查看】菜单。【查看】菜单用于工具栏、面板、状态栏、桌面布局及命令行等的管理及控制各种可视窗口、面板的打开和关闭，如图 1-1-17 所示。

例如，打开【Files】面板的操作如下：执行菜单命令【查看】→【工作区面板】→【System】→【Files】（如图 1-1-18 所示）。【Files】面板如图 1-1-19 所示。

图 1-1-17　【查看】菜单

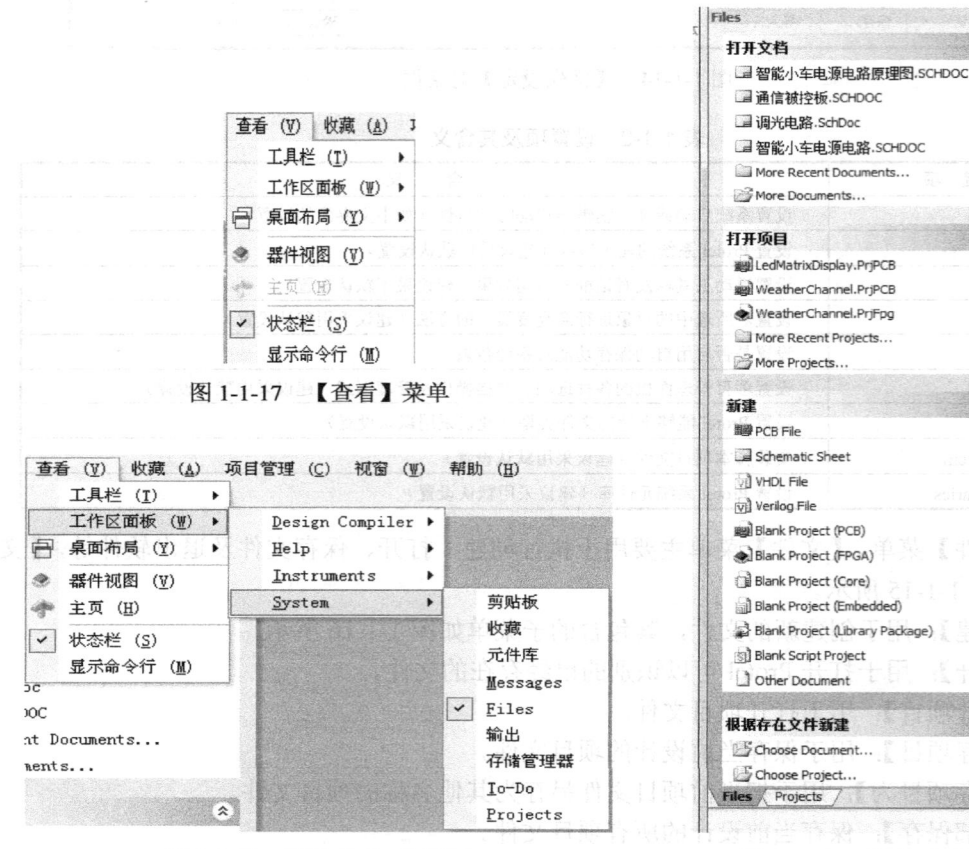

图 1-1-18　打开【Files】面板　　　　　　图 1-1-19　【Files】面板

(4)【项目管理】菜单。【项目管理】菜单用于执行对项目的编译、分析、版本控制、删除文件等操作。

4）面板

Protel 采用不同的面板来进行各种管理和操作，系统面板有【Files】、【Projects】、【Messages】、【To-Do】、【存储管理器】、【元件库】、【收藏】、【输出】及【剪贴板】等，常用面板及其作用如表 1-1-3 所示。

表 1-1-3 常用面板及其作用

面板	作用
Files	文件管理面板，可以新建、打开各类文件
Projects	项目管理面板，可管理工作区或项目中的所有设计文档
Messages	对文档或项目进行编译等操作时，给出相应错误、警告等操作信息，方便编辑、查找、修改电路中的错误
元件库	提供对所选元件的预览、快速查找、放置及元件库加载与删除等多种便捷而又全面的功能

（1）面板控制区。面板不显示在工作区域中，而是隐藏在主窗口右下角的面板控制区里面，如图 1-1-20 所示。当用到所需的面板时，可以单击面板控制区的标签（如【System】），此时系统会弹出面板菜单，单击菜单中相应的面板名称，即可弹出相应的面板窗口，此时的面板处于浮动显示状态或锁定显示状态。

（2）面板的开启和关闭。开启/关闭面板的另一种方法是用鼠标左键单击面板控制区的【System】，从弹出的菜单中勾选/取消勾选需要打开的面板，如图 1-1-21 所示。

（3）面板的 3 种显示方式。设计原理图时，为了方便操作，经常要打开某个面板，并将其锁定在窗口中。下面我们介绍面板的 3 种显示方式。

① 自动隐藏显示：如图 1-1-22 所示，面板的右上角有个浮动的图钉按钮，光标放在相关面板名称上时，该面板就会自动出现或隐藏。

图 1-1-20 面板控制区

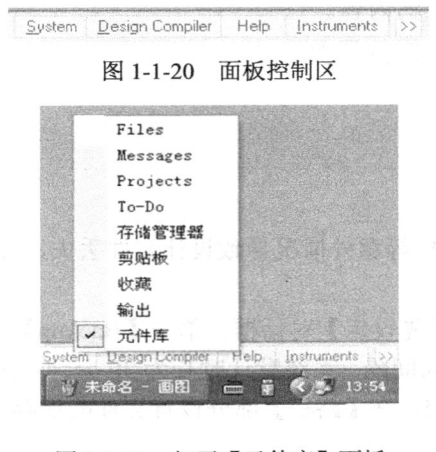

图 1-1-21 打开【元件库】面板

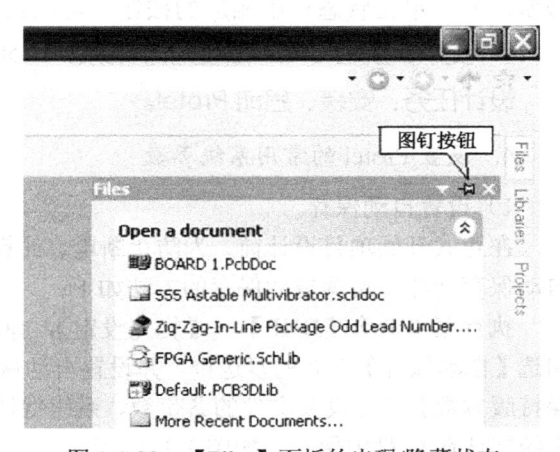

图 1-1-22 【Files】面板的出现/隐藏状态

② 锁定显示：单击面板右上角的浮动图钉按钮，使其变为锁定的图钉按钮，面板被锁定后不能自动隐藏，如图 1-1-23 所示。

在锁定方式下，面板不能被拖动，单击图标，图标变为，面板从锁定显示状态切换到自动隐藏状态。

③ 浮动显示：将光标移至面板上并按住鼠标左键不放，在窗口中移动光标，当移动到适当位置后松开鼠标左键即可。如图 1-1-24 所示，【Libraries】面板处于浮动显示状态。

> **提示：**
> 如何将面板由浮动显示状态变成自动隐藏或锁定显示状态？
> ① 在处于浮动显示状态的面板的上边框上单击鼠标右键，在弹出的菜单中选择【Allow Dock】→【Vertically】菜单命令。
> ② 将处于浮动显示状态的面板拖动至窗口左侧或右侧，松开左键，即可使其处于自动隐藏或锁定显示状态。

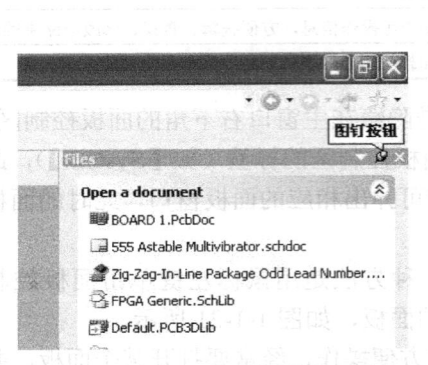

图 1-1-23 【Files】面板的锁定状态 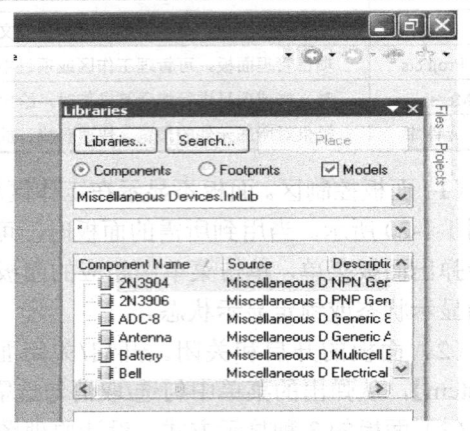　　　　图 1-1-24 【Libraries】面板处于浮动显示状态

5）状态栏

状态栏位于窗口底部，执行【查看】→【状态栏】菜单命令可以在 Protel 中显示或者隐藏状态栏，单击状态栏中相应的按钮，可以查看相应的内容。

　提示：观看 SPOC 课堂教学视频：Protel 主窗口的界面。

设计任务：安装、启动 Protel。

4. 设置 Protel 的常用系统参数

1）设置自动保存

在正式开始项目设计前，为防止断电、计算机死机等意外情况导致设计文件丢失，可开启自动保存功能。设置自动保存的方法如下：

执行菜单命令【DXP】→【优先设定】，弹出【优先设定】对话框；单击【Backup】选项，勾选【自动保存】下方的复选框，并设置自动保存时间间隔，系统默认时长为 30 分钟；在【应保持版本数】处可设置文件的备份数，系统默认值为 5；在【路径】部分设置文件的保存位置，系统默认在 C 盘中保存，如图 1-1-25 所示。

2）系统字体设置

（1）在如图 1-1-26 所示的【优先设定】对话框中，单击【General】选项，勾选【系统字体】复选框，单击【变更】按钮，弹出如图 1-1-27 所示的【字体】对话框。

（2）可以在【字体】对话框中设置系统的字体、字形、大小及颜色等，系统默认字体、字形及大小分别为宋体、常规及 10 号，设置完毕后单击【确定】按钮。

　提示：观看 SPOC 课堂教学视频：系统常用参数的设置（注意：在英文界面状态下使用该软件）。

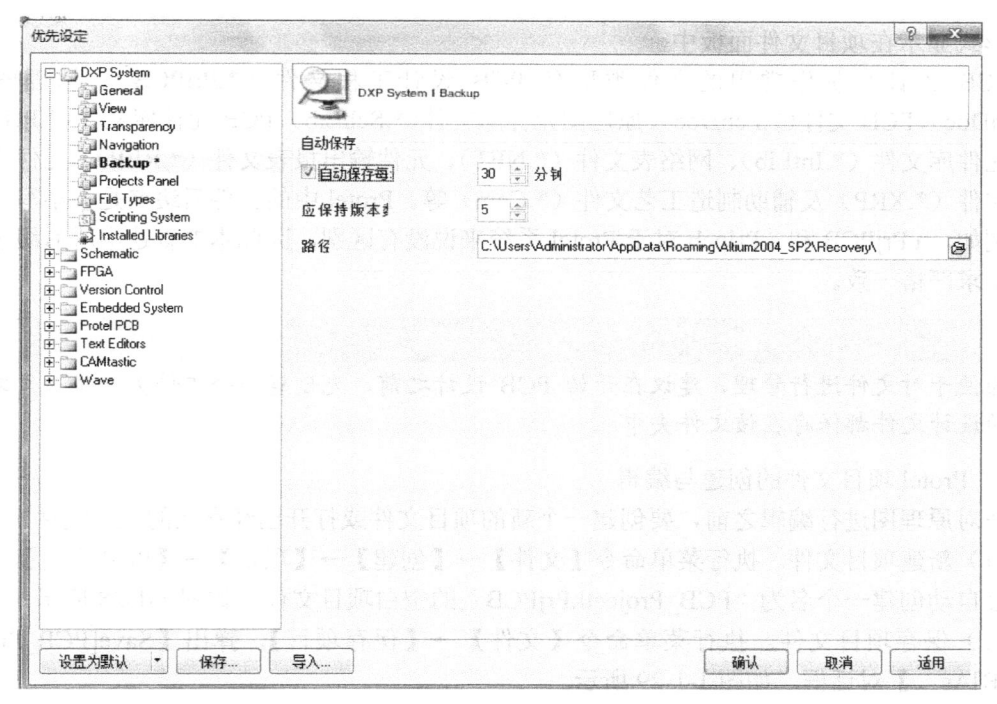

图 1-1-25　设置自动保存

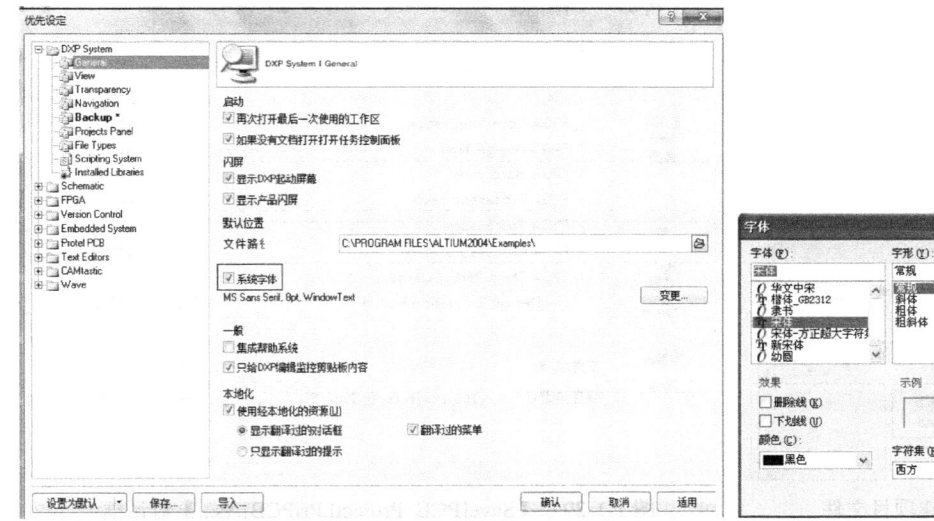

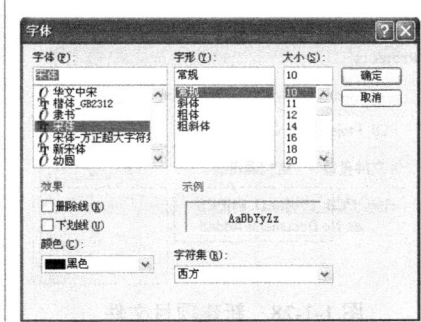

图 1-1-26　【优先设定】对话框　　　　图 1-1-27　【字体】对话框

设计任务：设置系统参数。系统字体为 Tahoma，字形为常规，大小为 8 号；每隔 10 分钟自动保存 1 次，保存份数为 1 份，保存路径是 D:\智能小车电源电路。

5. Protel 项目文件的创建与编辑

1）Protel 项目文件的管理方式

Protel 以项目文件的层次结构形式管理文件。PCB 项目文件用于组织、管理与 PCB 设计有关的所有文件。一个设计项目可以包含若干个类型相同或不相同的设计文件，这些文件以树状图的形式显示在项目文件面板中。

PCB 设计与制作常用的文件类型有 PCB 设计工程文件（*.PrjPCB）、原理图文件（*.SchDoc）、PCB 文件（*.PcbDoc）、原理图元件库文件（*.SchLib）、PCB 元件库文件（*.PcbLib）、集成元件库文件（*.IntLib）、网络表文件（*.NET）、元件输出报表文件（*.REP）、元件交叉参考表文件（*.XRP）及辅助制造工艺文件（*.Cam）等。Protel 中的文件后缀名是大小写不敏感的，例如，a.PrjPCB 和 a.Prjpcb 对于 Protel 系统来说没有区别，因此本书叙述中对后缀名的描述不要求严格一致。

> 📖 **建议：**
> 为便于对文件进行管理，建议在开始 PCB 设计之前，先创建一个文件夹，将项目文件和有关的设计文件都保存在该文件夹中。

2）Protel 项目文件的创建与编辑

在对原理图进行编辑之前，要创建一个新的项目文件或打开已经存在的项目文件。

（1）新建项目文件。执行菜单命令【文件】→【创建】→【项目】→【PCB 项目】，Protel 系统会自动创建一个名为"PCB_Projectl.PrjPCB"的空白项目文件，如图 1-1-28 所示。

（2）保存项目文件。执行菜单命令【文件】→【保存项目】，弹出【Save[PCB_Projectl.PrjPCB]As…】对话框，如图 1-1-29 所示。

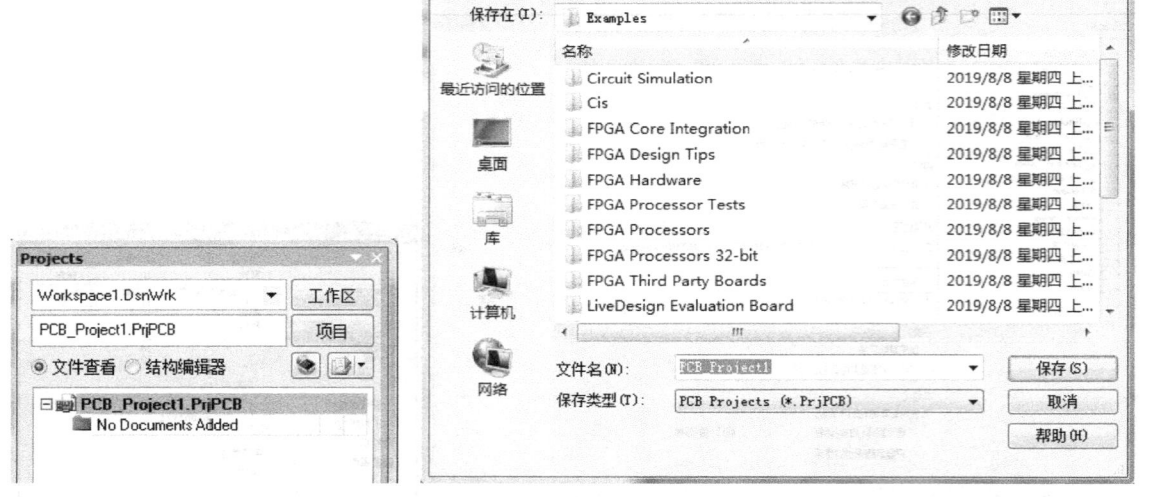

图 1-1-28　新建项目文件　　图 1-1-29　【Save[PCB_Projectl.PrjPCB]As…】对话框

设置保存路径（如"D:\MCU 复位电路"），在【文件名】文本框中输入需要保存的名称（如"PCB_Projectl"），单击【保存】按钮，就可以对新建的空白项目文件按照设置的名称进行保存。

（3）打开已保存的项目文件。单击工具栏 按钮，或执行菜单命令【文件】→【打开】，弹出【Choose Document to Open】对话框，如图 1-1-30 所示。

选择要打开的项目文件，例如，根据之前保存文件的路径"D:\MCU 复位电路"找到并选中项目文件，单击【打开】按钮，即可打开已保存的项目文件。

（4）关闭项目文件。单击【Projects】面板右上角 按钮，或在选项卡上单击鼠标右键，在弹出的菜单中单击【Close Project】，如图 1-1-31 所示，即可关闭项目文件。

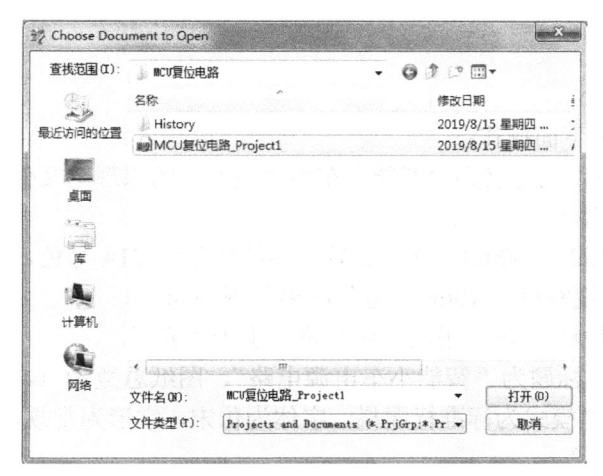

图 1-1-30　【Choose Document to Open】对话框　　　图 1-1-31　关闭项目文件

📢 **提示**：观看 SPOC 课堂教学视频：Protel 项目文件的管理。

设计任务：创建名为"智能小车电源电路"的项目文件并保存，保存路径为"D:\智能小车电源电路"。

1.1.5　学习活动小结

本部分内容介绍了 Protel 的组成、功能、特点和运行环境，使读者对 Protel 有了大概的认识。本部分还详细介绍了 Protel 软件的安装和启动方法、中文/英文界面切换方法及面板的显示和开启方法，并重点介绍了系统参数的设置方法和 PCB 项目文件的创建和编辑方法，为读者快速掌握 Protel 奠定了基础。

任务实施

1.2　学习活动 2　设置图纸参数和工作环境参数

在进行原理图设计时，正确地设置图纸参数和工作环境参数会给原理图的设计带来极大的方便。例如，正确地设置图纸的网格大小、颜色及可视性等都会为放置元件、连接线路等带来极大的方便。学习活动 2 主要学习原理图编辑器的工作界面及设置图纸参数、工作环境参数和填写标题栏的方法。

1.2.1　学习目标

- 理解和掌握原理图的设计流程和步骤。
- 能管理原理图工作界面。
- 能创建和编辑原理图文件。
- 能设置图纸参数和工作环境参数。
- 能规范地填写标题栏。
- 掌握常用快捷键的功能。

1.2.2　学习活动描述与分析

本学习活动的设计任务是在计算机上完成下面操作：

（1）在"智能小车电源电路"项目文件下，创建名为"智能小车电源电路"的原理图文件并保存，保存路径为"D:\智能小车电源电路"。

（2）设置图纸参数：图纸的尺寸为1000mil×800mil，水平放置，图纸颜色为214号色，边框颜色为229号色，捕获网格为10mil，可视网格为10mil，电气网格范围为4mil。

（3）设置绘图工作环境参数：网格颜色为85号色，采用线状网格、小十字光标。

（4）填写标题栏：绘图者为绘图人姓名，标题为"智能小车电源电路"，图纸总数为1，图纸编号为01号，版本号为当前日期。标题栏模式为标准标题栏，字体为仿宋，字形为常规，字号为5号，颜色为3号色。

通过本部分内容的学习，应掌握原理图图纸幅面、图框和标题栏等专业术语；了解图纸设计行业规则和规范；能创建原理图文件；能设置图纸参数和绘图工作环境参数；熟悉原理图编辑器，能编辑原理图文件；能规范地填写标题栏；熟悉窗口界面，能熟练地开启/关闭绘图中用到的工具栏、状态栏和命令栏；能熟练地缩放画面并更新画面；能熟练地使用常用快捷键；掌握英制和公制单位的换算关系，并能根据需要切换单位。

本部分内容的学习**重点**是学会设置创建和编辑原理图文件；设置图纸参数和工作环境参数；掌握英制与公制单位之间的换算关系，规范地填写标题栏。**难点**是规范地填写标题栏。要懂得标题栏参数与图纸信息参数的对应关系。认真观看SPOC课堂的教学视频，有助于解决设计中遇到的困难。

1. 学习引导问题

完成学习活动2的设计任务，须弄清楚以下问题：

（1）什么是原理图？原理图的设计流程和步骤是怎样的？
（2）原理图编辑器的主窗口由哪几部分组成？
（3）原理图图纸由哪几部分构成？需要设置的图纸参数有哪些？
（4）设计原理图时需要填写哪些信息参数？标题栏包含哪些内容？
（5）网格可分为几种类型？网格在绘图时有何作用？
（6）为了便于绘图，需要设置哪些工作环境参数？
（7）Protel系统的单位有几种形式？英制单位与公制单位的换算关系是怎样的？
（8）图纸显示缩放、移动、刷新的方法有哪些？
（9）绘制原理图时，缩放、移动、刷新图纸的功能键有哪些？

需要掌握以下操作技能：

（1）创建、保存、打开和关闭原理图文件。
（2）将原理图文件添加到项目文件，或从项目文件中删除原理图文件。
（3）开启/关闭工具栏。
（4）设置图纸的尺寸、颜色、边框颜色和摆放形式；选择标题栏的模式。
（5）设置图纸的字体、字号和颜色；设置捕获网格、可视网格和电气网格的大小。
（6）设置网格光标大小和形状；设置网格的类型和颜色。
（7）设置图纸信息参数；填写标题栏；设置标题栏的字体、字号和颜色。

（8）转换英制和公制单位。
（9）开启/关闭状态栏。
（10）缩放、更新和移动图纸。

2. SPOC 课堂上的视频资源

（1）任务 1.5 原理图图纸设置。
（2）任务 1.6 原理图工作环境设置和单位设置。
（3）任务 1.7 标题栏的填写。

1.2.3 相关知识

1. 原理图图纸

（1）原理图图纸的组成如图 1-2-1 所示。

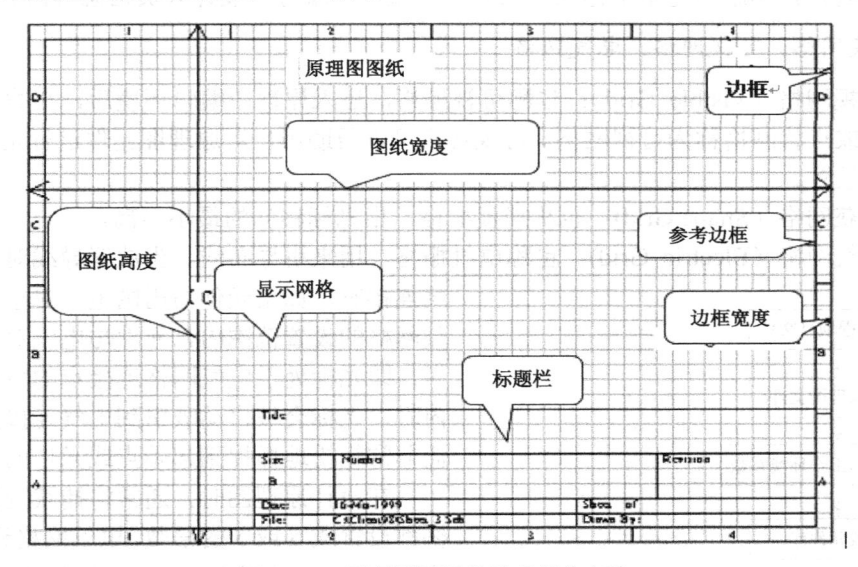

图 1-2-1 原理图图纸各组成部分名称

（2）图纸幅面。图纸幅面简称图幅，指的是图纸短边和长边所确定的尺寸。

图幅的确定原则：原理图的图幅遵循国家标准 GB/T 14689—2008《技术制图 图纸幅面和格式》的规定，常用图幅为 A4、A3、A2，并有标准格式的图框，一般使用 A4 图幅。每一图幅可根据方向分为 Landscape（纵向）和 Portrait（横向）。在选用图纸时，应确保图纸能准确、清晰地表达区域电路的完整功能。用户还可以自定义图纸大小，自定义图纸时应在满足绘图要求的前提下尽量做到美观（长宽比例适中）。

Protel 提供了如表 1-2-1 所示的英制和公制标准图纸尺寸，供用户选择使用。

表 1-2-1 Protel 提供的标准图纸尺寸

尺寸	宽度（in）×高度（in）	宽度(mm)×高度(mm)	尺寸	宽度(in)×高度(in)	宽度(mm)×高度(mm)
A	11.00×8.50	279.40×215.90	A0	46.81×33.11	1189.00×841.00
B	17.00×11.00	431.80×279.40	ORCAD A	9.90×7.90	251.46×200.66
C	22.00×17.00	558.80×431.80	ORCAD B	15.40×9.90	391.16×251.46

续表

尺寸	宽度(in)×高度(in)	宽度(mm)×高度(mm)	尺寸	宽度(in)×高度(in)	宽度(mm)×高度(mm)
D	34.00×22.00	863.60×558.80	ORCAD C	20.60×15.60	523.24×396.24
E	44.00×34.00	1117.60×863.60	ORCAD D	32.60×20.60	828.04×523.24
A4	11.69×8.27	297.00×210.00	ORCAD E	42.80×32.80	1087.12×833.12
A3	16.54×11.69	420.00×297.00	Letter	11.00×8.50	279.40×215.90
A2	23.39×16.54	594.00×420.00	Legal	14.00×8.50	355.60×215.90
A1	33.11×23.39	841.00×594.00	Tabloid	17.00×11.00	431.80×279.40

　　Protel 中使用的默认尺寸单位是英制 mil（毫英寸）。在 Protel 中，英制与公制单位之间的换算关系如下：1inch（英寸）=25.4mm（毫米），1inch（英寸）=1000mil（毫英寸）；1mil= 0.0254mm；1mm≈40mil。执行【查看】→【切换单位】菜单命令，可实现英制和公制单位切换。

　　（3）图框。图框用于规定在图幅上绘图的有效面积，以保证图上的元素不超过或太靠近边缘。

　　（4）标题栏。标题栏是用于标注图纸名称、版本、编号和设计人员信息等内容的栏目。

2. 捕获网格、可视网格、电气网格

　　（1）可视网格（Visible Grid）：也称可视栅格，进入原理图编辑环境后，在编辑窗口中所看到的线状或点状网格称为可视网格。可视网格可以帮助用户对原理图元件进行定位，更好地进行导线的放置。

　　（2）捕获网格（Snape Grid）：也称捕捉栅格，指光标移动的最小距离。

　　（3）电气网格（Electric Grid）：也称电气栅格，用来引导布线。当放置导线对元件进行电气连接时，如果元件与周围电气对象的距离在电气网格的设置范围内，元件与电气对象会互相吸引，即光标处于电气网格连接点的特定尺寸范围内时，光标会被自动吸引到电气连接点上，让我们非常轻松地捕捉到起始点或元件的引脚。

　　在设计原理图时，通常将捕获网格和可视网格都设置成 5 或 5 的倍数，电气网格设置为 4（单位：mil），一般应保证捕获网格和可视网格的取值大于电气网格。

3. 原理图设计流程和步骤

1）原理图设计的流程

原理图设计流程如图 1-2-2 所示。

2）原理图设计步骤

（1）新建工程项目文件。启动 Protel 软件，新建一个工程项目文件。

（2）新建原理图文件。启动原理图编辑器，创建原理图文件。

（3）设置图纸和工作环境参数。图纸参数设置指绘图者根据需要设置图纸的尺寸、方向、网格大小、标题栏外观和填写标题栏信息等。

工作环境参数设置主要包括设置网格形状

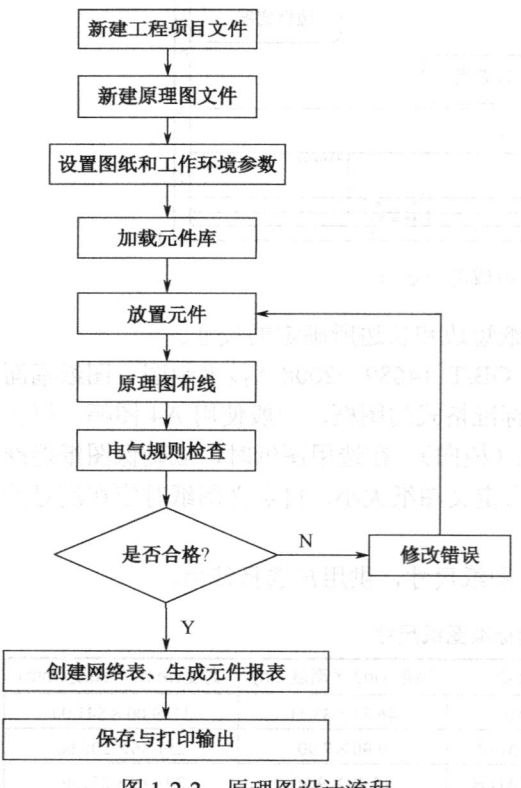

图 1-2-2　原理图设计流程

和颜色，设置光标等。

（4）加载元件库。将需要的元件库添加到原理图元件库。

（5）放置元件。从元件库中取出所需元件放置到图纸上，并对元件的编号、标称值、型号和封装形式进行设定。

（6）原理图布线。原理图布线又称元件连线，指根据原理图中各元件之间的电气连接关系，将元件用具有电气意义的导线、符号连接起来，构成一个完整的原理图。

（7）电气规则检查（ERC）。当完成原理图布线后，编译当前项目，进行电气规则检查（ERC），找出原理图中可能存在的缺陷，利用 Protel 软件提供的错误检查报告修改原理图。

（8）检查原理图是否合格。对绘制的原理图进行进一步调整，以保证原理图的正确和美观。如果原理图已通过电气规则检查，可以生成网络表，完成原理图的设计。对于一般电路设计而言，尤其是较大的项目，通常需要对电路进行多次修改才能够通过电气规则检查。

（9）生成相关表格，保存和打印输出。利用报表工具生成网络表和元件报表，保存原理图，设置打印参数，进行原理图打印，为 PCB 的制作做好准备。

4. 原理图编辑器的主窗口工作界面

1）启动原理图编辑器

执行菜单命令【文件】→【创建】→【原理图】，启动原理图编辑器。原理图编辑器主窗口由菜单栏、工具栏、原理图编辑区等部分组成，如图 1-2-3 所示。

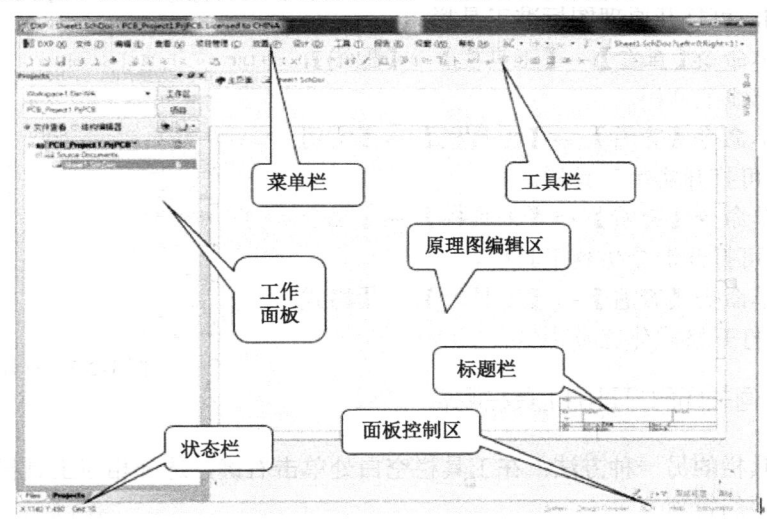

图 1-2-3 原理图编辑器主窗口

2）原理图编辑器主窗口

（1）菜单栏。菜单栏如图 1-2-4 所示，其功能将在后面介绍。

图 1-2-4 原理图编辑器的菜单栏

（2）工具栏。工具栏包含设计时常用的工具快捷键，包括原理图标准工具栏、配线工具栏、实用工具栏及格式化工具栏等，如图 1-2-5 所示，其用途将在后面介绍。

图 1-2-5 原理图编辑器的工具栏

① 原理图标准工具栏如图 1-2-6 所示。

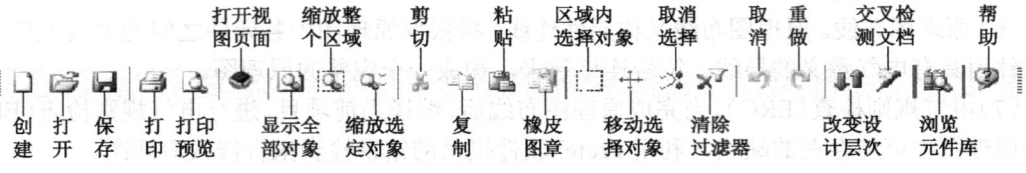

图 1-2-6 原理图标准工具栏

② 工具栏的打开方法。执行菜单命令【查看】→【工具栏】，在其子菜单中勾选需要打开的工具栏，就可以打开相应的工具栏，如图 1-2-7 所示。

在原理图设计过程中，将用到 Protel 软件所提供的各种工具，如原理图标准工具栏、配线工具栏、实用工具栏和混合仿真工具栏。充分利用这些工具栏，将会使操作更加简便，方便设计。

- 执行菜单命令【查看】→【工具栏】→【原理图标准】，可打开原理图标准工具栏。
- 执行菜单命令【查看】→【工具栏】→【配线】，可打开配线工具栏。
- 执行菜单命令【查看】→【工具栏】→【实用工具】，可打开实用工具栏。
- 执行菜单命令【查看】→【工具栏】→【混合仿真】，可打开混合仿真工具栏。
- 执行菜单命令【查看】→【工具栏】→【格式化】，可打开格式化工具栏。

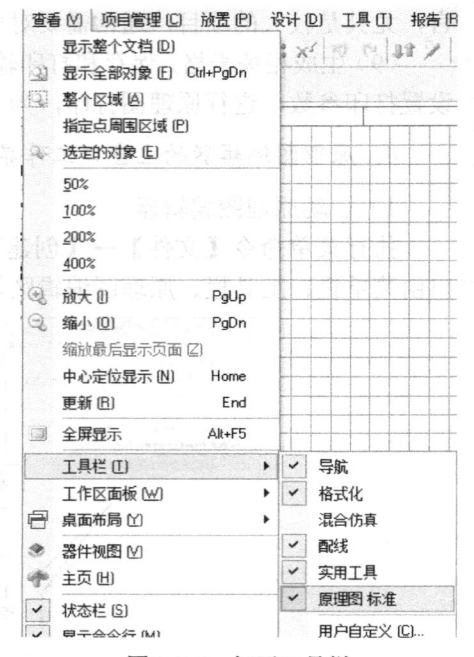

图 1-2-7 打开工具栏

想一想：如何关闭已打开的工具栏呢？

③ 打开工具栏的另一种方法：在工具栏空白处单击右键，选择相应工具栏。

3）工作界面的管理

（1）窗口管理。在原理图设计过程中，将用到 Protel 软件所提供的各种管理器。充分利用这些管理器，将会使操作更加简便，方便设计，因此有必要了解这些管理器的打开/关闭方法。

① 状态栏的打开/关闭。状态栏位于工作区左下角，可显示状态信息，包括当前光标的坐标和网格设置信息。工作区下部中间显示当前执行操作的状态。

执行菜单命令【查看】→【状态栏】，可以开启/关闭状态栏，如图 1-2-8 所示。为了便于在工作区内定位操作，其默认状态为开启。

② 命令行的开启/关闭。执行菜单命令【查看】→【显示命令行】，可控制命令行的开启/关闭。为了节省工作区域，其默认状态为关闭。

（2）图纸缩放显示。在原理图设计的过程中，为查看原理图的整体布局和具体细节，需要

· 26 ·

不断地缩放和平移图形。有两种方法可调整图纸的大小，一种方法是执行菜单命令；另一种方法是使用功能键。

① 执行菜单命令缩放图纸：
- 执行【查看】→【显示整个文档】菜单命令，可以查看整张原理图。
- 执行【查看】→【显示全部对象】菜单命令，可在工作区内显示原理图上的所有元件。
- 执行【查看】→【整个区域】菜单命令，可以放大显示用户设定的区域。这种方式是通过确定某个区域对角线上的两个端点的位置，来确定需要进行放大的区域的。操作方法：首先执行此菜单命令，然后在目标区域左上角位置和右下角位置依次单击鼠标左键加以确认。
- 执行【查看】→【指定点周围区域】菜单命令，可以放大显示用户设定的区域。这种方式是通过确定某个矩形区域的中心和矩形的一个角的顶点（简称顶点，下同），来确定需要放大的区域的。操作方法：首先执行此菜单命令，然后移动十字光标到目标区域的中心，单击鼠标左键，移动光标到目标区域的一个顶点，再单击鼠标左键加以确认，即可放大该选定区域。
- 执行【查看】→【50%】或【100%】或【200%】或【400%】菜单命令，可以按比例缩小/放大原理图。
- 执行【查看】→【放大】或【缩小】菜单命令，可以放大/缩小显示区域。

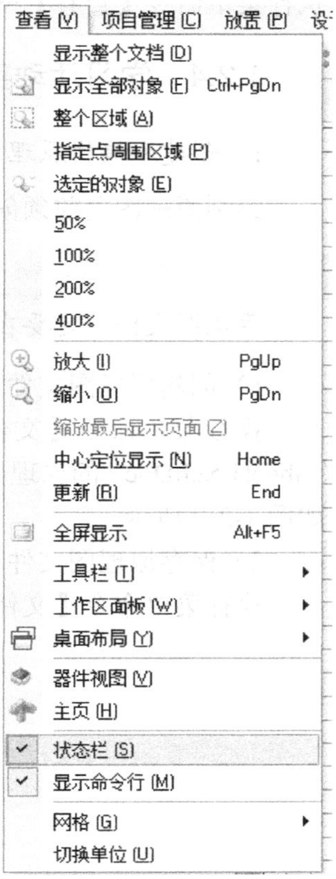

图 1-2-8 开启/关闭状态栏

② 使用快捷键缩放图纸。当系统正在处理其他绘图命令时，如果设计者无法用鼠标选择菜单命令调整视图，可以用快捷键来实现。

放大视图：按键盘 PageUp 键，可以放大绘图区域。缩小视图：按键盘 PageDown 键，可以缩小绘图区域。居中显示：按键盘 Home 键，图纸移动到工作区的中心位置显示。放大/缩小图纸比例：Ctrl 键+鼠标滚轮。显示全部对象：Ctrl＋PageDown 快捷键。

（3）画面和图纸的移动。

① 移动当前位置：

按键盘↑键，画面上移；按键盘↓键，画面下移；按键盘←键，画面左移；按键盘→键，画面右移。

② 上下移动原理图：上下滚动鼠标滚轮可以上下移动原理图。

③ 左右移动原理图：按住 Shift 键，上下滚动鼠标滚轮可以左右移动原理图。

④ 利用滑块条：上下拖动工作区右侧的滑块条，可以使原理图沿垂直方向移动；左右拖动工作区底部的滑块条，可以使原理图沿水平方向移动。

⑤ 利用鼠标右键：在工作区中按住鼠标右键（此时光标变为手形）进行拖动，可以使原理图跟随光标进行移动。

（4）更新视图。在绘制原理图的过程中，有时由于缩小或放大原理图、移动画面、放置元件等，画面会存在一些残留的图案，虽然不影响原理图的正确性，但影响绘制工作，处理方法：

• 27 •

执行菜单命令【查看】→【更新】，系统执行刷新操作，重画原理图，即可消除残留的图案。

1.2.4 学习活动实施

1. 创建和编辑原理图文件

绘制原理图之前须创建原理图文件。

> 📖 注意：
> 原理图文件一定要在创建项目文件之后再创建。

1）创建原理图文件

执行菜单命令【文件】→【创建】→【原理图】，或单击工具栏 按钮，新建一个名为"Sheet1.SchDoc"的原理图文件，显示在 PCB 项目"MCU 复位电路_Project1.PRJPCB"的下方，如图 1-2-9 所示。

2）保存原理图文件

执行菜单命令【文件】→【保存】，或单击工具栏 按钮，弹出如图 1-2-10 所示对话框。

图 1-2-9 新创建的原理图文件

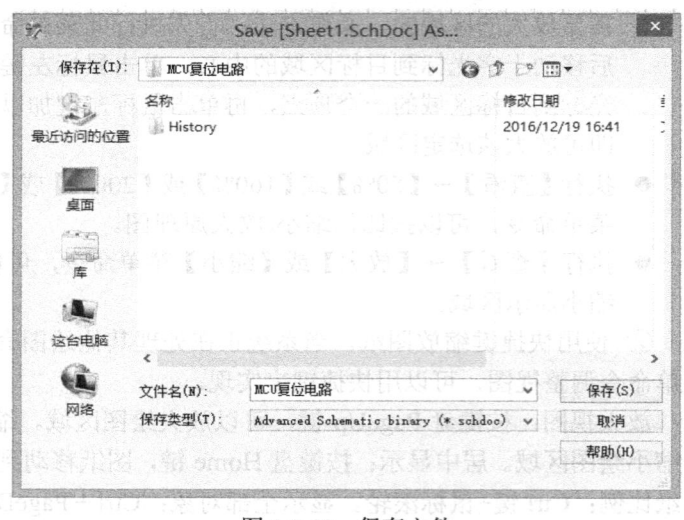

图 1-2-10 保存文件

图 1-2-11 保存后的原理图文件

在弹出的对话框中，填入保存的文件名（如"MCU 复位电路"），保存类型为"Advanced Schematic binary(*.schdoc)"，单击【保存】按钮。保存后的原理图文件如图 1-2-11 所示。

若执行菜单命令【文件】→【另存为】，可将文件更换为其他名称保存，如将"MCU 复位电路"更换名称为"单片机复位电路"后保存，如图 1-2-12 所示。

"MCU 复位电路"更换名称后保存的原理图文件如图 1-2-13 所示。

3）打开原理图文件

执行菜单命令【文件】→【打开】，或单击工具栏 按钮，弹出【Choose Document To Open】对话框，操作方法与打开项目文件相同。

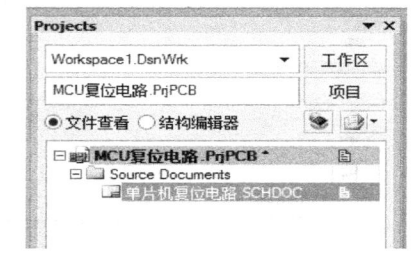

图 1-2-12　换名保存　　　　　　　　图 1-2-13　换名保存后的原理图文件

4）关闭已打开的原理图文件

执行菜单命令【文件】→【关闭】，或采用下述方法：每个打开的文档在设计对话框顶部都有自己的文档标签，右击此文档标签（如"Sheet1.SchDoc"），弹出如图 1-2-14 所示快捷菜单，选择【Close Sheet1.SchDoc】命令，即可关闭打开的文档；选择【关闭全部文件】命令，可关闭全部文档；选择【Save Sheet1.SchDoc】，可保存打开的文档。

5）将原理图文件添加到项目文件中

若要将已绘制好的原理图文件添加到已创建的项目文件中，方法如下：

（1）方法一：在【Projects】面板中，用鼠标左键将待添加原理图文件拖至项目中。

（2）方法二：在【Projects】面板中右键单击，在弹出的快捷菜单中选择【追加已有文件到项目中】，如图 1-2-15 所示。

图 1-2-14　关闭已打开的文档　　　　　图 1-2-15　追加已有文件到项目文件中

在弹出的对话框中选中需要添加的文件（如"MCU"），如图 1-2-16 所示，单击【打开】按钮。

6）从项目文件中删除原理图文件

若要从项目文件中删除已建立的原理图文件，方法如下。

在【Projects】面板中，右击待删除文件，在弹出的快捷菜单中选择【从项目中删除】，如图 1-2-17 所示。

图 1-2-16　添加原理图文件至项目文件　　　图 1-2-17　从项目中删除文件

在弹出的【Confirm Remove MCU 复位电路.SCHDOC】对话框中单击【Yes】按钮，如图 1-2-18 所示。

删除原理图后的【Projects】面板如图 1-2-19 所示。

> **提示：**
> 上述方法也适用于将其他类型的文件添加到项目文件中，或从项目文件中删除文件。

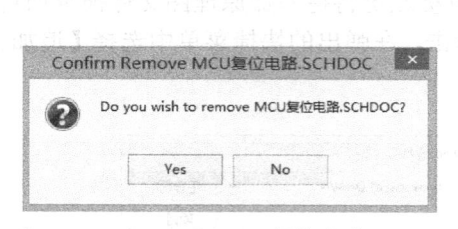

图 1-2-18　【Confirm Remove MCU 复位电路.SCHDOC】对话框　　　图 1-2-19　【Projects】面板

设计任务：创建原理图文件：在"智能小车电源电路"项目文件中，创建名为"智能小车电源电路"的原理图文件并保存，保存路径为 D:\智能小车电源电路。

2. 设置图纸参数

在开始设计原理图之前，一般要先设置图纸参数，设置合适的图纸参数是设计好原理图的第一步。设置图纸参数的方法：执行菜单命令【设计】→【文档选项】，弹出【文档选项】对话框，如图 1-2-20 所示。

【文档选项】对话框中有三个选项卡，分别是【图纸选项】、【参数】和【单位】。

选择【图纸选项】选项卡，在此用户可以对图纸的大小、图纸的方向、图纸的颜色、系统的字体、网格的可视性和电气网格等属性进行设置。这个选项卡的右半部分就是图纸大小的设置部分。

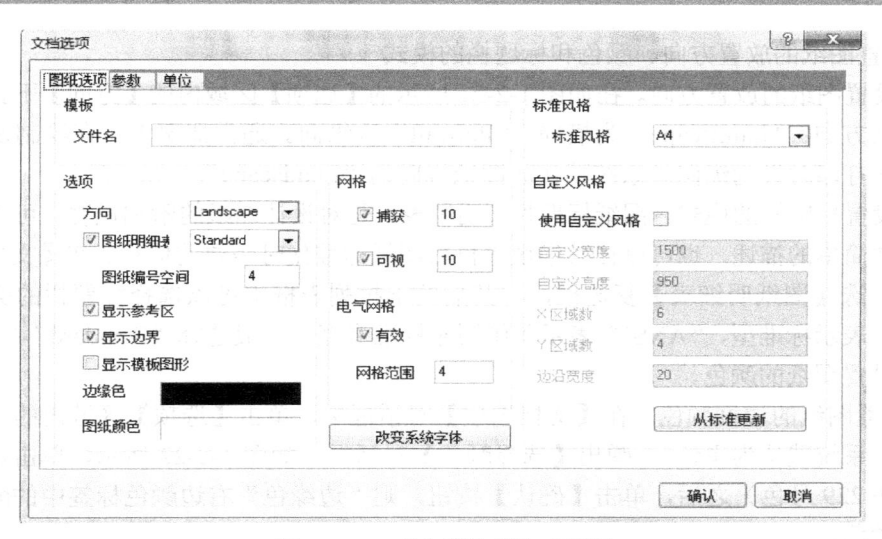

图 1-2-20 【文档选项】对话框

1）设置图纸尺寸

选择较小的图纸可以使操作更加方便，而选择标准图纸则便于输出与交流。有两种设置方式，可根据需要进行选择。

（1）设置标准图纸尺寸。在如图 1-2-21 所示的【文档选项】对话框的【标准风格】下拉列表框中选择所需要的图纸尺寸。系统默认选择"A4"。标准图纸尺寸如表 1-2-1 所示。

图 1-2-21 自定义图纸尺寸

> **注意：**
>
> **设置图纸尺寸的基本原则：**根据实际需要及电路的复杂程度选择图纸尺寸，常用的图纸尺寸有 A2、A3 和 A4，一般使用 A4。

（2）自定义图纸尺寸。如果用户想自己设置图纸的大小，可以在如图 1-2-21 所示的【文档选项】对话框中，勾选【使用自定义风格】复选框，在下方设置各参数，然后单击【确认】按钮。

2）设置图纸的放置方向、颜色和标题栏的模式

（1）设置图纸的放置方向。在如图 1-2-21 所示的【选项】区域内的【方向】下拉列表框中可选择图纸方向："Landscape"为横向，"Portrait"为纵向。通常情况下，在绘制及显示时设为横向，在打印时设为纵向。系统默认的图纸方向为"Landscape"。

（2）设置标题栏的模式。图纸标题栏（明细表）是对设计图纸的附加说明，可以在此栏目中对图纸做简单的描述，也可以在其中填入日后图纸标准化时需要的信息。在【文档选项】对话框中，勾选【图纸明细表】复选框，在其后的下拉列表框中可以选择标题栏的类型，其中"Standard"表示标准型，"ANSI"表示美国国家标准类型。一般选择"Standard"模式。

（3）设置图纸的颜色。

① 设置图纸的边框颜色。在【文档选项】对话框中，单击【选项】区域内的【边缘色】颜色标签（系统默认为黑色），弹出【选择颜色】对话框，如图 1-2-22 所示，单击选中合适的边缘色（如 229 号色）之后，单击【确认】按钮，则"边缘色"右边颜色标签中的颜色就会变成相应的颜色。

② 设置图纸颜色。单击【选项】区域内的【图纸颜色】颜色标签（系统默认为白色），在弹出的【选择颜色】对话框中选择合适的图纸颜色（如 214 号色）之后，单击【确认】按钮，则右边颜色标签中的颜色就会变成相应的颜色。

3）改变系统字体

在【文档选项】对话框中单击【改变系统字体】按钮，弹出【字体】对话框，如图 1-2-23 所示，在该对话框中，用户可以修改系统的字体。

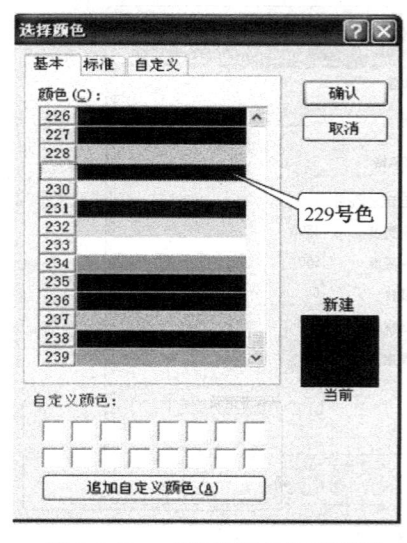

图 1-2-22 【选择颜色】对话框　　　　　　图 1-2-23 【字体】对话框

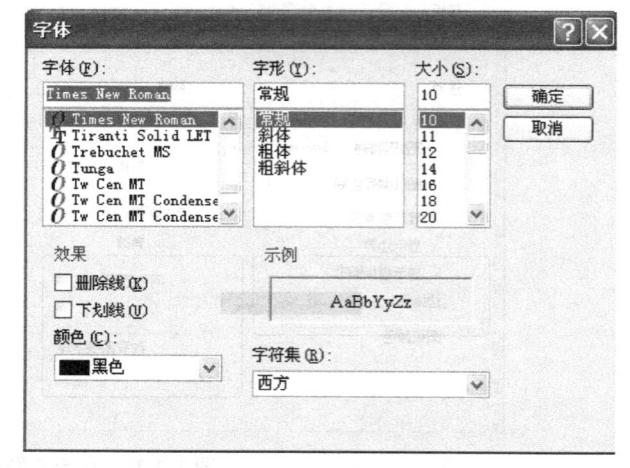

4）设置网格的大小

网格又称栅格，网格的类型有三种，即可视网格、捕获网格（又称捕捉网格）和电气网格。网格的作用是帮助设计者准确放置元件和对齐走线，提高设计速度和编辑效率。

（1）设置捕获网格的大小。在【文档选项】对话框中，勾选【网格】区域内【捕获】复选框，在其右边文本框中填入合适的捕获网格数值，也就是光标每次移动的最小距离（单位为 mil，下同），系统默认值为 10，也可以根据设计的需要输入其他数值以改变最小移动距离；不

选此项，则光标移动时以 1mil 为基本单位移动。

> 提示——切换捕获网格：
> 为了方便调整元件序号、标称值等的位置，可通过键盘上的 G 键（英文输入法下）对捕获网格进行切换，例如，原设定值为 10，按 G 键可使设定值在 1、5、10 间切换）。

（2）设置可视网格的大小。勾选"网格"区域内【可视】复选框，在右边的文本框内填入合适的可视网格数值，此数值用于对图纸上网格间的距离进行具体的设置。系统默认值为 10。若不勾选该复选框，则图纸上将不显示网格。一般将可视网格大小和捕获网格大小设为相同值。

（3）设置电气网格的大小。勾选"网格"区域内【电气网格】下边的【有效】复选框，则在画导线时系统会以【网格范围】中设定的值为半径，以光标所在位置为圆心，向四周搜索电气节点，如果在搜索半径内有电气节点的话，就会自动将光标移到该节点上。

例如，勾选【有效】复选框，然后将【网格范围】设置为 5，表示在绘图的时候，系统能够在半径为 5mil 的范围内自动搜索电气节点，如果搜索到了电气节点，光标自动会移动到该电气节点上，并在该电气节点上显示一个圆点。如果【有效】复选框没有选中，则表示此功能无效。

> 注意：
> 一般要求捕获网格的设定值大于电气网格的设定值。

5）其他设置

（1）填写文件名：在【文档选项】对话框的【文件名】文本框中可以填写所设计的原理图的名称，如"MCU 复位电路"。

（2）显示参考区：选中该复选框后，可以显示参考区的边框。

（3）显示边界：选中该复选框后，可以显示图纸边框。

（4）显示模板图形：选中该复选框后，可以显示图纸模板图形。

提示：观参看 SPOC 课堂教学视频：原理图图纸参数的设置。

设计任务：对图纸进行以下设置。

图幅设为 A4；水平放置；图纸颜色设为 214 号色，边框颜色设为 229 号色；捕获网格设为 10；可视网格设为 10；电气网格设为 4。

3. 设置绘图工作环境参数

执行菜单命令【工具】→【原理图优先设定】，如图 1-2-24 所示，弹出如图 1-2-25 所示的【优先设定】对话框。

1）设置网格形状和网格颜色

（1）设置网格形状。单击【优先设定】对话框左侧【Schematic】→【Grids】选项，在右侧【网格选项】区域中，单击【可视网格】下拉列表框，可以选择"Line Grid"（线状网格）或"Dot Grid"（点状网格）。

（2）设置网格颜色。单击【网格颜色】标签，在弹出的【选择颜色】对话框中选择网格颜色，方法与设定图纸边框颜色的方法相同。

2）设置光标的形状

单击【优先设定】对话框左侧【Schematic】→【Graphical Editing】选项，在【光标】区

域中,单击【光标类型】下拉列表框,可以在"Large Cursor 90"(大十字光标)、"Small Cursor 90"(小十字光标)、"Small Cursor 45"(小45°光标)及"Tiny Cursor 45"(微小45°光标)中选择光标形状,如图1-2-26所示。

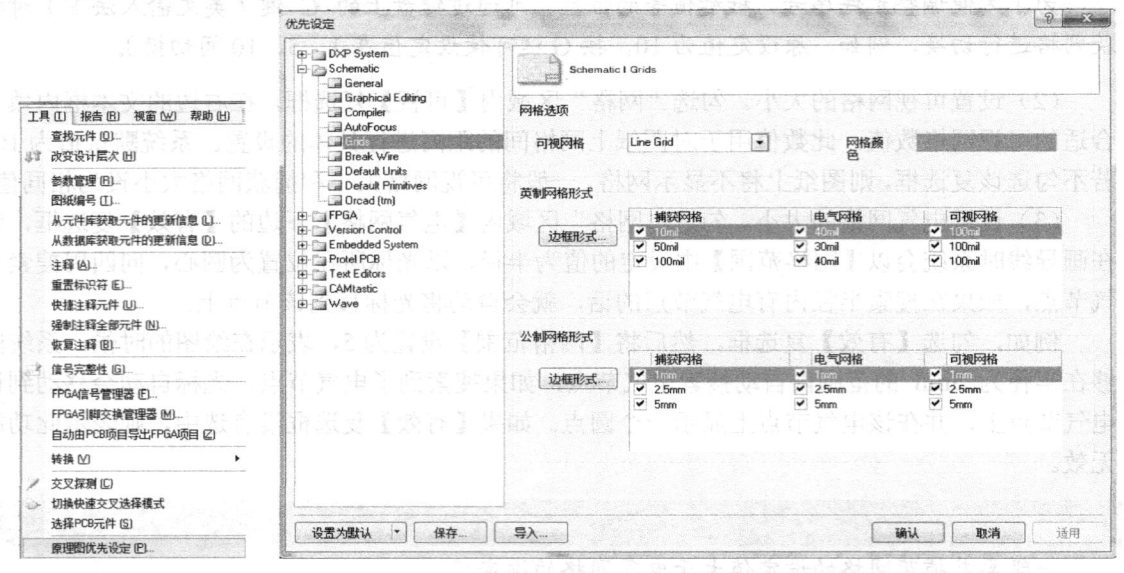

图1-2-24 【原理图优先设定】菜单命令的位置

图1-2-25 【优先设定】对话框

图1-2-26 光标设置

4. 单位设置

Protel中使用的默认尺寸单位是英制单位mil(毫英寸),在Protel中英制单位与公制单位之间的换算关系如下:

1inch(英寸)=25.4mm(毫米),1inch(英寸)=1000mil(毫英寸);

1mil=0.0254mm;1mm≈40mil。

> 提示：
>
> 执行【查看】→【切换单位】菜单命令，可实现英制和公制单位切换。

在【文档选项】对话框中，选中【单位】选项卡，可设置单位，如图 1-2-27 所示。选定单位后，还须设置使用单位制式的基本单位。系统默认长度单位为英制单位 mil。

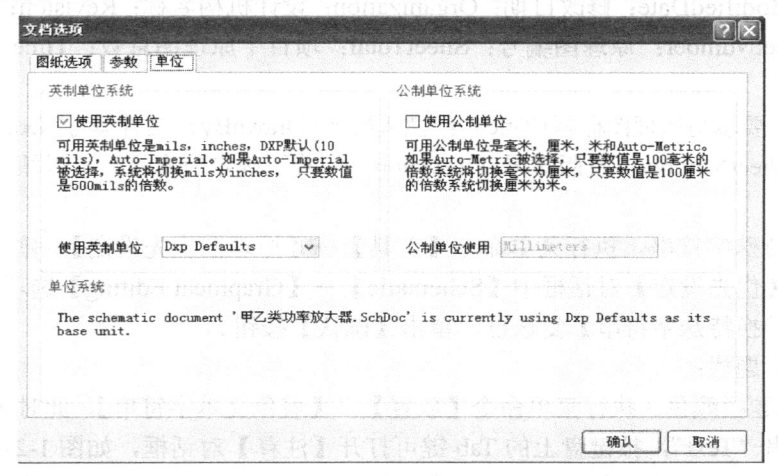

图 1-2-27 【单位】选项卡

提示：观看 SPOC 课堂教学视频：原理图工作环境的设置和单位的设置。

设计任务：设置绘图工作环境参数：网格颜色设为 85 号色；采用线状网格；采用小十字光标。

5. 填写标题栏

填写标题栏可以按照以下步骤进行。

1）填写图纸信息

在【文档选项】对话框中选中【参数】选项卡，填写图纸信息，如图 1-2-28 所示。【参数】选项卡中各项英文信息表达的中文含义如下。

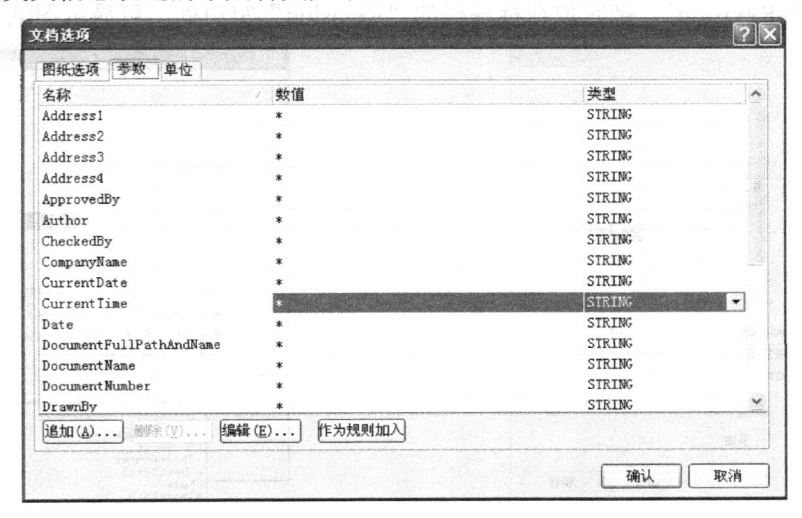

图 1-2-28 【参数】选项卡

Addressl、Address2、Address3、Address4：公司或单位的地址；ApprovedBy：批准人姓名；Author：设计人姓名；CheckedBy：审校人姓名；CompanyName:公司名称；CurrentDate：当前日期；CurrentTime：当前时间；Date：日期；DocumentFullPathAndName：文件名及保存路径；DocumentName：文件名；DocumentNumber：文件编号；DrawnBy：绘图人姓名；Engineer：工程师姓名；ModifiedDate：修改日期；Organization：设计机构名称；Revision：版本号；Rule：信息规则；SheetNumber：原理图编号；SheetTotal：项目中原理图总数；Time：时间；Title：原理图标题。

初学者只需要填写原理图标题（Title）、绘图人姓名（DrawnBy）、文件编号（DocumentNumber）、原理图编号（SheetNumber）及版本号（Revision，倘若不确定版本号，可以填写当前日期）这些内容。

（1）转换特殊字符串。执行菜单命令【工具】→【原理图优先设定】，弹出【优先设定】对话框。单击【优先设定】对话框中【Schematic】→【Graphical Editing】选项，勾选【选项】区域下面的【转换特殊字符串】复选框，单击【确认】按钮。

（2）填写标题栏：

① 设置标题栏颜色。执行菜单命令【放置】→【着色文本字符串】，此时十字光标上附着一个文本字符串"Text"，按键盘上的 Tab 键可打开【注释】对话框，如图 1-2-29 所示。

单击【注释】对话框中的颜色标签，弹出【选择颜色】对话框，单击所需颜色的色号，方法与选择图纸颜色相同，单击【确认】按钮。

② 设置标题栏字体。单击【变更】按钮，弹出【字体】对话框，在此可以设置标题栏的字体、字形和方向，方法与设置系统字体相同。

③ 在标题栏放置字符串。单击【属性】区域的【文本】下拉列表框，如图 1-2-30 所示。

- 选择"=Title"选项，单击【确认】按钮后，十字光标上附着原理图名称（如"MCU 复位电路"），把它放在标题栏"Title"的空白处，标题栏就显示"MCU 复位电路"。
- 选择"=SheetNumber"，把它放在标题栏的"Sheet Of"空白处，可显示图纸编号。
- 选择"=SheetTotal"，把它放在标题栏的"Number"空白处，可显示图纸总数。
- 选择"=DrawnBy"，把它放在标题栏的"DrawnBy"空白处，可显示绘图者姓名。
- 选择"=Revision"，把它放在标题栏的"Revision"空白处，可显示图纸的版本号。

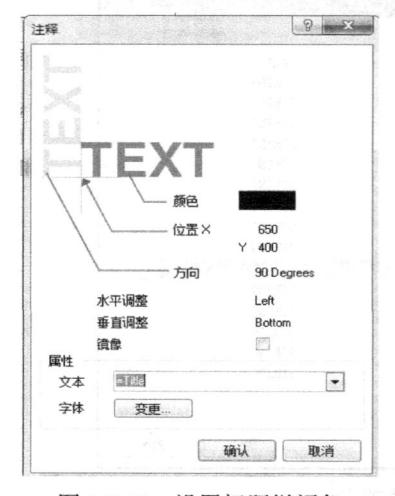

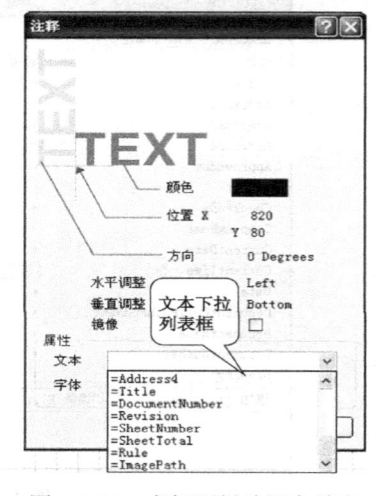

图 1-2-29　设置标题栏颜色　　　　　　图 1-2-30　在标题栏放置字符串

模块 1　绘制原理图

> 📖 提示：
>
> 删除已放置的字符串的操作方法：选中需要删除的字符串，按键盘上的 **Delete** 键，就可以删除字符串。

🔊 提示：观看 SPOC 课堂教学视频：标题栏的填写。

设计任务：填写标题栏。绘图者为绘图人姓名，标题为"智能小车电源电路"，图纸总数为 1，图纸编号为 01，版本号为当前日期。标题栏的格式：标题栏模式为标准标题栏，字体为仿宋，字形为常规，字号为 5 号，颜色为 3 号色。填写好的标题栏如图 1–2–31 所示。

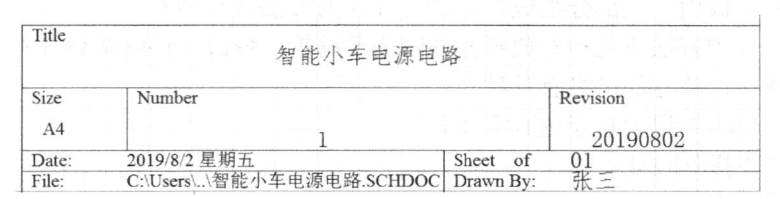

Title	智能小车电源电路		
Size	Number		Revision
A4	1		20190802
Date:	2019/8/2 星期五	Sheet of	01
File:	C:\Users\..\智能小车电源电路.SCHDOC	Drawn By:	张三

图 1-2-31　填写好的标题栏

1.2.5　学习活动小结

本部分内容介绍了原理图编辑器窗口的组成、菜单栏和工具栏，讲解了窗口管理方法（包括状态栏的开启/关闭、命令栏的开启/关闭、工具栏的开启/关闭、画面缩放显示），常用的快捷热键；简要介绍了原理图图纸的构成；重点介绍了原理图的设计流程和设计步骤；重点讲解了如何创建和编辑原理图文件、设置图纸参数和工作环境参数及如何填写标题栏。

任务实施

1.3　学习活动 3　加载元件库和放置元件

绘制原理图，首先要将绘图用到的元件所在的元件库添加到原理图编辑器，然后才能在图纸上放置元件。学习活动 3 主要学习加载元件库、放置元件、放置电源/接地符号和编辑其属性的方法。

1.3.1　学习目标

- 能加载元件库。
- 能放置元件、电源/接地符号。

1.3.2　学习活动描述与分析

学习活动 3 的设计任务是在计算机上完成下面操作：

按照表 1-0-1 加载元件库，放置图 1-0-1 中包含的元件、接地符号和输出端口，并按照表 1-0-1 提供的元件信息，编辑、修改元件的属性。

通过本部分内容的学习，学生应能认识元件库和元件库管理器；能加载元件库，查找和放置元件；能编辑元件的属性；能放置电源/接地符号并编辑其属性。

本部分内容的学习**重点**是学会加载元件库、放置元件。按照设计要求编辑、修改元件的属性是本单元的学习**难点**。学习时应注意在英文界面状态下操作，要了解放置元件时需要编辑、修改的属性，观看 SPOC 课堂上的视频，有助于解决学习中遇到的难题。

1. 学习引导问题

完成学习活动 3 的设计任务，须弄清楚以下问题：
（1）什么是元件库？为什么在放置元件前要加载元件库？
（2）常用元件库有哪几种？它们存放的元件有什么不同？
（3）元件库面板由哪几部分组成？加载元件库的方法有几种？
（4）放置元件的方法有几种？放置元件时需要编辑、修改元件哪些属性？
（5）电源或接地符号的风格有几种？
（6）放置元件时常用的功能键有哪些？

需要掌握以下操作技能：
（1）加载元件库。
（2）查找、放置元件，并按照设计要求编辑、修改其属性。
（3）放置电源/接地符号，并编辑、修改其属性。
（4）放置输入/输出端口，并编辑、修改其属性。

2. SPOC 课堂上的视频资源

（1）任务 1.8 加载元件库。
（2）任务 1.9 放置元件和其他电气对象。

1.3.3 相关知识

1. 元件库

元件库就是专门用于存放元件的库文件。Protel 系统支持数万种元件，这些元件分别按生产厂商和类别被保存在不同的库文件中。在 Protel 软件被安装到计算机中之后，在软件的安装目录下，有一个名为"Library"的文件夹，其中专门存放了这些库文件，例如，"Western Digital"库文件中包含了西部数据公司研制的元件的信息；而"Toshiba"库文件中则包含了东芝公司研制的元件的信息。

1）集成库

Protel 自带的元件库又叫集成库（Integrated Library），对应的库文件的后缀为".IntLib"，它把元件的原理图符号、引脚的封装形式、信号完整性的分析模型等信息集成在一个库文件中，在调用某个元件时，可以同时把这个元件的有关信息都显示出来。

2）常用元件库

（1）Miscellaneous Devices.IntLib：常用电气元件杂项库，其中存放的是一些常用的元件，如电阻、电容、二极管、三极管、电感、开关等。

（2）Miscellaneous Connectors.IntLib：常用接插件杂项库，其中存放的是一些常用的接插件，如插座等。

3）加载元件库

原理图的绘制实质上是将元件从元件库中取出，然后放置到图纸上，并用导线连接成图的过程。因此，在向原理图图纸上放置元件之前，要先将需要放置的元件所在的元件库载入内存，也就是加载元件库。

由于加载的每个元件库都要占用系统资源，影响应用程序的执行效率，所以在加载元件库时，最好的做法是只加载常用的元件库和所需的元件库。如果不需要某个元件库，也可以卸载该元件库。

2. 名词解释

（1）元件标号：表示元件序列号的代码。

（2）元件标称值：表示元件的电气参数的代码。

（3）元件封装：指实际元件焊接时，在 PCB 上显示的外形和焊点位置。

（4）电气连线：在原理图中，表示电气连接关系的线段。

（5）非电气连接线：在原理图中，用以表示区域划分、指引注释的线段（不和电气对象发生连接关系）。

（6）注释：在图中用以解释说明的文字和图形。

3. 原理图的设计对象

Protel 原理图的设计对象包括图中所有元件，主要归纳为电气对象、绘制对象和指示对象三类。

1）电气对象

电气对象包括电阻、电容、集成电路和导线等，其对应的图标按钮放置在如图 1-3-1 所示的配线工具栏中。

配线工具栏中图标按钮的功能将在后文介绍。常见电气对象如图 1-3-2 所示。

图 1-3-1 配线工具栏

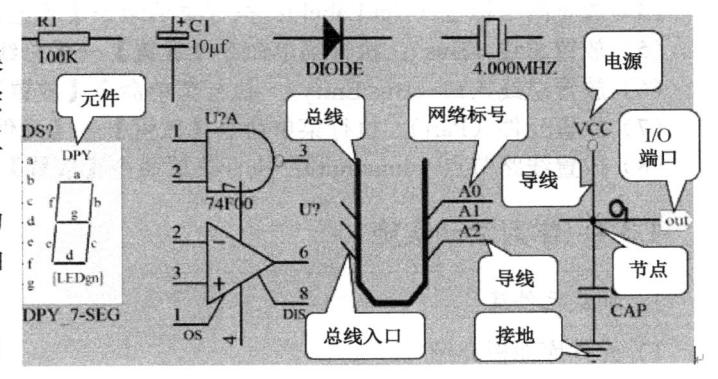

图 1-3-2 常见电气对象

> **注意：**
>
> 图 1-3-2 及后文图中的电气参数单位 K、uf、HZ 是软件中的实际显示方式，其标准写法分别应为 kΩ、μF、Hz，后文图中的 uF 实际也应为 μF。

2）绘图对象

绘图对象包括不具有电气意义的对象，其对应的图标按钮放置在如图 1-3-3 所示的实用工具栏中。

- ╱：直线。
- ▽：实心多边形。
- ⌒：椭圆弧线。
- ⋏：贝塞尔曲线。
- A：文本。

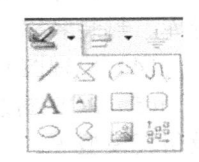

图 1-3-3 实用工具栏

- ▢：文本框。
- □：矩形。
- ▢：实心圆角矩形。
- ◠：椭圆。
- ◖：实心圆饼。
- ▢：图片。
- ▦：粘贴队列。

实用工具栏中的工具图标的使用将在后文介绍。

3）指示对象

- ×：指示对象工具图标，在原理图中放置该图标表示该处禁止使用 ERC 符号。
- ▣：在原理图中放置该图标表示该处有 PCB 布线符号。

这些对象在执行相应的电气功能时才起作用。

4. 放置电气对象的菜单命令

（1）放置导线（Wire）：执行菜单命令【放置】→【导线】即可放置导线，按 Shift+Space 键可以改变导线的角度（在英文界面状态下）。

（2）放置电源及接地符号（Power Port）：执行菜单命令【放置】→【电源端口】。

（3）放置电路的 I/O 端口（Port）：执行菜单命令【放置】→【端口】。

（4）放置网络标签（Net Label）：执行菜单命令【放置】→【网络标签】。

（5）放置总线（Bus）：执行菜单命令【放置】→【总线】。

（6）放置总线入口（Bus Entry）：执行菜单命令【放置】→【总线入口】。

（7）放置元件（Part）：执行菜单命令【放置】→【元件】。

（8）放置线路节点（Junction）：执行菜单命令【放置】→【手工放置节点】。

1.3.4 学习活动实施

1. 加载元件库

1）元件库面板介绍

通过元件库面板可以完成元件的快速查找、元件库的加载和元件的放置等操作。元件库面板如图 1-3-4 所示。

（1）当前元件库：该文本框中列出了当前加载的所有库文件。单击右边的▼按钮，在下拉列表中可以选择需要的元件库。单击最右边的"…"按钮，可以选择面板显示内容的类型，有"元件""封装""3D 模式"三种类型。

（2）过滤器：用来输入与所要查询的元件有关的内容，以便快速查找。

（3）元件列表：用来显示满足查询条件的所有元件，查询条件包括元件名、特性描述、来源库、封装名称。

（4）原理图元件符号预览：用来预览当前元件在原理图中的图形、文字符号。

（5）PCB 封装预览：用来预览当前元件的各种模型，如 PCB 封装形式、信号完整性分析及仿真模型等。

三个按钮的功能：

- 【元件库】：用于加载/卸载元件库。
- 【查找】：用于查找元件。

- 【Place...】：用于放置元件。

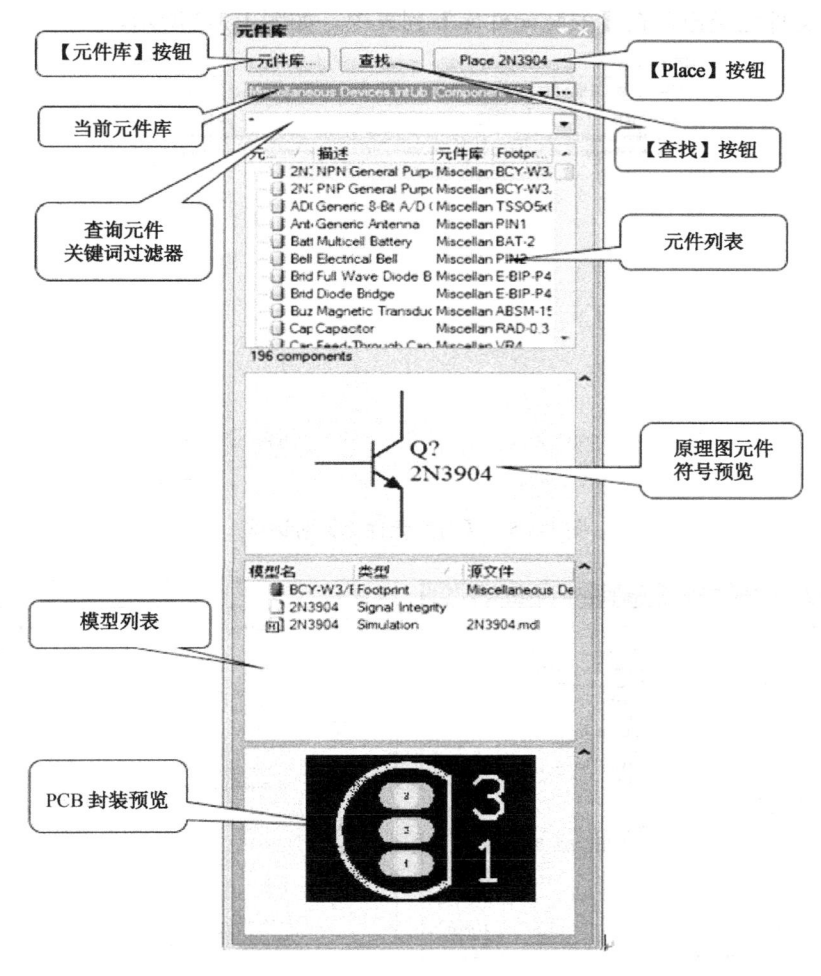

图 1-3-4　元件库面板

2）加载元件库
加载元件库的方法有两种，一种是直接加载元件库；另一种是使用搜索方式加载元件库。
（1）直接加载元件库的操作步骤：
① 打开元件库面板。打开元件库面板的方式有以下三种：
- 执行菜单命令【设计】→【浏览元件库】。
- 单击面板控制区中的【System】→【元件库】选项。
- 执行菜单命令【查看】→【工作区面板】→【System】→【元件库】。
② 单击元件库面板的【元件库】按钮，弹出【可用元件库】对话框，如图 1-3-5 所示。
③ 单击【安装】选项卡下的【安装】按钮，弹出【打开】对话框，如图 1-3-6 所示。
系统默认安装的库文件目录为"C:\Program Files\Altium2004\Library\"，选择需要安装的元件库，例如，加载"AMP Serial Bus USB"元件库，该元件库存放在 Amp 文件夹内，找到 Amp 文件夹，如图 1-3-7 所示。
④ 单击【打开】按钮，弹出如图 1-3-8 所示对话框。在对话框中上下移动滑块条，找到"AMP

Serial Bus USB"元件库，单击选中该元件库，单击【打开】按钮，回到【可用元件库】对话框，添加的库文件已经出现在【安装元件库】列表中，如图 1-3-9 所示。

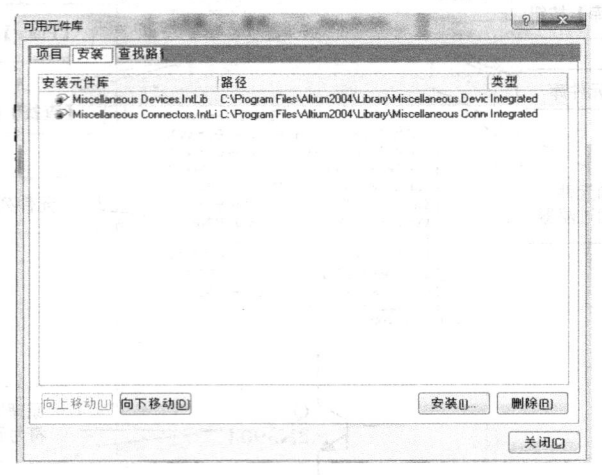

图 1-3-5 【可用元件库】对话框

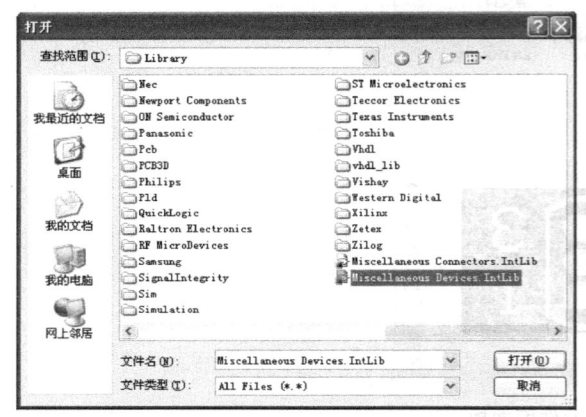

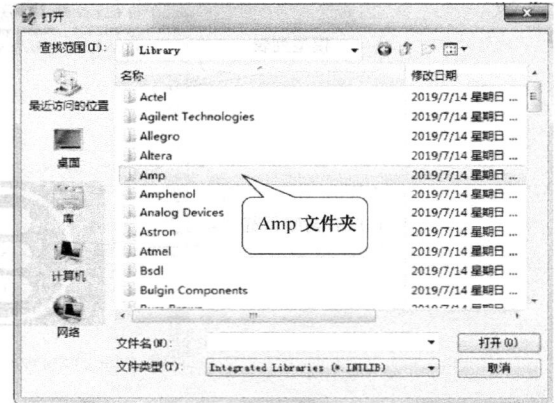

图 1-3-6 【打开】对话框

图 1-3-7 Amp 文件夹的位置

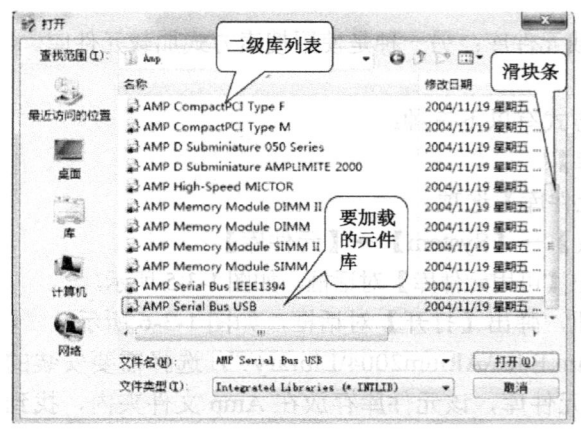

图 1-3-8 安装库文件

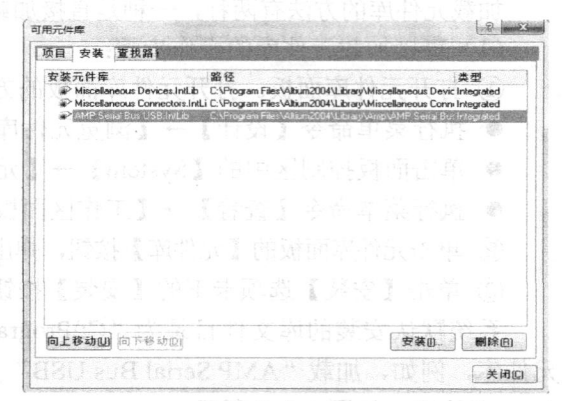

图 1-3-9 添加库文件后的【可用元件库】对话框

⑤ 单击【关闭】按钮，回到【元件库】对话框，可以看到新添加的元件库已在列表中了，

如图 1-3-10 所示。

> **提示：**
> 如果要卸载元件库，只要在【可用元件库】对话框中选中要卸载的元件库，单击【删除】按钮即可。用不着的元件库都可以卸载。

> **练一练：**
> 先加载后卸载元件库"TI Logic Gate2.IntLib"。

（2）使用搜索方式加载元件库。如果只知道元件名称，不清楚元件在哪个元件库的话，可以利用 Protel 检索功能检索元件。操作方法如下：

单击【元件库】面板上的【查找】按钮，弹出【元件库查找】对话框，如图 1-3-11 所示。

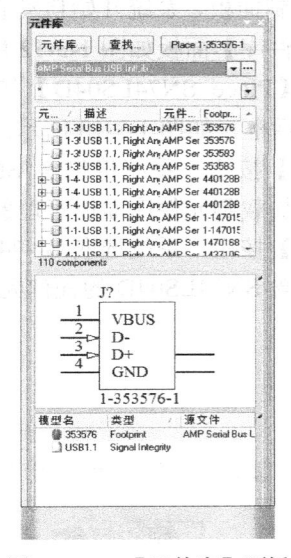

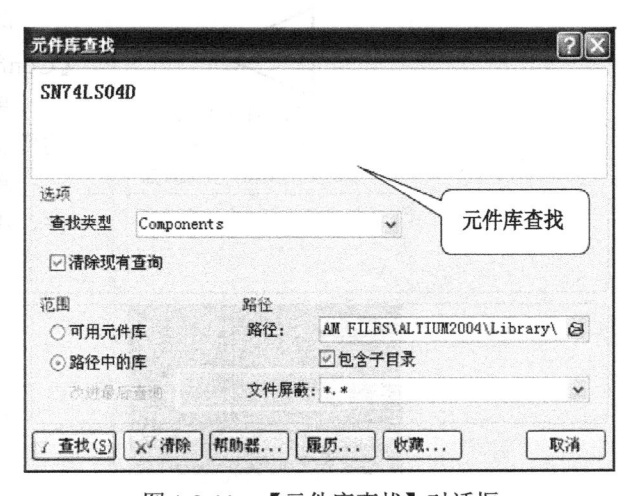

图 1-3-10　【元件库】面板　　　　　图 1-3-11　【元件库查找】对话框

①【选项】区域：用来选择查找类型。有 3 种查找类型：Components（元件）、Protel Footprints（PCB 封装）、3D Models（3D 模型）。

②【路径】区域：用来设置查找元件的路径，只有在选中【路径中的库】时才有效。单击【路径】文本框右侧的，系统会弹出浏览界面，供用户设置搜索路径。若选中【包含子目录】复选框，则包含在指定目录中的子目录也会被搜索。【文件屏蔽】：用来设定查找元件的文件匹配域，"*"表示匹配任何字符串。

③【范围】区域：用来设置查找的范围。勾选【可用元件库】，系统会在已经加载的元件库中查找。勾选【路径中的库】，则按照设置的路径进行查找。

④【元件库查找】文本框（对话框的上部）：用来输入需要查找的元件名称或部分名称。在查找元件之前，选中【清除现有查询】复选框，单击【清除】按钮，则该文本框内原有的查询内容被清除。输入当前查询内容后，必要时可以单击【帮助器】按钮进入系统提供的【Query Helper】（帮助器）对话框。在该对话框内，可以输入一些与查询内容有关的过滤语句表达式，有助于系统更快捷、更准确地查找。

⑤【履历】按钮：用来打开表达式管理器，里面存放了所有的查询记录。

⑥【收藏】按钮：对于需要保存的内容，可以通过单击此按钮将其放入收藏夹内，便于下次查询时直接使用。

例如，查找元件"SN74LS04D"所在的元件库的方法如下：

① 单击【元件库】面板的【查找】按钮，弹出【元件库查找】对话框。

② 在【元件库查找】文本框中输入"SN74LS04D"，在【查找范围】处，勾选【路径中的库】，然后在【路径】中选择元件库所在的路径，建议这里用系统默认路径。

③ 单击【查找】按钮后，弹出正在进行查找的元件库控制面板，系统开始自动查找。查找完成后的【元件库】面板如图 1-3-12 所示。

④ 单击【Place SN74LS04D】按钮，弹出【Confirm】对话框，如图 1-3-13 所示。

单击【是】按钮，系统将包含 SN74LS04D 的所有元件库加载到元件库面板管理器里。

单击【否】按钮，系统选取 SN74LS04D 元件，不加载包含 SN74LS04D 的任何元件库。

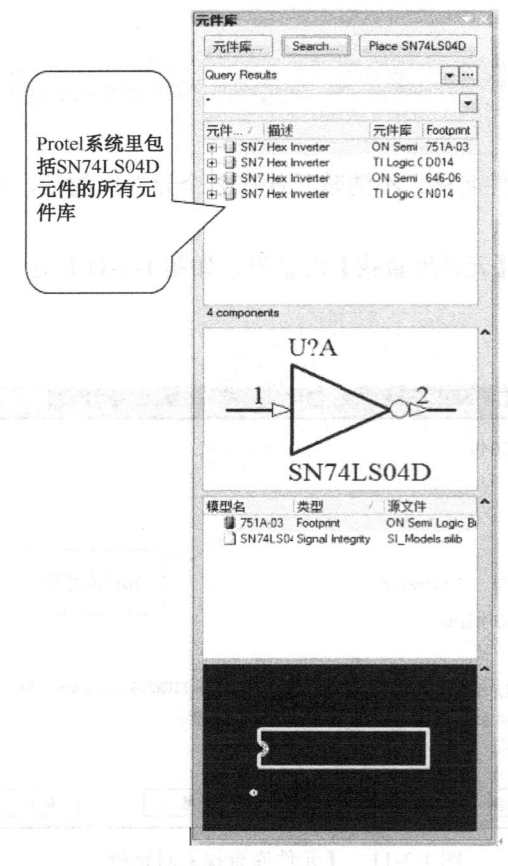

图 1-3-12　【元件库】面板　　　　图 1-3-13　【Confirm】对话框

> **建议：**
> 在找到元件所在的元件库后，单击【否】按钮，只选取元件，不加载元件库。请同学们在记住此条建议的同时思考一下这么做的原因。

> **提示：**
> 如果只记得元件名称中的几个字母，例如，对于元件"MAX232AEJE"，只记得中间数字"232"，其余部分不记得了，则可以在【元件库查找】文本框里输入"*232*"进行查找，"*"表示任意个字符。查找方法与上面所述相同，则元件名称中含有"232"字符的所有元件所在的元件库，都会自动被加载到元件库面板编辑器里。

提示：观看 SPOC 课堂教学视频：加载元件库。

设计任务：按照表 1-0-1 加载元件库。

2. 放置元件

加载完元件库后，就可以在原理图图纸上放置元件了。需要注意的是元件一定要放在网格格点上，格点间距默认值为 10mil，最小可设为 5mil。

放置元件的方法有三种：第一种方法是加载完元件库后，直接从元件库中查找并放置元件；第二种方法是利用原理图编辑器提供的强大的搜索功能来搜索元件所在的元件库，并放置元件；第三种方法是执行菜单命令【放置】→【元件】（或单击工具栏上图标按钮 ）放置元件。

1) 通过元件库直接查找并放置元件

下面以放置如表 1-0-1 所示三端稳压器为例，介绍放置元件的过程。

元件信息：元件标号为 VR1，元件库中参考名为 Volt Reg，型号为 7805，封装形式为 SIP-G3/Y2，元件放在 Miscellaneous Devices.IntLib 里。

操作步骤如下：

（1）加载 Miscellaneous Devices.IntLib 元件库：打开【元件库】面板，选择 "Miscellaneous Devices.IntLib" 为当前元件库。

（2）查找元件：在搜索栏内输入 "Volt Reg"，在元件列表中找到并选中 "Volt Reg"，再单击 Place Volt Reg 按钮（或用左键双击元件列表中的 "Volt Reg"），如图 1-3-14 所示，此时光标将变成十字形，并且在光标上附着一个三端稳压器的轮廓，此时元件处于放置状态，如果移动光标，三端稳压器也会随之移动。

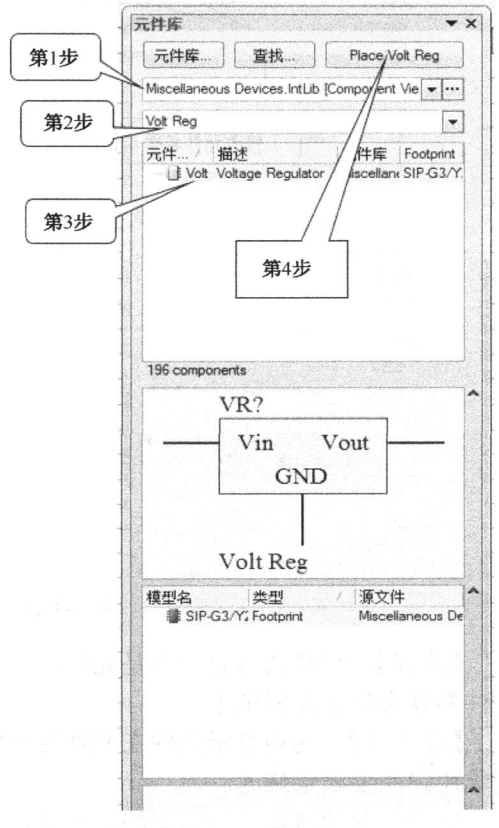

图 1-3-14 查找元件

> **提示**：过滤器的使用
>
> 如果当前元件库中的元件非常多，一个个浏览、查找比较困难，那么可以使用过滤器快速定位需要的元件。如要查找电容，那么就可以在过滤器中输入 CAP，名为 CAP 的电容将呈现在元件列表中。
>
> 如果只记得元件名称是以字母 C 开头的，则可以在过滤器中输入 "C*" 进行查找，"*" 表示任意个字符。如果记得元件的名称是以 CAP 开头的，最后有一个字母不记得了，则可以在过滤器中输入 "CAP?"，通配符 "?" 表示一个字符。

（3）修改元件属性。在原理图上放置元件之前，首先要修改元件的属性。一般需要修改的元件属性有元件的标识符（标识符就是该元件在原理图中的标号或序号）、注释（如元件的名称，默认为元件在 Protel 元件库中的名称）、元件的标称数值（或型号）和元件封装形式。

在元件放置状态下按键盘上的 Tab 键，或将元件放到图纸上，然后用鼠标左键双击该元件，打开【元件属性】对话框，如图 1-3-15 所示。

①【属性】选项组的作用：设置元件的基本属性。

【标识符】：标识符就是元件在原理图中的序号（即元件标号），选中【可视】复选框，则标识符就会显示在图纸上；【锁定】复选框如果被选中，则表示将序号锁住，不可修改。

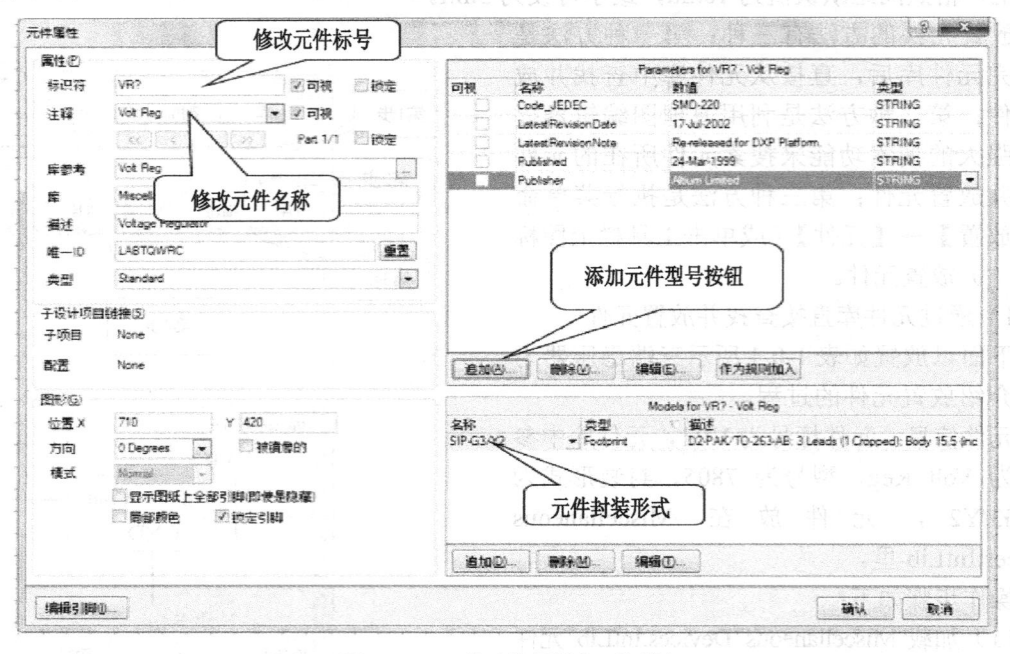

图 1-3-15　【元件属性】对话框

【注释】：注释的内容一般是元件的型号，用来说明元件的特征。选中【可视】复选框，则注释就会显示在图纸上。

【库参考】：此项显示元件在元件库中的标识符。单击右侧的【…】按钮可以进行修改，建议用户不要随意修改。

【库】：此项显示元件所在的元件库名。

【描述】：此项显示元件的描述信息。

【唯一 ID】：此项显示在整个项目中该元件的唯一 ID 号，用来与 PCB 同步。由系统随机给出，不可修改。

【类型】：此项显示元件符号的类型。单击右侧的向下按钮可以进行选择，建议采用默认值。

②【图形】选项组的作用：设置元件的图形属性。

【位置 X、Y】：此项用来精确定位元件在原理图中的位置。用户可以在其中直接输入坐标。

【被镜像的】：此项用于设置元件的镜像。

【方向】：此项用于设置元件的放置方向，有 4 种选择。

> 注意：
> 通过 Space 键也可以改变元件的放置方向。

【模式】：此项用于设置元件在原理图中的绘图风格。

【显示图纸上全部引脚（即使是隐藏）】：选中该复选框后，将在原理图上显示元件的隐藏引脚。

【局部颜色】：选中该复选框后，系统将采用元件本身的颜色设置。

【锁定引脚】：选中该复选框后，元件的引脚不可以单独移动或编辑，建议用户选中。

【编辑引脚】：单击该按钮可以打开元件引脚编辑器，对该元件的引脚进行设置。

③【Parameters for …】选项组的作用：定义元件的其他参数，这些参数将在原理图中显示，并在运行电路仿真时被系统使用。

【LatestRevisionDate】：最新元件模型的版本日期。

【LatestRevisionNote】：最新元件模型的版本注释。

【PackageReference】：封装参考。

【Published】：元件模型的发布日期。

【Publisher】：元件模型的发布者。

【Value】：元件值。

④【子设计项目链接】选项组的作用：用来说明与当前原理图元件相关的子设计项目，不用设置。

⑤【Models for …】选项组的作用：选择仿真模型、PCB 封装形式、信号完整性分析模型等。

修改元件属性的方法如下所述：

首先，修改元件标号。将【标识符】框内的字符修改为 VR1。

其次，修改元件的名称。将【注释】框内的字符修改为设计要求中的元件名称。由于设计要求三端稳压器的名称与元件库中默认名称一致，故此处不需要修改。

然后，修改元件标称值（或型号）。【Parameters】选项组下面没有元件型号一栏，添加元件型号的方法：单击【Parameters】选项组下面【追加】按钮，弹出【参数属性】对话框，在【数值】文本框中输入三端稳压器的型号"7805"，勾选【可视】复选框，如图 1-3-16 所示，单击【确认】按钮。

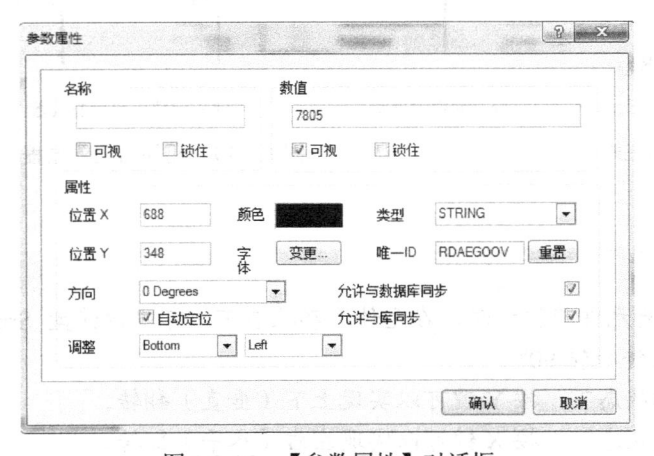

图 1-3-16　【参数属性】对话框

最后，由于设计要求三端稳压器的封装形式为 SIP-G3/Y2，与系统默认值一致，故此处不需要修改。

修改好的三端稳压器的元件属性如图 1-3-17 所示。单击【确认】按钮，完成元件属性设置。

（4）放置元件。在图纸合适的位置单击鼠标左键，或按键盘上的 Enter 键，将三端稳压器元件符号放在图纸上，如图 1-3-18 所示。

此时系统仍处于放置元件状态，单击鼠标左键，可以连续放置多个相同的元件。

（5）退出元件放置状态。放置完毕后，单击鼠标右键（或者按 Esc 键）退出元件放置状态，如图 1-3-19 所示。

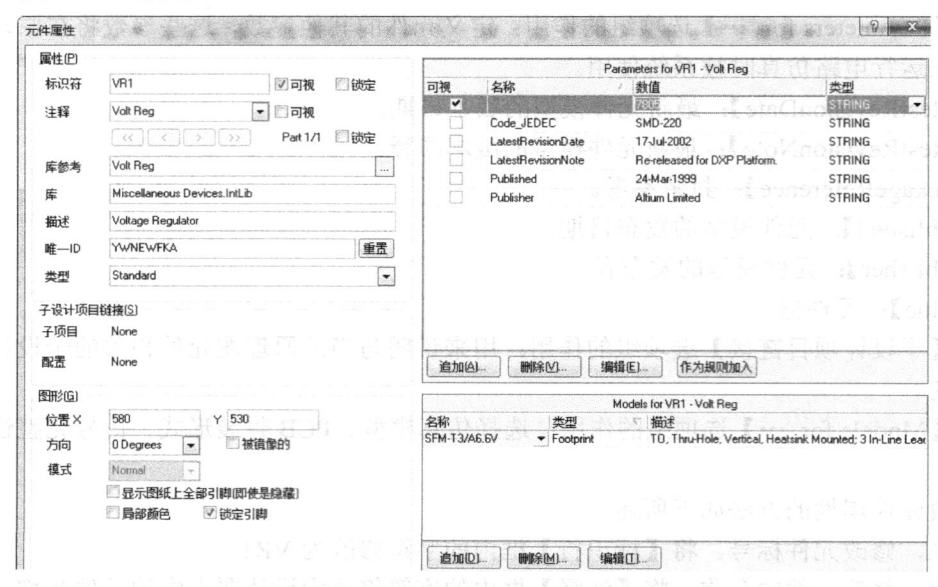

图 1-3-17 三端稳压器的元件属性

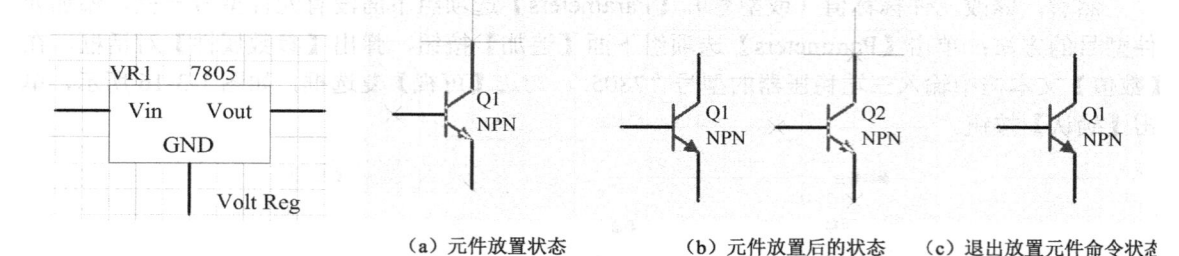

图 1-3-18 放置好的三端稳压器元件符号

(a) 元件放置状态　　(b) 元件放置后的状态　　(c) 退出放置元件命令状态

图 1-3-19 元件的放置过程

> 📖 提示：改变元件放置方向的功能键

Space： 如果需要元件旋转方向，在元件浮动状态下，可以按键盘 Space 键进行旋转，每按一次 Space 键，元件旋转 90°。

Y： 在元件浮动状态下，按 Y 键可以实现上下（垂直）翻转。

X： 在元件浮动状态下，按 X 键可以实现左右（水平）翻转。

如果执行上述操作前元件已经放置在图纸上了，可以在元件符号上按住左键不放手，另一只手按键盘上的 Space 或 Y 或 X，也可以实现上述操作。

注意：上述操作要在英文界面状态下使用。

2）执行菜单命令或利用工具栏图标按钮放置元件

下面以放置表 1-0-1 所示的瓷片电容元件为例，介绍放置元件的过程。

元件信息：元件标号为 C3，元件库中参考名为 Cap，元件标称值为 0.1μF，封装形式为

RAD-0.3，元件放在 Miscellaneous Devices.IntLib 里。

操作步骤如下：

（1）执行菜单命令【放置】→【元件】或单击配线工具栏上图标按钮，系统弹出【放置元件】对话框，如图 1-3-20 所示。

（2）单击 ... 按钮，弹出【浏览元件库】对话框，如图 1-3-21 所示。

（3）按键盘↓键搜索 Cap，找到元件，单击【确认】按钮，回到【放置元件】对话框，如图 1-3-22 所示。

图 1-3-20 【放置元件】对话框

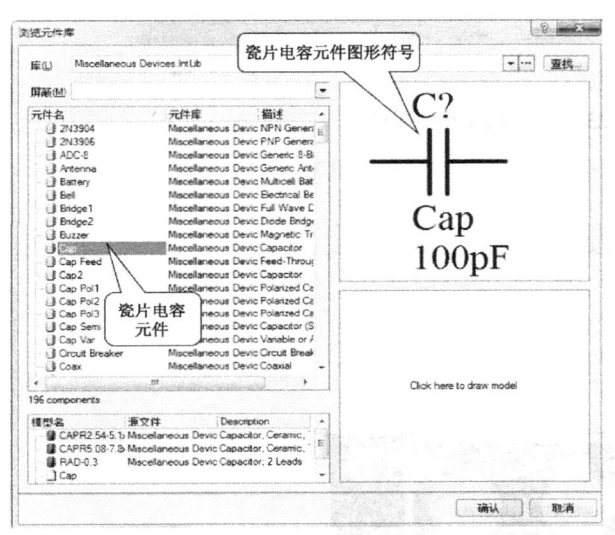

图 1-3-21 【浏览元件库】对话框

图 1-3-22 找到的所需元件

（4）单击【确认】按钮，十字光标上附着一个电容元件的轮廓，在图纸合适位置单击鼠标左键，放置元件，单击鼠标右键，退出放置状态。

（5）用鼠标左键双击已放置在图纸上的 Cap 元件，弹出【元件属性】对话框，按照设计要求修改元件的属性，如图 1-3-23 所示。

（6）此时 Cap 元件的封装形式不符合设计要求，需要修改，修改元件封装的方法如下：

- 单击【Models for …】选项组里的【编辑】按钮，弹出【PCB 模型】对话框，如图 1-3-24 所示。
- 在【PCB 库】区域中选择【任意】。单击【浏览】按钮，弹出【库浏览】对话框，如图 1-3-25 所示。
- 移动滑块条，搜索到 Cap 的封装 RAD-0.3，如图 1-3-25 所示，单击【确认】按钮，回到【PCB 模型】对话框，如图 1-3-26 所示。

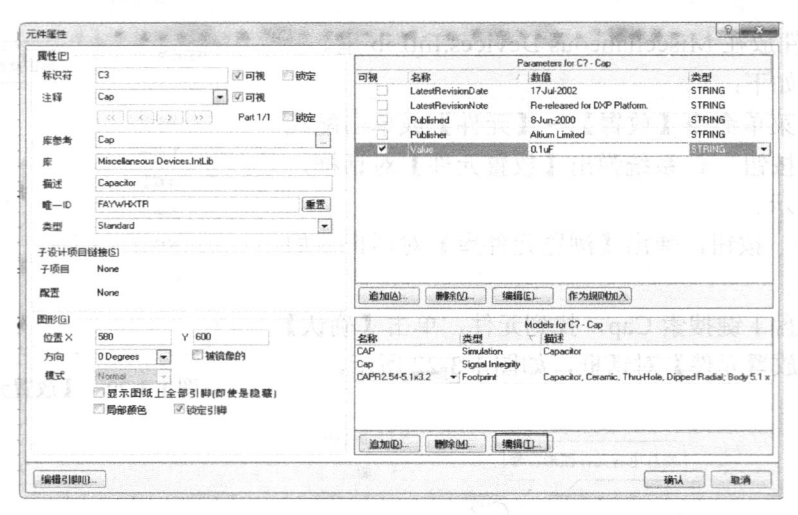

图 1-3-23　修改 Cap 元件属性

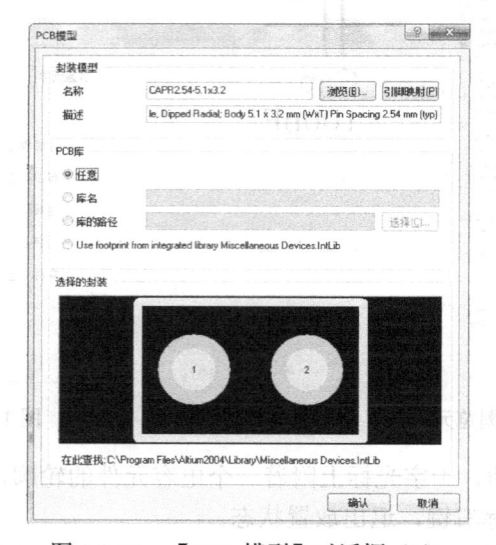

图 1-3-24　【PCB 模型】对话框（1）

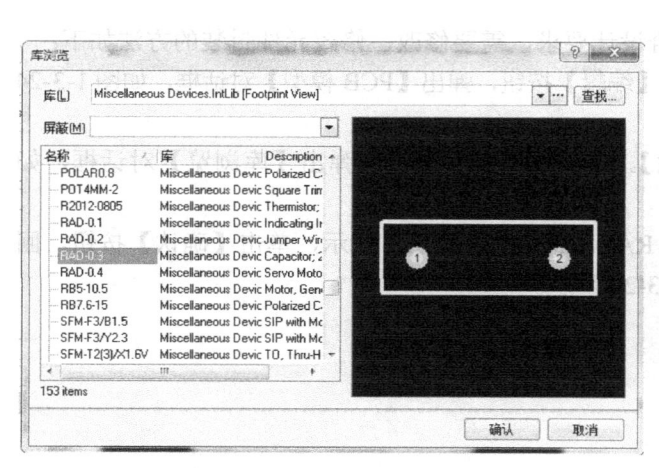

图 1-3-25　【库浏览】对话框

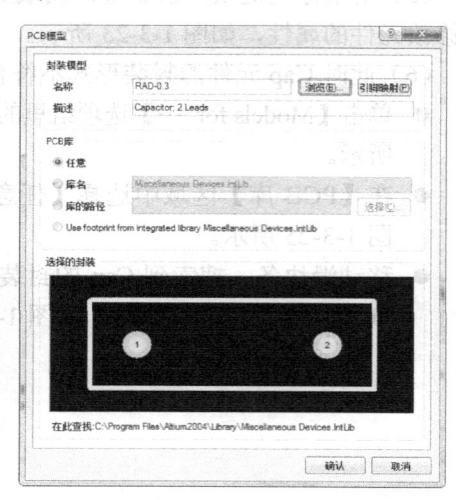

图 1-3-26　【PCB 模型】对话框（2）

- 单击【确认】按钮，完成 Cap 元件封装的修改。

完成修改后的【元件属性】对话框如图 1-3-27 所示。

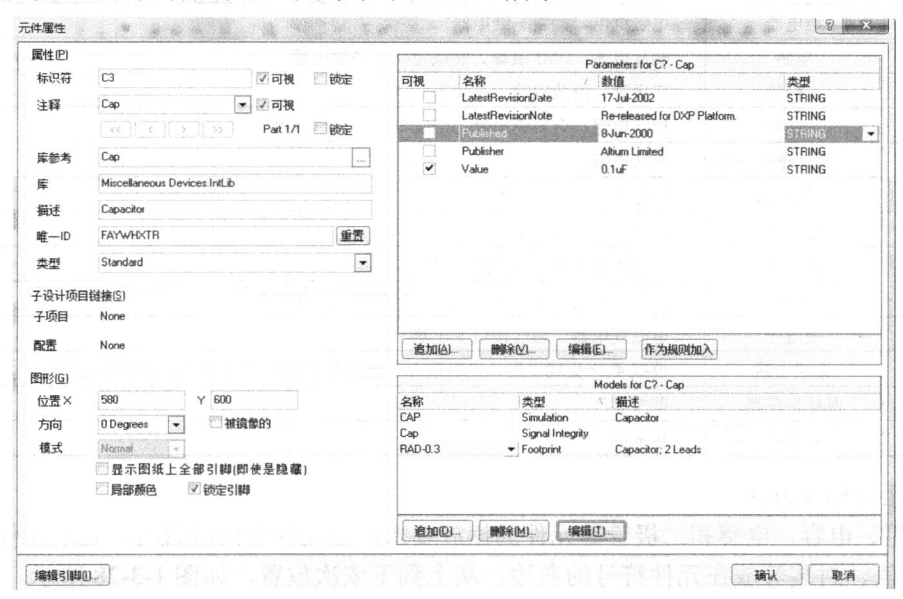

图 1-3-27　完成修改后的【元件属性】对话框

3）搜索元件所在的元件库并放置元件

例：放置元件 74LS04。

参照前面例子的方式查找元件 74LS04，当出现【Confirm】对话框时，单击【否】按钮，此时十字光标上附着一个 74LS04 元件的轮廓，此时元件处于放置状态，按照上面所述放置三端稳压器的方法放置元件。

练一练：

新建一个 PCB 项目，命名为"Mypcb"，并添加一个原理图文档，命名为"Mysch"，在建立的原理图文档中，添加两个电阻、两个电容。要求如下：

电阻 1：标号为 R1，10kΩ，横放；电阻 2：标号为 R2，20kΩ，竖放；电容 1：标号为 C1，100pF，横放；电容 2：标号为 C2，20pF，竖放。

扩展阅读

（1）元件种类的字母代码表示方法。参照标准 GB/T5094 系列，并兼顾当前国内外的惯例，规定用于表示元件种类的字母代码如表 1-3-1 所示。

表 1-3-1　用于表示元件种类的字母代码

代　码	元 件 种 类	举　　　例
A	组件、部件	射频盒、光模块等
B	电声元件	蜂鸣器、耳机、话筒等
C	电容	电解电容、钽电容、片状电容、涤纶电容
D	二极管	整流二极管、稳压二极管
F	保护元件	熔断管、限流保护元件、限压保护器、熔断器、气体放电管
J	接插件	IC 插座、插针、各种连接器

续表

代 码	元件种类	举 例
K	继电器	电磁继电器、固态继电器
L	电感	贴片电感、EMI 磁珠、绕线电感、共模电感
Q	三极管	三极管、场效应管、晶闸管
R	电阻	片状电阻、金属膜电阻、绕线电阻、功率电阻
RT	热敏电阻	热敏电阻
RV	压敏电阻	压敏电阻
RP	电位器	电位器、可变电阻
RN	电阻排	独立式电阻排、并联式电阻排
S	开关	按钮、拨动开关、微动开关、轻触开关、拨码开关
T	变压器	电源变压器、通信接口变压器
U	集成电路	模拟/数字集成电路、光电耦合电路
X	晶体振荡器	谐振器
TP	测试点	测试点

(2) 元件标注方法。

① 电阻、电容、电感和二极管等元件的摆放要求：当元件竖向放置时，要求元件标号、标称值、封装等放在元件符号的右边，从上到下依次放置，如图 1-3-28 所示。

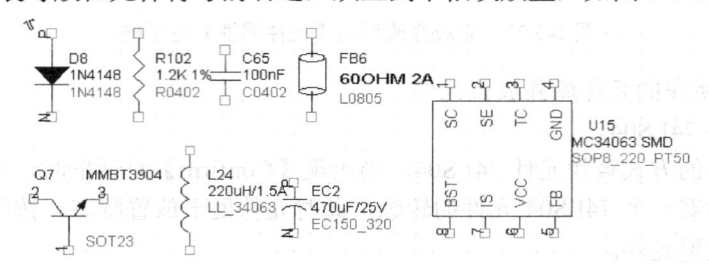

图 1-3-28 竖向放置元件时属性的摆放

当元件横向放置时，要求电阻元件标号放在元件左边引脚上方，标称值放在右边引脚上方，封装放在元件符号下方；其他元件的元件标号放在元件左边引脚上方，标称值放在右边引脚上方，封装放在右边引脚下方，如图 1-3-29 所示。

② 特殊位置元件属性的摆放要求：在元件密集的时候，没有足够的空间用来摆放元件属性，可以按照下面的范例，以靠近元件、便于识别的原则摆放，如图 1-3-30 所示。

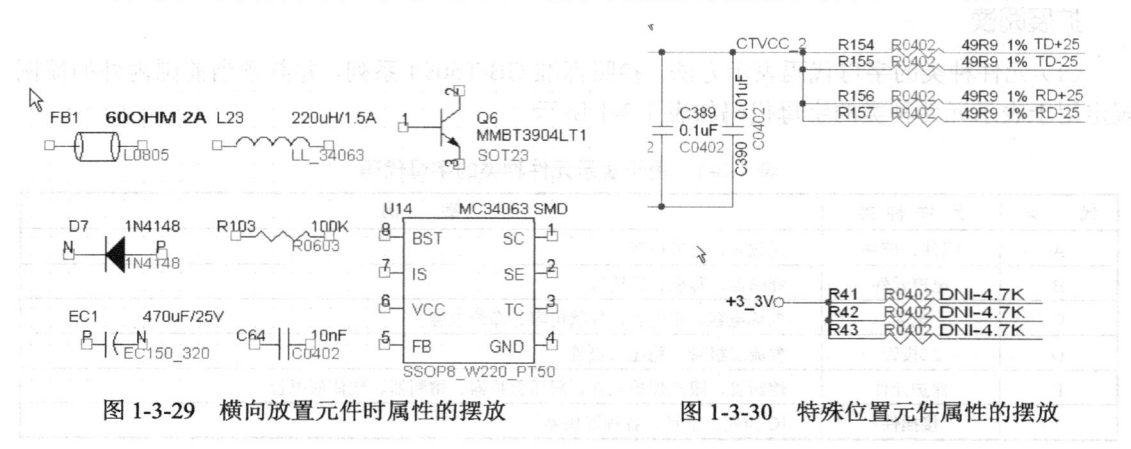

图 1-3-29 横向放置元件时属性的摆放　　　　图 1-3-30 特殊位置元件属性的摆放

（3）电阻、电容标称值表示要求。

① 电阻的标称值按照表 1-3-2 中的方式表示：

表 1-3-2　电阻的标称值表示方式

阻值范围	描述格式	举例
小于 1Ω	0.×× Ω	0.47Ω、0.033Ω
小于 1kΩ	××R	100R、470R
小于 1MΩ	××K	100K、470K、
不小于 1MΩ	××M	1M、8.9M、10M、22M

② 电容的标称值按照表 1-3-3 中的方式表示：

表 1-3-3　电容的标称值表示方式

容值范围	说　明	描述格式	举　例
小于 1000pF	直接标数字并以 pF 结尾	×××pF	3pF、0.5pF、470pF
小于 1μF	对于无极性电容，参数只有数字部分	×××	102，表示 1000pF 104，表示 100000pF 225，表示 2200000pF
	对于有极性电容，使用小数标注，以 μF 结尾	0.××μF	0.022μF、0.47μF
小于 10μF	标注时包含小数	×.×μF	1.0μF、2.2μF、4.7μF
不小于 10μF	只包含整数	×××μF	1000μF、470μF、10μF

设计任务：放置图 1-0-1 中的元件，并按照表 1-0-1 提供的元件信息修改元件的属性。

3．放置电源、接地符号

工具栏中的图标按钮 是用来放置接地符号的，图标按钮 是用来放置电源符号的。

1）放置电源/接地符号

单击工具栏上的图标按钮（ 或 ）后，十字光标粘附着元件符号（ 或 ），按一次 Space 键，符号逆时针转 90°。将光标移动到图纸合适位置，单击鼠标左键，放置元件符号，右击或按 Esc 键退出放置模式。

2）电源/接地符号属性的设置

用鼠标左键双击已放置的" "或" "符号，或在放置" "或" "符号的过程中，按下键盘上的 Tab 键，可以打开【电源端口】对话框，如图 1-3-31 所示，在其中可进行相关参数的设置，设置完成后单击【确认】按钮。

【颜色】：电源或接地符号的颜色。单击右边的颜色块，可以进行选择设置。

【位置 X、Y】：电源或接地符号在原理图上的坐标。

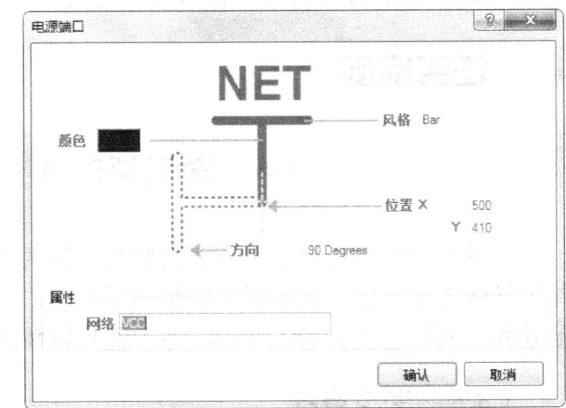

图 1-3-31　【电源端口】对话框

【网络】：在此可输入电源或接地符号的网络标签名称（+VCC、-VCC 或 GND），也可以输入具体的电源电压数值，如+5V 和+7.4V。

【方向】：电源或接地符号在原理图上的摆放方向，有 4 个选项可供用户选择。

【风格】：电源或接地符号的风格形式，具体如图 1-3-32 所示。

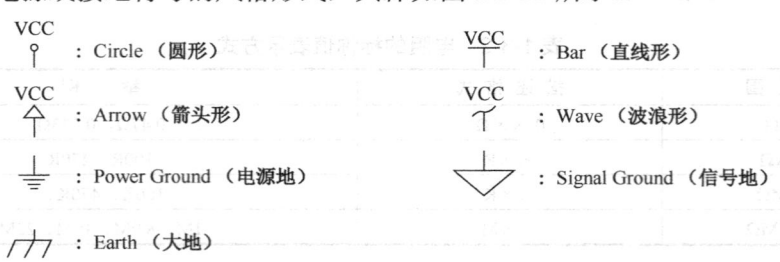

VCC ⏀ ：Circle（圆形）　　　　VCC ⊥ ：Bar（直线形）

VCC ↑ ：Arrow（箭头形）　　　　VCC ▽ ：Wave（波浪形）

⏚ ：Power Ground（电源地）　　　　▽ ：Signal Ground（信号地）

⏛ ：Earth（大地）

图 1-3-32　电源或接地符号风格形式

> **提示：**
> 另一种放置电源和接地符号的方法是执行菜单命令【放置】→【电源端口】，此时光标上会粘附一个电源或接地符号轮廓，按键盘上的 Tab 键，弹出【电源端口】对话框，设置完属性并单击【确认】后，可以在图纸的适当位置放置相关元件。

> **注意：**
> 在画原理图时，电源和接地符号的上下方向要放对，一般默认的方向是电源符号向上，接地符号向下，便于读图者理解，如图 1-3-33 所示。

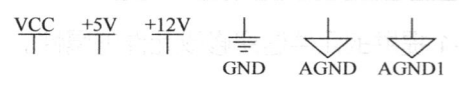

VCC　+5V　+12V　⏚ GND　▽ AGND　▽ AGND1

图 1-3-33　电源和接地符号的朝向

提示：观看 SPOC 课堂教学视频：放置元件和其他电气对象。

设计任务：放置如图 1-0-1 所示智能小车电源电路的接地符号。

1.3.5　学习活动小结

本部分内容主要介绍了元件库面板的组成，重点讲解了加载元件库、放置元件、修改元件属性、放置电源/接地符号并修改其属性的方法。

任务实施

1.4　学习活动 4　原理图布局与布线

在图纸上放置元件后，还要调整各元件的位置（即元件布局），使原理图美观且布局合理；并用导线连接元件，在图纸上绘制出原理图。学习活动 4 主要学习元件的编辑和排列方法；放置导线、网络标签和 I/O 端口，并设置其属性的方法；放置文本字符串和文本框的方法。

1.4.1　学习目标

- 懂得原理图设计规范。
- 掌握元件的放置、编辑与排列的方法。

- 能用导线、网络标签和 I/O 端口连接元件。
- 能用文本字符串或文本框对电路进行标注。

1.4.2 学习活动描述与分析

学习活动 4 的设计任务是在计算机上完成下面操作：
（1）对学习活动 3 中放置在图纸上的元件进行布局。
（2）用导线连接这些元件。

通过本部分内容的学习，学生应懂得【配线】工具栏里面的图标按钮的功能，掌握元件的选中、复制、剪切、粘贴、粘贴队列、移动、旋转及删除等操作方法；掌握元件的排列与对齐方法，掌握网络标签、I/O 端口和电气节点的用途；网络标签和标注文字的区别；能用导线、网络标签和 I/O 端口连接元件；文本框与文本字符串的区别；会在图纸中放置文本字符串和文本框。

本部分内容的学习**重点**是学会用导线、网络标签和 I/O 端口连接元件；**难点**是处理在元件连接时出现的未能实现电气连接的错误。造成此类错误的一个原因是在学习时混淆了网络标签与文本字符串，错误地用文本字符串代替了网络标签；另一个原因是捕获网格大小设置不合理，造成只是"看起来"实现了电路连接，实则未连上的错误。观看 SPOC 课堂上的视频有助于掌握原理图布局与布线相关技能。

1. 学习引导问题

完成学习活动 4 的设计任务，须弄清楚以下问题：
（1）什么是原理图布局？原理图布局有哪些要求？
（2）元件的编辑操作有哪些？
（3）什么是原理图布线？
（4）【配线】工具栏的图标按钮有哪些？这些图标按钮有何功能？
（5）什么是电气节点？电气节点在电路中的作用是什么？
（6）什么是网络标签？网络标签和标注文字有什么不同？
（7）文本字符串与文本框有何不同？

需要掌握以下操作技能：
（1）选中、复制、剪切、粘贴与删除元件。
（2）旋转、翻转和移动元件，排列和对齐元件。
（3）放置导线并设置导线的属性。
（4）放置网络标签并设置网络标签的属性。
（5）放置 I/O 端口并设置其属性。
（6）放置电气节点。
（7）用导线、网络标签和 I/O 端口连接元件。
（8）放置文本字符串和文本框并设置它们的属性。

2. SPOC 课堂上的视频资源

（1）任务 1.11 元件的编辑。
（2）任务 1.12 元件的排列与对齐。
（3）任务 1.13 放置导线、网络标签。
（4）任务 1.14 放置电气节点、I/O 端口。

（5）任务 1.15 放置文本字符串和文本框。

1.4.3 相关知识

1）原理图设计规范

（1）力求可读性强，信号从左边进，从右边出，便于分析电路原理和功能。

（2）同一模块中的元件尽量靠近，不同模块中的元件稍微远离。

（3）不要有过多的交叉线、过远的平行线。充分利用总线、网络标签、I/O 端口等电气符号，使原理图清晰明了。

（4）元件符号尽可能符合国家标准，连接无电气错误。

（5）原理图要有名称、设计日期等。

2）原理图布局

原理图布局就是调整图纸上的元件的摆放位置，以便设计的原理图美观、合理。原理图布局包括元件的编辑（即元件的选中、复制、剪切、粘贴、粘贴队列、移动、旋转和删除等）、排列和对齐等操作。

3）原理图布线

原理图布线就是用导线、网络标签和 I/O 端口等连接元件。

4）网络标签

网络标签又称为网络标号，是具有实际电气连接意义的字符。具有相同网络标签的导线，其电气关系是连接在一起的。绘制原理图时，当连接的元件相距较远，或者连接线路过于复杂时，使用网络标签代替实际走线可以大大简化原理图。

1.4.4 学习活动实施

1. 原理图布局

元件放置完成后，还需要调整各元件的位置，以使设计的原理图美观、合理。下面介绍原理图布局的操作方法。

1）元件的编辑操作

放置元件后，在用导线连接元件之前，要对元件进行选中、复制、剪切、粘贴、粘贴队列、移动、旋转、删除等操作。

（1）元件的选中与取消选中。

① 元件的选中。要对原理图上的元件进行各种操作，首先要选中元件，方法如下：

方法一：在图纸的合适位置按住鼠标左键不放，光标变成十字形，移动光标画矩形框，至合适的位置松开左键，矩形区域内的元件均被选中。如果需要选择多个对象，可按住键盘上的 Shift 键，然后依次单击要选择的对象。

方法二：利用主工具栏 按钮选中元件。单击主工具栏里的 按钮后，光标就变为十字形，在图纸的合适位置单击鼠标左键，画矩形框，矩形区域内的元件均被选中。在形成选择区域过程中，不需要一直按住鼠标左键。

方法三：执行【选择】菜单命令，如图 1-4-2 所示。

- 执行菜单命令【编辑】→【选择】→【区域内对象】，光标变成十字形，画矩形框圈住需要选中的元件，则矩形框内的元件被选中。

■ 执行菜单命令【编辑】→【选择】→【区域外对象】，光标变成十字形，画矩形框圈住不需要选中的元件，则矩形框外的元件被选中。
■ 执行菜单命令【编辑】→【选择】→【全部对象】，图纸上的所有元件被选中。

图 1-4-1　主工具栏中的【选中】、【移动】、【取消】选中按钮

② 取消选中状态：
方法一：在图中空白处单击鼠标左键，可以取消选中状态。
方法二：单击主工具栏上的 按钮，取消所有元件的选中状态。
方法三：执行菜单命令【编辑】→【取消选择】→【区域内对象】/【区域外对象】/【全部当前文档】/【全部打开的文档】。

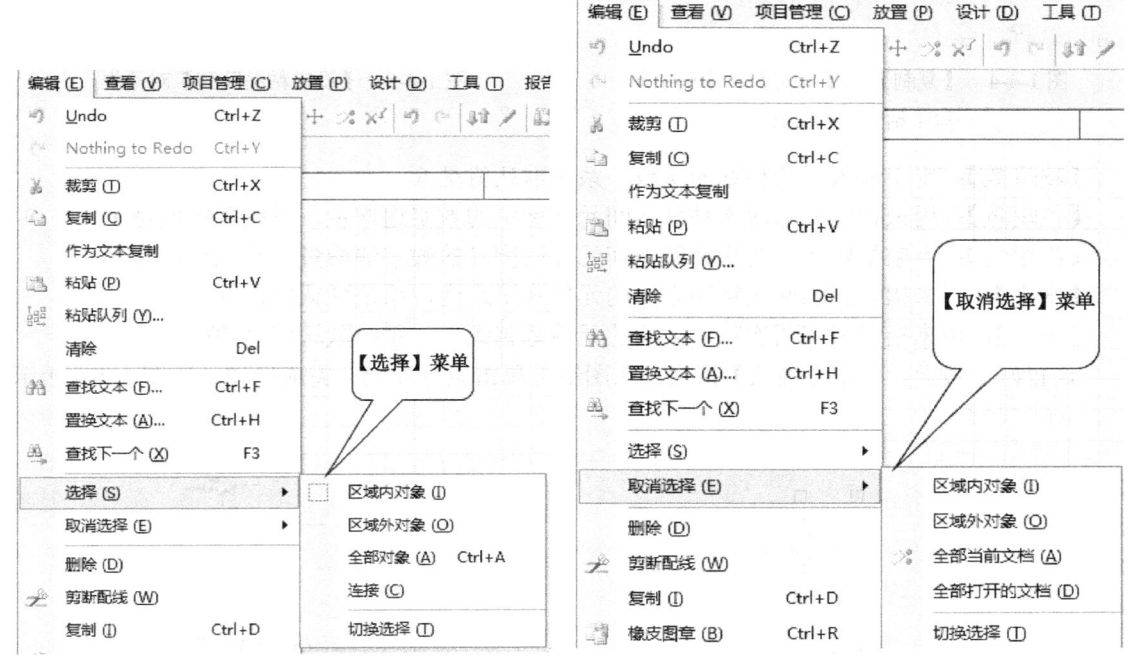

图 1-4-2　【选择】菜单　　　　图 1-4-3　【取消选择】菜单

（2）元件的复制、剪切与粘贴。

① 元件的复制。选中要复制的对象，执行菜单命令【编辑】→【复制】或单击主工具栏 按钮（如图 1-4-4 所示），即可复制被选中对象。该命令等同于按下快捷键 Ctrl+C。

② 元件的剪切。选中要剪切的对象，执行菜单命令【编辑】→【剪裁】或单击主工具栏 按钮，此时选中的对象被移动到剪贴板上。该命令等同于按下快捷键 Ctrl+X。

③ 元件的粘贴。经元件复制或剪切操作后，单击主工具栏 按钮，或执行菜单命令【编辑】→【粘贴】，粘贴对象将以浮动状态附着在十字光标上，在适当位置单击鼠标左键，完成粘贴元件操作。该命令等同于按下快捷键 Ctrl+V。

④ 元件的粘贴队列。粘贴队列可以完成同时粘贴多次剪贴板内容的操作。

方法一：经元件复制或剪切操作后，单击主工具栏上的 按钮，在适当位置单击鼠标左键，完成一次粘贴。此时十字光标上附着的对象仍处于浮动状态，单击鼠标左键，仍可继续粘贴，单击鼠标右键，退出粘贴队列状态。

方法二：经元件复制或剪切操作后，执行菜单命令【编辑】→【粘贴队列】，弹出【设定粘贴队列】对话框，如图 1-4-5 所示。

图 1-4-4 【复制】、【剪切】、【粘贴】与【粘贴队列】按钮

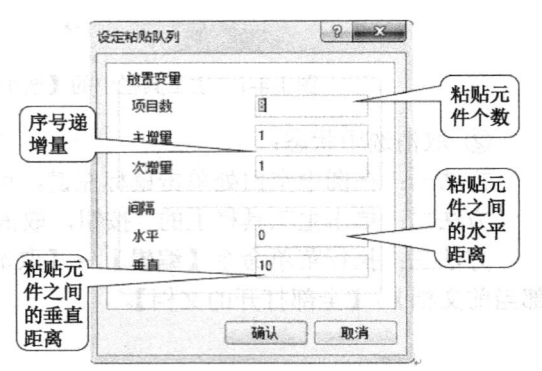

图 1-4-5 【设定粘贴队列】对话框

【项目数】：用于输入需要粘贴的次数，系统默认值是 8。
【主增量】：用来指定相邻两次粘贴之间元件标识的数字递增量，系统默认值是 1。
【次增量】：用来指定相邻两次粘贴之间元件引脚号的数字递增量，系统默认值是 1。
【水平】：用来指定相邻两次粘贴之间的元件水平距离，系统默认值是 0。
【垂直】：用来指定相邻两次粘贴之间的元件垂直距离，系统默认值是 50。

设置好参数后，单击【确认】按钮，在图纸上单击鼠标左键，完成操作，如图 1-4-6 所示。

（a）复制元件　　　　　　　　　　　　（b）操作结果

图 1-4-6 粘贴队列的操作过程

（3）元件的移动。

方法一：如果需要移动元件，先选中元件，然后按住鼠标左键将元件拖到适当位置。

方法二：选中元件，单击主工具栏上的 + 按钮，可以将其移动到适当位置。

方法三：选中元件，执行菜单命令【编辑】→【移动】→【拖动】，光标变成十字形，将光标移到需要移动的元件上并单击鼠标左键，即可将元件移至适当位置。采用此方法拖动时元件上的连线也跟着移动。

方法四：执行菜单命令【编辑】→【移动】→【移动】，光标变成十字形，将光标移到需要移动的元件上并单击鼠标左键，即可将元件移至适当位置。采用此方法拖动元件时，元件上的连线不会随之移动。

（4）元件的旋转和翻转。单击元件，待光标变成十字形后，按 Space 键可使元件以光标为中心旋转（每按一次逆时针旋转 90°）；按 Y 键可使元件上下（垂直）翻转；按 X 键可使元件左右（水平）翻转。

（5）元件的删除。【编辑】菜单里有两个删除命令，即【删除】和【清除】命令。【清除】命令的功能是删除已选中的元件；【删除】命令的功能也是删除元件，与【清除】命令不同的是，在执行【删除】命令之前，不需要选中元件。

方法一：选中待删除的元件，执行菜单命令【编辑】→【清除】，选中的元件立刻被删除。

方法二：执行菜单命令【编辑】→【删除】后，光标变成十字形，在需要删除的元件上单击鼠标左键，即可删除元件。

方法三：选中待删除的元件，按下键盘上的 Delete 键，也可以删除元件。

◀ 提示：观看 SPOC 课堂教学视频：元件的编辑。

📖 练一练：

上机练习元件、端口等的放置、移动/拖动、复制、剪切、选中、删除、粘贴等操作。

2）元件的排列与对齐

（1）选中需要调整的元件，执行菜单命令【编辑】→【排列】，如图 1-4-7 所示。

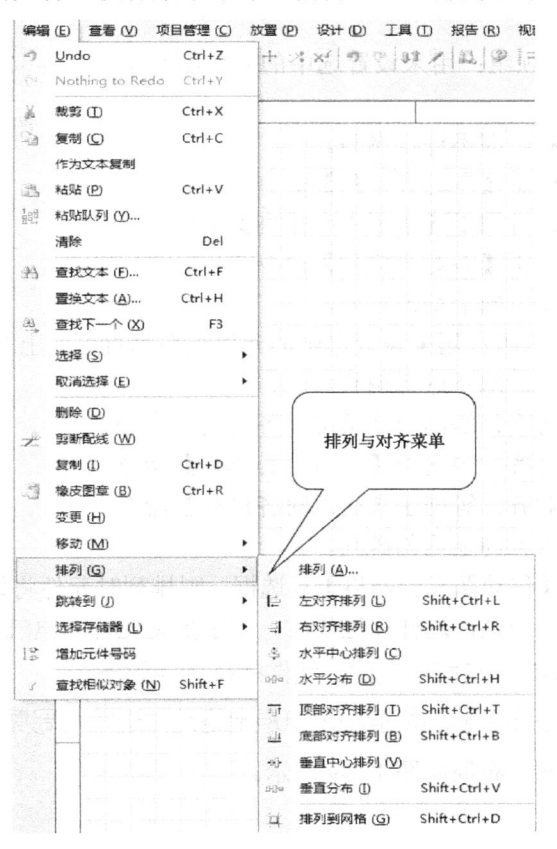

图 1-4-7 排列与对齐菜单

① 元件的对齐排列：

【左对齐排列】：以选中的元件中最左边的元件为基准对齐。

【右对齐排列】：以选中的元件中最右边的元件为基准对齐。
【水平中心排列】：以选中的元件中最左边的元件与最右边的元件之间的中心线为基准对齐。
【顶部对齐排列】：以选中的元件中最上边的元件为基准对齐。
【底部对齐排列】：以选中的元件中最下边的元件为基准对齐。
【垂直中心排列】：以选中的元件中最上边的元件与最下边的元件之间的中心线为基准对齐。
【排列到网格】：使选中的元件对齐在网格点上，这样便于电路连接。

② 元件的分布排列：
【水平分布】：以选中的元件中最左边的元件和最右边的元件为界，选中的元件在水平方向上均匀分布。
【垂直分布】：以选中的元件中最上边的元件和最下边的元件为界，选中的元件在垂直方向上均匀分布。

对于上述的几项命令，每选中一次元件，只能进行一种操作。

（2）执行菜单命令【编辑】→【排列】→【排列】，弹出如图 1-4-8 所示的【排列对象】对话框，通过该对话框可以同时设置选中的元件组在水平方向（横向）和垂直方向（纵向）上的排列方式。

① 【水平调整】选项组：用来设置选中的元件组在水平方向上的排列方式。

【无变化】：保持原状，即不进行调整。
【左】：左对齐，等同于【左对齐排列】命令。
【中心】：中心对齐，等同于【水平中心排列】命令。
【右】：右对齐，等同于【右对齐排列】命令。
【均匀分布】：在水平方向上均匀排列。

图 1-4-8 【排列对象】对话框

② 【垂直调整】选项组：用来设置选中的元件组在垂直方向上的排列方式。
【无变化】：保持原状，即不进行调整。
【顶】：元件组顶端对齐，等同于【顶部对齐排列】命令。
【中心】：垂直中心对齐，等同于【垂直中心排列】命令。
【底】：元件组底端对齐，等同于【底部对齐排列】命令。
【均匀分布】：在垂直方向上均匀排列。

若选中对话框中的【移动图元到网格】复选框，则排列时元件将始终位于捕获网格的网格点上。建议用户选中该复选框，这样在连线时，便于捕捉元件的电气节点。

提示：观看 SPOC 课堂教学视频：元件的排列与对齐。

设计任务：对放置在图纸上的智能小车电源电路元件进行布局操作。

智能小车电源电路元件布局如图 1-4-9 所示。

2. 原理图布线

放置完元件后，接下来的工作就是连接电路，也就是用导线将原理图中的元件引脚连接起来。

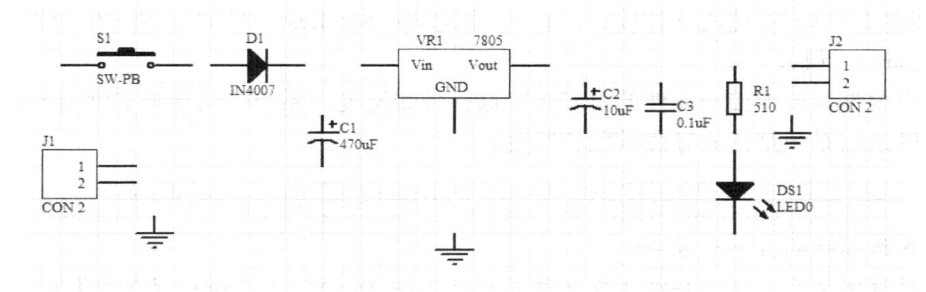

图 1-4-9　智能小车电源电路元件布局图

1)【配线】工具栏

Protel 提供了用于绘制原理图的工具栏，即【配线】工具栏，如图 1-4-10 所示。可以通过执行菜单命令【查看】→【工具栏】→【配线】来打开或关闭【配线】工具栏。

【配线】工具栏的主要作用是放置导线、总线、总线分支、网络标签、接地符号和电源符号等。

【配线】工具栏中按钮的功能如表 1-4-1 所示。

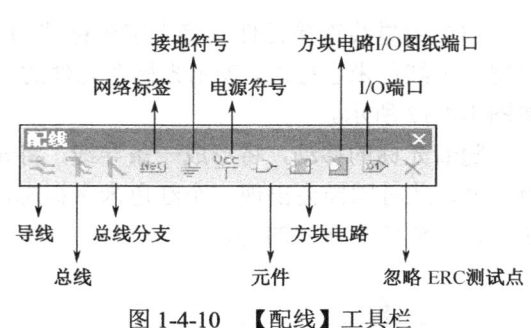

图 1-4-10　【配线】工具栏

表 1-4-1　【配线】工具栏的按钮及其功能

按钮	功能	按钮	功能
≈	放置导线	□	放置方块电路
⊣	放置总线	▷	放置方块电路 I/O 端口
▶	放置总线分支	D1▷	放置 I/O 端口
Net1	放置网络标签	Vcc	放置电源符号
⊥	放置接地符号	✕	设置忽略 ERC 测试点
⊸	放置元件		

2) 放置导线

(1) 启动命令。执行菜单命令【放置】→【导线】（或在【配线】工具栏中单击 ≈ 按钮，或使用绘制导线快捷键 P+W），启动放置导线命令。

(2) 设置导线属性。按键盘 Tab 键，弹出【导线】对话框，如图 1-4-11 所示。在该对话框内可设置导线的有关属性。

【颜色】：单击右边的颜色块，可以打开【选择颜色】对话框，选择需要的导线颜色。系统默认导线颜色为深蓝色。

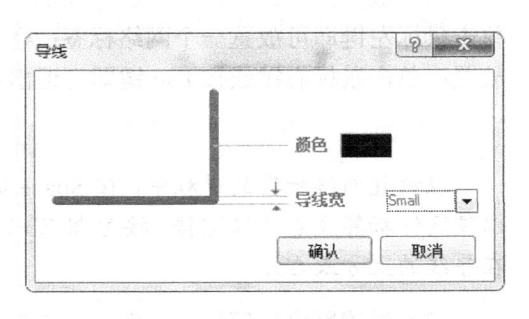

图 1-4-11　【导线】对话框

【导线宽】：单击右边的下拉按钮，有 4 个选项：Smallest（最细）；Small（细）；Medium（中等）；Large（粗）。

用户可根据需要连接的元件的引脚线宽选择导线宽度。系统默认导线宽度为 Small（细）。初学者可以选用系统默认的导线颜色和宽度。

> 📖 提示
>
> 设置导线属性的另一种方法：
>
> 导线放置完毕后，双击导线（或在放置状态下按 Tab 键），可弹出【导线】对话框，以设置导线的属性。

（3）用导线连接元件。将十字光标移动到导线的起点位置（一般是元件的引脚），此时会出现一个红色米字标志，表示光标在元件的一个电气节点上。单击鼠标左键，确定导线的起点，如图 1-4-12 所示。

随着光标的移动，将形成一条导线，将光标拖动到要连接的另外一个元件的引脚（电气节点）处，此时同样会出现一个红色米字标志，再次单击鼠标左键确定导线的终点，如图 1-4-13 所示，完成两个元件的连接。

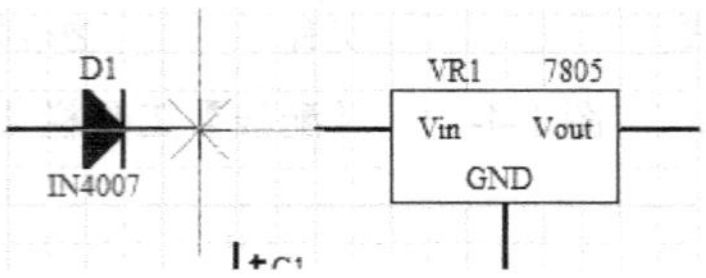

图 1-4-12　导线起点 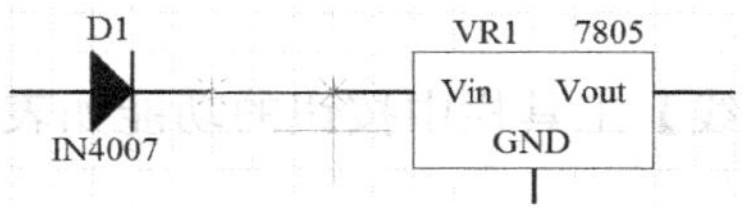　　　　　图 1-4-13　导线终点

当放置导线需要转弯时，可以单击鼠标左键确定转弯的位置，移动光标继续放置导线。导线放置完毕，单击鼠标右键或按 Esc 键即可退出放置导线的命令状态。

> 📖 提示：
>
> 放置导线过程中，若要改变导线的转弯方式，例如，要将直线变为斜线，可以通过按快捷键 Shift+Space 来切换导线的转弯方式。转弯方式共三种：直角、45°角、任意角。

3）放置网络标签

（1）启动命令。执行菜单命令【放置】→【网络标签】（或单击【配线】工具栏上的 ![Net] 按钮，或按下快捷键 P+N），光标变为十字形，并附着了一个初始网络标签"Net Label1"。

（2）放置网络标签。将光标移动到需要放置网络标签的导线上，当出现红色米字标志时，单击鼠标左键即可放置一个网络标签；将光标移动到其他需要放置网络标签的位置，可以继续放置；单击鼠标右键或按 Esc 键即可退出放置网络标签的命令状态。

> 📖 提示：
>
> 在放置网络标签的过程中，按 Space 键可以使网络标签以逆时针方向旋转 90°，按 X 键可以使网络标签左右镜像翻转，按 Y 键可以使网络标签上下镜像翻转。网络标签的正确位置应该在导线的上方或右方。

（3）设置网络标签属性。双击已放置的网络标签（或在放置状态下按 Tab 键），系统弹出【网络标签】对话框，如图 1-4-14 所示。

【颜色】：单击颜色方块，可以打开【选择颜色】对话框，在其中选择需要的颜色。系统默认颜色为棕红色。

【位置 X】/【位置 Y】：网络标签在原理图上的横/纵坐标。

【方向】：网络标签在原理图上的放置方向。有 4 个选项供用户选择，系统默认选项是"0 Degrees"（即 0°）。

【网络】：在此文本框内可以直接输入想要放置的网络标签名称，也可以单击右侧的下拉按钮选取曾经使用过的网络标签。

【字体】：用于网络标签名称的字体设置。单击右边的【变更】按钮，会弹出字体设置对话框。

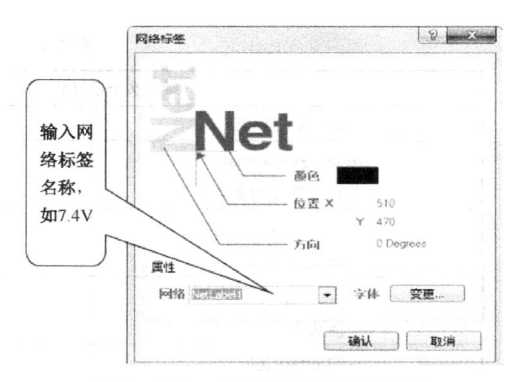

图 1-4-14　【网络标签】对话框

🔊 提示：观看 SPOC 课堂教学视频：放置导线、网络标签。

4）放置 I/O 端口

I/O 端口即输入/输出端口，下文简称为端口。在设计原理图时，两点之间的电气连接可以直接使用导线完成，也可以通过设置相同的网络标签来完成，还可以使用电路的端口，实现两点之间（一般是两个电路之间）的电气连接。相同名称的端口在电气关系上是接在一起的，一般情况下不使用端口连接在同一张图纸中的元件或电路，端口连接方式主要用于层次电路原理图的绘制。

（1）启动命令。执行菜单命令【放置】→【端口】（或单击【配线】工具栏上的 按钮，或按下快捷键 P+R），光标变为十字形，并附着了端口符号。

（2）放置端口。将光标移动到需要放置端口的导线上，当出现红色米字标志时，单击鼠标左键确定端口的起始位置，然后拖动光标使端口的大小合适，再次单击鼠标左键确定端口的终点位置，即可完成放置。单击鼠标右键或按 Esc 键即可退出放置状态。

📖 提示：
在放置端口的过程中，按 Space 键可以使端口以逆时针方向旋转 90°，按 X 键可以使端口左右镜像翻转，按 Y 键可以使端口上下镜像翻转。

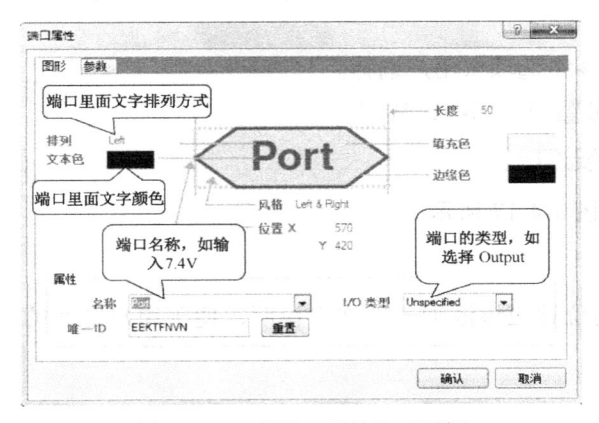

图 1-4-15　【端口属性】对话框

（3）设置端口属性。双击已放置的端口（或在放置状态下按 Tab 键），系统将弹出相应的【端口属性】对话框，如图 1-4-15 所示。

【排列】：设置端口名称在端口符号中的位置，有 3 种选择：Center、Left、Right。

【文本色】：设置端口名称的颜色。单击右边的颜色方块，可以进行设置。

【长度】：端口长度设置。

【填充色】：端口填充的颜色设置。

【边缘色】：端口边框的颜色设置。

【风格】：端口在原理图中的外形设置，有 8 种选择，具体如表 1-4-2 所示。

表 1-4-2　端口外形风格和类型

端口外形风格		类　　型
水 平 方 向	垂 直 方 向	
None（Horizontal） 水平方向没有箭头	None（Vertical） 垂直方向没有箭头	Unspecified 未定义端口
Left 箭头方向向左	Top 箭头方向向上	Output 输出端口
Right 箭头方向向右	Bottom 箭头方向向下	Input 输入端口
Left&Right 左右双向	Top&Bottom 上下双向	Bidirectional 双向端口

【唯一 ID】：在整个项目中该端口的唯一 ID，用来与 PCB 同步。由系统随机给出，一般不修改。

5）放置电气节点

在 Protel 中，当导线形成 T 形连接时，系统会自动在连接处放置一个电气节点，但当导线形成十字形连接时，系统不会自动放置电气节点，如果交叉的导线确实相连，需要用户手动放置电气节点。手动放置电气节点的步骤如下：

（1）启动命令。执行菜单命令【放置】→【手工放置节点】（或按下快捷键 P+J），光标变为十字形，且附着一个小圆点（即电气节点）。

（2）放置电气节点。移动光标到需要放置电气节点的位置，单击鼠标左键即可完成放置，单击鼠标右键或按 Esc 键退出放置模式。

（3）设置电气节点属性。双击需要设置属性的电气节点（或在放置状态下按 Tab 键），弹出【节点】对话框，如图 1-4-16 所示。

【颜色】：单击右边的颜色方块，可以打开【选择颜色】对话框，设置需要的电气节点颜色。系统默认电气节点颜色为棕红色。

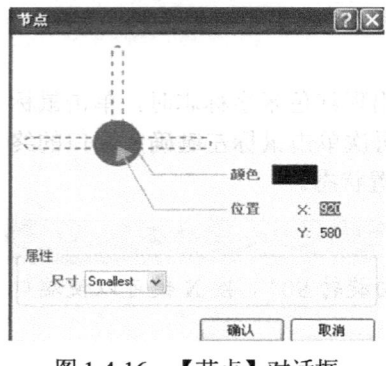

图 1-4-16　【节点】对话框

【位置 X】/【位置 Y】：电气节点在原理图上的横/纵坐标。

【尺寸】：设置电气节点的形状、大小，有 4 个选项供用户选择。

◆ 提示：观看 SPOC 课堂的教学视频：放置电气节点、端口。

设计任务：完成智能小车电源电路元件导线连接。

完成元件导线连接的智能小车电源电路如图 1-4-17 所示。

3. 放置电路的解释说明文本

为了增加原理图的可读性，在某些关键的位置应该添加一些文字说明，便于用户之间的交流。

1）放置文本字符串

放置文本字符串的操作步骤如下：

（1）启动命令。执行菜单命令【放置】→【文本字符串】，或单击实用工具栏A按钮，光标变为十字形，且附着一个"TEXT"。

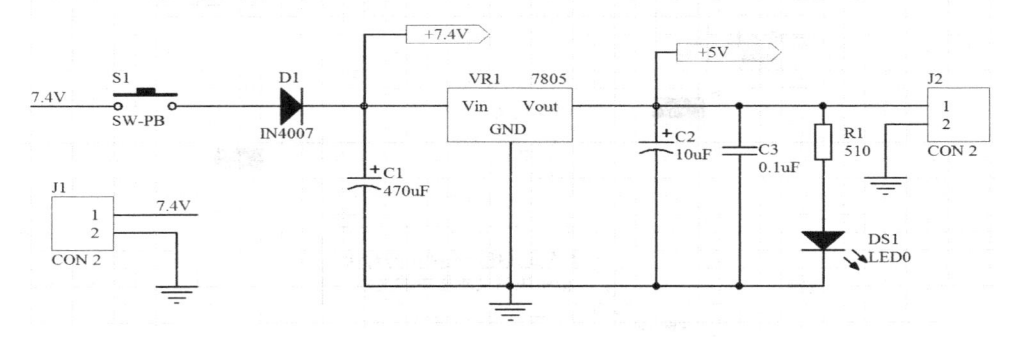

图 1-4-17 完成元件导线连接的智能小车电源电路

（2）放置文本字符串。移动光标到合适的位置，单击鼠标左键即可放置该文本字符串。单击鼠标右键或按 Esc 键退出放置模式。

（3）设置文本字符串的属性。双击需要设置属性的文本字符串（或在放置状态下，按 Tab 键），弹出如图 1-4-18 所示的【注释】对话框，可进行属性设置。

【颜色】：文本字符串颜色设置。

【位置 X/Y】：文本字符串在原理图上的横/纵坐标。

【方向】：设定文本字符串在原理图上的放置方向，有 4 个选项。

【水平调整】：调整文本字符串在水平方向上的位置，有 3 个选项。

【垂直调整】：调整文本字符串在垂直方向上的位置，有 3 个选项。

图 1-4-18 【注释】对话框

【文本】：用来输入文本字符串的具体内容。单击【变更】按钮，可以改变字体的设置。

> 提示：网络标签和标注文字有什么不同？
> 网络标签具有电气连接功能，网络标签名中字母的大小写具有不同的含义；标注文字只是说明文字，不具有电气连接功能。

2）放置文本框

文本框用于放置对原理图的解释说明文字，本身不具有电气意义。使用文本框可以放置多行文本，并且字数没有限制。

（1）启动放置文本框命令。执行菜单命令【放置】→【文本框】，或单击工具栏中的 按钮，十字光标附着一个文本框。

（2）放置文本框。移动光标到合适的位置，单击鼠标左键确定文本框的一个顶点，移动光标到适当的位置，再次单击鼠标左键，即可完成文本框的放置。单击鼠标右键或按 Esc 键退出放置模式。

（3）设置文本框的属性。双击需要设置属性的文本框（或在放置状态下按 Tab 键），系统会弹出如图 1-4-19 所示的【文本框】对话框。

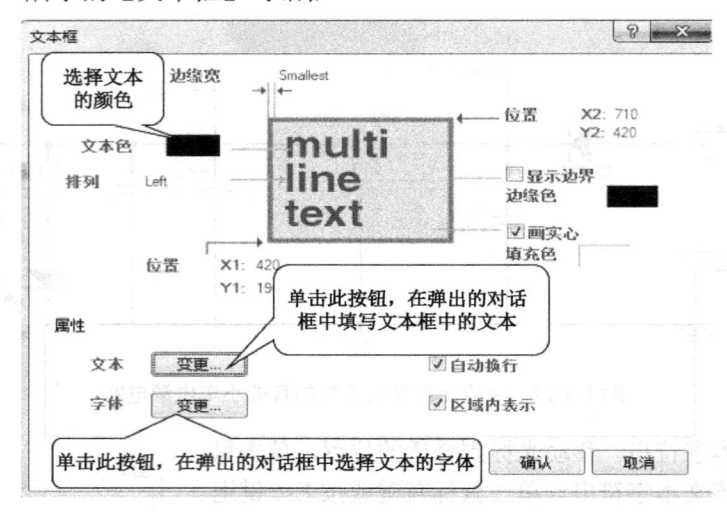

图 1-4-19　【文本框】对话框

【文本】：设置文本框的内容。单击其右边的【变更】按钮，系统将弹出一个文本编辑对话框，用户可以在其中输入说明文字。

【自动换行】：选中该复选框，当文本超出文本框区域时，会自动换行。

【区域内表示】：选中该复选框，当文本超出文本框区域时，系统会自动切掉超出的部分；若不选中该复选框，则当文本超出文本框区域时，超出的部分将在文本框的外面显示。

【字体】：用于设置文本框中文字的字体。单击其右边的【变更】按钮，会弹出字体设置对话框。

【边缘宽】：用于设置文本框边框的宽度，有 4 个选项。

【文本色】：用于设置文本框中文字的颜色。

【排列】：用于设置文本框中文字的对齐方式，有 3 个选项。

【位置 X1/Y1】：用于设置文本框起始顶点在原理图上的横/纵坐标。

【位置 X2/Y2】：用于设置文本框终止顶点在原理图上的横/纵坐标。

【显示边界】：选中该复选框后，将显示文本框的边框。

【边缘色】：设置文本框边框的颜色。

【画实心】：选中该复选框后，文本框被特定颜色填充。

【填充色】：用于设置文本框填充的颜色。

例如，设置文本框内容为"智能小车电源电路"，采用 5 号仿宋字体、5 号色。设置方法如下：

① 选择颜色。单击【文本色】，弹出【选择颜色】对话框，从中选择 5 号色，单击【确认】按钮。

② 确定字体。单击【字体】右侧的【变更】按钮，弹出【字体】对话框，从中选择 5 号仿宋字体，单击【确认】按钮。

③ 输入文本。单击【文本】右侧的【变更】按钮，在弹出的对话框中输入"智能小车电源电路"，单击【确认】按钮。

④ 居中排列文本。在【排列】选项框中选择【Center】（居中），单击【确认】按钮。

⑤ 放置文本框。在图中适当位置单击左键放置文本框。

提示：观看 SPOC 课堂的教学视频：放置文本字符串和文本框。

设计任务：放置"智能小车电源电路"文本框。

放置了文本框的智能小车电源电路如图 1-4-20 所示。

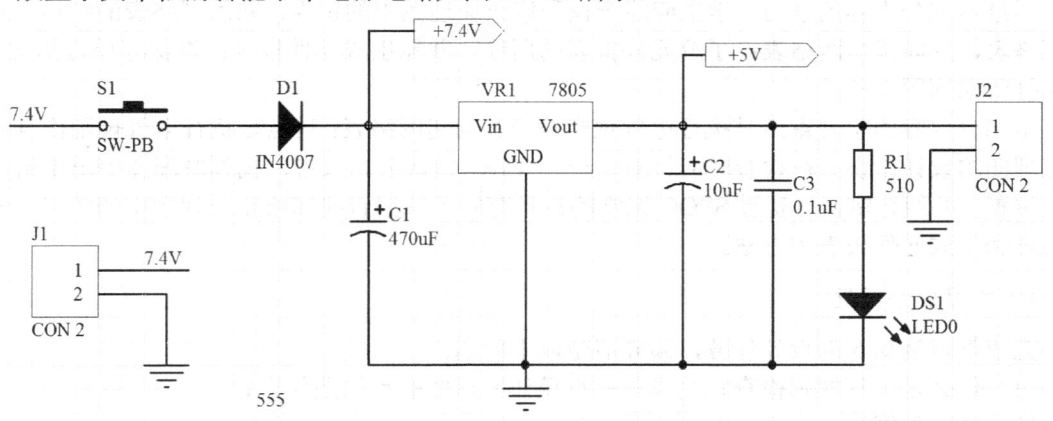

智能小车电源电路

图 1-4-20　放置了文本框的智能小车电源电路

1.4.5　学习活动小结

本部分内容介绍了原理图设计规范和网络标签、端口的用途；还介绍了【配线】工具栏中各按钮的功能；讲解了放置电路的解释说明文本的方法；重点讲解了原理图布局和布线的方法。

任务实施

1.5　学习活动 5　报表文件的生成与打印

原理图绘制好了以后，先要执行电气规则检查，确定原理图设计是否存在错误，然后再创建网络表，为后面制作 PCB 做准备。学习活动 5 主要介绍执行电气规则检查、创建网络表、生成元件报表、保存所有设计文件和打印原理图文件的方法。

1.5.1　学习目标

- 能查找和修正原理图中的错误。
- 能创建网络表和生成元件报表。
- 能保存全部设计文件。
- 能打印原理图文件。

1.5.2　学习活动描述与分析

学习活动 5 的设计任务是在计算机上完成下面操作：
（1）编译与检查设计的智能小车电源电路原理图。

（2）创建网络表和元件报表。
（3）完成智能小车电源电路原理图的打印设置。
（4）保存智能小车电源电路原理图文件。

通过本部分内容的学习，学生应能查找和修正原理图中的错误；熟悉网络表的结构，能创建网络表，并能读懂网络表；了解元件报表的用途，并能生成元件报表；能保存原理图文件，并能打印原理图文件。

本部分内容的学习**重点**是执行电气规则检查和创建网络表；**难点**是执行电气规则检查并修改原理图的设计错误。在检查时应针对每一条 ERC 错误信息报告，找到原理图中出现错误的对应位置，并纠正错误。观看 SPOC 课堂的视频有助于掌握查找和修正原理图中的错误、创建网络表和生成元件报表的方法。

1. 学习引导问题

完成学习活动 5 的设计任务，须弄清楚以下问题：
（1）什么是电气规则检查？编译与检查设计原理图的目的是什么？
（2）什么是网络表？网络表由哪几部分组成？
（3）什么是元件报表？
（4）原理图打印设置包括哪些内容？

需要掌握以下操作技能：
（1）对原理图进行电气规则检查。
（2）创建网络表。
（3）生成元件报表。
（4）对原理图进行打印设置。
（5）保存原理图文件。

2. SPOC 课堂上的视频资源

（1）任务 1.15 原理图的电气规则检查。
（2）任务 1.16 创建网络表。
（3）任务 1.17 生成元件报表。
（4）任务 1.18 原理图文件的保存和打印。

1.5.3 相关知识

1. 电气规则检查

Protel 提供了对电路的电气规则检查（Electronic Rule Check，ERC）功能，就是利用软件测试用户设计的原理图，检查其中的电气连接和引脚信息，以便能够查找明显的错误。执行 ERC 后，将生成错误报告，并且在原理图中标出错误，以便用户分析和修正错误。

2. 网络表

网络表是一张包含原理图中全部元件和电气连接关系的列表，它包含原理图中的元件综合信息，包括元件名、元件封装、元件标号、引脚信息及元件间的网络连接关系，是 PCB 自动布线的"灵魂"。

网络表在格式上大致可分为元件描述和网络连接描述两部分。

（1）元件描述——方括号表示的部分。

[　　　　　　　　　　　　　开始描述一个元件
　C　　　　　　　　元件编号
　RAD0.2　　　　　元件封装　　　　　注意：顺序不能颠倒
　0.1μF　　　　　　元件类型或标称值

　　　　　　　　　　　下三行为元件附加说明（本示例中此三行为空白行）

]　　　　　　　　　　　元件描述结束

（2）网络连接描述——圆括号表示的部分。

(　　　　　　　　　　　开始描述一个网络
　NetR1_1　　　　　计算机自动给予或人工给予的网络标签
　R1-1　　　　　　元件标号及其引脚号，网络连接的第一个分支
　C1-2　　　　　　元件标号及其引脚号，网络连接的第二个分支
　Q-B　　　　　　　元件标号及其引脚号，网络连接的第三个分支
　R2-2　　　　　　元件标号及其引脚号，网络连接的第四个分支
)　　　　　　　　　　　网络描述结束

> 注意：
> 网络连接描述的分支顺序可以颠倒。

网络表在原理图与 PCB 之间起"桥梁"作用。在制作 PCB 的时候，主要是根据网络表来自动布线的。网络表也是 Protel 检查、核对原理图设计及 PCB 设计是否正确的基础。

网络表可以由原理图直接生成，也可以在文本编辑器中由用户手动编辑完成，还可以在 PCB 编辑器中，由已经布好线的原理图导出。网络表文件的文件名与原理图的文件名相同，扩展名为".NET"。

3．元件报表

元件报表主要用于整理和查看当前项目文件或原理图中所有的元件。元件报表主要包括元件名称、元件标号、元件标注、元件封装等内容，如果要采购原理图中的所有元件，则可以生成元件报表，按此购买元件。

1.5.4　学习活动实施

1．原理图的电气规则检查（ERC）

1）执行电气规则检查命令

执行菜单命令【项目管理】→【Compile PCB Project…】，如图 1-5-1 所示。

2）打开【Messages】面板对话框

用左键单击面板控制区【System】面板标签，在弹出的菜单中选择【Messages】选项，如

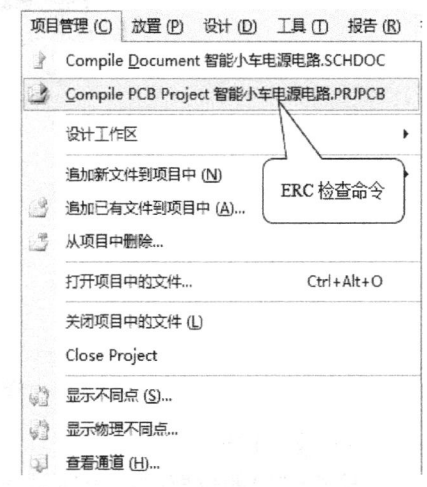

图 1-5-1　执行电气规则检查命令

图 1-5-2 所示，打开【Messages】面板。

3）查看 ERC 报告

在本任务中，【Messages】面板显示的是智能小车电源电路的 ERC 报告信息。报告中有 2 个 Warning 信息。用户可根据 ERC 报告的提示信息对原理图进行修正并重新编译，直到无问题为止。值得注意的是 Protel 给出的编译信息并不都是准确的，例如，图 1-5-3 显示了 Warning 信息"Net NetC1-1 has no driving source"，但根据电路设计原理可判断此处并没有错误。

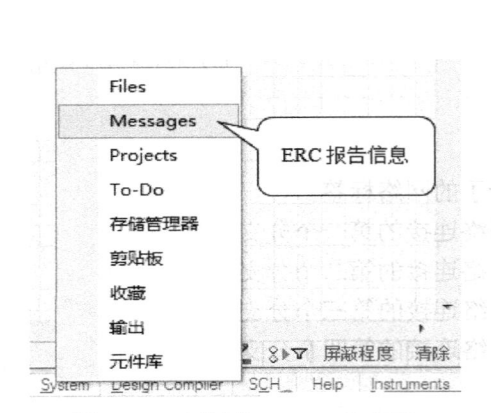

图 1-5-2　打开【Messages】面板

图 1-5-3　查看 ERC 检查报告

4）检查原理图的设计错误

用左键双击 ERC 报告中的一条提示信息，弹出【Compile Errors】面板，如图 1-5-4 所示，其中显示了提示信息对应的位置信息。根据位置信息，可找到原理图中的对应位置，对问题予以解决。依次分析 ERC 报告中的每一条信息并解决对应的问题，直到再次检查时，【Messages】面板中无任何提示，表示没有发现错误。

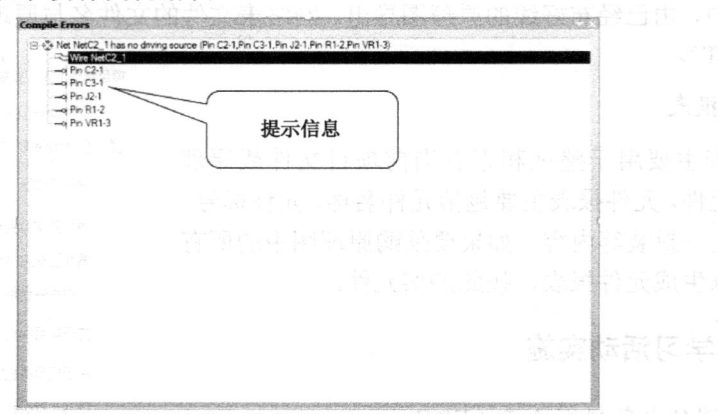

图 1-5-4　【Compile Errors】面板

5）改正错误

检查错误的位置时，出现错误的位置处于被选中状态，修改好错误，单击右下角【清除】选项，就可以解除选中。

> **提示：**
>
> ERC 并不能检查出原理图功能结构方面的错误，也就是说，从电路原理角度看，用户设计的电路是否合理，能否实现，ERC 是无法检查出来的。ERC 能够检查出一些人为的疏失，如元件引脚忘记连接了，或是网络标签重复了等。当然，用户在设计时，假如某个元件确实不需要连接，则可以忽略该检查。
>
> **忽略 ERC 的方法：** 执行菜单命令【放置】→【指示符】→【忽略 ERC 检查】，或单击【配线】工具栏×按钮，或按下快捷键 P+I+N，在需要忽略检查的地方放置一个"×"（忽略 ERC 检查点），则系统在进行电气规则检查（ERC）时，就可以忽略对该点的检查。

📢 提示：观看 SPOC 课堂上的视频：原理图的电气规则检查。

设计任务：查找和修正智能小车电源电路原理图设计的错误。

2. 网络表

1）生成网络表

执行菜单命令【设计】→【设计项目的网络表】→【Protel】，可以生成项目的网络表，如图 1-5-5 所示。

2）查看网络表文件

用左键单击面板控制区【System】标签，在弹出的菜单中选择【Projects】选项。在弹出的【Projects】面板中单击"Genetated"文件夹前面的"+"，显示"Netlist Files"文件夹；单击"Netlist Files"文件夹前面的"+"，显示"智能小车电源电路.NET"文件，如图 1-5-6 所示。双击此文件，即可打开"智能小车电源电路.NET"网络表文件。在网络表文件中，包含两部分信息：元件信息及元件之间连接的网络信息。

3）保存网络表文件

方法与保存原理图文件的方法相同。

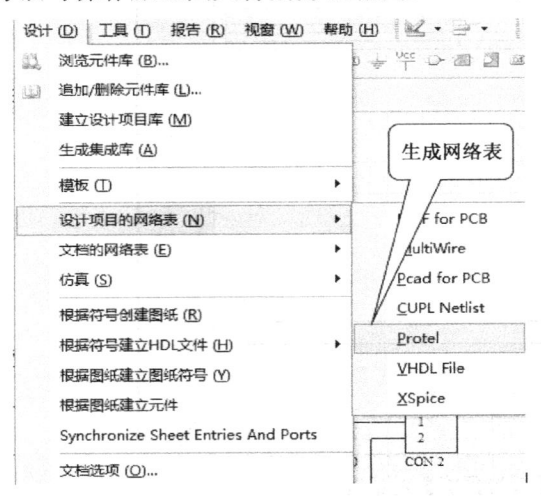

图 1-5-5　生成网络表的菜单命令　　　　图 1-5-6　查看网络表

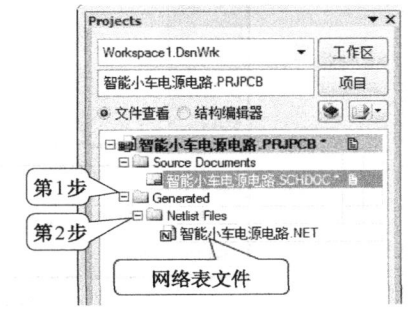

📢 提示：观看 SPOC 课堂上的视频：创建网络表。

设计任务：创建智能小车电源电路原理图的网络表。

3. 生成元件报表

执行【报告】→【Bill of Materials】菜单命令，打开如图 1-5-7 所示的对话框。

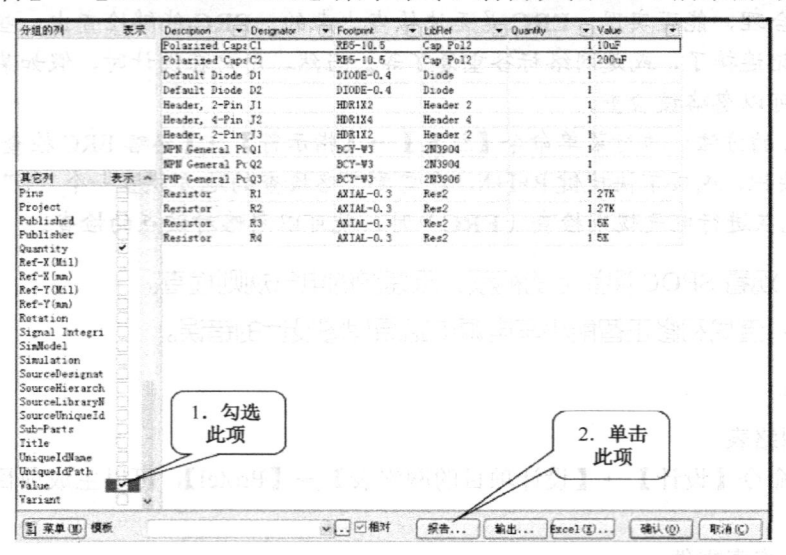

图 1-5-7　生成元件报表

在对话框左边【其它列】（其他列）列表中，选中【Value】，单击【报告】按钮，弹出【报告预览】对话框，如图 1-5-8 所示。单击【输出】按钮，将弹出如图 1-5-9 所示的对话框。

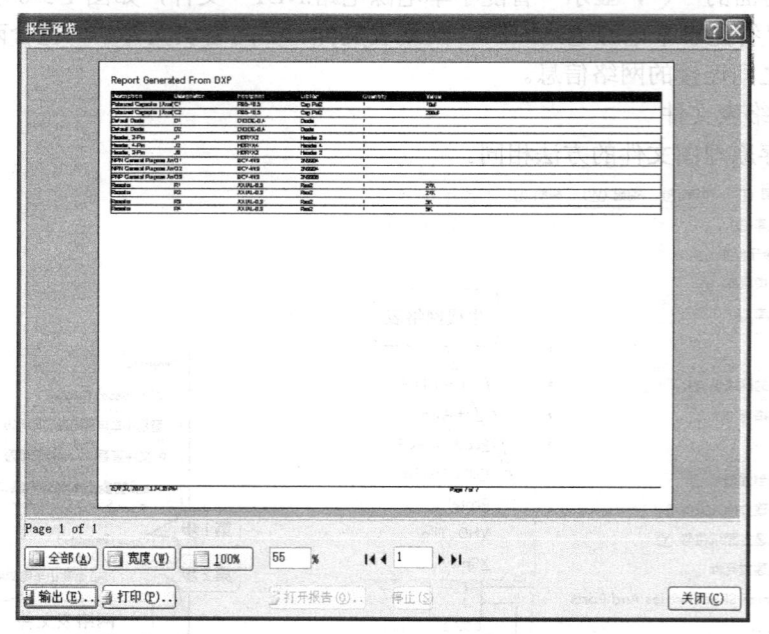

图 1-5-8　【报告预览】对话框

在该对话框中可设置保存的文件名、保存的类型和位置，之后就可将元件报表输出到指定的位置了。

图 1-5-9　输出元件报表

🔊 提示：观看 SPOC 课堂上的视频：生成元件报表。

设计任务：生成智能小车电源电路原理图的元件报表。

4. 保存和打印

1）打印

用户在打印原理图之前，一般要先进行页面设置，然后进行打印设置。

（1）页面设置。页面设置的主要作用是设置纸张大小、纸张方向、页边距、打印缩放比例、打印颜色设置等。

执行【文件】→【页面设定】菜单命令，弹出【Schematic Print Properties】（原理图打印属性）对话框，如图 1-5-10 所示。

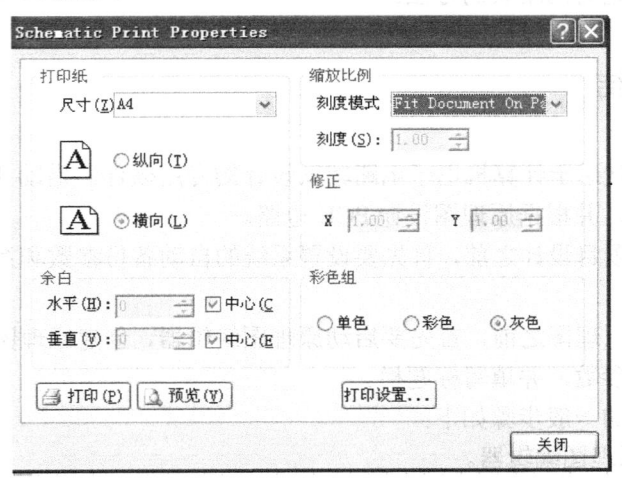

图 1-5-10　【Schematic Print Properties】对话框

- 尺寸：用于设置打印纸张的大小，可以在其后的下拉列表中选择合适的尺寸。
- 横向：表示将图纸设置为横向放置。
- 纵向：表示将图纸设置为纵向放置。

- 余白：用于设置纸张的边缘到图框的距离，分为水平距离和垂直距离。
- 缩放比例：用于设置打印时的缩放比例。图纸的规格与普通打印纸的尺寸规格不同。当图纸的尺寸大于打印纸的尺寸时，用户可以在打印输出时对图纸进行一定比例的缩放，从而使图纸能在一张打印纸中完全显示。

有两种刻度模式可供选择：

【Fit Document On Page】表示根据打印纸大小自动设置缩放比例来打印原理图。

【Scaled Print】用于自行设置打印缩放比例。当选择该项后，可以在【修正】区域设置纵横缩放比例。

- 彩色组：用于设置颜色。【单色】表示采用黑白打印；【彩色】表示采用彩色打印；【灰色】表示将彩色转换成灰度颜色，再打印。

本项目中，将图纸大小设置为 A4，放置方式设置为横向，打印颜色为单色。

（2）打印机设置。执行【文件】→【页面设定】菜单命令，打开打印机配置对话框。在该对话框中可以选择打印机的名称、打印范围、打印份数等，用户可以根据要求进行设置。单击【确定】按钮后，如果用户的计算机已经连接了打印机，就可以打印了。

2）保存设计原理图

执行菜单命令【文件】→【全部保存】，保存工程项目和原理图。

提示：观看 SPOC 课堂上的视频：原理图的保存和打印。

设计任务：保存并打印智能小车电源电路原理图文件。

1.5.5 学习活动小结

本部分简要介绍了网络表的结构、用途和元件报表的用途；介绍了原理图文件的保存和打印参数的设置方法；并对生成元件报表的方法进行了讲解；重点讲解了查找并纠正原理图设计错误的方法及创建、查看网络表的方法。

学习任务小结

（1）Protel 是一款用于计算机电子电路辅助设计的专用软件。借助 Protel，设计者能够方便快捷地绘制原理图，并根据原理图设计 PCB 电路。

（2）在正式开始项目设计之前，首先要设置系统的自动备份参数和系统的字体等，然后再创建 PCB 项目文件。

（3）在开始设计原理图之前，首先要启动原理图编辑器，创建原理图文件，设置原理图的图纸参数和绘图环境参数，并填写标题栏。

（4）绘制原理图的一般步骤如下：

① 启动 Protel 原理图编辑器。
② 设置原理图图纸参数和工作环境参数。
③ 加载元件库，放置元件。
④ 对元件进行布局、布线。
⑤ 进行电气规则检查。
⑥ 创建网络表，生成各种报表。

⑦ 保存与打印。

绘制原理图的步骤并不是固定的,在用户实际操作过程中,也可以根据需要调整先后顺序。

拓展学习

(1) 请根据学过的知识,上网查询资料,设计一个简单应用电路,画出电路的原理图。
(2) 尝试将中文环境切换为英文环境并完成本学习任务的各设计任务。
(3) 试用思维导图描绘本学习任务需要掌握的知识和技能。

思考与练习

(1) 什么是印制电路板?一块印制电路板是怎么生产出来的?
(2) Protel 对运行环境有什么要求?
(3) Protel 的主要功能有哪些?
(4) Protel 对屏幕分辨率的要求是多少?
(5) 简述 Protel 主窗口界面由哪几部分组成。
(6) 有哪些常用的菜单命令和工具栏按钮?
(7) 工作面板有何用途?打开工作面板的方式有几种?
(8) 使用 Protel 时需要设置系统的哪些参数?为什么要设置这些参数?
(9) Protel 项目文件的文档组织结构和管理方式是怎样的?
(10) PCB 设计与制作常用的文件类型有几种?
(11) 什么是原理图?原理图的设计流程和步骤是怎样的?
(12) 原理图编辑器的主窗口由哪几部分组成?
(13) 原理图图纸由哪几部分构成?
(14) 使用 Protel 时需要设置的图纸参数有哪些?
(15) 网格可分为几种类型?网格在绘图时有何作用?
(16) Protel 中使用的单位有几种?英制单位与公制单位的换算关系是怎样的?
(17) 使用 Protel 时需要填写哪些信息参数?标题栏包含哪些内容?
(18) 绘制原理图时,缩放、移动、刷新图纸的功能键有哪些?
(19) 什么是原理图布局?
(20) 什么是原理图布线?
(21)【配线】工具栏包含哪些按钮?这些按钮有何功能?
(22) 简述网络标签与文本字符串的区别。
(23) 简述 I/O 端口与网络标签的区别。
(24) 简述文本字符串与文本框的区别。
(25) 什么是 ERC?ERC 的作用是什么?
(26) 什么是网络表?网络表由哪几部分组成?网络表有什么作用?
(27) 什么是元件清单报表?它有什么作用?
(28) 打印原理图文件时需要设置哪些参数?

实训题

实训题 1. 按下面设计要求设置参数。

（1）图纸设置：在考生文件夹中创建新文件，命名为 "X1-01.sch"。设置图纸大小为 A4，水平放置，工作区颜色为 233 号色，边框颜色为 63 号色。

（2）网格设置：设置捕获网格为 5mil，可视网格为 5mil，电气网格为 4mil。

（3）字体设置：设置系统字体为 Tahoma，字号为 8，带下画线。

（4）标题栏设置：用"特殊字符串"设置制图者为"Motorola"，标题为"我的设计"，字体为仿宋，颜色为 221 号色，如图 1-6-1 所示。

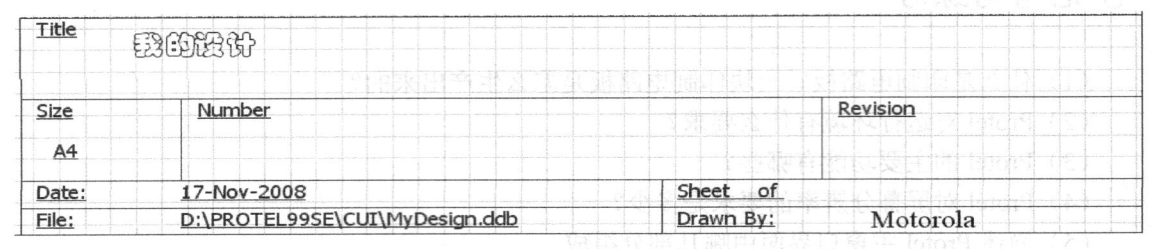

Title	我的设计		
Size	Number		Revision
A4			
Date:	17-Nov-2008	Sheet of	
File:	D:\PROTEL99SE\CUI\MyDesign.ddb	Drawn By:	Motorola

图 1-6-1　实训题 1 标题栏图样

（5）保存操作结果。

实训题 2. 绘制如图 1-6-2 所示的单管共发射极放大电路原理图，电路中元件参数如表 1-6-1 所示。

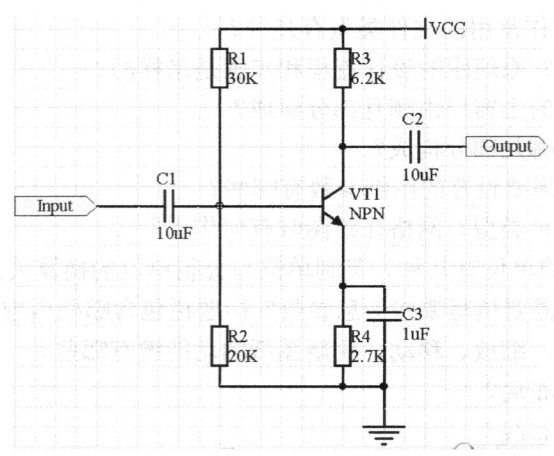

图 1-6-2　单管共发射极放大电路原理图

表 1-6-1　单管共发射极放大电路所用元件一览表

元 件 名 称	元 件 描 述	元 件 标 志	元件标称或型号	元 件 封 装	所属元件库
三极管	NPN	VT1	9013	BCY-W3	Miscellaneous Device.Intlib
电阻	RES2	R1	30kΩ	AXIAL-0.3	
电阻	RES2	R2	20kΩ	AXIAL-0.3	
电阻	RES2	R3	6.2kΩ	AXIAL-0.3	

续表

元 件 名 称	元 件 描 述	元 件 标 志	元件标称或型号	元 件 封 装	所属元件库
电阻	RES2	R4	2.7kΩ	AXIAL-0.3	Miscellaneous Device.Intlib
电容	CAP	C1	10uF	RAD-0.1	
电容	CAP	C2	10uF	RAD-0.1	
电容	CAP	C3	1uF	RAD-0.1	

实训题 3. 绘制如图 1-6-3 所示的甲乙类功率放大电路原理图，电路元件参数如表 1-6-2 所示。

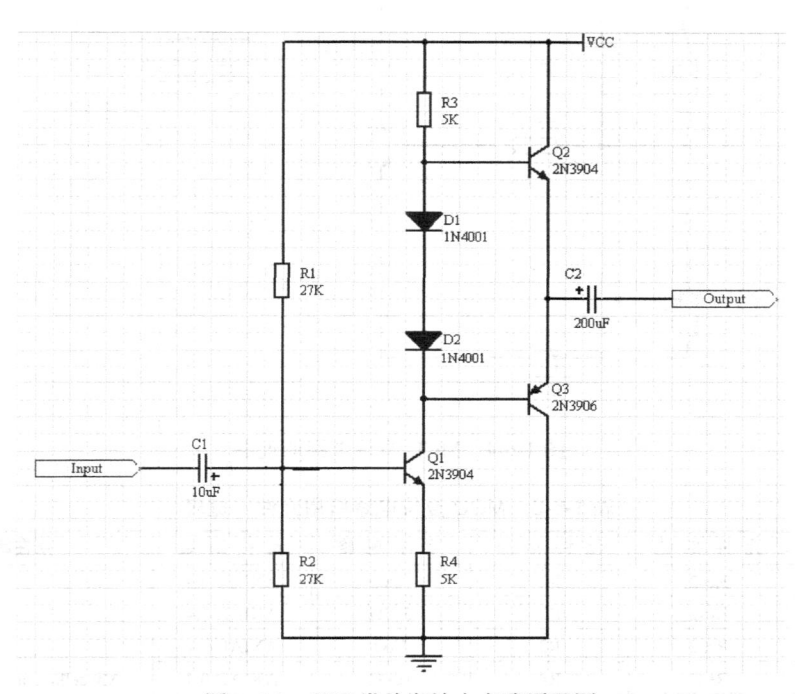

图 1-6-3 甲乙类功率放大电路原理图

表 1-6-2 甲乙类功率放大器电路元件参数

元 件 名 称	元 件 描 述	元 件 标 号	元件标称值或型号	元 件 封 装	所在库名称
电阻	Res2	R1	27kΩ	AXIAL-0.3	Miscellaneous Devices.Intlib
电阻	Res2	R2	27kΩ	AXIAL-0.3	
电阻	Res2	R3	5kΩ	AXIAL-0.3	
电阻	Res2	R4	5kΩ	AXIAL-0.3	
电容	Cap Pol2	C1	10μF	RB5-10.5	
电容	Cap Pol2	C2	200μF	RB5-10.5	
二极管	Diode	D1	1N4001	DIODE-0.4	
二极管	Diode	D2	1N4001	DIODE-0.4	
三极管	NPN	Q1	2N3904	BCY-W3	
三极管	NPN	Q2	2N3904	BCY-W3	
三极管	PNP	Q3	2N3906	BCY-W3	

实训题 4． 绘制如图 1-6-4 所示的 MCU 复位电路原理图，电路元件参数如表 1-6-3 所示。

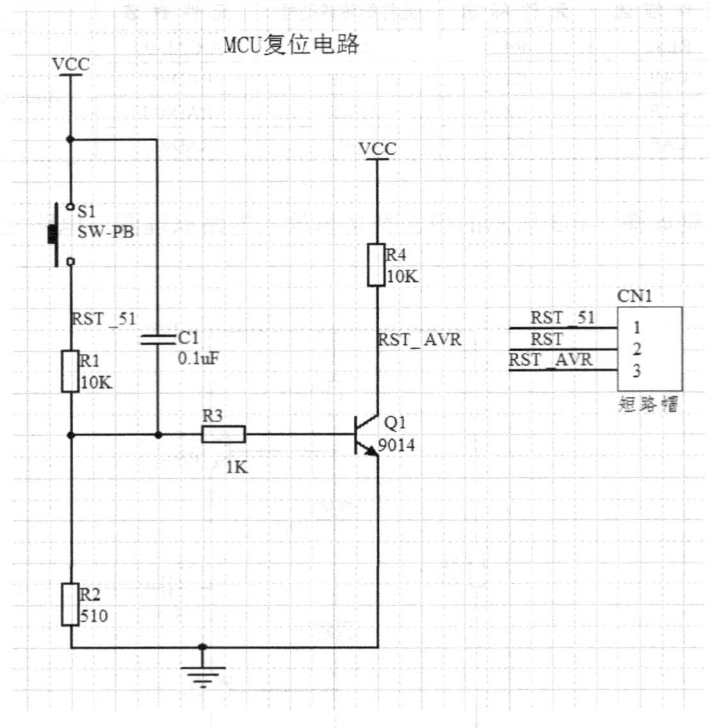

图 1-6-4　MCU 复位电路原理图

表 1-6-3　MCU 复位电路所用元件一览表

元件名称	元件描述	元件标志	元件规格	元件封装	所在库名称
电阻	Res2	R1	10kΩ	AXIAL-0.4	Miscellaneous Devices.Intlib
电阻	Res2	R2	510Ω	AXIAL-0.4	
电阻	Res2	R3	1kΩ	AXIAL-0.4	
电阻	Res2	R4	10kΩ	AXIAL-0.4	
电容	Cap	C1	0.1μF	RAD-0.3	
开关	SW-PB	S1	SW-PB	SPST-2	
三极管	NPN	Q1	9014	BCY-W3	
接插件	短路帽	CN1	Header 3	HDR1×3	Miscellaneous Connectors.Intlib

实训题 5． 绘制如图 1-6-5 所示的电源电路原理图，电路元件参数如表 1-6-4 所示。

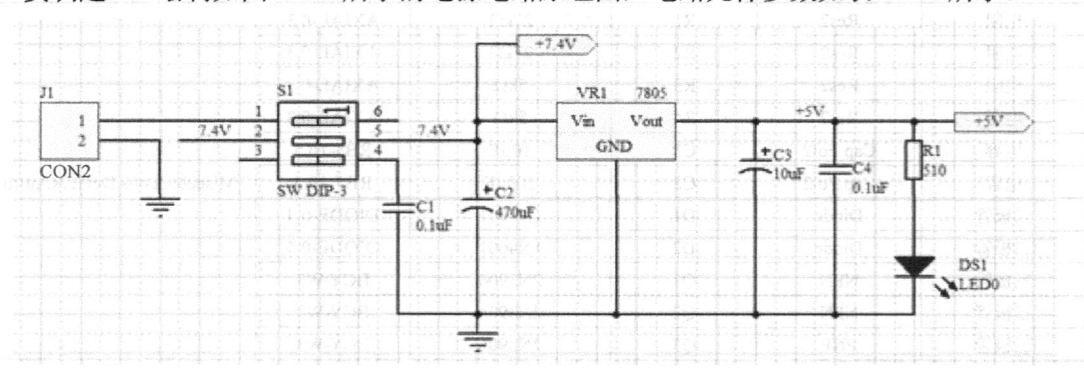

图 1-6-5　电源电路原理图

表1-6-4 电源电路所用元件一览表

元 件 名 称	元 件 描 述	元 件 标 号	元件标称值或型号	元 件 封 装	所在库名称
7805	Volt Reg	VR1	7805	SFM-T3/A6.6V	Miscellaneous Devices.Intlib
电阻	Res2	R1	510	AXIAL-0.4	
电容	Cap	C1	0.1μF	AXIAL-0.4	
电容	Cap Pol1	C2	470μF	CAPPR2-5×6.8	
电容	Cap Pol1	C3	10μF	CAPPR1.27-1.7×2.8	
电容	Cap	C4	0.1μF	RAD-0.3	
发光二极管	LED0	DS1	LED0	LED-0	
电源开关	SW-PB	S1	SW DIP-3	DIP-6	
接插件	Header 2	J1	Header 2	HDR1×2	Miscellaneous Connectors.Intlib

学习任务 2　设计复杂电路的原理图
——绘制超声波测距电路原理图

我们已经在学习任务 1 中学习了绘制原理图的基本流程和步骤。但是，在绘制复杂的原理图时，我们常常会遇到两个问题，其中一个问题是需要放置的元件在 Protel 系统自带的元件库中找不到，需要用户自己设计；另一个问题是当电路中导线比较多时，如何在原理图中合理地使用总线，使图面简洁明了。对于第二个问题，可以通过元件标号的自动标注和对象属性的全局修改解决，采用上述功能，可以加快编辑原理图的速度，提高绘图效率。

学习任务 2 以绘制智能小车超声波测距电路的原理图为例，介绍创建元件库文件、制作新元件的方法及绘制总线和总线分支线的方法，同时还介绍一些提高绘图效率的设计技巧。

学习目标

- 绘图工具的使用。
- 设计新元件。
- 绘制复杂的原理图。

工作任务

绘制如图 2-0-2 所示的超声波测距电路原理图。

任务分析

学习任务 2 的学习过程可分解为 3 个学习活动，如图 2-0-1 所示，每个学习活动是 1 个学习单元，需 2 学时。

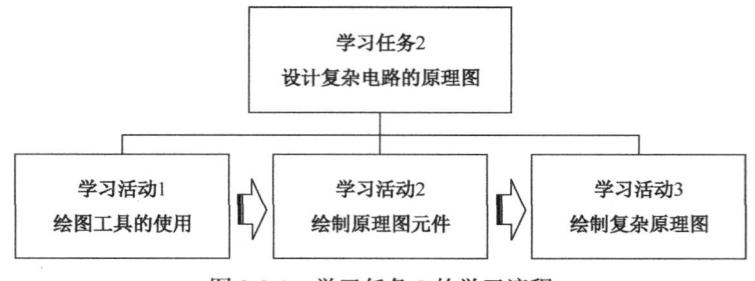

图 2-0-1　学习任务 2 的学习流程

每个学习活动分为课前线上 SPOC 课堂学习、课中多媒体机房学习和课后学习三个阶段，如表 2-0-1 所示。

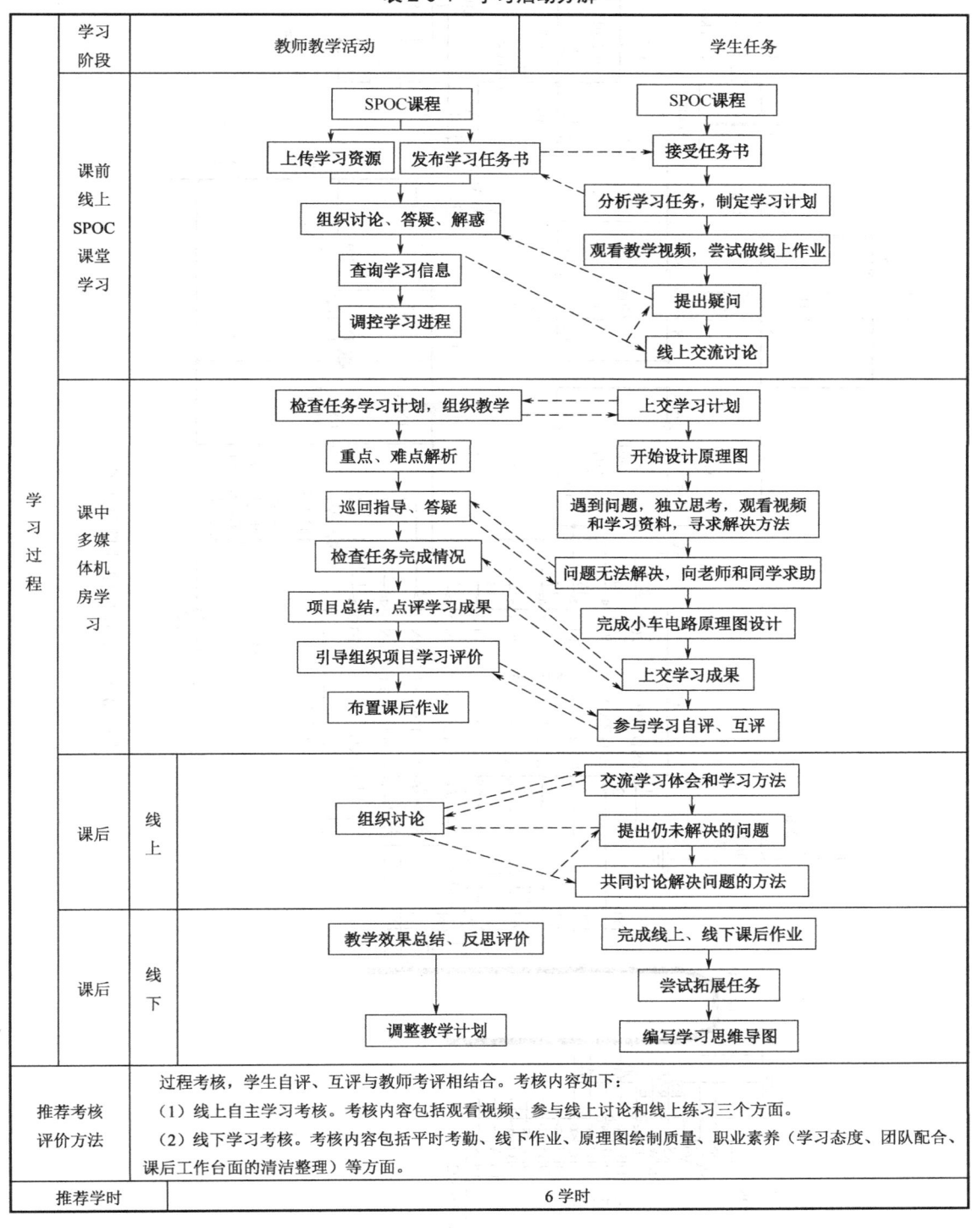

表 2-0-1 学习活动分解

学习阶段		教师教学活动	学生任务
学习过程	课前线上SPOC课堂学习	SPOC课程 → 上传学习资源、发布学习任务书 → 组织讨论、答疑、解惑 → 查询学习信息 → 调控学习进程	SPOC课程 → 接受任务书 → 分析学习任务，制定学习计划 → 观看教学视频，尝试做线上作业 → 提出疑问 → 线上交流讨论
	课中多媒体机房学习	检查任务学习计划，组织教学 → 重点、难点解析 → 巡回指导、答疑 → 检查任务完成情况 → 项目总结，点评学习成果 → 引导组织项目学习评价 → 布置课后作业	上交学习计划 → 开始设计原理图 → 遇到问题，独立思考，观看视频和学习资料，寻求解决方法 → 问题无法解决，向老师和同学求助 → 完成小车电路原理图设计 → 上交学习成果 → 参与学习自评、互评
	课后线上	组织讨论	交流学习体会和学习方法 / 提出仍未解决的问题 / 共同讨论解决问题的方法
	课后线下	教学效果总结、反思评价 → 调整教学计划	完成线上、线下课后作业 → 尝试拓展任务 → 编写学习思维导图
推荐考核评价方法		过程考核，学生自评、互评与教师考评相结合。考核内容如下： （1）线上自主学习考核。考核内容包括观看视频、参与线上讨论和线上练习三个方面。 （2）线下学习考核。考核内容包括平时考勤、线下作业、原理图绘制质量、职业素养（学习态度、团队配合、课后工作台面的清洁整理）等方面。	
推荐学时		6 学时	

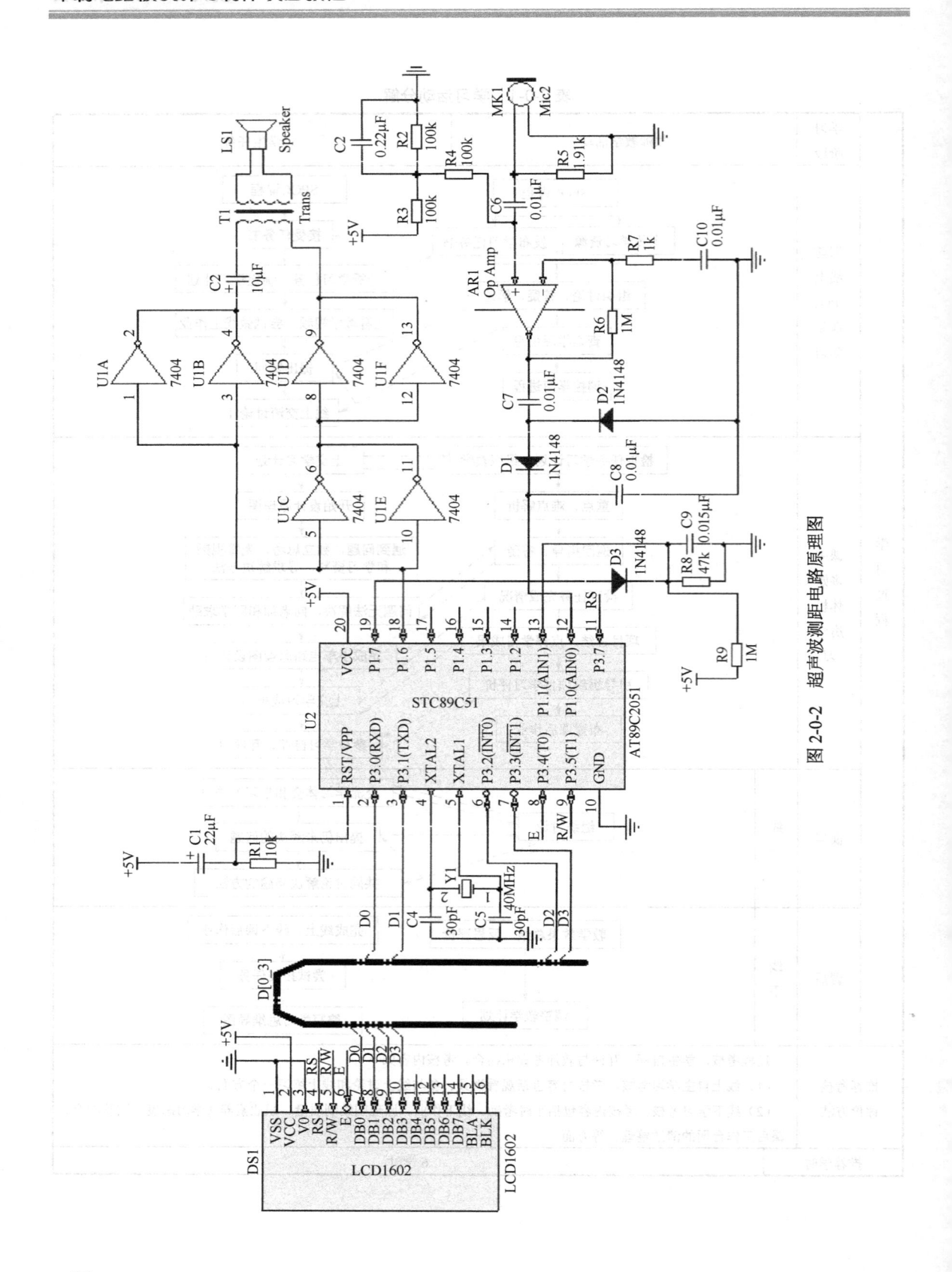

图 2-0-2 超声波测距电路原理图

任务实施

2.1 学习活动 1 绘图工具的使用

在原理图中，元件的图形符号是由若干个基本图形组合构成的。熟练地掌握绘图工具，是绘制元件图形符号的基础。学习活动 1 主要学习利用绘图工具绘制直线、多边形、椭圆、椭圆弧、贝塞尔曲线、矩形、圆角矩形及放置文本字符串、文本框、图片等的方法。

2.1.1 学习目标

- 理解和掌握元件库编辑器工作界面的组成和打开方法。
- 理解和掌握【SCH Library】面板的组成和打开方法。
- 理解和掌握实用工具栏的组成和各个按钮的作用。
- 能用实用工具栏中的工具绘制图形。

2.1.2 学习活动描述与分析

学习活动 1 的设计任务是在计算机上完成下面操作：
（1）绘制直线和多边形。
（2）绘制光敏二极管。
（3）绘制椭圆弧、圆弧和椭圆。
（4）绘制变压器。
（5）绘制正弦曲线。
（6）绘制矩形和放置 IEEE 符号。
（7）绘制扬声器、反相器。

通过本部分内容的学习，应理解绘图工具栏和 IEEE 符号工具栏上按钮的作用，能熟练地使用这些工具绘制直线、多边形、椭圆、椭圆弧、贝塞尔曲线、矩形、圆角矩形等，放置文本字符串、文本框、图片等。

本部分内容的学习**重点**是学会使用绘图工具绘制直线、多边形、椭圆、椭圆弧及矩形等；学习**难点**是控制鼠标每次移动的距离（如果移动距离太大，就无法绘制较小的图形），在绘图时根据需要及时调整捕获网格的大小（建议设置捕获网格为 1mil），就可以解决这一问题。观看 SPOC 课堂上的教学视频，有助于掌握绘图工具的使用方法。当绘制完成后，要立即将捕获网格的大小恢复至原来的设置，否则在绘制原理图时，会出现连接错误。

1. 学习引导问题

完成学习活动 1 的设计任务，须弄清楚以下问题：
（1）原理图文件与原理图库文件有何不同？
（2）原理图库编辑器主界面由几部分组成？它与原理图编辑器的主界面有何不同？编辑窗口的原点有何作用？
（3）【SCH Library】面板与元件库面板有何不同？
（4）实用工具栏由哪几个工具栏组成？各个工具栏的功能有何不同？

需要掌握以下操作技能：
（1）启动原理图库编辑器，创建元件库文件。
（2）打开原理图库面板。
（3）绘制直线。
（4）绘制多边形。
（5）绘制椭圆弧、圆弧和椭圆。
（6）绘制贝塞尔曲线。
（7）绘制矩形。
（8）放置 IEEE 符号。

2. SPOC 课堂上的视频资源

（1）任务 2.1 绘制直线、多边形。
（2）任务 2.2 绘制发光二极管。
（3）任务 2.3 绘制椭圆弧、圆弧和椭圆。
（4）任务 2.4 绘制变压器。
（5）任务 2.5 绘制贝塞尔曲线。
（6）任务 2.6 绘制矩形，放置 IEEE 符号。
（7）任务 2.7 绘制扬声器和 7406 反相器。

2.1.3 相关知识

（1）获得元件库的三种途径：
- Protel 系统内置元件库（如 Miscellaneous Devices.IntLib、Miscellaneous Connectors.IntLib 等）。
- 从 Altium 公司网站（http://www.altium.com）上下载更新的元件库。
- 用户创建自己的元件库。

（2）IEEE 简介：IEEE 是电气与电子工程师协会（Institute of Electrical and Electronics Engineers）的英文简称，这是一个国际性工程师协会，也是世界上最大的专业技术组织之一，拥有来自一百多个国家的数十万会员。IEEE 对工业标准有着极大的影响。

2.1.4 学习活动实施

1. 原理图库编辑器

原理图的元件库编辑器也称原理图库编辑器，主要用于编辑、制作和管理元件的图形符号，其操作界面和原理图编辑器界面基本相同，不同的是元件库编辑器的界面上增加了专门用于制作元件和进行库管理的工具。

执行菜单命令【文件】→【创建】→【库】→【原理图库】，就可以启动元件库编辑器，在此，我们创建一个名为"Schlibl.SchLib"的元件库文件。执行菜单命令【文件】→【保存】，保存元件库文件。

元件库编辑器界面如图 2-1-1 所示，与原理图编辑器界面大致相同，主要由编辑窗口、实用工具栏、模式工具栏及【SCH Library】面板等组成。在编辑窗口的中心有一个坐标系，将编辑窗口划分为四个象限，一般在第四象限原点附近绘制元件。

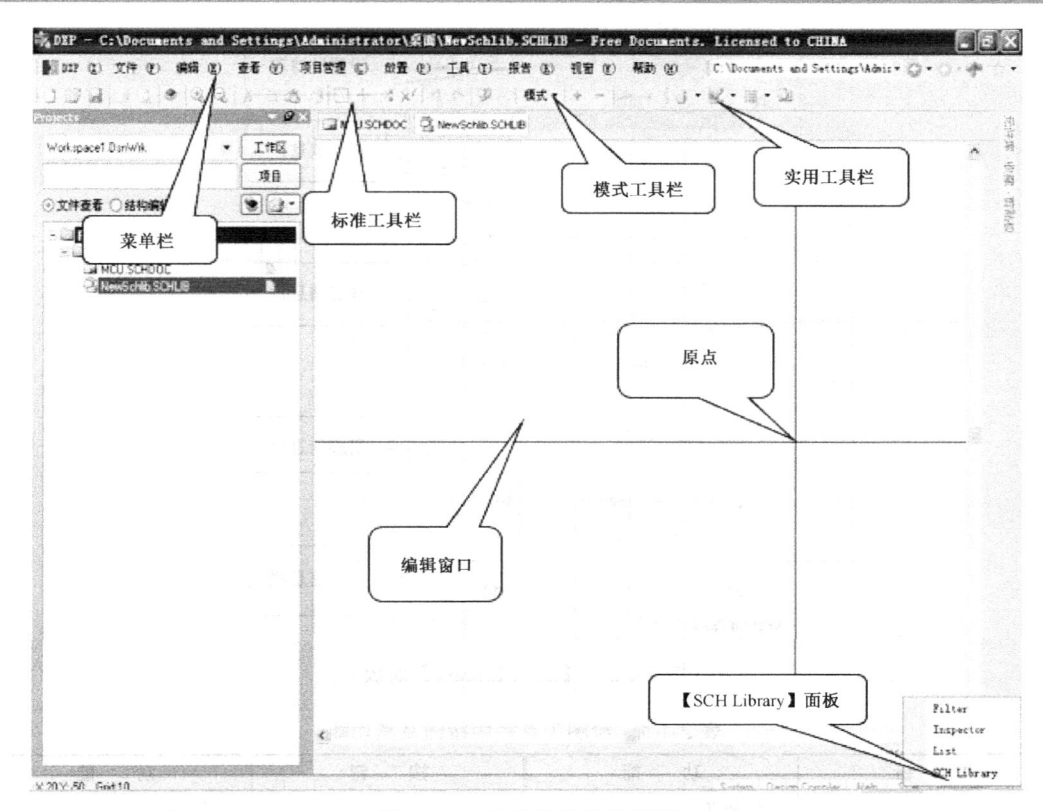

图 2-1-1　元件库编辑器界面

1）编辑窗口

编辑窗口被坐标系划分为四个象限，坐标系的原点即该窗口的原点，一般在第四象限原点附近绘制元件。

2）【SCH Library】面板

在面板控制区的【SCH】选项卡中，有一个【SCH Library】项。执行菜单命令【查看】→【工作区面板】→【SCH】→【SCH Library】，可以打开【SCH Library】面板，如图 2-1-2 所示。

【SCH Library】面板包含元件信息栏、别名信息栏、引脚信息栏和模型信息栏。

- 元件信息栏：该区域的主要功能是查找、选择及取用元件。
- 别名信息栏：该区域用来设置元件的别名。
- 引脚信息栏：该区域的主要功能是显示当前工作区中元件引脚的名称及状态。
- 模型信息栏：该区域的功能是指定元件的 PCB 封装、信号完整性或仿真模式等。

【SCH Library】面板几乎包含了用户设计元件的所有信息，用来对元件和元件库文件进行编辑、管理。

3）实用工具栏

在实用工具栏中，提供了两个重要的子工具栏：绘图工具栏和 IEEE 符号工具栏，用于绘制原理图元件。

（1）绘图工具栏。单击元件库编辑器窗口图标中的下拉按钮，或在元件库编辑器中执行菜单命令【查看】→【工具栏】→【实用工具栏】，可以打开绘图工具栏。绘图工具栏中的按钮及其功能如表 2-1-1 所示。

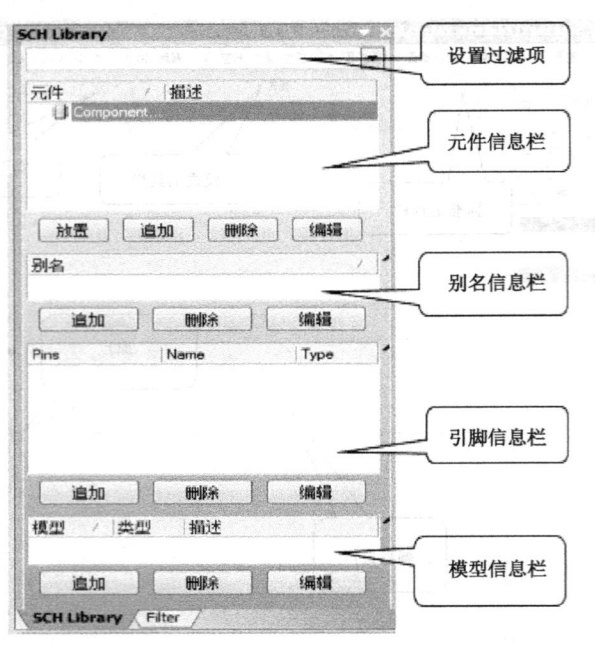

图 2-1-2 【SCH Library】面板

表 2-1-1 绘图工具栏中按钮及其功能

按钮	功能	按钮	功能
/	绘制直线	□	绘制矩形
∿	绘制贝塞尔曲线	◯	绘制圆角矩形
⌒	绘制椭圆弧线	⬭	绘制椭圆形及圆形
⌛	绘制多边形		插入图片
A	插入文字		将剪贴板的内容进行队列式粘贴
0	添加新元件		绘制引脚
⬩	添加新部件		

（2）IEEE 符号工具栏。在元件库编辑器中执行菜单命令【放置】→【IEEE 符号】，或单击实用工具栏中的图标，可以打开 IEEE 符号工具栏。IEEE 符号工具栏中的按钮及其功能如表 2-1-2 所示。

表 2-1-2 IEEE 符号工具栏中的按钮及其功能

按钮	功能	按钮	功能	按钮	功能	按钮	功能
○	低电平有效	←	信号流方向	▷	时钟上升沿触发	⊣	低电平触发
⊥	模拟信号输入端	✶	无逻辑型连接	⊓	延迟输出	◇	集电极开路
▽	高阻抗状态	▷	大电流输出	⊓	脉冲信号	⊢	延时符号
]	多条 I/O 线组合	}	二进制组合	⊢	低电平有效输出	π	π 符号
≥	大于等于符号	◇	上拉电阻 集电极开路	◇	发射极开路	◇	下拉电阻 发射极开路

续表

按钮	功能	按钮	功能	按钮	功能	按钮	功能
#	数字信号输入	▷	反相器符号	◁▷	双向 I/O 符号	←	数据左移符号
≤	小于等于符号	Σ	Σ符号	⊐	施密特触发	→	数据右移符号

4）模式工具栏

模式工具栏用来控制当前元件的显示模式，如图 2-1-3 所示。

- 模式：单击该按钮，可以为当前元件选择一种显示模式，系统默认显示模式为"Normal"（正常）。
- ＋：单击该按钮，可以为当前元件添加一种显示模式。
- －：单击该按钮，可以删除元件的当前显示模式。
- ←：单击该按钮，可以切换到前一种显示模式。
- →：单击该按钮，可以切换到后一种显示模式。

图 2-1-3　模式工具栏

2. 绘制图形

1）直线

（1）绘制直线。

用左键单击绘图工具栏按钮／（或执行菜单命令【放置】→【直线】），移动光标到编辑窗口，在适当的位置单击鼠标左键，确定起始点；移动光标开始绘制直线，在直线的终点单击鼠标左键，即可绘制一条直线。此时光标还处于绘制状态，可以继续绘制下一条直线，也可以单击鼠标右键或按 Esc 键退出绘制状态。在绘制直线的过程中，可以通过按 Space 键来切换绘制直线的角度。

（2）设置直线的属性。

用左键双击已绘制的直线（或在绘制直线过程中按 Tab 键），弹出如图 2-1-4 所示的【折线】对话框，可以设置直线的颜色、线宽和线风格。

① 线宽：用于确定绘制直线的宽度，在下拉列表框中可选择线宽，线宽有"Small""Smallest""Medium"和"Large"四种类型。

② 线风格：用于选择绘制直线的风格，直线风格有"Solid"（实线）、"Dashed"（虚线）、"Dotted"（点线）三种，如图 2-1-5 所示。

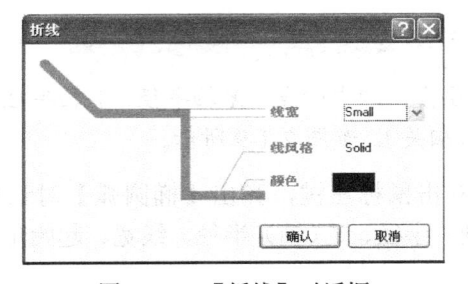

图 2-1-4　【折线】对话框

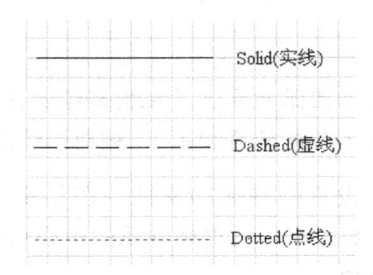

图 2-1-5　直线的三种风格

> 注意
>
> 导线～与直线／的区别：～表示带有电气连接属性的直线，而／则表示一般的说明性直线，不具备电气连接属性。

2）多边形

（1）绘制多边形。用鼠标左键单击绘图工具栏中的按钮 ⊠（或执行菜单命令【放置】→【多边形】），移动光标到编辑窗口，单击鼠标左键确定多边形的第一个顶点，然后移动光标到合适的位置，单击左键确定相邻的顶点（第二个顶点）；用同样的方法确定其他顶点，当确定了最后一个顶点后，单击鼠标右键，绘制的多边形会自动闭合。此时，系统并没有退出绘制多边形状态，可以继续绘制下一个多边形，也可以单击鼠标右键或按 Esc 键退出绘制多边形状态。

（2）设置多边形的属性。在绘制多边形过程中按下 Tab 键，弹出【多边形】对话框，如图 2-1-6 所示，在其中可设置多边形的属性。

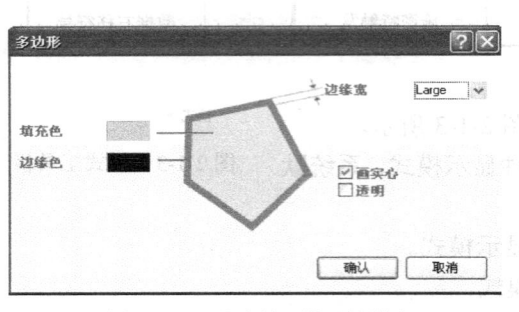

图 2-1-6　【多边形】对话框

- 边缘宽：用于确定绘制多边形的线条宽度。单击 ∨ 弹出下拉列表框，可以在"Small""Smallest""Medium"和"Large"四种类型中进行选择。
- 边缘色：用于确定多边形的边缘颜色。
- 画实心：用于确定是否绘制实心的多边形。
- 透明：用于确定绘制的实心多边形是否透明。
- 填充色：用于确定绘制的实心多边形的填充颜色。

提示：观看 SPOC 课堂上的视频：绘制发光二极管。

设计任务：绘制直线、多边形。

3）椭圆弧

（1）绘制椭圆弧。用鼠标左键单击绘图工具栏中的 ◠ 按钮（或执行菜单命令【放置】→【椭圆弧】），移动光标到编辑窗口中适当位置，单击左键确定椭圆弧的中心点，水平移动光标到适当位置，单击左键确定椭圆弧在 X 轴方向（水平方向）上的半径；上下移动光标，在适当位置单击鼠标左键，确定椭圆弧在 Y 轴方向（垂直方向）上的半径；这时，光标会自动跳到椭圆弧的起点处，移动光标调整椭圆弧的起始角，单击左键，确定椭圆弧的起点；此时光标又自动跳到了椭圆弧的终点上，移动光标调整椭圆弧的结束角，在适当位置单击鼠标左键，确定椭圆弧的终点，如图 2-1-7 所示，完成椭圆弧的绘制。

注意

绘制椭圆弧的要点是把握好绘制椭圆弧的 5 个要素，即中心点、X 轴半径、Y 轴半径、椭圆弧起点（与起始角相关）、椭圆弧终点（与结束角相关），如图 2-1-9 所示。

（2）设置椭圆弧的属性。在绘制的椭圆弧上双击鼠标左键，弹出【椭圆弧】对话框，如图 2-1-8 所示，设置椭圆弧的中心点位置、X（轴）半径、Y（轴）半径、线宽、起始角、结束角和颜色。

4）椭圆

（1）绘制椭圆。用鼠标左键单击绘图工具栏中的 ◯ 按钮（或执行菜单命令【放置】→【椭圆】），移动光标到合适区域，单击鼠标左键确定椭圆的中心点，水平移动光标，在适当位置单击鼠标左键，确定椭圆在 X 轴方向（水平方向）上的半径，上下移动光标，在适当位置单击鼠标左键，确定椭圆在 Y 轴方向（垂直方向）上的半径，完成椭圆的绘制，如图 2-1-9 所示。如果需要，可以继续绘制下一个椭圆；单击鼠标右键或按 Esc 键结束放置。

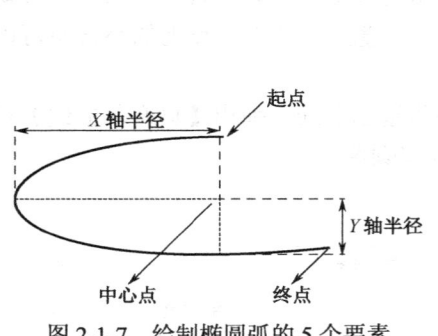

图 2-1-7 绘制椭圆弧的 5 个要素

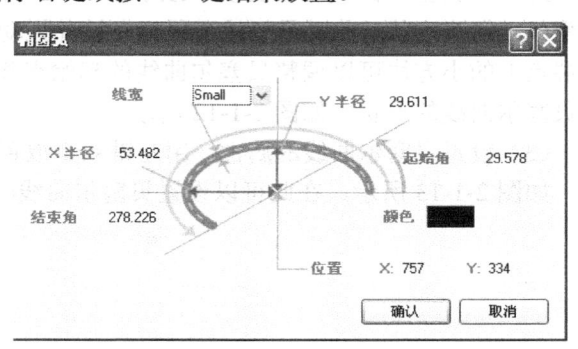

图 2-1-8 【椭圆弧】对话框

（2）设置椭圆的属性。在放置椭圆的过程中，按下 Tab 键，弹出【椭圆】对话框，如图 2-1-10 所示，在此可设置椭圆的属性。

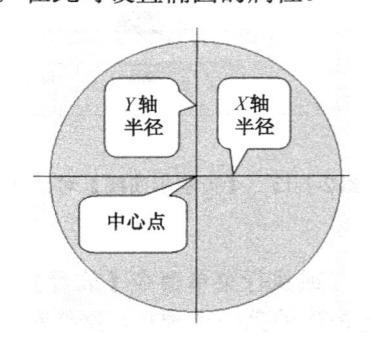

图 2-1-9 绘制椭圆

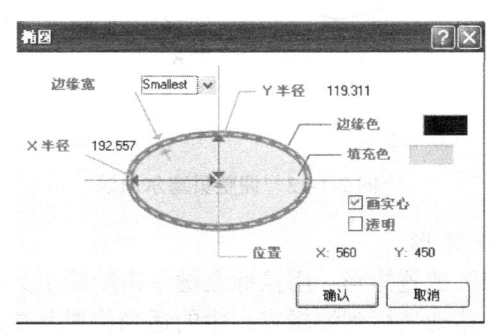

图 2-1-10 【椭圆】对话框

提示：观看 SPOC 课堂上的视频：绘制变压器。

设计任务：绘制椭圆弧、圆弧和椭圆。

5）贝塞尔曲线

贝塞尔曲线是一种常见的曲线，定义曲线需要确定 4 个点，即起始点、终止点（也称端点或锚点）及两个相互分离的中间点。改变两个中间点的位置，贝塞尔曲线的形状会发生变化。

（1）绘制贝塞尔曲线。用鼠标左键单击绘图工具栏中的按钮 ∿（或执行菜单命令【放置】→【贝塞尔曲线】），移动光标到编辑窗口中的适当位置，单击左键确定第 1 个点（起始点），继续移动光标到适当的位置，单击左键确定贝塞尔曲线的第 2 个点（中间点 1），用同样的方法确定贝塞尔曲线的第 3 个点（中间点 2）和第 4 个点（终止点）。系统允许在绘制完第 4 个点之后，以该点为下一段贝塞尔曲线的第 1 个点，继续绘制贝塞尔曲线。完成绘制后，单击鼠标右键或按 Esc 键退出绘制状态，如图 2-1-11 所示。

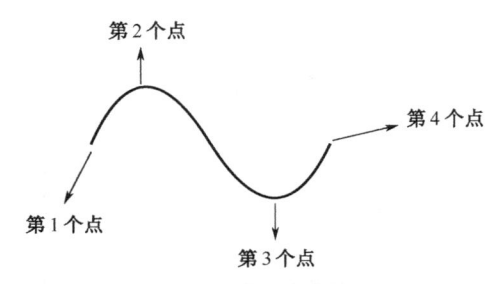

图 2-1-11 绘制贝塞尔曲线

（2）调整贝塞尔曲线。将光标移动到绘制好的贝塞尔曲线上，单击鼠标左键选中贝塞尔曲线，此时在贝塞尔曲线上会出现一些小方块（拖动标志），把光标放到任意一个小方块上，光标变成双箭头形状，此时只要按下鼠标左键并拖动光标就可以调整贝塞尔曲线。其中，移动两个端点上的小方块可以调整贝塞尔曲线的起始点和终止点位置，移动中间点上的小方块可以调整贝塞尔曲线的形状，如图 2-1-12 所示。

（3）设置贝塞尔曲线的属性。用左键双击放置好的贝塞尔曲线，弹出【贝塞尔曲线】对话框，如图 2-1-13 所示，在此可以设置贝塞尔曲线的宽度和颜色。

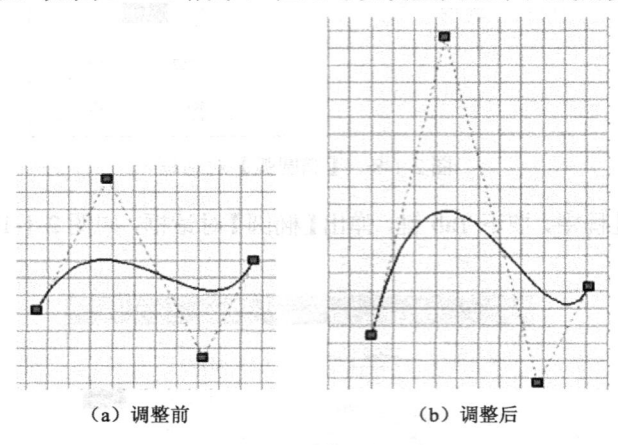

(a) 调整前　　　　　(b) 调整后

图 2-1-12　调整贝塞尔曲线　　　　　图 2-1-13　【贝塞尔曲线】对话框

6）矩形

（1）放置矩形。用鼠标左键单击绘图工具栏中的按钮□（或执行菜单命令【放置】→【矩形】），移动光标到编辑窗口中的适当位置并单击左键，确定矩形的第一个顶点，继续移动光标到适当的位置并单击鼠标左键，确定矩形的对角顶点，完成直角矩形的绘制。如果需要，可以继续绘制下一个直角矩形；单击鼠标右键或按 Esc 键退出绘制状态。

（2）调整矩形。把光标移动到绘制好的直角矩形上，单击鼠标左键选中直角矩形，此时在直角矩形上会出现 8 个小方块（拖动标志），如图 2-1-14 所示，把光标放到任意一个小方块上，光标变成双箭头形状，此时只要按下鼠标左键拖动光标就可以调整直角矩形。

（3）设置矩形的属性。用鼠标左键双击放置好的矩形，弹出【矩形】对话框，如图 2-1-15 所示。在该对话框中可以设置矩形的边缘宽、边缘色等属性。

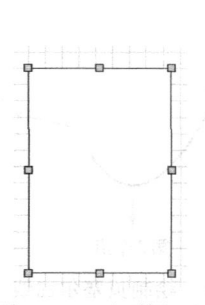

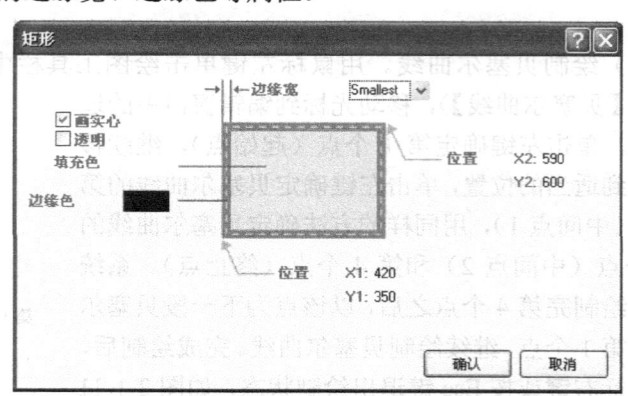

图 2-1-14　调整矩形　　　　　图 2-1-15　【矩形】对话框

□ 按钮用来放置圆角矩形，使用方法同放置直角矩形。

按钮用来放置引脚（在后文中将详细介绍引脚的使用方法）。

📢 提示：观看 SPOC 课堂上的视频：绘制扬声器和正弦曲线。

设计任务：绘制正弦曲线和矩形。

7）文本

（1）放置文本。用鼠标左键单击绘图工具栏中的按钮 A（或执行菜单命令【放置】→【文本字符串】），移动光标到编辑窗口中的适当位置，单击左键即可确定文本的位置，单击鼠标右键或按 Esc 键结束放置。

（2）设置文本的属性。如果需要改变文本的内容，可以双击已放置好的文本，或在放置文本之前按 Tab 键，弹出【注释】对话框，如图 2-1-16 所示，在该对话框【属性】区域【文本】文本框中，输入需要的内容。单击【字体】旁的【变更】按钮，在弹出的【字体】对话框中，可以改变文本的字体、字形和大小；另外，在【注释】对话框中还可以设置文本文字的颜色、放置的位置、放置方向、对齐方式及是否镜像等。

想一想：文本与网络标签有何区别？

8）图片

用鼠标左键单击绘图工具栏中的按钮（或执行菜单命令【放置】→【图形】），移动光标到编辑窗口中的适当位置，单击左键确定一个顶点，移动光标到另一位置并单击左键，确定图片的对角顶点，此时将弹出【打开】对话框，如图 2-1-17 所示。在【打开】对话框中找到并选中需要插入的图片后，单击【打开】按钮即可插入图片。

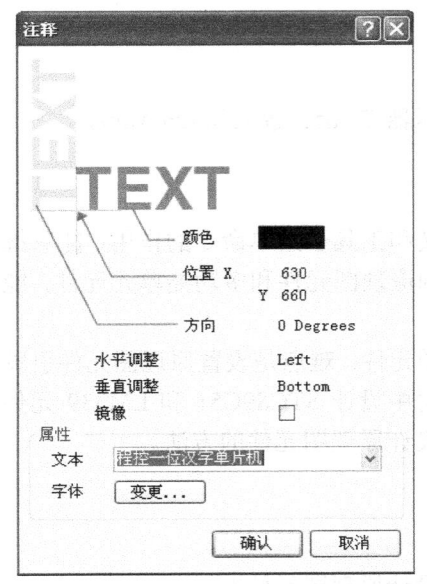

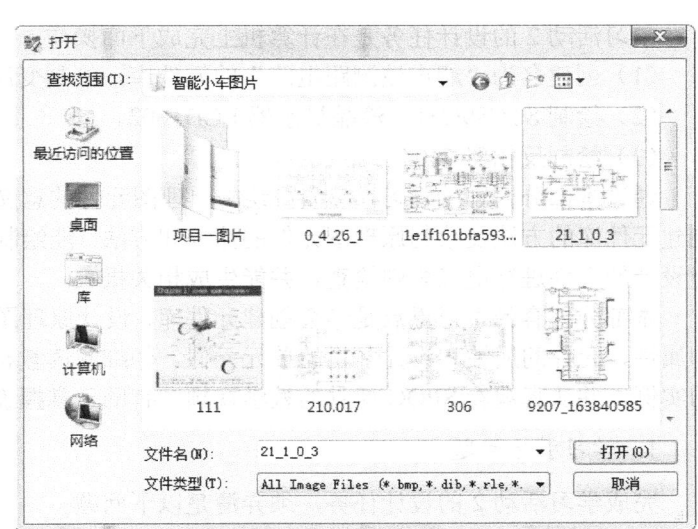

图 2-1-16　【注释】对话框　　　　　图 2-1-17　【打开】对话框

按钮 的作用是实现队列式粘贴，它的功能和菜单命令【编辑】→【粘贴队列】是等同的。

设计任务：放置文本、图片。

2.1.5　学习活动小结

本部分内容简要介绍了获得元件库的三种途径和 IEEE 的概念，介绍了元件库编辑器工作界面的组成和实用工具栏的组成；重点介绍了启动元件库编辑器、创建元件库文件的方法及绘图工具栏中的按钮的使用方法。

任务实施

2.2　学习活动 2　绘制原理图元件

当设计原理图时，如果在 Protel 系统自带的元件库中找不到需要的元件，就需要用户自己设计元件。学习活动 2 将通过设计光敏电阻、STC89C51 元件的实例，介绍创建元件库、设计原理图元件的方法；通过设计 LM339 元件的实例，介绍多功能单元元件的设计方法。

2.2.1　学习目标

- 懂得工具子菜单命令的作用。
- 能绘制原理图元件。
- 能绘制多功能单元元件。

2.2.2　学习活动描述与分析

学习活动 2 的设计任务是在计算机上完成下面操作：
（1）创建名为"超声波测距电路"的元件库，绘制变压器 Trans、放大器 Op Amp。
（2）绘制 STC89C51、液晶显示器 LCD1602。
（3）绘制反相器 7404。

通过本部分内容的学习，应懂得绘制原理图元件的意义和工具子菜单命令的作用；能掌握创建元件库的方法及绘制原理图元件的流程和方法，能绘制原理图元件和多功能单元元件，能对设计的元件进行电气规则检查，并能生成相关报表。

本部分内容的学习**重点**是学会创建元件库，设计原理图元件；**难点**是设置原理图元件引脚的属性、元件的属性和设计多功能单元元件。仔细阅读教材中设计 STC89C51 和 LM339 元件的实例，并认真观看 SPOC 课堂的教学视频，有助于掌握设计原理图元件的方法。

1. 学习引导问题

完成学习活动 2 的设计任务，须弄清楚以下问题：
（1）什么是原理图元件？它由哪几部分构成？为何要设计原理图元件？
（2）什么是多功能单元元件？
（3）设计原理图元件的方法有几种？
（4）绘制原理图元件的一般操作步骤有哪些？
需要掌握以下操作技能：
（1）用编辑元件库中已有元件的方法设计新元件。

（2）绘制原理图元件。

（3）绘制多功能单元元件。

2. SPOC 课堂上的视频资源

（1）任务 2.8 绘制 Op Amp 放大器。

（2）任务 2.9 绘制 CS3020 高灵敏度霍尔开关。

（3）任务 2.10 绘制 CC4013 双上升沿 D 触发器。

2.2.3 相关知识

1. 原理图元件

原理图元件又称原理图图形符号，主要由元件外形、元件引脚和元件属性（包括元件标号、元件名称和元件封装等）三部分构成，如图 2-2-1 所示。

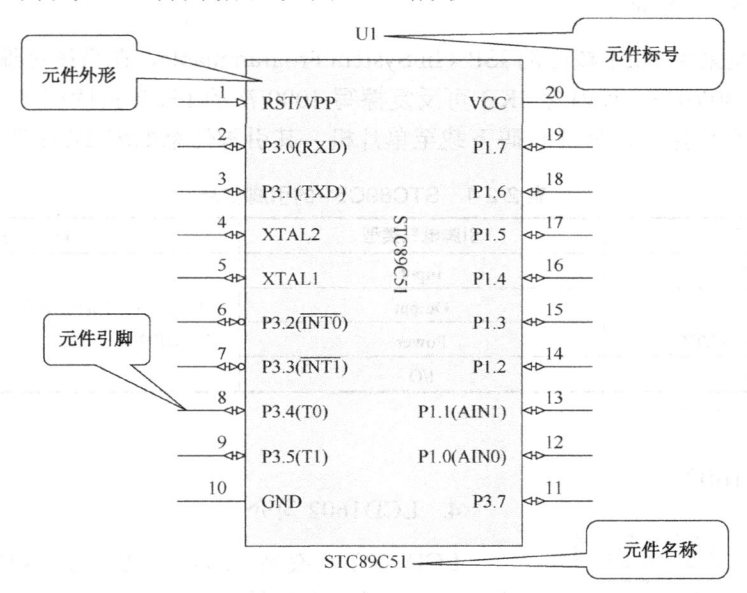

图 2-2-1 原理图元件

原理图元件的作用是表示元件的功能，元件的外形、大小不会影响原理图的正确性。元件引脚具有电气特性，是元件的核心部分。元件的每一个引脚都要和实际元件的引脚相对应，元件引脚的位置并不重要，但是每个引脚必须有编号，而且不同的引脚要有不同的编号，引脚名称根据需要可以是空的。

> **注意：**
> 引脚只有一端具有电气特性，放置引脚时应将不具有电气特性的一端与元件外形相连，使具有电气特性的一端朝外。

2. 多功能单元元件

所谓多功能单元元件是指在一个元件体内具有多个功能完全相同的功能模块（子件）。这些独立的功能模块共享同一封装，却用在电路的不同处，每一功能模块都用一个独立的符号表示。例如，7404 芯片封装里包含 6 个反相器，也就是包含 6 个功能完全相同的反相器模块（子件），如图 2-2-2 所示，其封装形式为 DIP14。

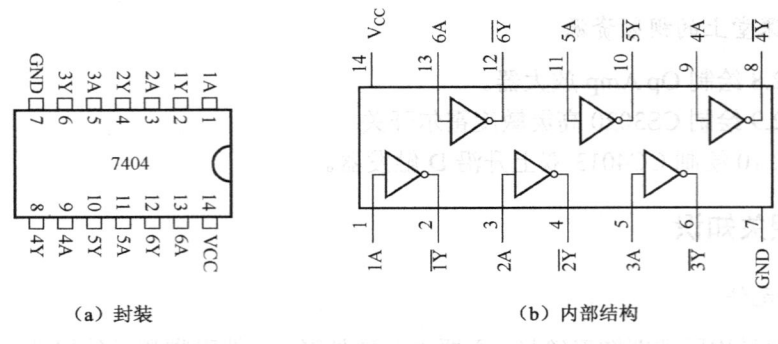

（a）封装　　　　　　　　　　　　（b）内部结构

图 2-2-2　7404 芯片

3. STC89C51 芯片简介

STC89C51 是采用 8051 核心的 ISP（In System Programmable，在系统可编程）芯片，最高工作时钟频率为 80MHz，片内含 4KB 可反复擦写 1000 次的 Flash 只读程序存储器，配合 PC 端的控制程序即可将用户的程序代码下载至单片机，其引脚信息如表 2-2-1 所示。

表 2-2-1　STC89C51 的引脚信息

引　　脚	引脚电气类型	备　　注
1、5	Input	标号为 6、7 的引脚具有反相标志。封装形式为 DIP20
4	Output	
10（GND）、20（VCC）	Power	
其余引脚	I/O	

4. LCD1602 简介

LCD1602 是液晶显示器，其引脚排列如图 2-2-3 所示，引脚信息如表 2-2-2 所示。

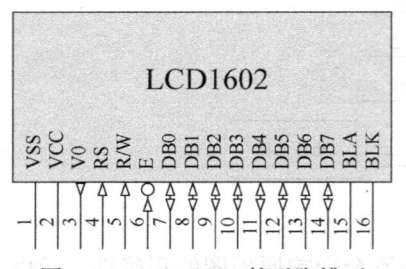

图 2-2-3　LCD1602 的引脚排列

表 2-2-2　LCD1602 的引脚信息

编　号	符　号	引脚说明	编　号	符　号	引脚说明
1	VSS	电源地	9	D2	Data I/O
2	VDD	电源正极	10	D3	Data I/O
3	VL	液晶显示偏压信号	11	D4	Data I/O
4	RS	数据/命令选择端（H/L）	12	D5	Data I/O
5	R/W	读/写选择端（H/L）	13	D6	Data I/O
6	E	使能信号	14	D7	Data I/O
7	D0	Data I/O	15	BLA	背光源正极
8	D1	Data I/O	16	BLK	背光源负极

2.2.4 学习活动实施

1.【工具】菜单

在设计原理图元件时，经常要用到【工具】菜单。【工具】菜单的功能如表 2-2-3 所示。

表 2-2-3 【工具】菜单功能介绍

菜 单 选 项		功　　能
新元件		建立新元件
删除元件		删除元件管理器中选中的元件
删除重复		删除元件库中的重复元件
重新命名元件		修改元件管理器中选中元件的名称
复制元件		复制元件管理器中选中的元件
移动元件		将元件管理器中的元件移动到指定的元件库中
创建元件		向多功能单元元件中添加元件（即创建子件）
删除元件		删除多功能单元元件中的元件（即删除子件）
模式	前一种模式	显示元件的前一种模式
	下一种模式	显示元件的下一种模式
	追加	追加元件的模式
	删除	删除元件的模式
	Normal	显示元件的 Normal 模式
转到	下个子件	切换到多功能单元元件中的下一个子件
	上个子件	切换到多功能单元元件中的上一个子件
	第一个元件	切换到第一个元件
	下个元件	切换到下一个元件
	上个元件	切换到上一个元件
	前次的元件	切换到前次的元件
	查找元件	查找元件
	元件属性	设置元件属性
	更新原理图	更新原理图中的元件
	文档选项	设置图纸参数
	原理图优先设定	设置绘图工作环境

2. 设计原理图元件

在实际工作中，通常用下面两种方法设计原理图元件。

● 方法一：编辑元件库中的元件。

如果 Protel 系统元件库中含有与所需元件相似的原理图元件，那么用户就可以将 Protel 自带的元件库中的元件复制到自己创建的元件库中，并将其修改为所需的元件，以新的名称保存。

● 方法二：绘制新元件。

如果 Protel 系统元件库中找不到与所需元件相似的原理图元件，那么用户必须自己设计元件。

1）编辑元件库中的元件

下面以设计光敏电阻为例，介绍编辑元件库中元件的设计方法。

（1）新建元件库文件：

① 执行菜单命令【文件】→【创建】→【项目】→【PCB 项目】，创建一个 PCB 项目文

件，并以"我的元件库"为名保存，方法与保存原理图文件相同，前文中已介绍。

② 执行菜单命令【文件】→【创建】→【库】→【原理图库】，启动元件库编辑器，执行菜单命令【文件】→【保存】，弹出【Save[Schlib1.schLib]As…】对话框，在【保存在】一栏里选择元件库保存的位置，在【文件名】一栏输入"我的元件库"，单击【保存】按钮，如图 2-2-4 所示，就创建了一个名为"我的元件库"的元件库文件，如图 2-2-5 所示。

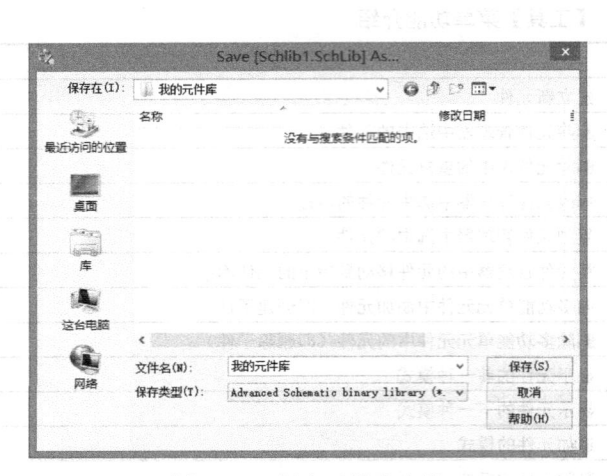

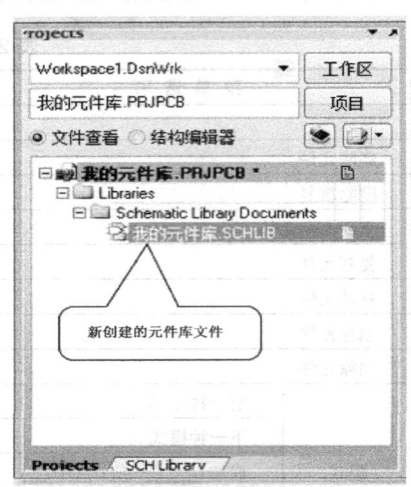

图 2-2-4　保存元件库文件　　　　　　　图 2-2-5　创建好的元件库文件

（2）设置图纸参数与绘图环境参数（通常在设计时，可以省略此步骤）。

① 设置图纸参数。执行菜单命令【工具】→【文档选项】，弹出【库编辑器工作区】对话框，如图 2-2-6 所示。

该对话框与原理图编辑环境中的【文档选项】对话框的内容相似，所以这里只介绍其中个别选项的含义。

- 显示隐藏引脚：用来设置是否显示元件的隐藏引脚。若选中该复选框，则元件的隐藏引脚将被显示出来，但并没有改变引脚的隐藏属性，若要改变其隐藏属性，只能通过引脚属性设置对话框来完成。

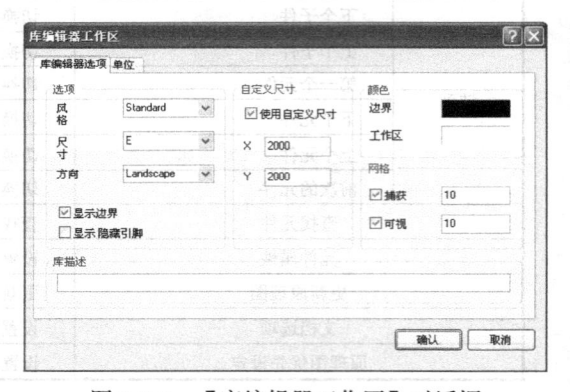

图 2-2-6　【库编辑器工作区】对话框

- 使用自定义尺寸：用来设置用户是否自定义图纸的大小。选中该复选框后，可以在下面的"X""Y"文本框中分别输入自定义图纸的高度和宽度。
- 库描述：用来输入对元件库文件的说明。用户应根据自己创建的元件库文件，在该文本框中输入必要的说明，可以为系统进行元件库查找提供相应的帮助。

单击【库编辑器选项】选项卡，用户可以在此对图纸的大小、方向、颜色，以及可视网格和捕获网格等属性进行设置，设置方法与前文所述的原理图图纸参数的设置相同；单击【单位】选项卡，可以选择【使用英制单位】（mil）或【使用公制单位】（mm）。单击【确认】按钮，完成图纸参数设置。

② 设置绘图环境参数。执行菜单命令【工具】→【原理图优先设定】，弹出【优先设定】

· 96 ·

对话框，在该对话框中可以设置网格形状、网格颜色和光标，这里推荐设置网格颜色为 207 号色，设置方法与原理图编辑环境中的参数设置完全相同，这里不再重复介绍。

（3）设计光敏电阻。从图 2-2-7 中可以看出在普通电阻图形符号上面画两个箭头，就变成了光敏电阻图形符号。因此可以从 Protel 系统自带的元件库"Miscellaneous Devices.IntLib"中复制普通电阻元件"Res2"的图形符号，将其导入自建元件库，在其上绘制两个箭头，将其变成光敏电阻的图形符号。操作方法如下。

图 2-2-7　普通电阻与光敏电阻的图形符号

① 加载 Miscellaneous Devices.IntLib 元件库，查找并复制"Res2"，将其粘贴至新创建的"我的元件库"中，方法如下：

在"我的元件库"项目文件下面，执行菜单命令【文件】→【创建】→【原理图】，新建一个原理图文件。

在 Miscellaneous Devices.IntLib 中找到"Res2"元件，将其放置到原理图编辑区（即图纸上），用鼠标左键单击选中"Res2"，并复制该元件。

依次单击【Projects】面板中【Libraries】和【Schematic Library Documents】前面的"+"，打开根目录【我的元件库.SCHLIB】，单击面板下面的标签【SCH Library】，打开【SCH Library】面板，如图 2-2-8 所示。

在【SCH Library】面板下面的元件列表框内单击鼠标右键，在弹出的下拉菜单中单击【粘贴】，如图 2-2-9 所示，将电阻元件"Res2"复制到【SCH Library】中，如图 2-2-10 所示。

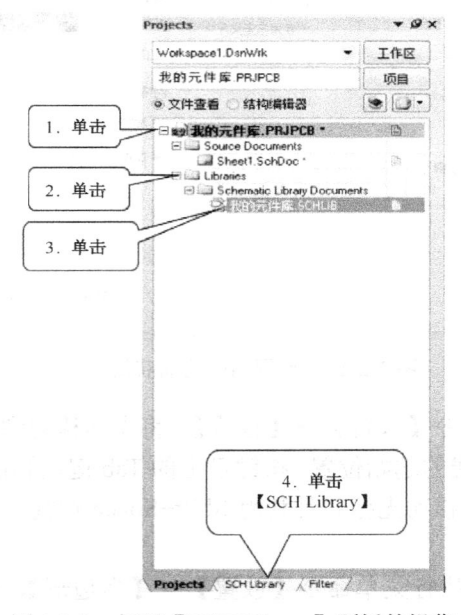

图 2-2-8　打开【SCH Library】面板的操作

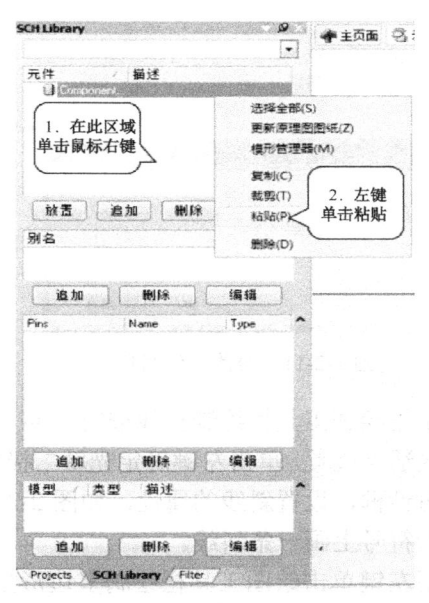

图 2-2-9　将"Res2"复制到【SCH Library】面板中的操作

② 将元件更名为"PHOTORESISTOR"。执行菜单命令【工具】→【重新命名元件】，弹出【Rename Component】对话框，将对话框中元件名称"Res2"修改为"PHOTORESISTOR"（光敏电阻）并单击【确认】按钮，如图 2-2-11 所示。

③ 编辑、修改元件——绘制双箭头。执行菜单命令【工具】→【文档选项】，在弹出的【库

编辑器工作区】对话框中将网格的捕获值设置为 1，如图 2-2-12 所示。

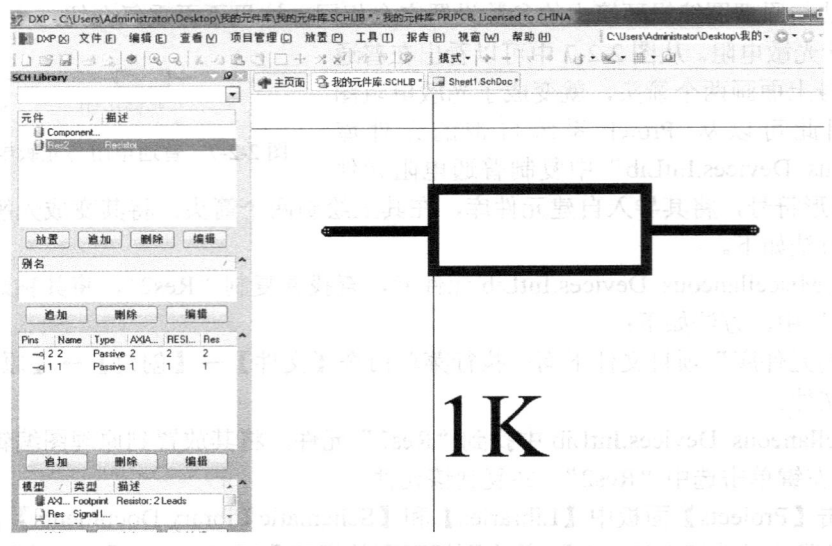

图 2-2-10 完成粘贴的"Res2"

图 2-2-11 修改元件名称

图 2-2-12 设置网格的捕获值

单击绘图工具栏绘制直线按钮 ╱ 或执行菜单命令【放置】→【直线】，将光标移动到图纸编辑区适当位置，单击左键确定光敏二极管箭头斜线的起始位置；按键盘上的 Tab 键，弹出【折线】对话框，设置斜线的属性，如图 2-2-13 所示。移动光标并且利用 Shift+Space 快捷键在电阻矩形符号上画一条斜线。

用左键单击绘图工具栏绘制多边形按钮 ⊠，或执行菜单命令【放置】→【多边形】，将光标移动到图纸编辑区适当位置，单击左键确定光敏二极管箭头三角形的起始位置，按键盘上的 Tab 键，在弹出的【多边形】对话框中设置属性，如图 2-2-14 所示。绘制时选择与电阻图形符号一致的颜色，要将网格的捕获值调整为 1，绘制完成后再将此值调回 10。在斜线端点处确定三点绘制箭头三角形。利用选中—复制—粘贴的方法绘制光敏电阻的另一个箭头。

④ 编辑元件属性：用左键单击库文件编辑面板元件列表框下面的【编辑】按钮，弹出【Library Component Properties】对话框。

按照设计要求编辑、修改光敏电阻的属性，方法在前文中已述，单击【确认】按钮，完成光敏电阻元件的设计。

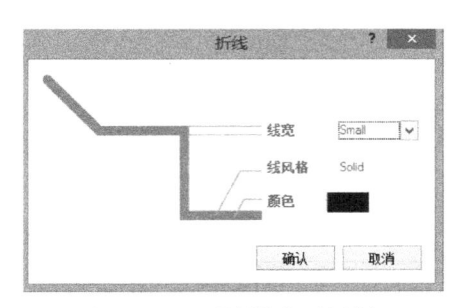

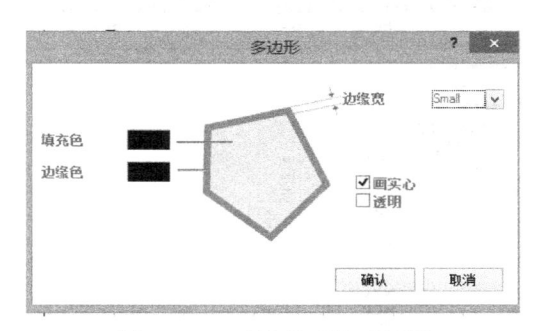

图 2-2-13 【折线】对话框　　　　图 2-2-14 【多边形】对话框

执行菜单命令【文件】→【保存】,或单击按钮，保存设计文件。

📢 提示：观看 SPOC 课堂上的视频：绘制放大器 Op Amp。

设计任务：创建名为"超声波测距电路"的元件库,绘制变压器 Trans、放大器 Op Amp。

2）绘制新元件

下面以设计STC89C51元件为例,介绍绘制新元件的方法。

（1）查询元件引脚信息。在网上查询STC89C51元件的引脚信息,归纳总结并填入表2-2-4。

表 2-2-4　STC89C51 单片机的引脚信息

引　　脚	引脚电气类型	备　　注
9、19、31	Input	标号为 12、13、16、17、29 的引脚具有反相标志。封装形式为DIP40
18、29、30	Output	
20（GND）、40（VCC）	Power	
其余引脚	I/O	

（2）修改元件库中元件的默认名称。执行菜单命令【文件】→【创建】→【库】→【原理图库】,启动元件库编辑器。执行菜单命令【工具】→【重新命名元件】,弹出【Rename Component】对话框,将名称"COMPONENT_1"修改为"STC89C51",如图 2-2-15 所示,单击【确认】按钮进入新元件的编辑状态。

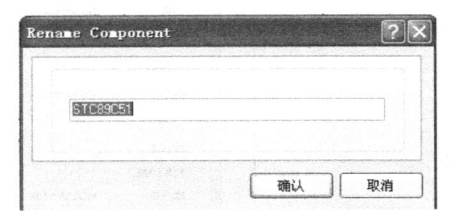

图 2-2-15　【Rename Component】对话框

（3）跳转到原点。执行菜单命令【编辑】→【跳转到】→【原点】或按键盘 Ctrl+Home 快捷键,如图 2-2-16 所示,光标自动跳转到编辑窗口中坐标系的原点。

（4）画矩形。单击绘图工具栏上的画矩形按钮,或执行菜单命令【放置】→【矩形】,将光标移动到图纸编辑区适当位置（如坐标系原点处）并单击左键,确定直角矩形的左上角顶点；移动光标到适当位置,再单击鼠标左键确定直角矩形的右下角顶点；单击鼠标右键结束这个矩形的绘制过程。直角矩形的大小为 14 格×6 格,画好的矩形如图 2-2-17 所示。

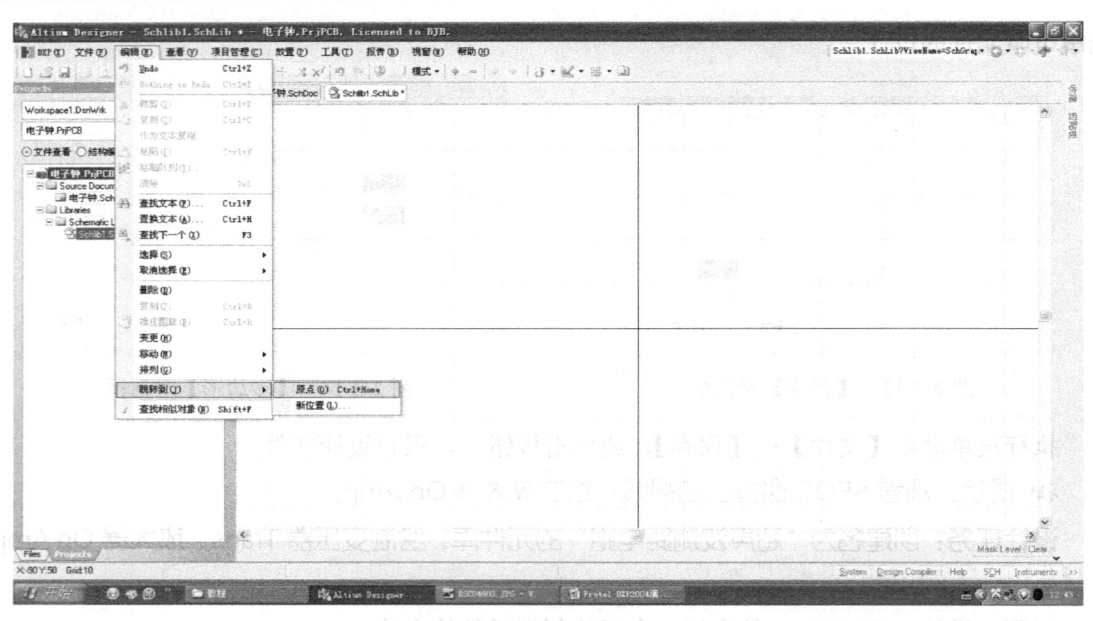

图 2-2-16 光标跳转到原点

(5) 放置引脚：

① 启动放置引脚命令。单击工具栏中的 按钮或执行菜单命令【放置】→【引脚】后，光标变成十字形，并附着一个引脚，按键盘上的 Tab 键弹出【引脚属性】对话框，如图 2-2-18 所示。

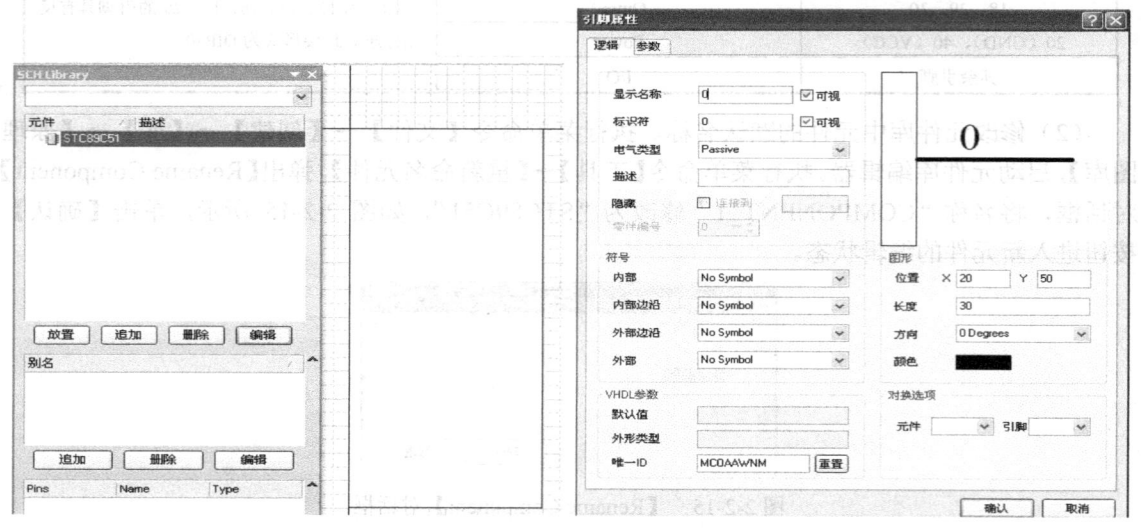

图 2-2-17 画好的矩形　　　　图 2-2-18 【引脚属性】对话框

【引脚属性】对话框中各项的作用如下。

- 【显示名称】：用于设置引脚的显示名称，可以在后面的复选框中选择是否显示。
- 【标识符】：用于设置引脚的标志，可以在后面的复选框中选择是否显示。
- 【电气类型】：用于设置引脚的电气特性。单击 按钮弹出下拉列表框，其中的选项包括"Input"（输入引脚）、"Output"（输出引脚）、"IO"（即 I/O，输入/输出双向引

· 100 ·

脚)、"Opencollector"(集电极开路型引脚)、"Passive"(无源引脚,如果不能确定某一引脚的具体电气特性,可以将其设置为无源引脚)、"Hiz"(高阻引脚)、"Emitter"(发射极输出引脚)、"Power"(电源或接地引脚)。
- 【描述】:用于输出引脚的描述信息。
- 【隐藏】:设置引脚是否被隐藏,若勾选该复选框,则后面的【连接到】文本框有效,这时必须在【连接到】文本框中输入与该隐藏的引脚相连接的电气网络的名称。通常隐藏的引脚为电源引脚或接地引脚。
- 【零件编号】:用来设置一个元件是否可以包含多个子件。
- 【符号】区域:用于设置引脚在元件中的符号。

  【内部】:用于设置引脚在元件内部的表示符号。

  【内部边沿】:用于设置引脚在元件内部边框上的符号。

  【外部边沿】:用于设置引脚在元件外部边框上的符号。

  【外部】:用来设置引脚在元件外部的表示符号。

上面这些符号是标准的 IEEE 符号。
- 【VHDL 参数】区域:用于设置有关 VHDL 引脚的参数。
- 【图形】区域:用于设置引脚的图形参数,包括引脚的位置、长度、方向等,其中:

  【位置】:"X"和"Y"文本框用于设置引脚的横坐标和纵坐标。

  【长度】:设置引脚的长度,默认为 30mil,也可以设置为 20mil。

  【方向】:设置引脚方向。单击 按钮弹出下拉列表,其中的选项包括 0 Degrees(绘制边框右边引脚)、90 Degrees(绘制边框上边引脚)、180 Degrees(绘制边框左边引脚)和 270 Degrees(绘制边框下边引脚)。

② 设置引脚属性。根据表 2-2-2 提供的 STC89C51 引脚信息,设置引脚的属性。

例如,STC89C51 的引脚 1 的属性设置方法如下:

【显示名称】:输入"P1.0"。

【标识符】:输入"1"。

【方向】:由于该引脚放置在绘制的矩形边框的左上角,因此选择"180 Degrees"。

【电气类型】:选择"IO"。

例如,STC89C51 的引脚 9 的属性设置方法如下:

【显示名称】:输入"RST"。

【标识符】:输入"9"。

【方向】:该引脚放置在绘制的矩形边框的左侧,因此选择"180 Degrees"。

【电气类型】:选择"Input"。

例如,STC89C51 的引脚 16 的属性设置方法如下:

【显示名称】:输入"P3.6/W\R\"。

【标识符】:输入"16"。

【方向】:选择"180 Degrees"。

【电气类型】:选择"IO"。

【外部边沿】:选择"Dot"。

例如,STC89C51 的引脚 40 的属性设置方法如下:

【显示名称】:输入"VCC"。

【标识符】：输入"40"。
【方向】：该引脚放置在绘制的矩形边框的右侧，因此选择"0 Degrees"。
【电气类型】：选择"Power"。
例如，STC89C51 的引脚 30 的属性设置方法如下：
【显示名称】：输入"ALE/P\"。
【标识符】：输入"30"。
【方向】：选择"0 Degrees"。
【电气类型】：选择"Output"。

> **提示**
>
> 隐藏引脚的方法如下：
> 勾选【引脚属性】对话框中的【隐藏】复选框，单击【确认】按钮，或执行菜单命令【查看】→【显示或隐藏引脚】，可以隐藏元件引脚。
> 显示隐藏引脚的方法如下：
> 执行菜单命令【查看】→【显示或隐藏引脚】，或取消勾选【引脚属性】对话框中的【隐藏】复选框，可以显示元件隐藏的引脚。

引脚 1 的属性设置如图 2-2-19 所示。

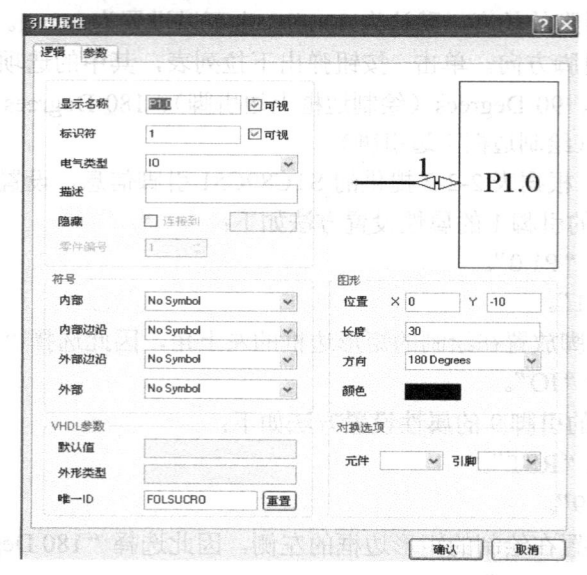

图 2-2-19　引脚 1 的属性设置

> **提示**
>
> 在编辑引脚属性时，如果要在引脚名称上方输入横线，使用"字符\"来实现，例如，在引脚 30 的【显示名称】文本框中输入"P\"，则在编辑窗口中显示为"$\overline{P}$"。

③ 放置引脚。完成引脚属性设置后，单击【确认】按钮，移动光标到矩形的左上角，单击鼠标左键放置引脚 1，此时光标附着一个新的引脚，并且序号自动加 1，如图 2-2-20 所示，表示可以继续放置其他引脚，依同样的方法放置其他引脚。单击鼠标右键或按 Esc 键退出放置引脚状态。

绘制好的 STC89C51 元件如图 2-2-21 所示。

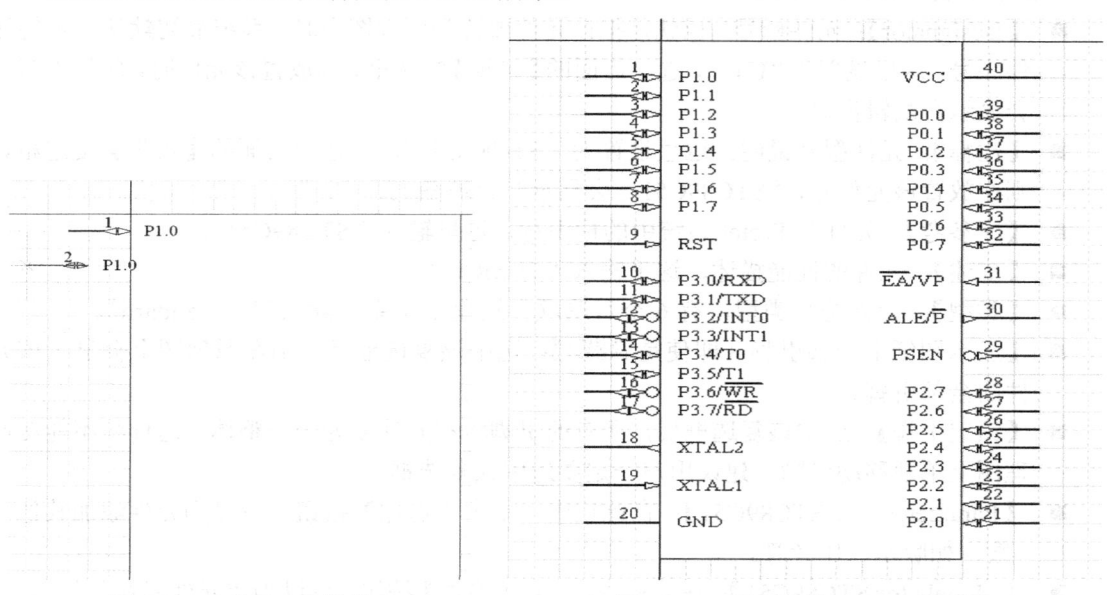

图 2-2-20　引脚 1 的放置　　　　图 2-2-21　绘制好的 STC89C51 元件

（6）设置元件属性。用左键单击【SCH Library】元件列表框中元件"STC89C51"，单击元件列表框下面的【编辑】按钮，弹出【Library Component Properties】对话框，如图 2-2-22 所示。

图 2-2-22　【Library Component Properties】对话框

对话框主要项目作用如下：
- 【Designator】：元件标号，也就是把该元件放置到原理图中时，系统最初默认显示的元件序号。这里设置为"U？"，选中后面的【可视】复选框，则放置该元件时，序号"U？"会显示在编辑窗口中。
- 【注释】：元件型号说明。这里设置为"STC89C51"，并选中后面的【可视】复选框，则在放置该元件时，"STC89C51"会显示在原理图上。
- 【库参考】：元件在 Protel 系统中的标识符，这里输入"STC89C51"。
- 【描述】：元件的性能描述，这里输入"51 MCU"。
- 【类型】：元件符号类型，有 6 个可选项，这里采用系统默认值"Standard"。
- 【显示图纸上全部引脚（即使是隐藏）】：选中该复选框后，则在原理图上会显示该元件的全部引脚。
- 【锁定引脚】：选中该复选框后，所有的引脚将和元件成为一个整体，这样将不能在原理图上单独移动引脚。建议用户一定要选中该复选框。
- 【Parameters for STC89C51】：在此栏中，单击【追加】按钮，可以为元件添加其他参数，如版本、作者等。
- 【Models for STC89C51】：在此栏中，单击【追加】按钮，可以为该元件添加其他模型，如 PCB 封装模型、信号完整性模型、仿真模型、PCB3D 模型等。

执行菜单命令【文件】→【保存】，或单击工具栏 ■ 按钮，保存设计文件。

📢 提示：观看 SPOC 课堂上的视频：绘制 CS3020 元件。

设计任务：绘制 STC89C51、LCD1602 元件。

3. 设计多功能单元元件

下面以设计 LM339 为例，介绍绘制多功能单元元件的方法。

1）查询元件引脚信息

LM339 内部含有 4 个独立的电压比较器，其外形及引脚排列如图 2-2-23 所示，功能表如表 2-2-5 所示。

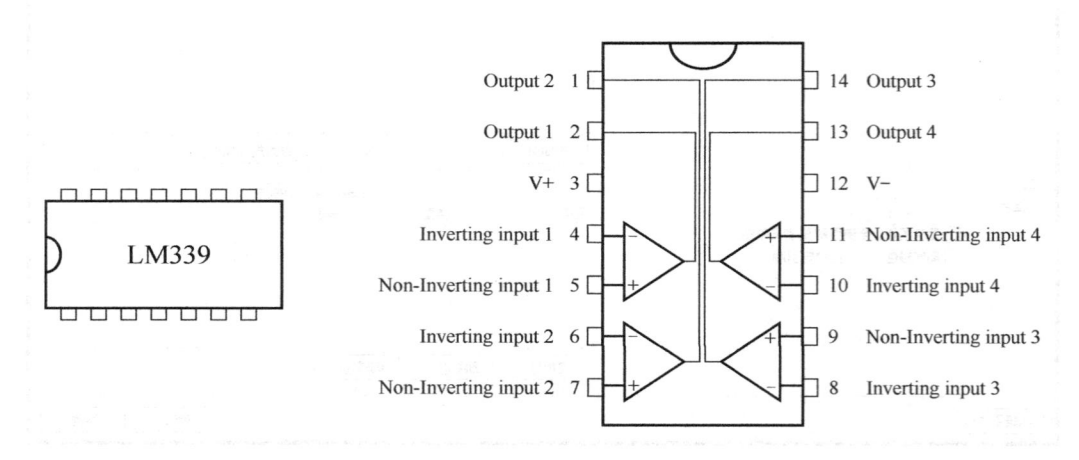

图 2-2-23 LM339 外形及引脚排列图

表 2-2-5　LM339 的功能表

引脚序号	引脚功能	引脚的电气类型	引脚序号	引脚功能	引脚的电气类型
1	输出端 2	Output	8	反相输入端 3	Input
2	输出端 1	Output	9	正相输入端 3	Input
3	电源正端	Power	10	反相输入端 4	Input
4	反相输入端 1	Input	11	正相输入端 4	Input
5	正相输入端 1	Input	12	电源负端	Power
6	反相输入端 2	Input	13	输出端 4	Output
7	正相输入端 2	Input	14	输出端 3	Output

LM339 为一个多功能单元元件，它有 4 个功能完全相同的模块，分别是 A 子件、B 子件、C 子件和 D 子件。LM339 的封装形式是 DIP14。

2）创建 LM339 元件

启动元件库编辑器，执行菜单命令【工具】→【新元件】，或用左键单击元件库编辑面板中元件列表框下面的【追加】按钮，在弹出的【New Component Name】（新元件命名）对话框中，将元件命名为"LM339"，如图 2-2-24 所示，单击【确认】按钮，在元件库编辑面板内创建一个 LM339 元件，如图 2-2-25 所示。

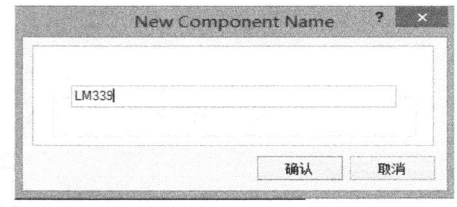

图 2-2-24　【New Component Name】对话框

3）设计 A 子件

按照前文提供的 LM339 的引脚信息绘制第一个功能模块（A 子件）的符号，如图 2-2-26 所示。

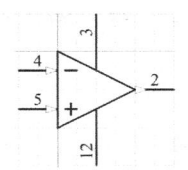

图 2-2-26　LM339 元件中的 A 子件

4）设计 B 子件

执行菜单命令【工具】→【创建元件】或单击工具栏 按钮，在【SCH Library】元件列表框中元件 LM339 名称前出现一个"+"符号，单击"+"符号展开 LM339，显示创建的 A 子件和 B 子件根目录，同时绘图工作区显示已经画好的 A 子件，如图 2-2-27 所示。

图 2-2-25　创建 LM339 元件

执行菜单命令【编辑】→【选择】→【全部对象】，选中编辑窗口中的 A 子件，单击工具栏 按钮复制，接着再单击工具栏 按钮，取消选中。

用左键单击【SCH Library】元件列表框中 B 子件，打开 B 子件元件库编辑界面，执行菜单命令【编辑】→【粘贴】，将十字光标移动到第四象限靠近原点处，单击左键放置 A 子件的符号，如图 2-2-28 所示。

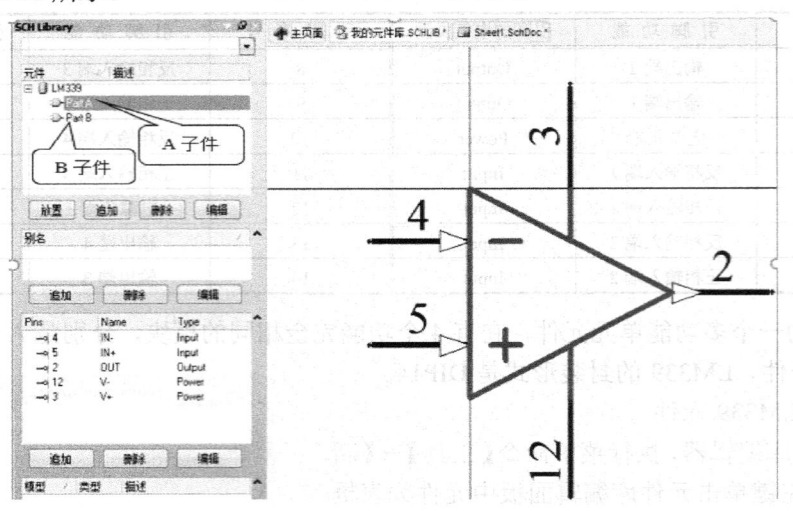

图 2-2-27　创建 A 子件

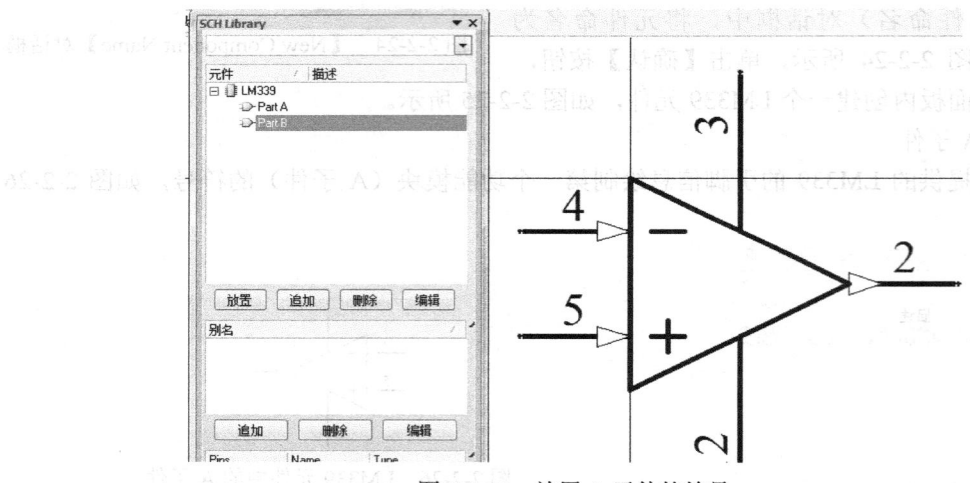

图 2-2-28　放置 A 子件的符号

按照前文提供的 LM339 的引脚信息编辑、修改 B 子件的引脚序号和属性，完成后的 B 子件如图 2-2-29 所示。

5）用同样的方法设计 C 子件和 D 子件

设计好的 C 子件和 D 子件如图 2-2-30 和图 2-2-31 所示。

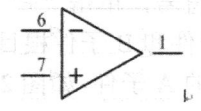

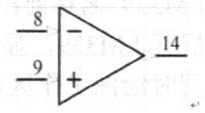

图 2-2-29　B 子件　　　　图 2-2-30　C 子件　　　　图 2-2-31　D 子件

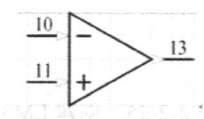

6）编辑 LM339 元件的属性

单击【SCH Library】元件列表框下面的【编辑】按钮，弹出【SCH Library】面板，在其中设置 LM339 元件的属性，如图 2-2-32 所示。

执行菜单命令【文件】→【保存】，或单击工具栏 按钮，保存设计文件。

🔊 提示：观看 SPOC 课堂上的视频：绘制 CC4013（双上升沿 D 触发器）。

设计任务：绘制 7404（反相器）。

4．生成相关报表

1）生成库元件规则检查报表

库元件规则检查报表主要用于帮助用户进行元件的基本验证，包括检查元件库中的元件是否有错，并将有错的元件列出来，指明错误原因。

生成库元件规则检查报表的方法如下：

（1）执行菜单命令【报告】→【元件规则检查】，弹出【库元件规则检查】对话框，如图 2-2-33 所示。

图 2-2-32　设置 LM339 元件的属性　　　　图 2-2-33　【库元件规则检查】对话框

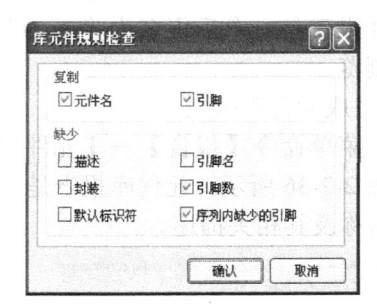

【库元件规则检查】对话框中的各项含义如下：

- ◆ 【元件名】：用于设置是否检查重复的元件名称。选中该复选框后，如果库文件中存在重复的元件名称，则系统会把这种情况视为错误，并将其显示在错误报表中；若不选中该复选框，则不进行该项检查。
- ◆ 【引脚】：用于设置是否检查重复的引脚名称。选中该复选框后，系统会检查元件的引脚是否存在同名错误，并给出相应报告；同样，若不选中该复选框，则不进行该项检查。
- ◆ 【描述】：选中该复选框后，系统将检查元件属性中的描述是否空缺，若空缺，则给出错误报告。
- ◆ 【封装】：选中该复选框后，系统将检查元件属性中的封装是否空缺，若空缺，则给出错误报告。
- ◆ 【默认标识符】：选中该复选框后，系统将检查元件的标识符是否空缺，若空缺，则给出错误报告。
- ◆ 【引脚名】：选中该复选框后，系统将检查元件引脚名称是否空缺，若空缺，则给出错误报告。
- ◆ 【引脚数】：选中该复选框后，系统将检查元件引脚编号是否空缺，若空缺，则给出错误报告。
- ◆ 【序列内缺少的引脚】：选中该复选框后，系统将检查元件是否存在引脚编号不连续的情况，若存在，则给出错误报告。

根据各项的含义，用户可以自行设置想要检查的选项。

（2）单击【确认】按钮，输出库元件规则检查报表，该报表是一个后缀名为".ERR"的文件，如图 2-2-34 所示。因为"我的元件库"中元件没有错误，因此输出的报表没有错误提示。

```
Component Rule Check Report for : C:\Documents and Settings\Administrator\桌面\我的元件库\我的元件库.SCHLIB

Name            Errors
------------------------------------------------------------
```

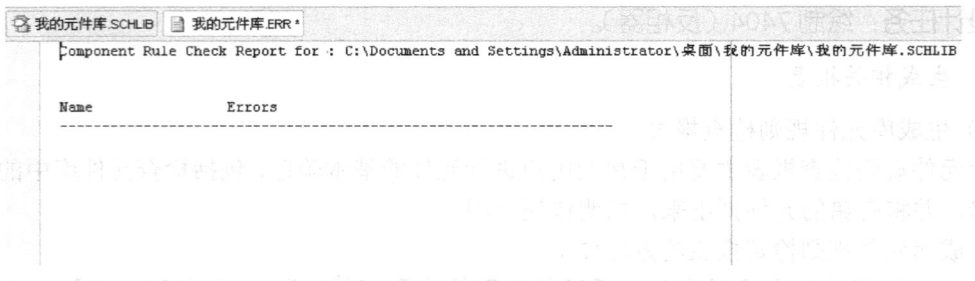

图 2-2-34　库元件规则检查报表

2）生成元件报表

执行菜单命令【报告】→【元件】，系统自动生成了该元件的元件报表，如图 2-2-35 所示。元件报表是一个后缀名为".cmp"的文件，列出了元件的属性及其引脚的配置情况，便于用户浏览。

3）生成元件库报表

执行菜单命令【报告】→【元件库】，则系统自动生成了该元件所在元件库的元件库报表，如图 2-2-36 所示。元件库报表是一个后缀名为".rep"的文件，列出了当前元件库中所有元件的名称及其相关描述。

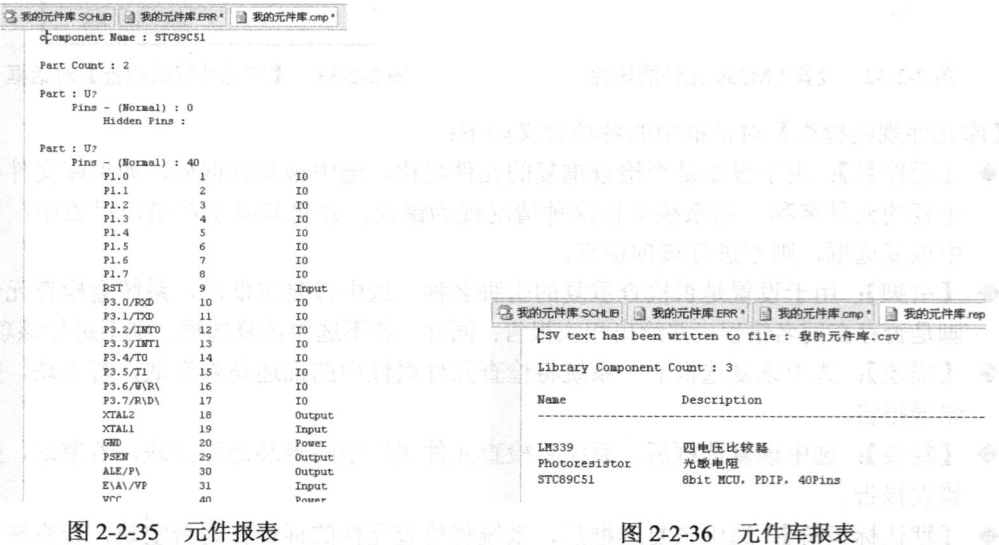

```
Component Name : STC89C51
Part Count : 2
Part : U?
    Pins - (Normal) : 0
    Hidden Pins :
Part : U?
    Pins - (Normal) : 40
    P1.0        1       IO
    P1.1        2       IO
    P1.2        3       IO
    P1.3        4       IO
    P1.4        5       IO
    P1.5        6       IO
    P1.6        7       IO
    P1.7        8       IO
    RST         9       Input
    P3.0/RXD    10      IO
    P3.1/TXD    11      IO
    P3.2/INT0   12      IO
    P3.3/INT1   13      IO
    P3.4/T0     14      IO
    P3.5/T1     15      IO
    P3.6/W\R\   16      IO
    P3.7/R\D\   17      IO
    XTAL2       18      Output
    XTAL1       19      Input
    GND         20      Power
    PSEN        29      Output
    ALE/P\      30      Output
    E\A\/VP     31      Input
    VCC         40      Power
```

图 2-2-35　元件报表

```
CSV text has been written to file : 我的元件库.csv

Library Component Count : 3

Name            Description
------------------------------------------------------------
LM339           四电压比较器
Photoresistor   光敏电阻
STC89C51        8bit MCU, PDIP, 40Pins
```

图 2-2-36　元件库报表

生成报表的工作完成后，就可以保存生成的所有报表了。

2.2.5　学习活动小结

在原理图的设计过程中，有些元件在现有的元件库中是找不到的，因此需要用户自己制作。制作一个新元件一般需要以下几个步骤：

（1）查询元件引脚信息和封装信息。

（2）打开元件库编辑器，创建一个新元件。

（3）绘制元件外形。

(4)放置引脚，设置引脚属性。
(5)追加元件的封装模型。
(6)保存元件。

新的元件制作完成后，还可以给元件添加别名和输出元件的各种信息报表。

任务实施

2.3 学习活动 3　绘制复杂电路原理图

为了使复杂电路的原理图图面工整美观，通常采用总线和总线入口连接代替电路中大量平行导线连接；绘制复杂电路原理图时，若需要修改电路中同类元件的属性，逐一修改比较烦琐，利用自动标注和全局修改，可以使修改操作快速方便。本部分内容主要介绍放置总线、总线入口，自动标注元件和对元件属性进行全局修改的方法。

2.3.1　学习目标

- 能绘制总线。
- 能绘制总线入口。
- 能放置多功能单元元件。
- 能应用自动标注功能。
- 能对元件属性进行全局修改。

2.3.2　学习活动描述与分析

学习活动 3 的设计任务是在计算机上完成下面操作：
(1)放置总线和总线入口。
(2)绘制如图 2-0-1 所示的超声波测距电路原理图。
(3)重新标注超声波测距电路原理图中元件的标号。
(4)将电路中所有电阻的封装修改为 0805，名称修改为 RES0。

通过本部分内容的学习，应懂得总线、总线入口的含义和作用；学会使用总线和总线入口连接元件及放置多功能单元元件；能自动标注元件，并能对元件属性进行全局修改。

1. 学习引导问题

完成学习活动 3 的设计任务，须弄清楚以下问题：
(1)什么是总线？总线的作用是什么？
(2)什么是总线入口？总线入口的作用是什么？
(3)什么是元件的自动标注？
(4)什么是元件属性的全局修改？

需要掌握以下操作技能：
(1)放置总线并设置其属性。
(2)放置总线入口并设置其属性。

（3）对元件进行自动标注。

（4）对元件属性进行全局修改。

2. SPOC 课堂上的视频资源

（1）任务 2.11 放置总线和总线入口。

（2）任务 2.12 绘制超声波测距电路原理图。

（3）任务 2.13 元件的自动标注。

（4）任务 2.14 元件属性的全局修改。

2.3.3 相关知识

1. 总线

总线是指电路中一组具有相关性的导线，总线分为数据总线、地址总线和控制总线。使用总线来代替一组导线，需要与总线入口和网络标签相配合。总线与一般导线的性质不同，它本身没有实质的电气连接意义，必须由总线上的网络标签来完成电气意义上的连接，具有相同网络标签的导线在电气上是相通的，在原理图中合理地使用总线，可以使图面简洁明了。

总线入口指总线与导线的连接线。

2. 元件的自动标注

在设计复杂原理图时，可能会进行添加、复制、删除元件等操作，使得绘制好的原理图元件标号发生重复或缺失的混乱，此时需要重新调整元件标号。倘若逐一手动修改标号会比较烦琐。Protel 提供了元件的自动标注功能，利用此功能可以方便地修改标号。

3. 元件属性的全局修改

在原理图中通常含有大量的同类元件，若要逐个设置元件的属性则费时费力，Protel 提供了全局修改功能，可以进行统一设置。全局修改也称为整体编辑，利用此功能可以一次性修改元件属性、导线的属性、字符属性等相关信息，使用全局修改功能是提高绘图速度最有效的方法之一。

2.3.4 学习活动实施

1. 绘制总线

执行菜单命令【放置】→【总线】，或单击工具栏 按钮，进入总线放置状态，按 Tab 键，弹出【总线】对话框，如图 2-3-1 所示，总线属性的设置方法和设置导线属性基本相同，在前文中已介绍过。

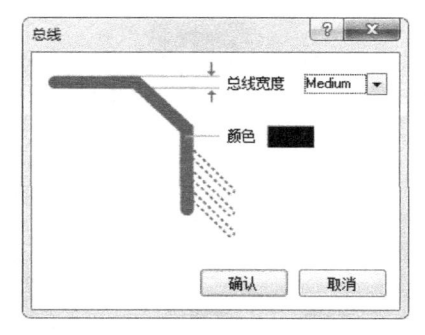

图 2-3-1 【总线】对话框

2. 绘制总线入口

（1）设置总线入口属性。执行菜单命令【放置】→【总线入口】，或单击工具栏 按钮，进入总线入口放置状态。按 Tab 键，或放置总线入口之后，双击放置的总线入口，弹出【总线入口】对话框，如图 2-3-2 所示。

- 【位置】：用于设定总线入口的起点和终点坐标，其中"X1""Y1"为起点坐标，"X2""Y2"为终点坐标。
- 【颜色】：用于设置总线入口的颜色。
- 【线宽】：用于设置总线入口的线宽。

（2）放置总线入口。执行放置命令后，十字光标会附着总线入口标志，移动光标到适当位置，光标出现一个红色的"×"标志，单击鼠标左键，放置总线入口，如图 2-3-3 所示。在放置过程中，若按 Space 键，总线入口旋转 90°；按 X 键，总线入口水平翻转；按 Y 键，总线入口垂直翻转，单击鼠标右键或按 Esc 键，退出放置状态。

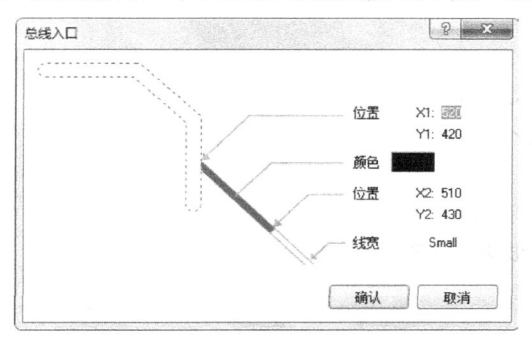

图 2-3-2 【总线入口】对话框　　　　图 2-3-3 放置总线入口

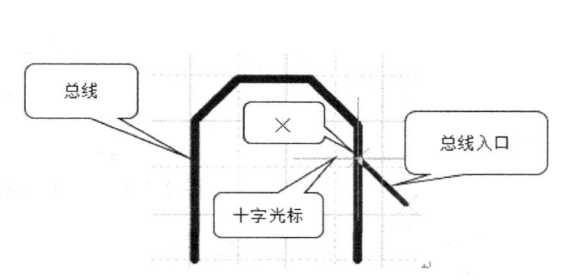

3. 放置多功能单元元件

下面我们以绘制超声波测距电路原理图过程中，放置 7404 反相器为例，介绍多功能单元元件的放置方法。

（1）创建名为"超声波测距电路"的项目文件，并创建同名原理图文件，如图 2-3-4 所示，并保存在桌面自建文件夹内。

（2）打开"超声波测距电路"元件库文件，将其添加至"超声波测距电路"项目文件的根目录下，如图 2-3-5 所示，方法与将原理图文件添加至项目文件里相同，前文中已介绍。

图 2-3-4 创建"超声波测距电路"项目文件　　　　图 2-3-5 添加元件库文件

（3）打开【元件库】面板，找到"超声波测距电路"元件库并将其显示出来，如图 2-3-6 所示。

（4）单击【Place 7404】按钮，十字光标附着 7404 元件的符号标志，按下 Tab 键，打开【元件属性】对话框，设置 7404 元件的属性后单击【确认】按钮，如图 2-3-7 所示。

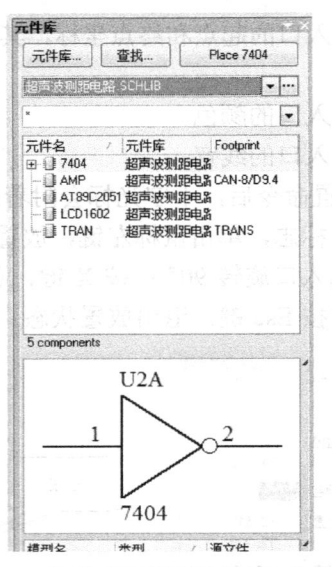

图 2-3-6　找到"超声波测距电路"元件库

图 2-3-7　设置 7404 元件属性

（5）在原理图编辑区合适位置单击左键放置标号为 U2A 的 7404 元件，接着单击左键放置 U2B、U2C、…、U2F，单击鼠标右键，退出放置状态，如图 2-3-8 所示。

　　提示：观看 SPOC 课堂上的教学视频：绘制超声波测距电路原理图。

设计任务：绘制如图 2-0-1 所示的超声波测距电路原理图。

4. 元件的自动标注

（1）执行菜单命令【工具】→【重置标识符】，弹出【Confirm Designator Changes】对话框，

如图 2-3-9 所示。

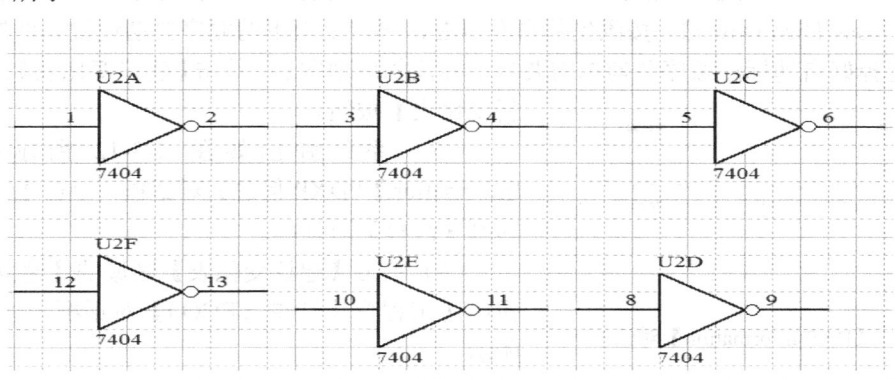

图 2-3-8　放置多功能单元元件

（2）单击【Yes】，则所有的标号都重置成字母加"？"形式，如图 2-3-10 所示。

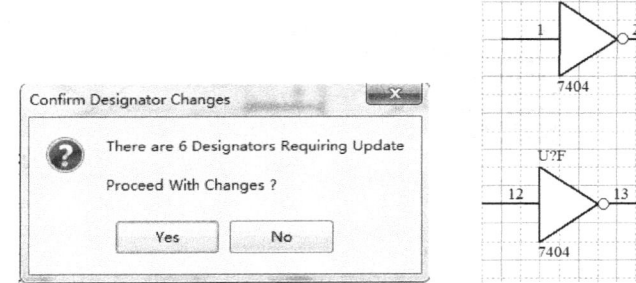

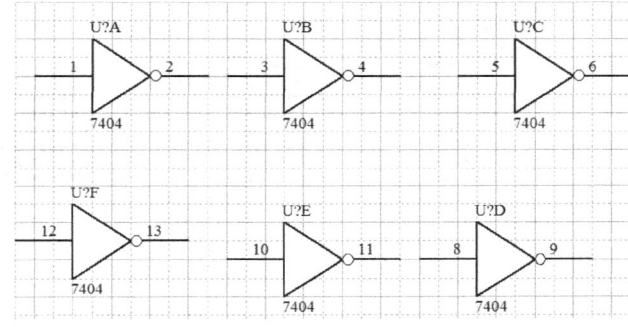

图 2-3-9　【Confirm Designator Changes】对话框　　　图 2-3-10　重置元件标号

（3）执行菜单命令【工具】→【注释】，弹出【注释】对话框，如图 2-3-11 所示。

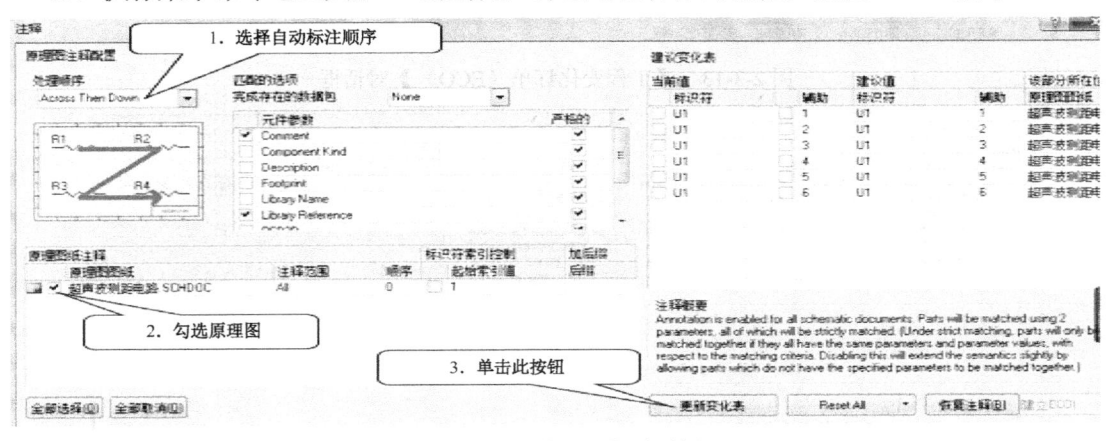

图 2-3-11　【注释】对话框

【原理图注释配置】选项用来设置元件标号的处理顺序。单击【处理顺序】选项框右侧的下拉按钮，有 4 种选择方案：

- 【Up Then Across】：按照先自下而上，再从左到右的顺序自动设置元件的标号。
- 【Down Then Across】：按照先自上而下，再从左到右的顺序自动设置元件的标号。

- 【Across Then Up】：按照先从左至右，再自下而上的顺序自动设置元件的标号。
- 【Across Then Down】：按照先从自左至右，再自上而下的顺序自动设置元件的标号。

（4）选择好自动标注顺序并勾选需要自动标注的原理图后，单击【建议变化表】区域的【更新变化表】按钮。

（5）系统弹出如图 2-3-12 所示的【DXP Information】（DXP 信息）对话框，单击【OK】按钮，回到【注释】对话框。

（6）单击【建议变化表】区域的【建立】按钮，弹出【工程变化订单（ECO）】对话框，如图 2-3-13 所示。

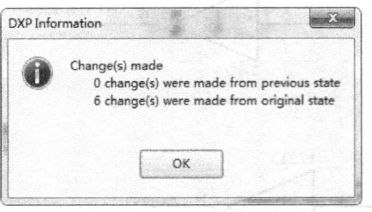

图 2-3-12 【DXP Information】对话框

（7）先单击【使变化生效】按钮，再单击【执行变化】按钮，结果如图 2-3-14 所示。

（8）单击【关闭】按钮，回到【注释】对话框。单击右上角"×"，关闭对话框，完成自动标注。

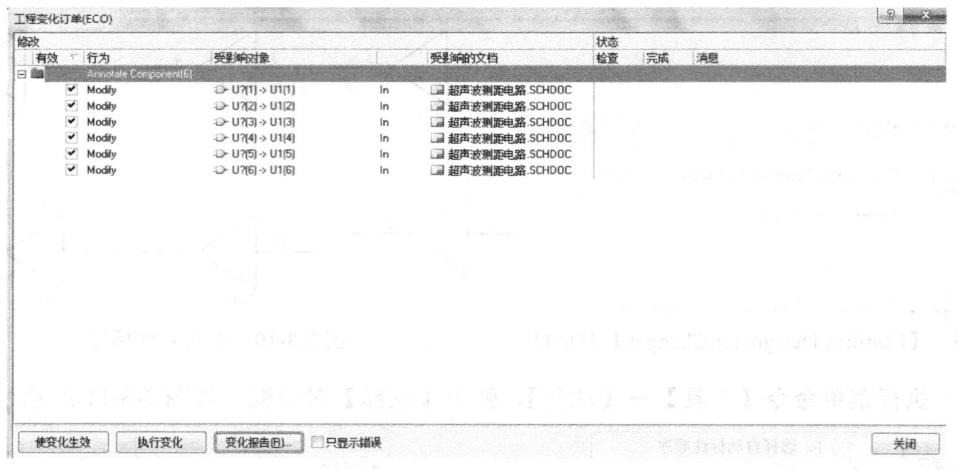

图 2-3-13 【工程变化订单（ECO）】对话框

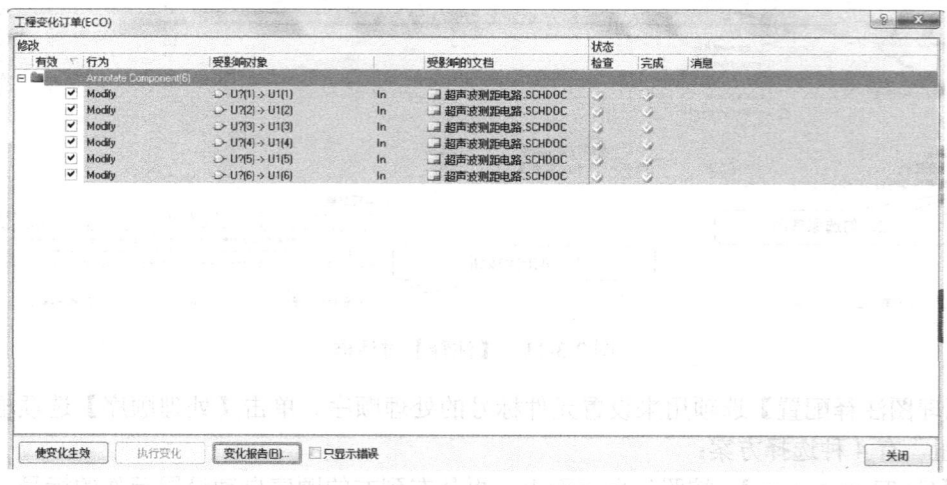

图 2-3-14 改变之后的结果

> 📖 提示：
>
> 若要快速对元件进行标注，操作方法如下：
>
> 执行菜单命令【工具】→【快捷注释元件】或【工具】→【强制注释元件】。

📢 提示：观看 SPOC 课堂上的教学视频：元件的自动标注。

设计任务：采用 Protel 系统提供的自动标注功能，重新标注超声波测距电路原理图中元件的标号。

5. 元件属性的全局修改

例：将如图 2-3-15 所示的 MCU 复位电路原理图中所有电阻的封装修改为 1206，将元件在元件库里的名称修改为 Res1。

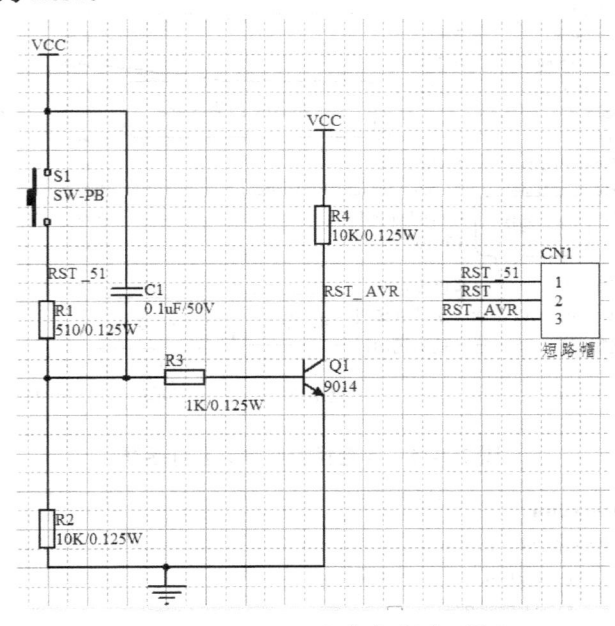

图 2-3-15　MCU 复位电路原理图

修改步骤如下：

（1）用左键单击选中任意一个电阻元件，单击右键，在弹出的下拉菜单中，单击【查找相似对象】，弹出【查找相似对象】对话框，如图 2-3-16 所示。

（2）单击【Part Comment】（元件名称）中"Res2"对应的"Any"旁边的下拉按钮，选择"Same"，单击【Current Footprint】（当前封装）中"AXIAL-0.4"对应的"Any"旁边的下拉按钮，选择"Same"，勾选【选择匹配】复选框，如图 2-3-16 所示。

（3）单击【适用】按钮，选中原理图中所有电阻，接着单击【确认】按钮，弹出【Inspector】面板，如图 2-3-17 所示。

（4）将【Part Comment】框中"Res2"修改为"Res1"；将【Current Footprint】框中字符"AXIAL-0.4"修改为"1206"，如图 2-3-17 所示。按 Enter 键确认，关闭此对话框，就完成了对电阻元件名称和封装的修改。

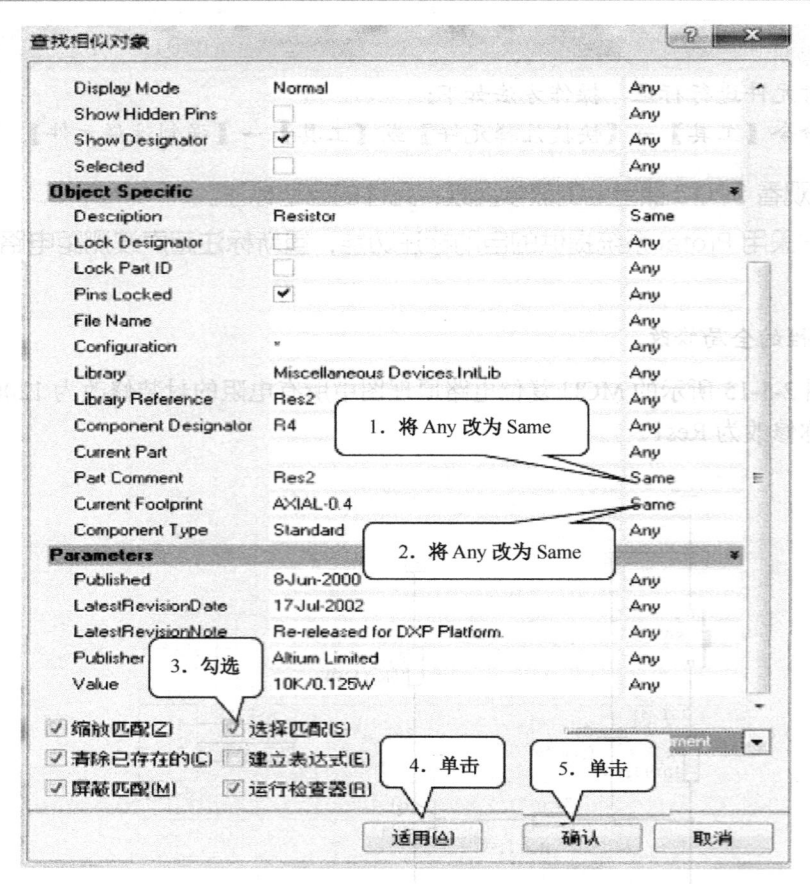

图 2-3-16 【查找相似对象】对话框

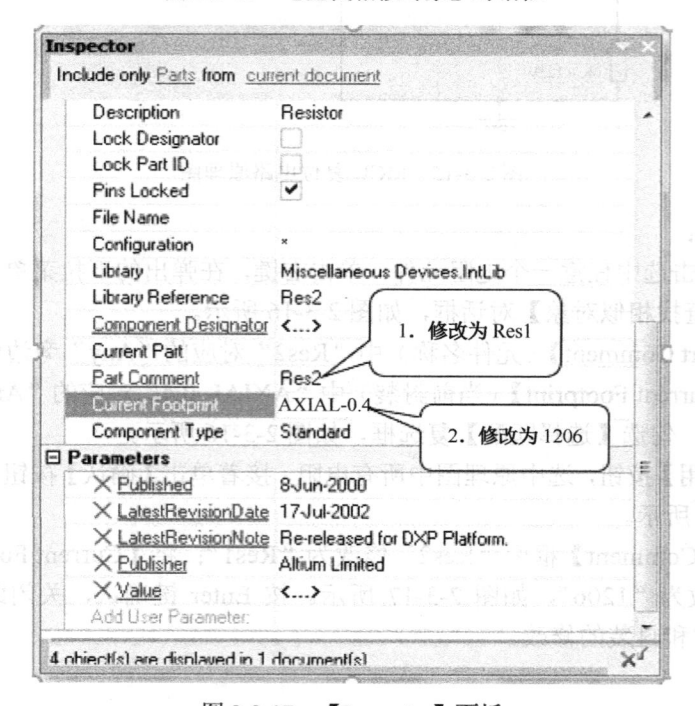

图 2-3-17 【Inspector】面板

🔊 提示：观看 SPOC 课堂上的教学视频：元件属性的全局修改。

设计任务：将电路中所有电阻的封装修改为 0805，名称修改为 Res0。

2.3.5 学习活动小结

本部分内容通过介绍设计案例讲解了提高原理图设计效率的编辑技巧，重点讲解了利用总线、总线入口连接电路元件，放置多功能单元元件，以及绘制复杂原理图的方法。

🔔 学习任务小结

本学习任务主要学习设计元件及绘制复杂原理图的方法。

（1）设计原理图元件之前要先启动元件库编辑器。

元件库编辑器界面与原理图编辑器界面大致相同，不同的是在元件库编辑器工作区域的中心有一个坐标系，将其划分为四个象限，一般在第四象限原点附近绘制原理图元件。

（2）在实际工作中，设计元件通常有两种方法。

- 第一种方法：系统自带的元件库中有与需要的元件相似的元件时，可将相似的元件从元件库中调出，在其基础上进行修改，并将修改好的新元件以新的名称存入元件库。
- 第二种方法：系统自带的元件库中没有与需要的元件相似的元件时，则必须绘制新的元件，并将其存入元件库。

（3）绘制新元件的主要步骤如下：

① 启动元件库编辑器。
② 命名新元件。
③ 绘制元件的外形。注意：在靠近坐标系原点的第四象限内绘制。
④ 放置引脚，并编辑引脚的属性。
⑤ 编辑元件属性。
⑥ 进行电气规则检查。
⑦ 生成元件库报表。
⑧ 保存。

（4）设计多功能单元元件的主要步骤如下：

① 设计 A 子件，方法与绘制新元件相同。
② 设计 B 子件：

- 新建 B 子件原理图文件。
- 粘贴：将 A 子件图形粘贴在 B 子件的编辑环境中；撤销其选中状态，修改相应引脚号。
- 设置隐藏引脚：有的元件的 VCC 和 GND 引脚可以隐藏起来。
- 设置元件属性。

用同样的方法可以设计 C 子件、D 子件……

- 保存。

（5）生成相关报表。

① 库元件规则检查报表。此报表主要用于帮助用户进行元件的基本验证工作，包括检查元件库中的元件是否有错，将有错的元件列出来并指明错误原因。

② 元件库报表。元件库报表列出了当前元件库中所有元件的名称及其相关描述，元件库报表文件的扩展名为.rep。

（6）利用总线绘图会使复杂原理图显得更加整洁、美观。

（7）元件的自动标注和元件属性的全局修改，能大大地方便原理图的编辑、修改，提高绘图效率。

拓展学习

（1）请根据学过的知识，上网查询资料，设计一个复杂应用电路，画出电路的原理图。
（2）尝试将中文环境切换为英文环境并完成本学习任务各设计任务。
（3）试用思维导图描绘本学习任务需要掌握的知识和技能。

思考与练习

（1）元件库编辑器的主界面由哪几部分组成？
（2）实用工具栏提供了哪两个重要的工具栏？
（3）绘图工具栏包含哪些按钮？各个按钮的作用是什么？
（4）IEEE 工具栏与绘图工具栏的作用有何不同？
（5）简述绘制多边形的步骤。
（6） ≈ 和 ／ 都是用于画线的按钮，它们能否互替？为什么？
（7）什么是总线？总线有何作用？
（8）总线与导线有何不同？简述放置总线的步骤。
（9）简述放置总线入口的步骤。
（10）简述放置多功能单元元件的步骤。
（11）为什么要对元件进行自动标注？简述对元件进行自动标注的步骤。
（12）什么是元件属性的全局修改？简述对元件属性进行全局修改的步骤。

实训题

实训题 1．绘制新元件。设计要求如下：

（1）新建一个元件库文件，文件名为"我的设计.SchLib"。
（2）根据图 2-4-1～图 2-4-6 绘制新元件，要求尺寸和原图保持一致，元件分别命名为 LED-7、AMP、NPN-PHOTO、四波段开关、SPST、变压器；并对描述（Description）进行标注，图中每小格的边长为 10mil（绘制图 2-4-1 时引脚 3、引脚 5 应隐藏）。

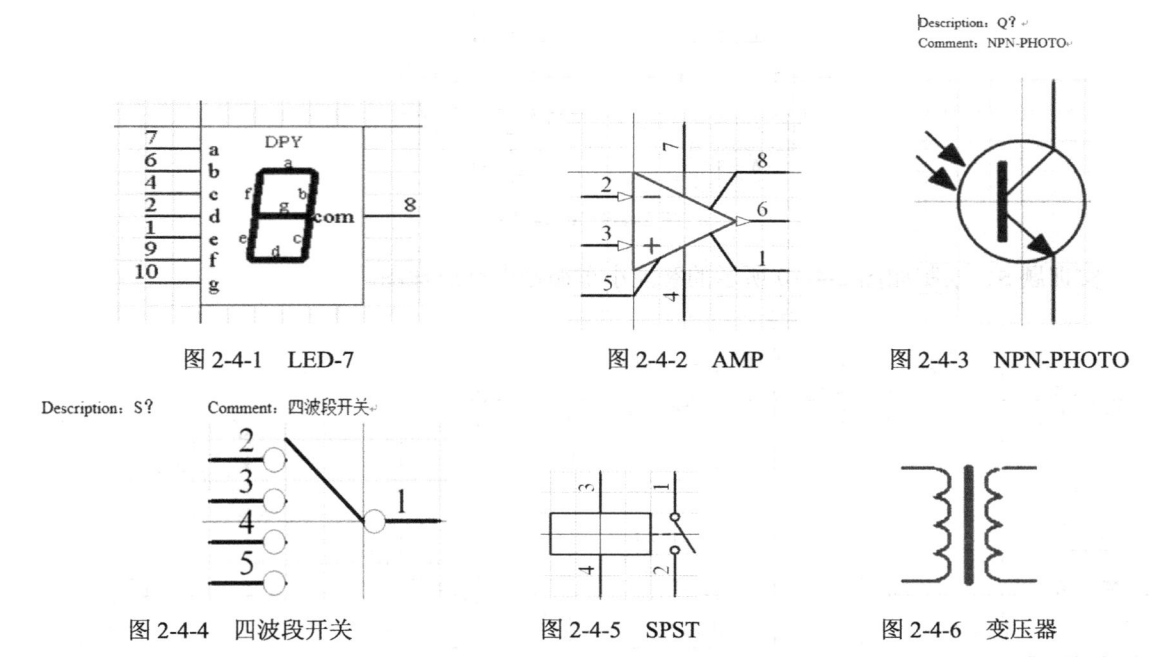

图 2-4-1　LED-7　　　　　　　图 2-4-2　AMP　　　　　　　图 2-4-3　NPN-PHOTO

图 2-4-4　四波段开关　　　　　图 2-4-5　SPST　　　　　　　图 2-4-6　变压器

实训题 2．画出如图 2-4-7 所示的 D 触发器、JK 触发器和 RS 触发器，元件宽为 60mil，高为 100mil，引脚长为 20mil。元件分别命名为 D 触发器、JK 触发器、RS 触发器。

D 触发器　　　　　　　　　JK 触发器　　　　　　　　　RS 触发器

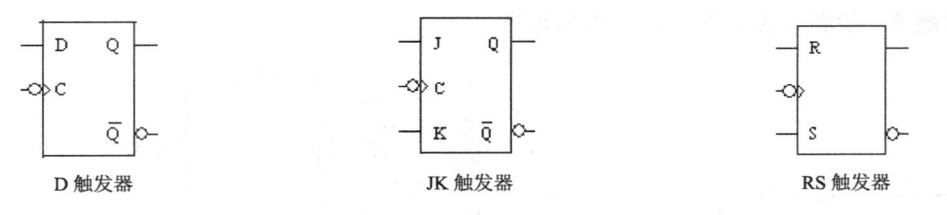

图 2-4-7　D 触发器、JK 触发器和 RS 触发器

实训题 3．画出如图 2-4-8 所示的元件。

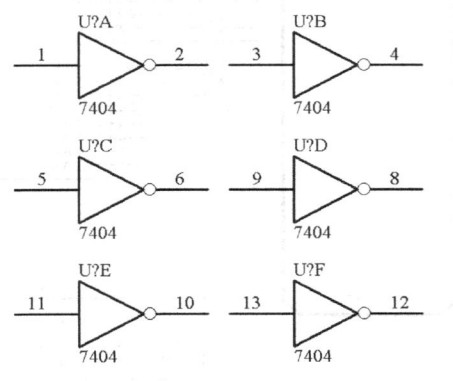

图 2-4-8　CD4069

实训题 4．画出如图 2-4-9 所示的元件 CC4013。其矩形尺寸为 60mil×60mil，边缘宽设为"Small"，边缘色为深蓝色，元件名为"CC4013"。

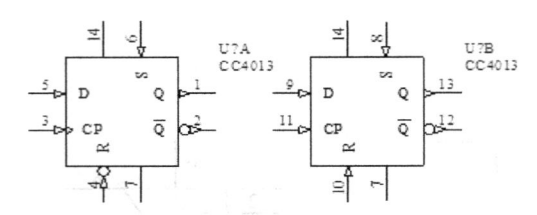

图 2-4-9　CC4013

实训题 5． 绘制如图 2-4-10 所示的智能小车循迹电路原理图。

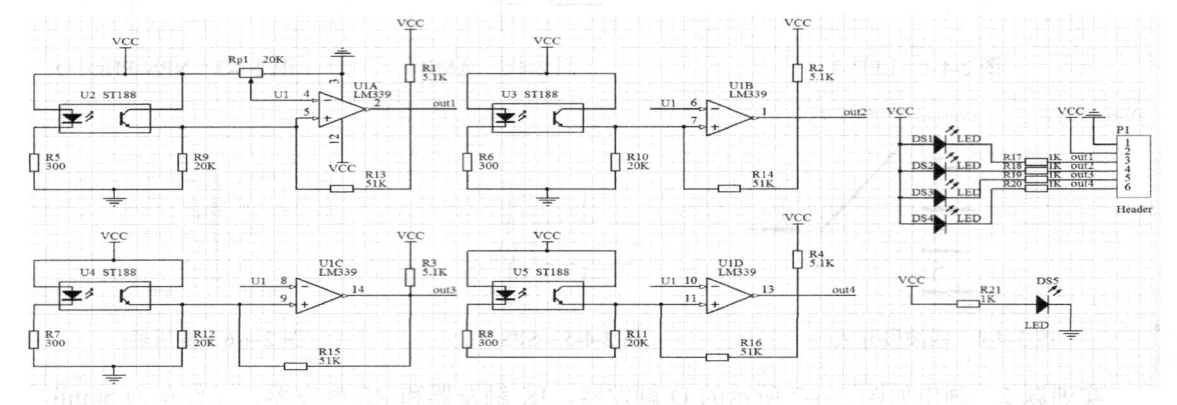

图 2-4-10　智能小车循迹电路原理图

实训题 6． 绘制如图 2-4-11 所示的原理图。

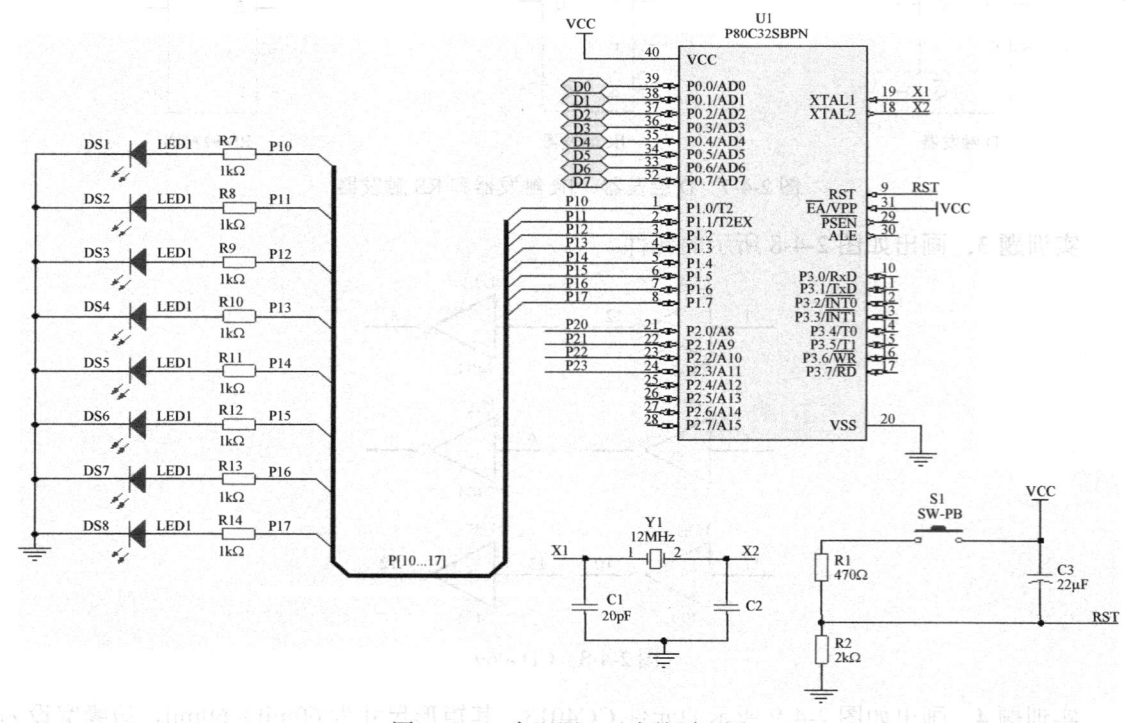

图 2-4-11　实训题 6 对应的原理图

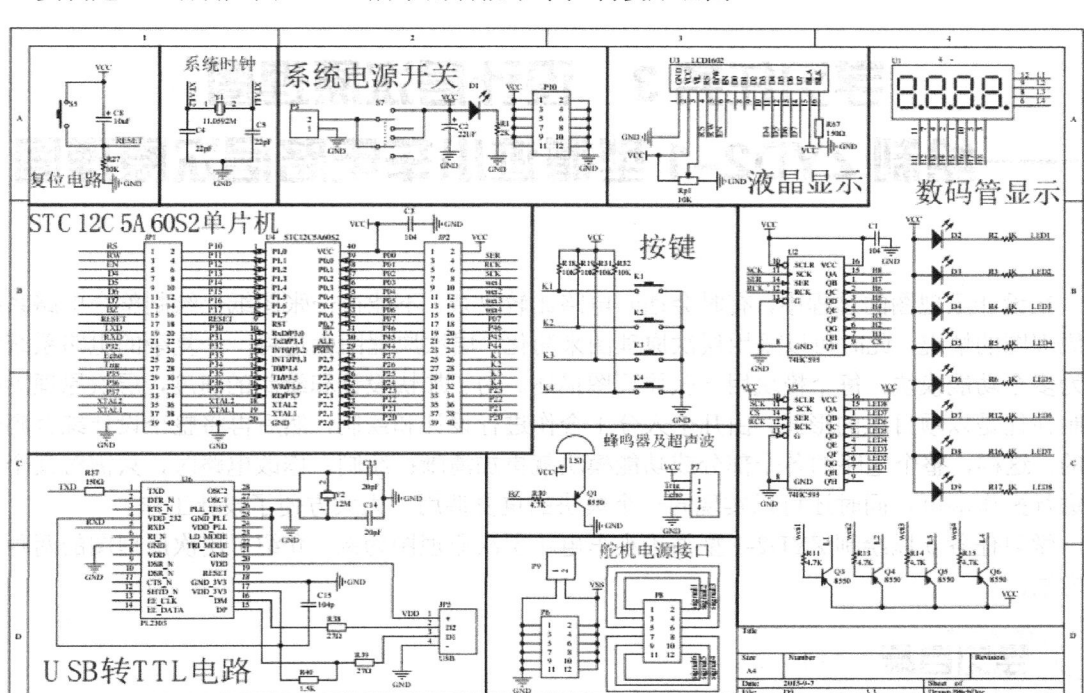

实训题 7. 绘制如图 2-4-12 所示的智能小车控制板原理图。

图 2-4-12　智能小车控制板原理图

学习任务 3　设计层次原理图
——绘制 ZYD2-1 型循迹小车电路层次原理图

在设计原理图的过程中，有时会遇到电路比较复杂，不能在一张图纸上绘制整个电路系统的原理图的情况，此时可以采用层次原理图来简化。层次原理图就是将一个复杂的电路系统划分为多个功能模块，每个模块用一张原理图描述。为了加快设计和绘制的速度，层次原理图的绘制往往是以项目组的形式，由几个人分工合作进行设计和绘制，然后再将整个设计综合到一起的。这样，整个电路的各个部分或功能模块就更加清晰；绘制、修改电路时，只需对某个模块进行操作即可；同时还可以实现同一个模块的重复调用，大大方便了设计工作。

学习任务 3 以绘制 ZYD2-1 型循迹小车电路层次原理图为例，介绍了层次原理图的两种设计方法。

学习目标

- 能够采用自顶向下的方式设计层次原理图。
- 能够采用自底向上的方式设计层次原理图。

工作任务

设计如图 3-0-1 所示的 ZYD2-1 型循迹小车电路的层次原理图。

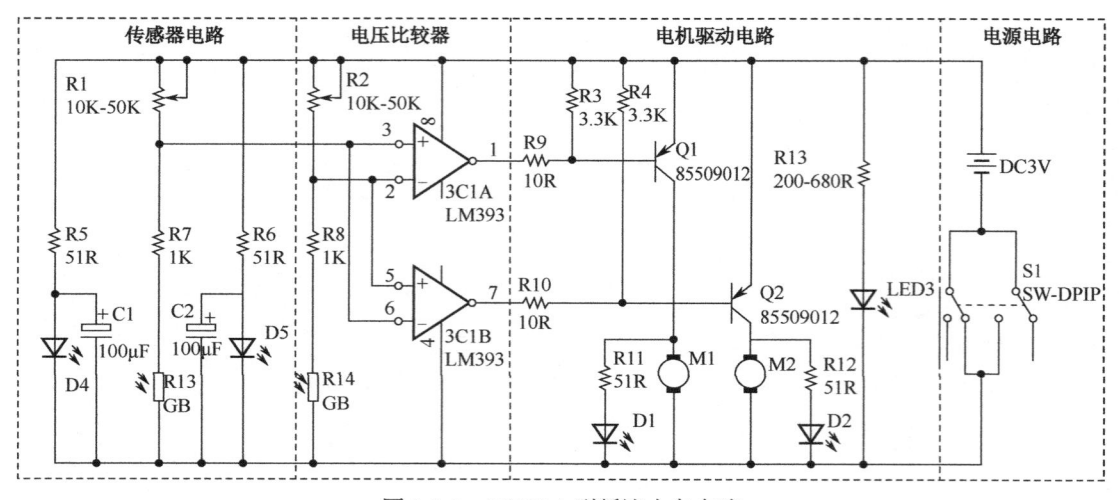

图 3-0-1　ZYD2-1 型循迹小车电路

任务分析

学习任务 3 的学习过程分解为 2 个学习活动，如图 3-0-2 所示，每个学习活动是 1 个学习单元，需 2 学时。

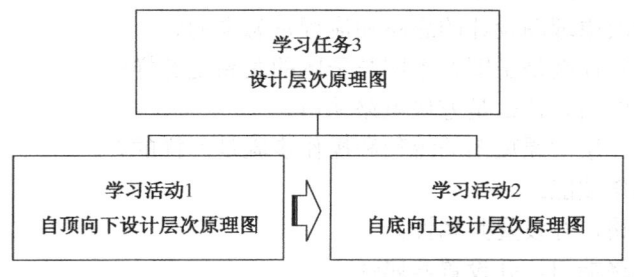

图 3-0-2 学习任务 3 的学习流程

每个学习活动分为课前线上 SPOC 课堂学习、课中多媒体机房学习和课后学习三个阶段，如表 2-0-1 所示。

任务实施

3.1　学习活动 1　自顶向下设计层次原理图

层次原理图把一个复杂的电路设计项目分割为几个模块，每个模块用一张原理图描述，大大加快了原理图的设计速度，提高了绘图效率。本部分内容主要介绍自顶向下设计层次原理图的方法。

3.1.1　学习目标

（1）理解层次原理图设计的概念。
（2）能用自顶向下的方法设计层次原理图。
（3）能在不同的层次原理图之间来回切换。

3.1.2　学习活动描述与分析

本部分的设计任务是在计算机上完成下面操作：
采用自顶向下的方法设计如图 3-0-1 所示电路的层次原理图。
通过本部分内容的学习，应能了解设计层次原理图的意义；理解层次原理图的基本概念；掌握方块电路的绘制方法和端口的放置方法；掌握由主图生成子图的方法，掌握自顶向下设计层次原理图的设计步骤，能自顶向下设计层次原理图。
本部分内容的学习**重点**是学会自顶向下设计层次原理图。绘制方块电路是本部分的学习**难点**，在设置方块电路内的端口属性时容易出错，主要原因是没有考虑子电路之间的电气连接关系。观看 SPOC 课堂上的教学视频，有助于掌握层次原理图的绘制方法。

1. 学习引导问题

完成本部分的设计任务，须弄清楚以下问题：
(1) 什么是层次原理图？为什么要设计层次原理图？
(2) 什么是自顶向下的层次原理图设计？
(3) 自顶向下层次原理图设计的思路和流程是怎样的？
(4) 什么是主图？什么是子图？主图与子图的关系是怎样的？
(5) 什么是方块电路？什么是方块电路端口？
(6) 自顶向下设计层次原理图的流程和操作步骤是怎样的？

需要掌握以下操作技能：
(1) 放置方块电路，并设置其属性。
(2) 放置方块电路端口，并设置其属性。
(3) 连接方块电路。
(4) 由主图创建子图。
(5) 在不同的层次原理图之间进行切换。

2. SPOC 课堂上的视频资源

(1) 任务 3.1 设计层次原理图中的主图。
(2) 任务 3.2 设计层次原理图中的子图。
(3) 任务 3.3 不同层次原理图的切换。

3.1.3 相关知识

1. 层次原理图的设计

所谓层次原理图的设计，就是将整个电路分成多个模块，分别绘制在多张原理图中。层次原理图的设计是一种模块化的设计方法。用户可以将一个电路系统划分为多个子系统，各个子系统又可以被划分为多个功能模块，功能模块可再细分为若干个基本模块……如此下去，形成树状结构。将各个基本模块设计完成，定义模块之间的连接关系，即可完成整个项目的设计。

层次原理图主要包括两大部分：主原理图（简称主图）和子原理图（简称子图），在子图中仍可包含下一级子电路。

层次原理图的典型结构示意图如图 3-1-1 所示。

层次原理图的结构与操作系统的文件目录结构相似，如图 3-1-2 所示。

2. ZYD2-1 型循迹小车电路的模块划分

若用层次原理图的设计方法来简化如图 3-0-1 所示电路，则可将 ZYD2-1 型循迹小车电路分成传感器电路、电压比较器、电机驱动电路和电源电路 4 个功能模块，每个模块可被画成一张子图，即"传感器电路.SCHDOC""电压比较器.SCHDOC""电机驱动电路.SCHDOC"和"电源电路.SCHDOC"，如图 3-1-3～图 3-1-6 所示，用一张主图（顶层原理图），即"循迹小车电路.SCHDOC"，描绘 4 个子图间的关系。

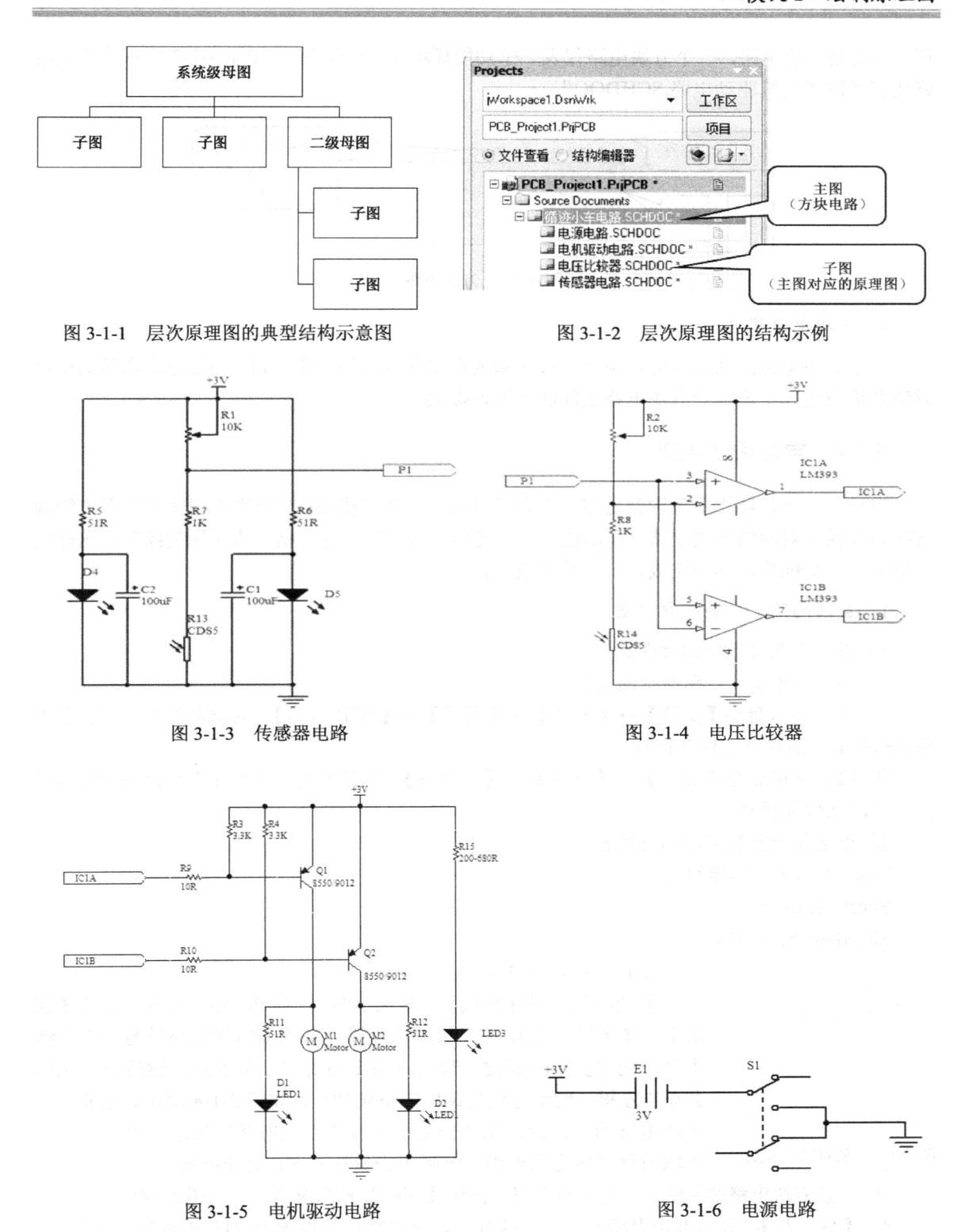

图 3-1-1　层次原理图的典型结构示意图

图 3-1-2　层次原理图的结构示例

图 3-1-3　传感器电路

图 3-1-4　电压比较器

图 3-1-5　电机驱动电路

图 3-1-6　电源电路

3. 方块电路

在主图中，为了表示各个功能模块之间的连接关系，需要有代表各个功能模块的符号和图形，这就是方块电路，一个方块电路代表一个功能模块（一张子图），如图 3-1-7 所示的方块电路代表子图"电机驱动电路.SCHDOC"。

图 3-1-7　方块电路

4. 方块电路端口

各个方块电路之间表示它们电气连接关系的端口称为方块电路端口。通过方块电路端口可以清楚地表达和实现各个方块电路之间的电气连接关系。

3.1.4　学习活动实施

自顶向下设计层次原理图就是将一个项目分成若干功能模块，在层次原理图的主图中绘制这些功能模块对应的方块电路，再由这些方块电路生成子图，并分别完成子图的绘制。这样由上至下，层层细化，逐步完成整个项目的设计。

1. 自顶向下设计层次原理图

1）设计主图（顶层原理图）

（1）新建 PCB 项目和原理图文件：

① 执行菜单命令【文件】→【创建】→【项目】→【PCB 项目】，创建名为"循迹小车电路.PRJPCB"的项目文件并保存。

② 执行菜单命令【文件】→【创建】→【原理图】，创建名为"循迹小车电路.SCHDOC"的原理图文件并保存。

③ 设置图纸参数并填写标题栏。

Title："循迹小车电路"。

Sheet Total：5。

SheetNumber：01。

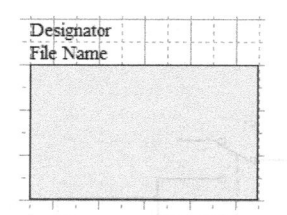

（2）放置方块电路：

① 放置。单击【配线】工具栏上的 ■ 按钮，或执行菜单命令【放置】→【图纸符号】，光标变成十字形，并附着方块电路符号。在图纸上合适的位置单击左键，确定方块电路的左上角顶点，然后移动光标并单击左键，确定方块电路的右下角顶点，如图 3-1-8 所示。完成一个方块电路的放置后，系统仍处于"放置方块电路"状态，可重复以上步骤放置其他方块电路，最后单击鼠标右键或按 Esc 键退出。

图 3-1-8　放置方块电路

② 设置方块电路的属性。双击方块电路，弹出【图纸符号】对话框，如图 3-1-9 所示。

- 【标识符】：表示方块电路的序号，即标号，这里将此项设置为"U_传感器电路"。
- 【文件名】：表示该方块电路对应的子图的名字。这里将此项设置为"传感器电路.SCHDOC"，如图 3-1-10 所示。

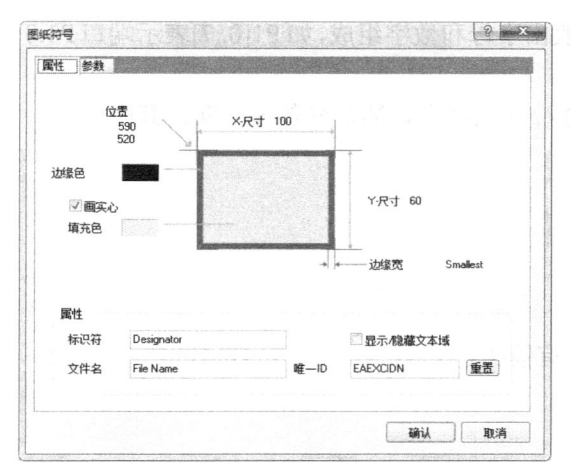

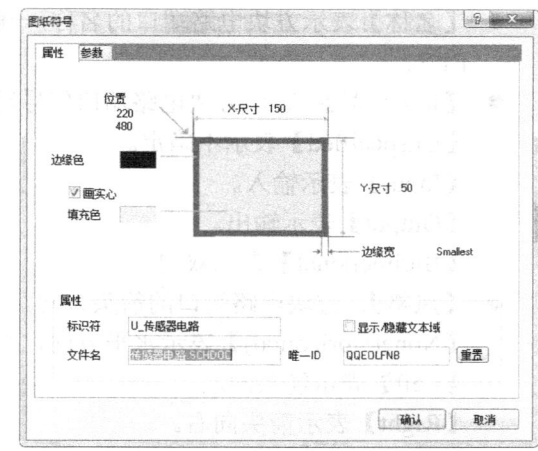

图 3-1-9 【图纸符号】对话框　　　　　　图 3-1-10 完成设置后的各项参数

③ 绘制其他模块的方块电路。按照上述方法绘制电压比较器、电机驱动电路及电源电路对应的方块电路，绘制完毕的各方块电路如图 3-1-11 所示。

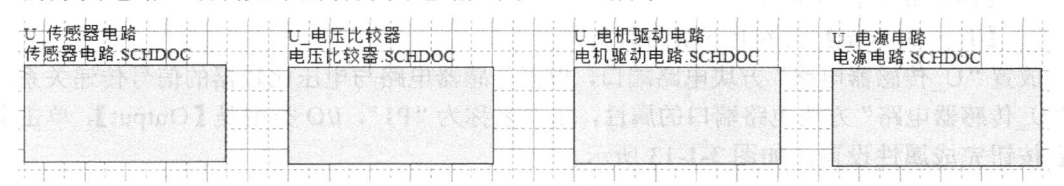

图 3-1-11 绘制完毕的各方块电路

由于传感器电路、电压比较器及电机驱动电路之间的连接是通过三个方块电路端口实现的，所以需要在这三个方块电路上放置方块电路端口，表示连接关系。

（3）放置方块电路端口：

① 放置。单击【配线】工具栏上的按钮，或执行菜单命令【放置】→【图纸入口】，移动十字光标至方块电路右边缘位置，第一次单击左键确定方块电路端口在方块电路的右侧，第二次单击左键确定其具体位置，完成放置操作。

② 设置方块电路端口属性。双击方块电路端口，弹出【图纸入口】对话框，如图 3-1-12 所示。

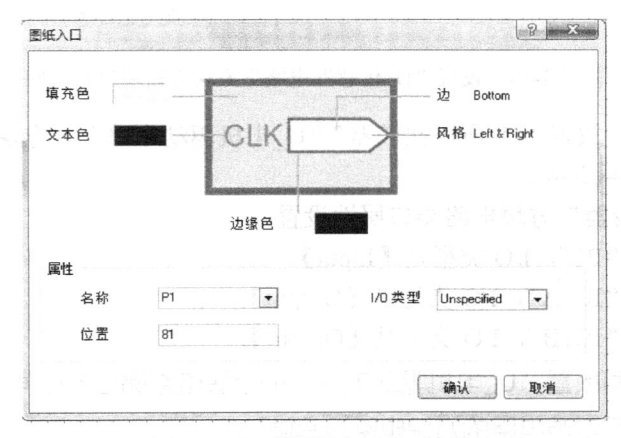

图 3-1-12 【图纸入口】对话框

- 【名称】：表示方块电路端口的名称，一般由字母和数字组成，如 P1[0..7] 表示端口 P1.0～P1.7。
- 【I/O 类型】：表示方块电路端口信号输入/输出类型，即信号传递方向。其中：
  【Unspecified】表示不确定。
  【Input】表示输入。
  【Output】表示输出。
  【Bidirectional】表示双向。
- 【风格】：方块电路端口的箭头方向。
  【None(Horizontal)】表示水平方向，没有箭头。
  【Left】表示箭头向左。
  【Right】表示箭头向右。
  【Left_Right】表示左右双向箭头。
  【None(Vertical)】表示垂直方向，没有箭头。
  【Top】表示箭头向上。
  【Bottom】表示箭头向下。
  【Top_Bottom】表示上下双向箭头。

放置"U_传感器电路"方块电路端口，根据传感器电路与电压比较器的信号传递关系，设置"U_传感器电路"方块电路端口的属性，端口名称为"P1"，I/O 类型是【Output】，单击【确认】按钮完成属性设置，如图 3-1-13 所示。

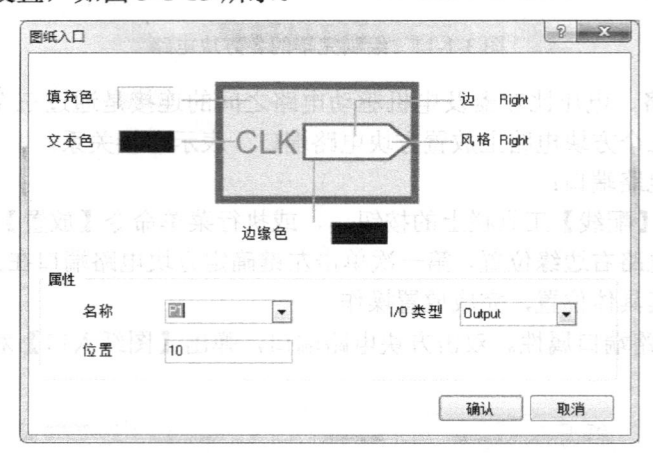

图 3-1-13 设置"U_传感器电路"方块电路端口的属性

按照同样的方法，放置"U_电压比较器""U_电机驱动电路"的方块电路端口，并设置其属性，结果如图 3-1-14 所示。

例："U_电压比较器"方块电路端口属性设置：
左边端口名称为"P1"，I/O 类型是【Input】。
右上端口名称为"IC1A"，I/O 类型是【Output】。
右下端口名称为"IC1B"，I/O 类型是【Output】。
想一想：（1）如何放置"U_电机驱动电路"的方块电路端口？如何设置其属性？
（2）为何电源电路的方块电路没有端口？

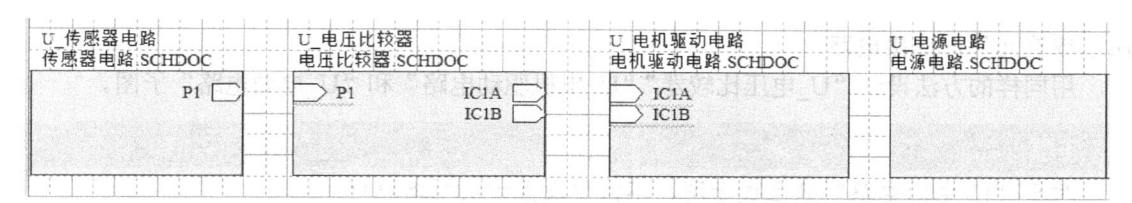

图 3-1-14　放置循迹小车的方块电路端口

> **提示**
>
> 方块电路端口与电路的 I/O 端口是不同的，I/O 端口表示节点之间的连接，因此 I/O 端口之间不需要导线连接。而方块电路端口表示子图之间的连接，因此必须用导线将方块电路端口连接到一起，以建立电气连接关系。

（4）连接方块电路的端口。在所有的方块电路及方块电路端口都放置好以后，用导线（Wire）或总线（Bus）连接方块电路端口，如图 3-1-15 所示，完成主图的绘制过程。

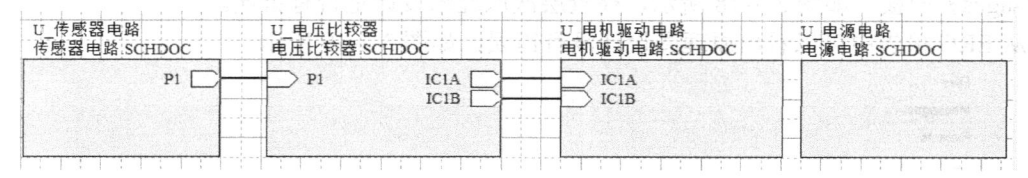

图 3-1-15　循迹小车层次原理图的主图

◆ 提示：观看 SPOC 课堂教学视频：设计层次原理图中的主图。

设计任务 3.1.1：设计循迹小车层次原理图中的主图。

2）设计子图（底层原理图）

子图是根据主图中的方块电路设置情况，利用有关命令自动建立的，不能用建立新文件的方法建立。设计子图的步骤如下：

（1）由主图生成子图。执行菜单命令【设计】→【根据符号生成图纸】，将十字光标移动到传感器电路的原理图文件名上，单击鼠标左键，系统弹出【Confirm】对话框，如图 3-1-16 所示，要求用户确认 I/O 方向。

如果选择【Yes】，则所产生的子图中方块电路端口的 I/O 方向与主图中方块电路端口的 I/O 方向相反，即输入变成输出，输出变成输入；如果选择【No】，则方向不变。这里我们单击【No】按钮，此时系统会自动生成并切换到传感器电路子图，如图 3-1-17 所示。

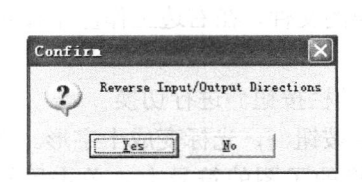

图 3-1-16　【Confirm】对话框　　　　图 3-1-17　由主图生成子图

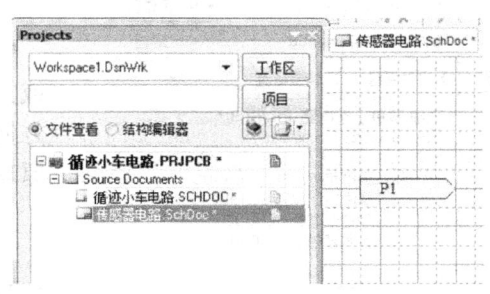

（2）绘制完整的子图。"U_传感器电路"子图的方块电路端口已经自动生成，按照图 3-1-3

所示放置元件，连接电路。

用同样的方法设计"U_电压比较器""U_电机驱动电路"和"U_电源电路"子图。

> **注意：**
> 对于"U_电源电路"只生成子图，不需要设置方块电路端口。

3）设置子图的编号

执行菜单命令【设计】→【文档选项】，在弹出的对话框中选中【参数】选项卡，在此可以填写图纸信息。方法与填写主图图纸信息一样。

"U_传感器电路""U_电压比较器""U_电机驱动电路"和"U_电源电路"的编号依次为1、2、3、4，如果没有设置图纸编号，则在进行电气规则检查（ERC）时，会出现错误。

4）进行电气规则检查

执行菜单命令【项目管理】→【Compile PCB Project 循迹小车电路.PRJPCB】，打开【Messages】面板，如图3-1-18所示，检查层次原理图设计是否有错误。

从ERC报告中可以看出原理图设计没有错误，如图3-1-19所示。

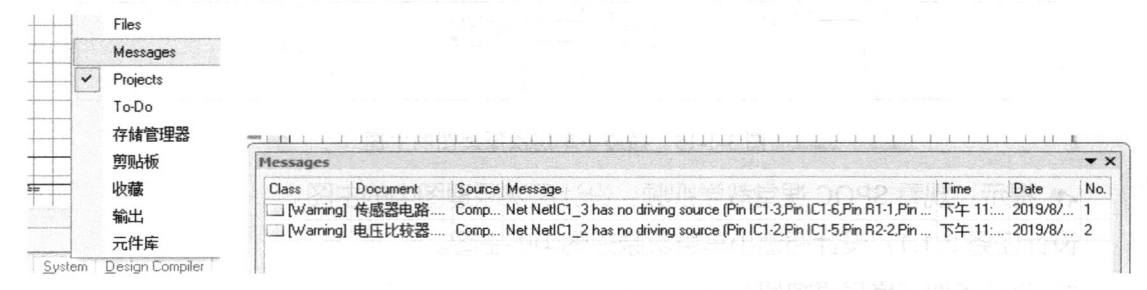

图3-1-18 打开【Messages】面板

图3-1-19 循迹小车层次原理图电气规则检查报告

5）保存全部设计文件

具体步骤略。

🔊 提示：观看SPOC课堂教学视频：设计层次原理图中的子图。

设计任务3.1.2：设计循迹小车层次原理图中的子图。

2. 不同层次原理图的切换

1）利用【Projects】面板直接切换

用鼠标左键单击【Projects】面板树状文件名或文件名前面的图标，如图3-1-20所示，可以很方便地打开相应的文件，在右边工作区中显示该原理图。

2）利用工具栏按钮 进行切换

单击工具栏按钮 ，光标变成十字形。将光标移至需要切换的子图的符号上，单击鼠标左键，即可从上层主图切换至下层的子图；若是从

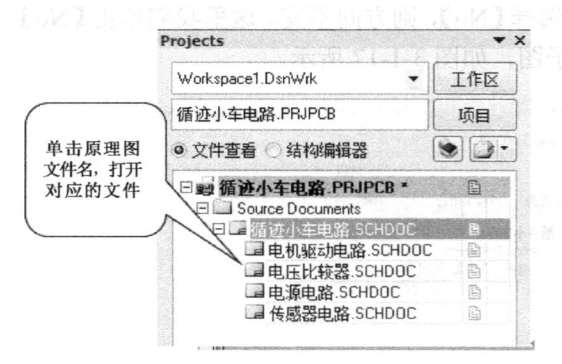

图3-1-20 利用【Projects】面板直接切换

下层子图切换至上层主图，则可将光标移至下层子图中的I/O端口上，单击鼠标左键进行切换。

◁ 提示：观看 SPOC 课堂教学视频：不同层次原理图的切换。

设计任务 3.1.3：从循迹小车电路原理图切换至电机驱动电路原理图，再从电机驱动电路原理图切换至循迹小车电路原理图。

3.1.5 学习活动小结

本部分内容介绍了层次原理图的概念，重点介绍了自顶向下设计层次原理图的设计方法。自顶向下设计层次原理图的主要设计步骤如下。
（1）创建 PCB 工程项目。
（2）创建主图。
（3）绘制主图。
（4）绘制子图。
（5）保存项目文件，完成设计。

任务实施

3.2 学习活动 2 自底向上设计层次原理图

层次原理图可以采取自顶向下或自底向上的方法设计。当用户不清楚每个模块到底有哪些端口（方块电路端口）的时候，可以采用自底向上的方法设计层次原理图。本部分内容介绍自底向上设计层次原理图的方法。

3.2.1 学习目标

（1）能用自底向上的方法设计层次原理图。
（2）能生成相关报表。

3.2.2 学习活动描述与分析

学习活动 2 的设计任务是在计算机上完成下面操作：
（1）用自底向上的方法设计如图 3-0-1 所示的层次原理图。
（2）创建循迹小车电路层次原理图的元件报表、项目层次报告和元件交叉参考报表。

通过本部分内容的学习，应懂得区分元件报表、项目层次报告和元件交叉参考报表，并能生成这些报表；懂得自底向上设计方法的含义，掌握用子图生成主图的方法，掌握用自底向上方法设计层次原理图的步骤，能用自底向上的方法设计层次原理图。

本部分内容的学习**重点**是学会用自底向上的方法设计层次原理图；**难点**是方块电路端口的设置，观看 SPOC 课堂上的教学视频，有助于掌握自底向上设计层次原理图的方法。

1. 学习引导问题

完成学习活动 2 的设计任务，须弄清楚以下问题：
（1）什么是自底向上的设计方法？
（2）自底向上设计层次原理图的思路和主要操作步骤是怎样的？

（3）什么是项目层次报告？
（4）什么是元件交叉参考报表？

需要掌握以下操作技能：
（1）由子图生成主图方块电路。
（2）创建项目层次报告。
（3）创建元件交叉参考报表。

2. SPOC 课堂上的视频资源

（1）任务 3.4 自底向上的层次原理图的设计。
（2）任务 3.5 创建层次原理图的相关报表。

3.2.3 相关知识

1. 自底向上设计方法

首先要设计好各个模块的原理图（底层原理图，也称子图），然后由子图生成方块电路，从而产生上层原理图；这样层层向上，最后生成层次原理图的主图。

2. 项目层次报告

项目层次报告是描绘主图与子图层次关系的报表。

3. 元件交叉参考报表

元件交叉参考报表表明一张或多张原理图中每个元件的类型、所在元件库名称及元件描述等信息。

3.2.4 学习活动实施

1. 自底向上设计层次原理图

1）设计底层原理图
（1）创建 PCB 项目文件和原理图文件：
① 执行菜单命令【文件】→【创建】→【项目】→【PCB 项目】，新建名为"循迹小车电路.PRJPCB"的 PCB 项目文件并保存。
② 执行菜单命令【文件】→【创建】→【原理图】，新建 4 个子图文件，分别命名为"U_传感器电路.SCHDOC""U_电压比较器.SCHDOC""U_电机驱动电路.SCHDOC"和"U_电源电路.SCHDOC"，并保存，如图 3-2-1 所示。

图 3-2-1 创建子图文件

③ 设置图纸参数，填写子图的标题栏，方法与自顶向下的层次原理图设计方法相同。
（2）绘制子图。分别绘制传感器电路、电压比较器、电机驱动电路和电源电路的子图。

2）由子图生成主图

（1）创建主图的原理图文件。执行菜单命令【文件】→【创建】→【原理图】，创建名为"循迹小车电路.SCHDOC"的原理图文件并保存。

（2）由子图生成主图的方块电路。执行菜单命令【设计】→【根据图纸建立图纸符号】，系统弹出【Choose Document to Place】对话框，如图 3-2-2 所示。

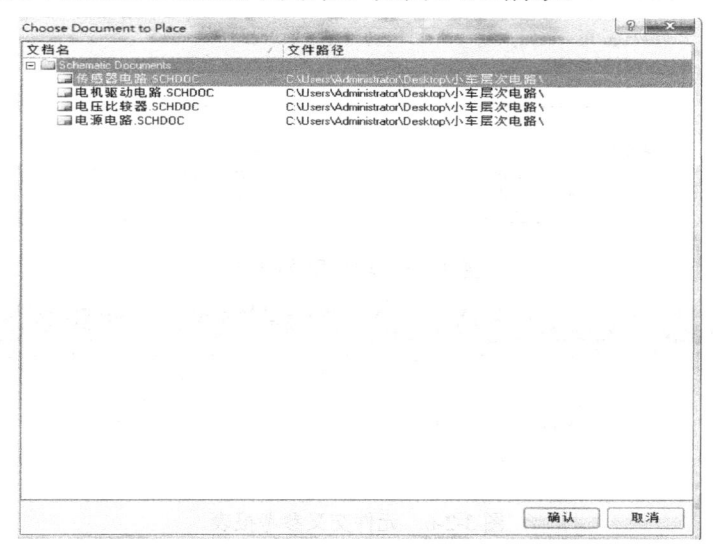

图 3-2-2 【Choose Document to Place】对话框

选中"U_传感器电路.SCHDOC"，单击【确认】，弹出【Confirm】对话框，询问子图与主图的方块电路端口方向是否一致。若一致，单击【No】；若不一致，单击【Yes】，如图 3-2-3 所示。

由于本任务中不改变方块电路端口方向，因此单击【No】，十字光标附着"U_传感器电路.SCHDOC"方块电路，如图 3-2-4 所示。在工作区适当位置单击左键，放置方块电路。

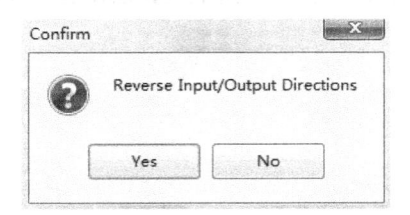

图 3-2-3 【Confirm】对话框

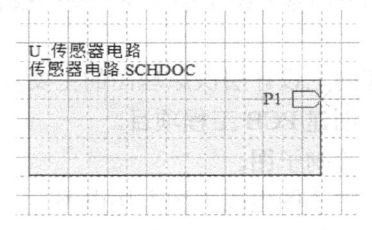

图 3-2-4 方块电路附着在光标上

（3）用同样的方法放置"U_电压比较器.SCHDOC""U_电机驱动电路.SCHDOC"和"U_电源电路.SCHDOC"方块电路。

（4）连接方块电路。设置方块电路端口并用导线或者总线连接方块电路。

对项目进行检查，修改存在的错误，最后对项目进行保存，完成主图的绘制。

◁》 提示：观看 SPOC 课堂教学视频：自底向上的层次原理图设计。

设计任务 3.2.1：用自底向上的方法设计循迹小车电路层次原理图。

2. 生成报表

（1）元件报表。执行菜单命令【报告】→【Bill of Material】，可生成元件报表。

（2）项目层次报告。执行菜单命令【报告】→【Report Project Hierarchy】，生成项目层次报告，如图 3-2-5 所示。

（3）元件交叉参考报表。执行菜单命令【报告】→【Component Cross Reference】，生成元件交叉参考报表，如图 3-2-6 所示。

```
Design Hierarchy Report for 信号发生器.PRJPCB
-- 2012-3-26
-- 0:09:55
------------------------------------------------------------

信号发生器                    SCH       (信号发生器.SCHDOC)
    U_方波形成电路            SCH       (方波形成电路.SchDoc)
    U_三角波形成电路          SCH       (三角波形成电路.SchDoc)
    U_正弦波形成电路          SCH       (正弦波形成电路.SchDoc)
```

图 3-2-5　项目层次报告

Component Cross Reference Report For Project [信号发生器.PRJPCB]

分组的列	表示
Document	☐

Description	Designator	Footprint	LibRef	Quantity
Capacitor, Operatior	C1, R1, R2, R3, U1		CAP, OPAMP, RES:	5
Capacitor, Operatior	C2, R4, R5, R6, U2		CAP, OPAMP, RES:	5
Capacitor, Operatior	C3, R7, R8, R9, R1(		CAP, OPAMP, RES:	8

图 3-2-6　元件交叉参考报表

提示：观看 SPOC 课堂教学视频：创建层次原理图的报表。

设计任务 3.2.2：创建循迹小车电路层次原理图的元件报表、项目层次报告和元件交叉参考报表。

3.2.5　学习活动小结

本部分内容介绍了层次原理图的报表生成方法，重点介绍了自底向上设计层次原理图的主要步骤。

自底向上设计层次原理图的主要步骤如下：

（1）创建 PCB 工程项目。

（2）绘制子图。

（3）由子图生成主图方块电路。

（4）用导线或总线连接方块电路，完成主图的绘制。

（5）保存项目文件，完成设计。

学习任务小结

（1）学习任务 3 主要学习层次原理图的设计方法。

当电路比较复杂或工程项目较大时，在设计原理图过程中可能要用多张图纸（即多个原理图文件）才能描述清楚，因此需要采用层次原理图。

（2）层次原理图的设计分为自顶向下和自底向上两种方法，当用户不清楚每个模块到底有哪些端口（方块电路端口）的时候，可以采用自底向上的方法设计层次原理图。

（3）对于包含多个完全相同的模块的电路，可以采用多通道的设计方法。

（4）层次原理图的报表包括元件报表、项目层次报告和元件交叉参考报表。

拓展学习

（1）试用层次原理图设计方法设计学习任务 2 中拓展学习部分介绍的电路的层次原理图。
（2）尝试将中文环境切换为英文环境并完成本学习任务各设计任务。
（3）试用思维导图描绘本学习任务需要掌握的知识和技能。

思考与练习

（1）什么是层次原理图设计？它有何意义？
（2）什么是层次原理图？层次原理图的结构是怎样的？
（3）什么是自顶向下设计法？
（4）什么是方块电路？
（5）方块电路内的方块电路端口与 I/O 端口有何不同？
（6）自顶向下设计层次原理图分几步进行？
（7）如何由主图生成子图？
（8）什么是自底向上设计法？
（9）自底向上设计层次原理图分几步进行？
（10）如何由子图生成主图？
（11）与层次原理图相关的报表有哪几类？它们之间有何区别？

实训题

实训题 1. 采用自顶向下的方式设计如图 3-4-1 所示的红外遥控信号转发器电路的层次原理图。

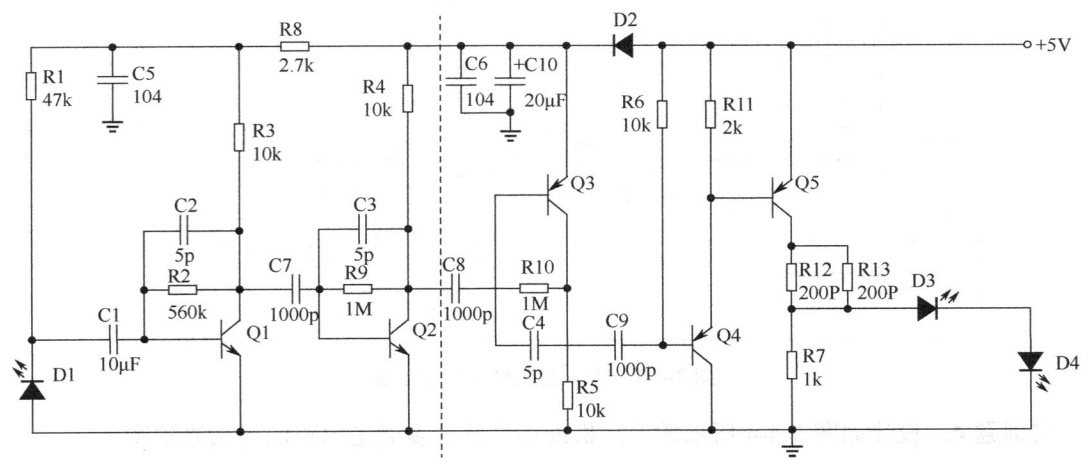

图 3-4-1 红外遥控信号转发器电路图

实训题 2． 采用自底向上的方式设计如图 3-4-2 所示电路的层次原理图。提示：可以建二层关系，画三张图纸，按功能划分模块。

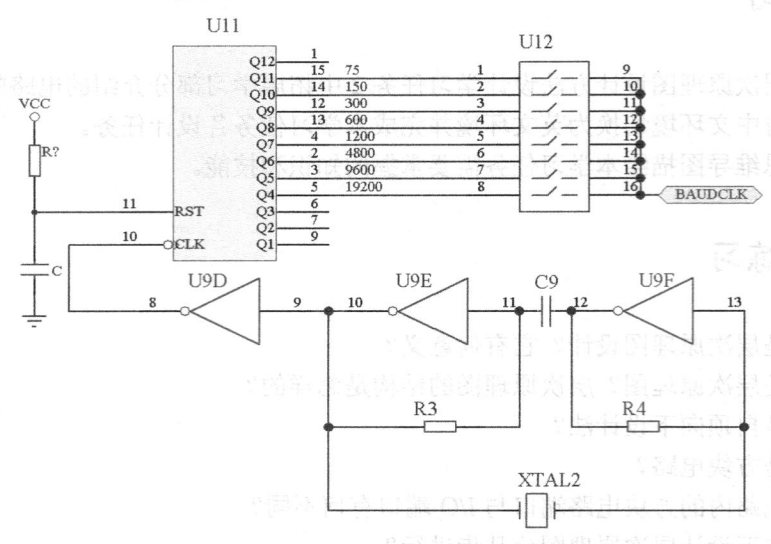

图 3-4-2　实训题 2 对应的电路图

实训题 3． 设计如图 3-4-3 所示电路的层次原理图。提示：可以建二层关系，画三张图纸，按功能划分模块。

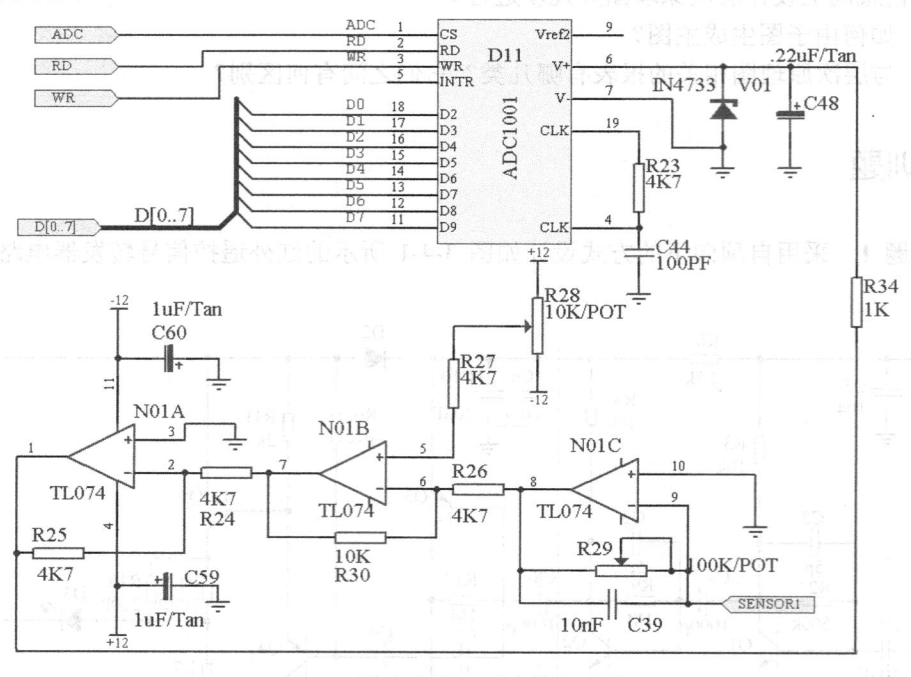

图 3-4-3　实训题 3 对应的电路图

实训题 4． 设计如图 3-4-4 所示的单片机最小系统的多通道电路的层次原理图。

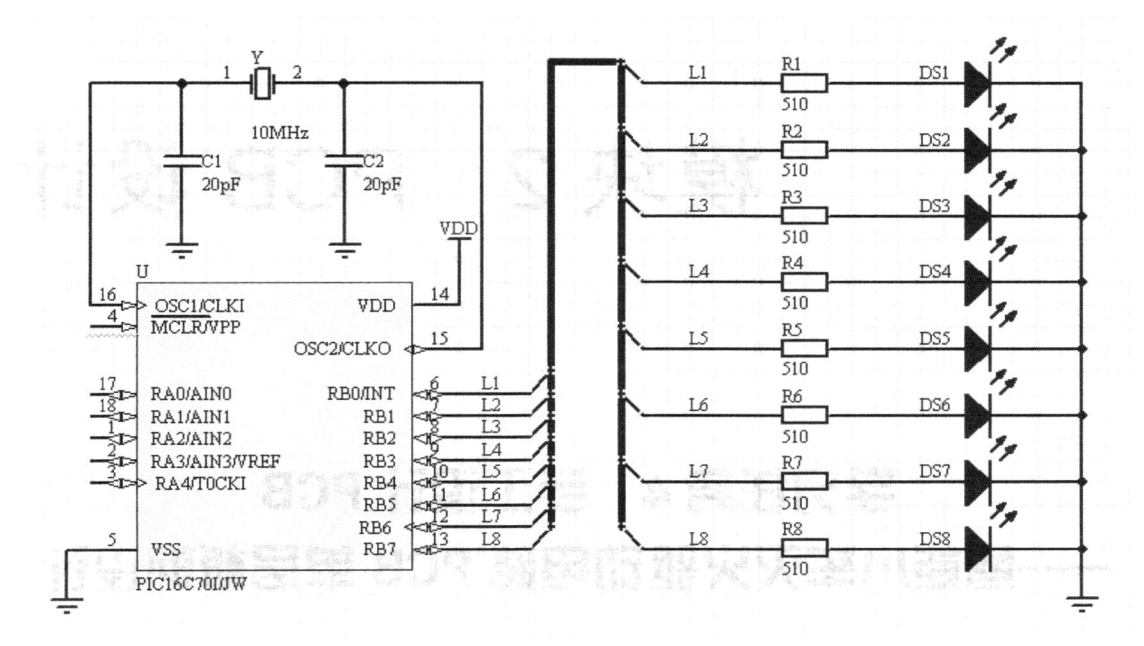

图 3-4-4 实训题 4 对应的电路图

实训题 5. 设计如图 2-4-12 所示的智能小车控制板电路的层次原理图。

模块 2　PCB 设计

学习任务 4　手工设计 PCB
——智能小车灭火驱动电路 PCB 单层板的设计

PCB 是重要的电子部件，是电子设备中线路连接的提供者。学习任务 4 以设计智能小车灭火驱动电路 PCB 单层板为例，介绍 PCB 设计的基础知识和基本操作，为 PCB 的设计打下坚实的基础。

学习目标

- PCB 设计基础。
- 放置设计对象。
- 手工设计 PCB 单层板。

工作任务

设计如图 4-0-1 所示的智能小车灭火驱动电路的 PCB 单层板，电路元件参数如表 4-0-1 所示。

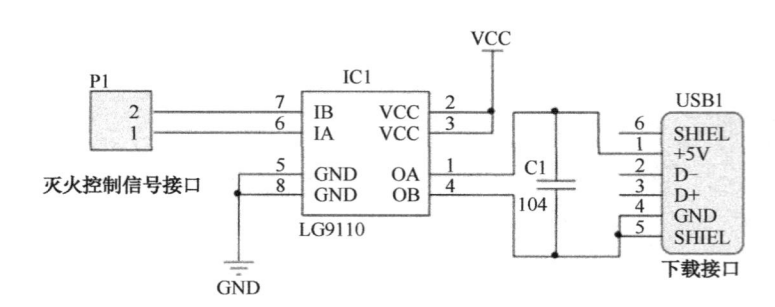

图 4-0-1　智能小车灭火驱动电路

表 4-0-1　智能小车灭火驱动电路所用元件一览表

元 件 名 称	元 件 标 号	元件标称值或型号	元 件 封 装
功率放大集成电路	IC1	LG9110	DIP8
USB 接口	USB1	USB	USB
电容	C1	104	RAD0.1
接插件	P1	CON1	Header2

任务分析

学习任务 4 的学习过程分解为 3 个学习活动，如图 4-0-2 所示，每个学习活动是 1 个学习单元，需 2 学时。

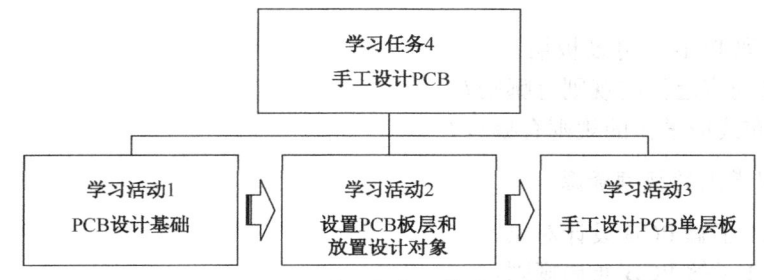

图 4-0-2　学习任务 4 的学习流程

每个学习活动分为课前线上 SPOC 课堂学习、课中多媒体教室（学习活动 1）/机房（学习活动 2、3）学习和课后学习三个阶段，如表 2-0-1 所示。

任务实施

4.1　学习活动 1　PCB 设计基础

在完成了原理图的绘制工作后，下一步的工作就是设计 PCB。原理图只是表明电路的电气连接关系，电路功能的具体实现依赖于 PCB 的设计。

本部分内容主要介绍一些 PCB 的基础知识，为 PCB 的设计打下坚实的基础。

4.1.1　学习目标

- 认识 PCB 的设计对象。
- 掌握 PCB 的基本设计原则。

4.1.2　学习活动描述与分析

学习 PCB 设计，首先应了解 PCB 的种类、作用，掌握 PCB 的布局与布线规则，认识 PCB 的设计对象。

本部分内容的学习，**重点**是掌握 PCB 的布局与布线规则和认识 PCB 的设计对象；**难点**是理解 PCB 的布局与布线规则。结合 PCB 设计实例学习，观看 SPOC 课堂上的视频，有助于理解布局与布线规则。

1. 学习引导问题

（1）什么是 PCB？PCB 可分为哪几类？PCB 有何用途？
（2）制作 PCB 的材料有哪几种？常见的 PCB 厚度有哪几种？
（3）PCB 的设计对象有哪些？
（4）铜膜导线与飞线有何不同？
（5）焊盘的作用是什么？焊盘有哪几种类型？在设计焊盘时需要定义哪些参数？
（6）过孔的作用是什么？过孔有哪几种类型？在设计过孔时需要定义哪些参数？
（7）什么是元件封装？元件封装可分为哪两种类型？这两种类型有何不同？常用元件封装的名称是什么？
（8）如何选取 PCB 尺寸及板层？
（9）PCB 布局应遵循的规则有哪些？
（10）PCB 布线应遵循的规则有哪些？

2. SPOC 课堂上的视频资源

（1）任务 4.1 了解 PCB 设计对象。
（2）任务 4.2 了解 PCB 布局规则。
（3）任务 4.3 了解 PCB 布线规则。

4.1.3 相关知识

1. PCB 的种类

1）按结构划分

PCB 根据结构可以分为 PCB 单层板（Single Layer）、PCB 双层板（Double Layer）和 PCB 多层板。

PCB 单层板也称 PCB 单面板，即只在板子的一面有一个导电层，在这个导电层中包含焊盘及导线，这一面也称作焊接面，另外一面则称为元件面。

PCB 双层板也叫 PCB 双面板，是一种包括顶层（Top Layer）和底层（Bottom Layer）的 PCB，双面都有覆铜，都可以布线。通常情况下，元件处于顶层一侧，顶层和底层的电气连接通过焊盘或过孔实现，无论是焊盘还是过孔都进行了内壁的金属化处理。

PCB 多层板是在顶层和底层之间加上若干中间层构成的，中间层包含电源层或信号层，各层通过焊盘或过孔实现电气连接。PCB 多层板适用于复杂的或有特殊要求的电路。PCB 多层板包括顶层（Top Layer）、底层（Bottom Layer）、中间层（Mid Layer）及电源/接地层等，层与层之间用绝缘材料隔开，绝缘材料要求有良好的绝缘性能、可挠性及耐热性等。

通常在 PCB 上布好铜膜导线后，还要在上面印上一层阻焊层（Solder Mask），阻焊层不覆盖焊点的位置，而将铜膜导线覆盖住。阻焊层不粘焊锡，甚至可以排开焊锡，这样在焊接时，可以防止焊锡溢出造成短路。另外，阻焊层有顶层阻焊层（Top Solder Mask）和底层阻焊层（Bottom Solder Mask）之分。有时还要在 PCB 的正面或反面印上一些必要的文字，如元件标号、公司名称等，能印这些文字的一层为丝印层（Silkscreen Layer），该层又分为顶层丝印层和底层丝印层。

2）按 PCB 的基板材料划分

PCB 按基板材料可分为刚性 PCB、挠性 PCB 以及刚—挠性 PCB。

刚性 PCB 是以刚性基板材料制成的 PCB，常见的 PCB 一般是刚性 PCB，如家电中的 PCB。常用刚性 PCB 基板材料有以下几类。

酚醛纸质层压板：价格低廉，性能较差，一般用于低频电路和要求不高的场合。

环氧纸质层压板：性能较酚醛纸质层压板有所提高。

聚酯玻璃毡层压板：性能优于上述两种纸质层压板。

环氧玻璃布层压板：价格较贵，性能较好，常用于高频电路和高档家电产品。

2. PCB 的作用

PCB 在电子设备中主要有以下作用：

（1）为电路中的各种元件装配、固定提供必要的机械支撑。

（2）作为各元件间布线的载体，实现电路的电气连接。

（3）提供总体设计所要求的电气特性，如阻抗特性等。

（4）为自动焊锡提供阻焊图形。

（5）为元件插装、检查及调试提供可识别的字符或图形。

3. PCB 的厚度

PCB 的厚度应根据 PCB 的功能、所装组件的重量、PCB 插座规格、PCB 的外形尺寸和所承受的机械负荷来决定。PCB 多层板的总厚度及各层厚度的分配应根据电气和结构性能的需要以及板材的标准规格来选取。常见的 PCB 厚度有 0.5mm、1mm、1.5mm、2mm 等。

4.1.4 学习活动实施

1. PCB 的设计对象

1）铜膜导线

铜膜导线由覆铜板经过加工后形成，简称为导线，在所有的导电层都能见到。导线用于连接各个焊点，是 PCB 重要的组成部分。导线的主要属性为宽度，它取决于承载电流的大小和铜膜的厚度。

值得指出的是导线与布线过程中出现的预拉线（又称飞线）有本质的区别。飞线只是形式上表示不同电气网络之间的连接，没有实际的电气连接意义。电气网络和导线也有所不同，电气网络中还包含焊点，因此，在提到电气网络时不仅指导线，而且还包括和导线连接的焊点。

2）焊盘

焊盘用于焊接元件时实现电气连接，同时起固定元件的作用。焊盘的属性有形状、所在层、尺寸及孔径等。PCB 双层板及 PCB 多层板的焊盘都经过了孔壁金属化处理。对于插脚式元件，Protel 将其焊盘自动设置在 Multi Layer 层；对于表面贴装式元件，焊盘与元件处于同一层。Protel 允许设计者将焊盘设置在任何一层，但只有设置在实际焊接面所在的层才是合理的。

Protel 中焊盘的标准形状有 3 种，即圆形、方形和八角形（Octagonal），允许设计者根据需要进行自定义（Customize）或自行设计。焊盘有两个主要参数：孔径和尺寸（X-尺寸及 Y-

尺寸），如图 4-1-1 所示。

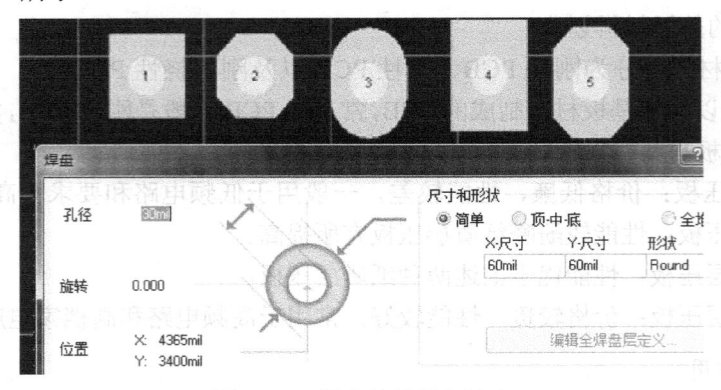

图 4-1-1　焊盘的孔径和尺寸

3）过孔

过孔用于实现不同层间的电气连接，过孔内壁同样要经过金属化处理。应该注意的是，过孔用于提供不同层间的电气连接，与元件引脚的焊接及固件无关。过孔分三种：从顶层贯穿至底层的称为穿透式过孔；只实现顶层或底层与中间层连接的过孔称为盲孔；只实现中间层连接，而没有穿透顶层或底层的过孔称为埋孔。过孔可以根据需要设置在导电的任意层之间，但过孔的起始层和结束层不能相同。过孔只能是圆形的，其主要有两个参数：孔径和直径，如图 4-1-2 所示。

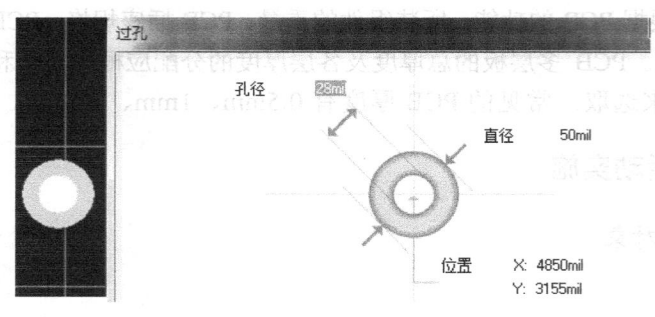

图 4-1-2　过孔的孔径和直径

4）元件的图形符号及封装

元件的图形符号反映了元件外形轮廓的形状及尺寸，与元件的引脚布局一起构成元件的封装形式。印制元件图形符号的目的是显示元件在 PCB 上的布局信息，为装配、调试及检修提供方便。在 Protel 中，元件的图形符号被设置在丝印层。

（1）元件封装。元件封装指实际的电子元件或集成电路的外形尺寸、引脚的直径及引脚间的距离等，它是使元件引脚和 PCB 上焊盘一致的保证。纯粹的元件封装只是一个空间概念，不同的元件可以有相同的封装，同一个元件也可以有不同的封装。取用元件进行焊接时，不仅要知道元件的名称，还要知道元件的封装。

（2）元件封装的分类。元件的封装可以分为针脚式封装和表面粘贴式封装（SMT）两大类。

① 针脚式封装。针脚式封装是针对插脚式元件的，焊接插脚式元件时要先将插脚式引脚插入焊盘导孔中，然后再焊接。由于导孔贯穿整片 PCB，所以在其焊盘的属性中，Layer（板层）属性必须设为 Multi Layer。针脚式封装如图 4-1-3 所示。

② 表面粘贴式封装。表面粘贴式封装的焊盘只限于表面板层，即顶层或底层。在其焊盘的属性中，Layer 属性必须设为单一表面，表面粘贴式封装如图 4-1-4 所示。

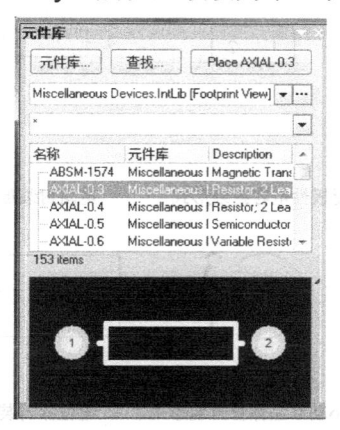

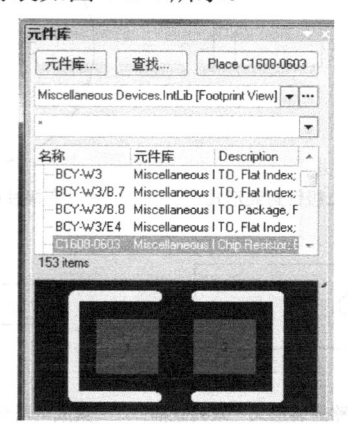

图 4-1-3　针脚式封装　　　　　　图 4-1-4　表面粘贴式封装

（3）元件封装信息的编制。元件封装信息的编制形式为：元件类型+焊盘距离（焊盘数）+元件外形尺寸。可以根据元件封装信息来判断元件封装的规格。例如，电阻的封装信息为 AXIAL-0.4，表示此元件为轴状封装，两焊盘间的距离为 400mil。再如，RB7.6-15 表示极性电容类元件封装，焊盘间距为 7.6mm，元件直径为 15mm；DIP-24 表示双列直插式元件封装，有 24 个焊盘。

（4）常用元件的封装。常用的（分立）元件封装有二极管类（DIODE-0.5～DIODE-0.7）、有极性和无极性电容类（RB5-10.5～RB7.6-15、RAD-0.1～RAD-0.4）、电阻类（AXIAL-0.3～AXIAL-1.0）和可变电阻类（VR1～VR5）等，这些封装在 Miscellaneous Devices PCB.PcbLib 元件库中。常用的集成电路封装有 DIP-xx 和 SIL-xx 等。

① 二极管类（DIODE）。二极管常用的封装形式为 DIODE-xx，xx 表示二极管引脚焊盘间的距离，如 DIODE-0.7。

② 电容类。电容分为有极性电容和无极性电容，与其对应的封装形式也有两种，有极性电容的封装形式举例：RB5-10.5；无极性电容封装形式为 RAD-xx，xx 表示两个焊盘间的距离，如 RAD-0.2。

③ 电阻类。电阻类常用的封装形式为 AXIAL-xx，xx 表示两个焊盘间的距离，如 AXIAL-0.4。

④ 集成电路。集成电路的封装形式为 DIP-xx（双列直插式）和 SIL-xx（单列直插式），xx 表示集成电路的引脚数，如 DIP-6、SIL-4。

⑤ 晶体管类。该类的封装形式比较多，如 BCY-W3\D4.7 等。

⑥ 电位器。电位器常用的封装形式举例：VR5。

常用元件的封装如图 4-1-5 所示。

5）其他辅助型说明信息

为了便于阅读 PCB 或装配、调试等工作的进行，在设计 PCB 时可以加入一些辅助信息，包括图形或文字。这些信息一般应设置在丝印层，但在不影响顶层或底层布线的情况下，也可以设置在这两层。

📶 提示：观看 SPOC 课堂上的视频：PCB 设计对象。

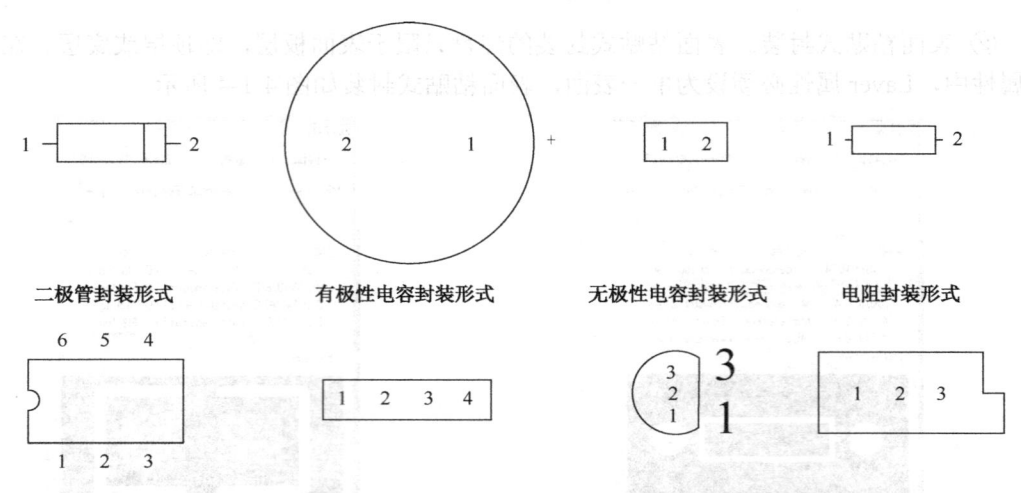

二极管封装形式　　　有极性电容封装形式　　　无极性电容封装形式　　　电阻封装形式

集成电路封装形式（双列直插）　集成电路封装形式（单列直插）　小功率晶体管封装形式　电位器封装形式

图 4-1-5　常用元件的封装

2. PCB 的主要设计规则

1）PCB 布局规则

PCB 布局应遵循下列一般规则。

（1）元件排列一般性规则：

① 为便于自动焊接，在 PCB 的每边要留出 3.5mm 的传送边，如不够，可考虑加工艺传送边。

② 在通常情况下，所有的元件均应布置在 PCB 的顶层上。当顶层元件过密时，可考虑将一些高度有限并且发热量小的元件（如电阻、贴片电容等）放在底层。

③ 元件在整个板面上应紧凑分布，元件间的布线应尽可能短。

④ 将可调元件布置在易调节的位置。

⑤ 某些元件或导线之间可能存在较高的电位差，应加大它们之间的距离，以免放电击穿引起意外短路。

⑥ 高压元件应尽量布置在调试时手不易触及的地方。

⑦ 在保证电气性能的前提下，元件在整个板面上的排列应均匀、整齐、疏密一致，以求美观。

（2）元件排列的其他规则：

① 信号流向布局规则：

■ 按照信号的流向安排电路各个元件的位置。

■ 元件的布局应便于信号流通，使信号流向尽可能保持一致。

② 抑制热干扰规则：

■ 发热元件应安排在有利于散热的位置，必要时可以单独为其设置散热器，以降低温度和减少对邻近元件的影响。

■ 将发热量较高的元件分散开来，使单位面积内的发热量减小。

在空气流动的方向上，将对热敏感的元件排列在上游位置，或远离发热区。

如图 4-1-6 所示为某型号开关电源的 PCB，其布局时按交流输入回路→整流回路→开关变压器及振荡回路→直流输出回路顺序布置相关元件；开关变压器及整流部分加装了散热器。

③ 抑制电磁干扰规则：
- 对电磁干扰源以及对电磁变化敏感的元件进行屏蔽或滤波，屏蔽罩应良好接地。
- 加大电磁干扰源与对电磁变化敏感的元件之间的距离。
- 尽量避免高压、低压元件相互混杂，避免强、弱信号元件交错在一起。
- 尽可能缩短高频元件和大电流元件之间的导线，设法减小分布电容的影响。
- 对于高频电路，输入和输出元件应尽量互相远离。

图 4-1-6　某型号开关电源的 PCB

- 在设计数字逻辑电路的 PCB 时，在满足使用要求的前提下，尽可能选用低频元件。
- 在 PCB 中有接触器、继电器、按钮等元件时，操作它们可能会产生较强烈的火花放电，必须采用 RC 浪涌吸收电路来吸收放电电流。一般电阻阻值取 1～2kΩ，电容容值取 2.2～47nF。
- CMOS 元件的输入阻抗很高，且易受电磁感应影响，因此对其上不使用的端口要进行接地或接正电源处理。

④ 提高机械强度规则：
- 应留出固定支架、安装螺孔、定位螺孔和连接插座所用的位置。
- PCB 的最佳形状是矩形（长宽比为 3∶2 或 4∶3），当板面尺寸大于 200mm×150mm 时，应考虑 PCB 的机械强度是否达标。

🔊 提示：观看 SPOC 课堂上的视频：PCB 布局规则。

2）PCB 布线规则

布线和布局是密切相关的两项工作，布局的好坏直接影响着布线的布通率。PCB 布线的一般规则如下：
- 输入导线和输出导线应尽量避免相邻平行，不能避免时，应加大二者间距或在二者中间添加地线，以免发生反馈耦合。
- 相邻两个信号层的导线应互相垂直、斜交或弯曲走线，避免平行，以减少寄生耦合。
- 导线的宽度尽量一致，有利于阻抗匹配。
- 导线的拐弯一般选择 45°斜角，或采用圆弧拐角。
- 导线的最小宽度主要由铜膜厚度和流过导线的电流值决定。

当铜膜厚度为 0.05mm、导线宽度为 1～1.5mm 时，如通过 2A 的电流，则导线宽度宜为 1.5mm。对于集成电路，尤其是数字集成电路，通常设导线宽度为 0.2～0.3mm。尽量加宽电源和接地线的导线宽度，而且接地线的导线宽度最好大于电源线的导线宽度。电源线、接地线的导线宽度应为 1.2～2.5mm 或更宽。如有可能，接地线的导线宽度应在 2～3mm 或更宽。

🔊 提示：观看 SPOC 课堂上的视频：PCB 布线规则。

4.1.5　学习活动小结

本部分内容主要介绍 PCB 的基础知识。PCB 按结构可分为 PCB 单层板（单层 PCB）、PCB 双层板（双层 PCB）和 PCB 多层板（多层 PCB）；按制作材料可分为刚性 PCB、挠性 PCB 和刚—挠性 PCB。PCB 的组成元素有焊盘、过孔、导线、板层、元件封装等。本部分内容重点讲述了 PCB 的布局规则和布线规则。

任务实施

4.2 学习活动 2　设置 PCB 板层和放置设计对象

原理图设计完成后，就要进行 PCB 的设计了。本部分内容主要介绍了 PCB 编辑环境、PCB 板层的设置和如何放置设计对象。

4.2.1 学习目标

- 能创建和编辑 PCB 文件。
- 认识 PCB 编辑环境。
- 能使用放置工具栏。
- 能设置 PCB 板层。
- 能设置 PCB 工作环境参数。
- 能放置设计对象。

4.2.2 学习活动描述与分析

本部分主要使学生熟悉 PCB 编辑环境，学会创建 PCB 文件的方法，理解 PCB 板层的含义，能设置 PCB 板层，能设置 PCB 工作环境参数，以及能放置设计对象。

本部分内容的学习，**重点**是放置设计对象；**难点**是理解 PCB 板层的含义。结合前文介绍的 PCB 基础知识，观看 SPOC 课堂上的视频，有助于理解 PCB 板层的划分。

完成学习活动 2 的设计任务，须弄清楚以下问题：

1. 学习引导问题

（1）PCB 有哪些板层？
（2）什么是画面管理？
（3）设计 PCB 之前需要设置哪些工作环境参数？
（4）填充的作用是什么？
（5）粘贴队列的作用是什么？

需要掌握以下操作技能：

（1）创建 PCB 文件并保存。
（2）设置 PCB 板层。
（3）设置 PCB 工作环境参数。
（4）对 PCB 工作平面进行移动、放大、缩小和刷新操作。
（5）设置坐标原点。
（6）放置导线、直线、焊盘、过孔、文字、坐标、尺寸标注、元件、圆弧和圆，进行填充、多边形填充和队列式粘贴，并设置相关属性。

2. SPOC 课堂上的视频资源

（1）任务 4.4 启动 PCB 编辑器，创建 PCB 文件。
（2）任务 4.5 PCB 编辑器的界面管理。
（3）任务 4.6 设置 PCB 工作层。
（4）任务 4.7 设置 PCB 工作环境参数。
（5）任务 4.8 放置设计对象。

4.2.3 相关知识

1. PCB 板层

Protel 为 PCB 的设计提供了多种不同类型的板层（工作层），包括 32 个信号层、16 个内电电层（电源/接地层）、16 个机械层和 10 个辅助层。用户可在不同的板层上执行不同的操作。

（1）信号层（Signal Layer）包括顶层、底层和中间层，主要用于放置与信号有关的电气元素，其中顶层和底层可以放置元件和导线，中间层只能用于布置导线。

（2）内电层主要用于布置电源线及接地线，故也称为电源/接地层。

（3）机械层（Mechanical Layer）常用来定义 PCB 的轮廓、放置各种文字说明等。在制作 PCB 时，系统默认打开的机械层层数为 1。

（4）禁止布线层（Keep-Out Layer）用于设定 PCB 的电气边界，此边界外不会布线。没有此边界，就不能使用自动布线功能，即使采用手工布线，在进行电气规则检查时也会报错。

（5）丝印层主要用于放置元件的外形轮廓、文字代号等，包括顶层丝印层和底层丝印层两种。

（6）阻焊层和助焊层。Protel 提供的阻焊层和助焊层有：顶层助焊层（Top Paste Mask）、底层助焊层（Bottom Paste Mask）、顶层阻焊层（Top Solder Mask）和底层阻焊层（Bottom Solder Mask）。

（7）其他板层。Protel 不仅提供了以上板层，还提供了下列三种板层选项：

① Drill Guide Layer：主要用来绘制钻孔导引信息。
② Drill Drawing Layer：主要用来绘制钻孔信息。
③ Multi Layer：用于设置是否显示复合层，如果不设置此项，有时焊盘及过孔就无法显示出来。

> **注意：**
> 在这里，为避免混淆"PCB 板层"与"PCB 单层板、PCB 双层板和 PCB 多层板"的关系，再次强调一下：在 PCB 单层板、PCB 双层板和 PCB 多层板的概念里，"层"是指 PCB 中所含的导电层。而 PCB 的板层中，只有信号层和内电层属于导电层。

4.2.4 学习活动实施

1. PCB 文件的创建与编辑

从原理图编辑器切换到 PCB 编辑器之前，需要创建一个新的 PCB 文件。创建新的 PCB 文件的方法与创建原理图文件的方法类似。具体步骤如下：

（1）创建 PCB 文件。执行菜单命令【文件】→【创建】→【PCB】，系统自动进入 PCB

编辑器。这里，在"D:\灭火驱动电路\灭火驱动电路_Project1.PRJPCB"项目下，系统界面切换成如图 4-2-1 所示的 PCB 编辑器。生成的 PCB 文件默认文件名为：PCB1.PcbDoc。

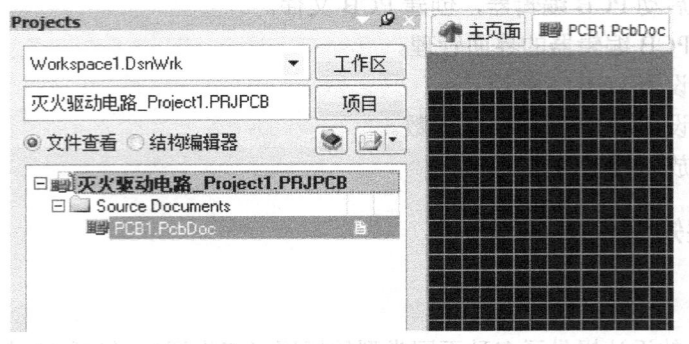

图 4-2-1　PCB 编辑器

（2）保存。执行菜单命令【文件】→【保存】或【文件】→【另存为】，系统弹出如图 4-2-2 所示对话框。

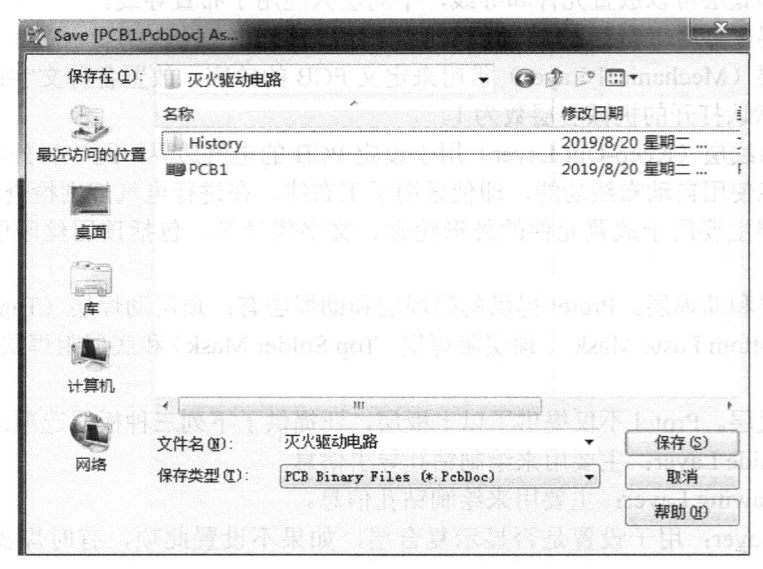

图 4-2-2　保存 PCB 文件

在该对话框内选择文件存储路径（D:\灭火驱动电路）及另起的文件名（灭火驱动电路），单击【保存】按钮，完成保存操作。

（3）导入其他 PCB 文件。如果已经设计并保存好了一个 PCB 文件，可将该文件添加到当前项目中，执行菜单命令【项目管理】→【追加已有文件到项目】，即可选择已有的 PCB 文件，并将其添加到当前项目中。例如，现有一个 PCB 文件，文件名及保存路径为：D:\教材用图\调频无线话筒.PcbDoc，要将其添加到当前项目（D:\两级放大\两级放大.PRJPCB）下，则执行菜单命令【项目】→【追加已有文件到项目】，或在项目文件"两级放大.PRJPCB"上单击鼠标右键，在出现的菜单中选取【Add Existing File to Project】，则系统弹出如图 4-2-3 所示对话框。

在对话框内选择合适的路径（D:\教材用图），选取要导入的 PCB 文件（调频无线话筒.PcbDoc），单击【打开】按钮，即可将该文件导入到当前项目中。

模块 2　PCB 设计

图 4-2-3　导入 PCB 文件

2. PCB 编辑器界面

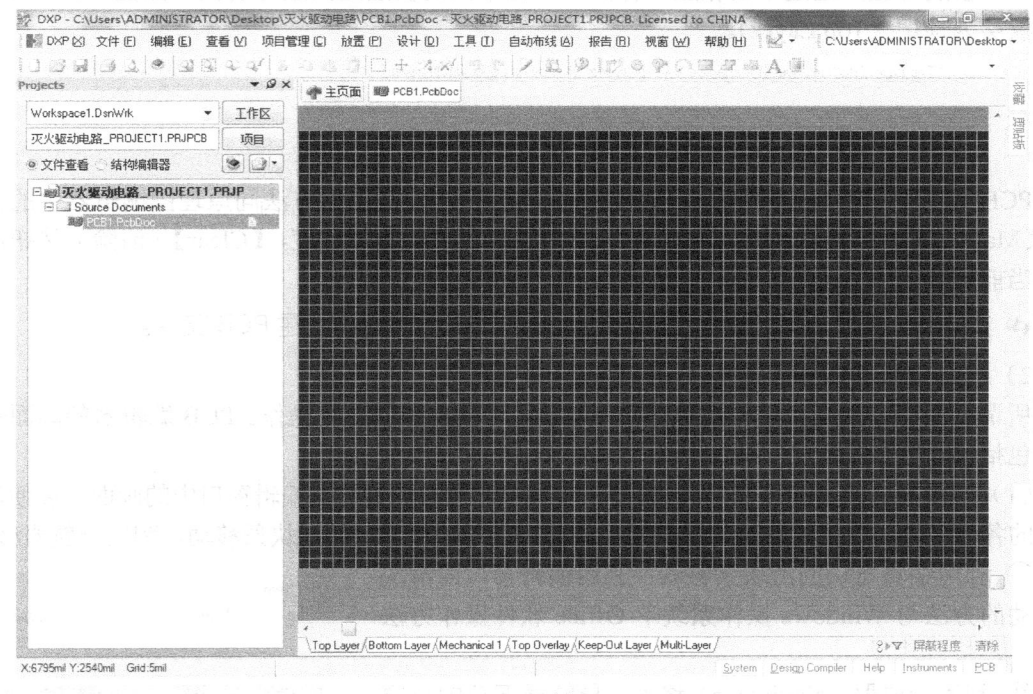

如图 4-2-4 所示为 PCB 编辑器界面。PCB 编辑器界面与前面介绍过的原理图编辑器界面类似，主要由菜单栏、工具栏、状态栏、面板（含按钮）及编辑窗口组成。

图 4-2-4　PCB 编辑器界面

1）PCB 菜单及工具栏

（1）菜单栏。PCB 编辑器的菜单栏如图 4-2-5 所示。

图 4-2-5　PCB 编辑器的菜单栏

· 149 ·

PCB 编辑器的菜单栏涵盖了 PCB 设计系统的全部功能，包括文档操作、界面缩放和项目管理等。

（2）工具栏。PCB 编辑器中的工具栏有以下几种：标准工具栏、放置工具栏（Placement）、工程工具栏（Project）、过滤器工具栏（Filter）、尺寸工具栏（Dimension）、元件排列工具栏（Component Placement）、寻找选择对象工具栏（Find Selection）、间距设置工具栏（Room）和仿真工具栏（SI）。所有的工具栏都可以被任意挪动，并被设定放在任何适当的位置。用户也可以根据使用习惯，将不同的工具栏按一定顺序摆放。在真正进行 PCB 设计时，并不是所有的工具栏都会用到，将不使用的工具栏关闭，可以使工作界面更加清晰整洁。一般都会把标准工具栏、工程工具栏和放置工具栏打开，如图 4-2-6 所示。

图 4-2-6　标准工具栏、工程工具栏和放置工具栏

（3）文档标签。如图 4-2-7 所示，每个打开的文档都在编辑窗口顶部有自己的标签，用右键单击标签可以关闭文档或将显示模式改为平铺打开。

图 4-2-7　文档标签

（4）板层标签。在 PCB 编辑器中，编辑窗口主要用于设计者进行绘制工作。在编辑窗口的下方有板层标签，通过单击相应的标签，可在不同的板层之间进行切换，如图 4-2-8 所示，当前板层为顶层（Top Layer）。

图 4-2-8　板层标签

PCB 编辑器里的板层标签位于编辑窗口的右下方，其使用方法同原理图编辑器中的标签栏。【Mask Level】（屏蔽程度）按钮用于改变屏蔽对象的模糊程度，【Clear】（清除）按钮用于清除当前屏蔽。

提示：观看 SPOC 课堂上的视频：启动 PCB 编辑器，创建 PCB 文件。

2）PCB 编辑器的画面管理

所谓画面管理就是指编辑窗口的移动、放大、缩小和刷新等操作。PCB 编辑器的画面管理主要包括编辑窗口的移动、缩放等。

（1）编辑窗口的移动。在 PCB 的设计过程中，常常需要移动编辑窗口中的画面，以便观察图纸的各个部分，常用的移动方法有以下两种：利用编辑窗口的滑块条移动，利用导航器移动。

① 利用编辑窗口的滑块条移动：利用编辑窗口的滑块条移动的方法与 Windows 操作系统下 Office 软件操作方法相同。

② 利用导航器（Navigator）移动：导航器下部的小窗口显示的是整张图纸，如图 4-2-9 所示。

图中的线框就是当前编辑窗口显示的画面在整张图纸中的位置。可以通过移动这个线框来调整编辑窗口显示的内容。

（2）编辑窗口的缩放。当需要观察图纸局部具体情况

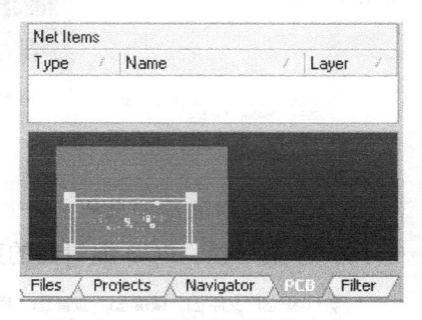

图 4-2-9　导航器下部的小窗口

或对图纸做出进一步调整、修改时，往往要进行局部放大，而观察图纸全局时需要将图纸缩小。

放大和缩小都是以当前光标所在位置为中心进行的。值得说明的是，当系统处于其他命令状态下，光标无法移出编辑窗口时，必须用快捷键进行缩放操作。

在 Protel 中，可以通过快捷键进行缩放，也可以单击工具栏中的按钮进行缩放，还可以通过执行菜单命令进行缩放。

① 常用的缩放快捷键有 PageUp 键（放大）、PageDown 键（缩小），另外 End 键用于画面更新。

② 利用【查看】菜单进行缩放：在【查看】菜单中，提供了多种缩放操作，操作方法与原理图缩放方法类似。

3. 设置 PCB 板层

1）设置板层及其颜色

执行菜单命令【设计】→【PCB 板层颜色】，显示如图 4-2-10 所示的【板层和颜色】对话框，其中显示了用到的信号层、机械层及丝印层等板层的信息。

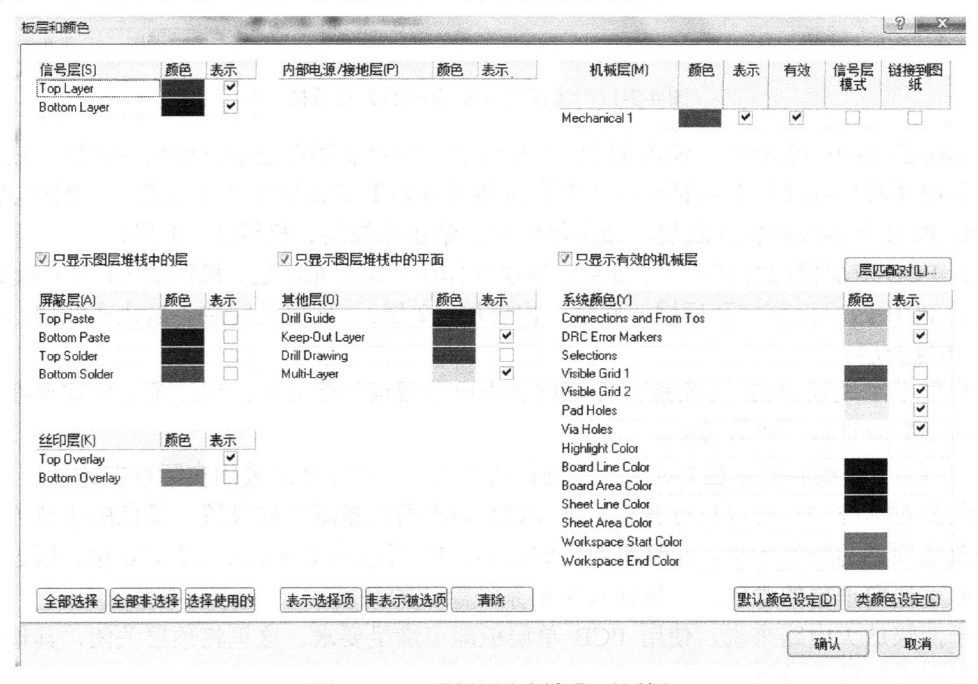

图 4-2-10　【板层和颜色】对话框

系统默认打开的信号层仅有顶层和底层，如果需要打开其他信号层，可以执行菜单命令【设计】→【层堆栈管理器】，系统将显示如图 4-2-11 所示的【图层堆栈管理器】对话框。单击【追加层】按钮可添加信号层。

2）设置内电层（Internal Plane）

如果用户绘制的是 PCB 多层板，则在如图 4-2-11 所示的【图层堆栈管理器】对话框中单击【加内电层】按钮，可以添加内电层。添加后，该层显示在【板层和颜色】对话框的【内部电源/接地层】栏中。

· 151 ·

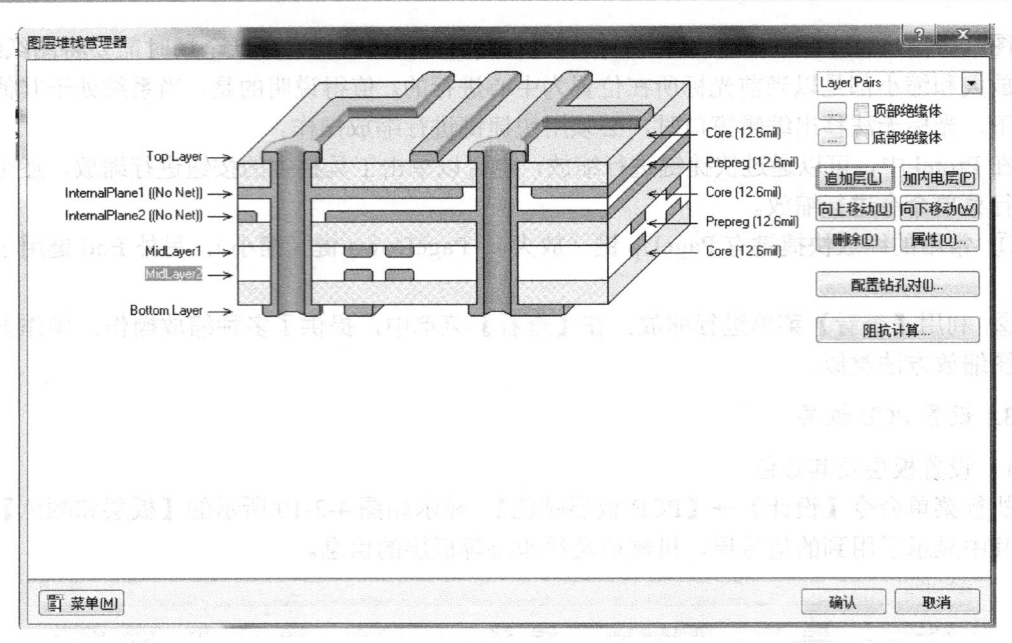

图 4-2-11 【图层堆栈管理器】对话框

在实际的 PCB 设计中，不可能用到所有板层，用户需要自己进行板层的设置。板层的设置通常是由【板层和颜色】对话框和【图层堆栈管理器】对话框结合完成的。一般情况下：

设计 PCB 单层板应打开底层、顶层丝印层、禁止布线层、机械层（1 层）。

设计 PCB 双层板应打开顶层、底层、顶层丝印层、禁止布线层、机械层（1 层）和复合层。

设计 PCB 四层板应打开顶层、底层、内电层（2 层）、顶层丝印层、禁止布线层、机械层（1 层）和复合层。

用户要手工规划 PCB 多层板，需要增加内电层或增加信号层，而这项工作需要在【图层堆栈管理器】对话框中进行设置。

用户可以在【板层和颜色】对话框中进行相关设置，以打开或关闭实际存在的板层。在【板层和颜色】对话框中还可以进行各板层或 PCB 编辑器背景颜色的设置。颜色的设置方法是单击待修改选项后的颜色图框，此时将弹出如图 4-2-12 所示的【选择颜色】对话框，通过拖动滑块条，即可选取理想的颜色。一般建议采用系统默认的颜色。

对于两级放大电路来说，使用 PCB 单层板即可满足要求。这里将顶层关闭，其他板层保留，并采用系统默认设置。

提示：观看 SPOC 课堂上的视频：设置 PCB 板层。

4. 设置 PCB 系统参数

PCB 系统参数包括光标显示、层颜色、系统默认设置、PCB 设置等，可以通过设置这些参数，形成个性化的设计环境。系统参数设置是 PCB 设计过程中非常重要的一步。

执行菜单命令【设计】→【PCB 板选择项】（注：PCB 一词本身含有"板"的意思，"PCB 板"的叫法并不规范，此处为叙述准确，与软件显示保持一致，下同），系统将会弹出如图 4-2-13 所示的【PCB 板选择项】对话框，其中部分内容含义如下。

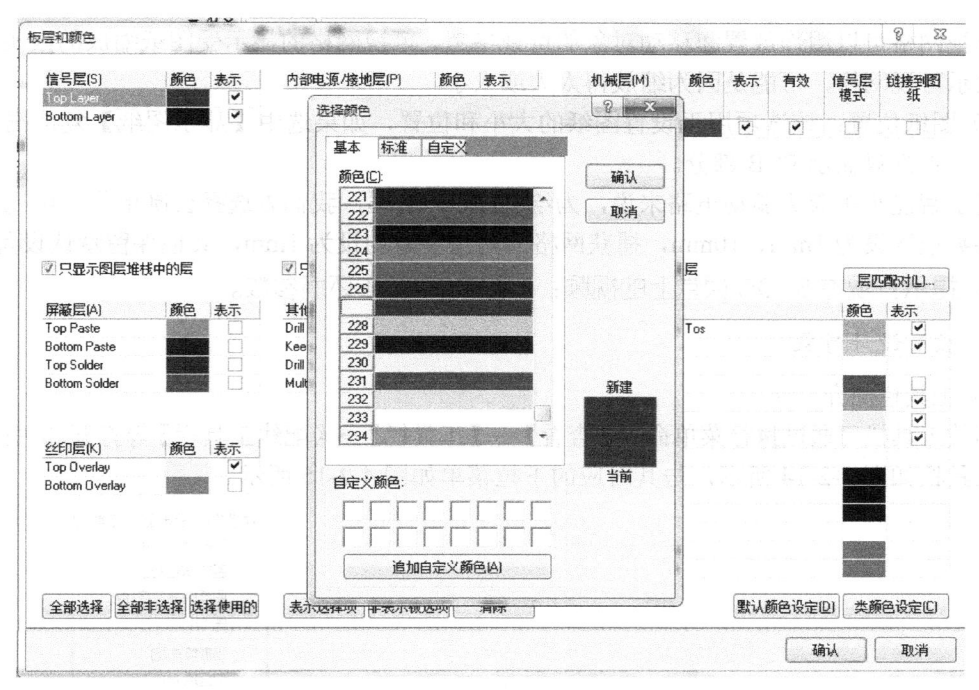

图 4-2-12 【选择颜色】对话框

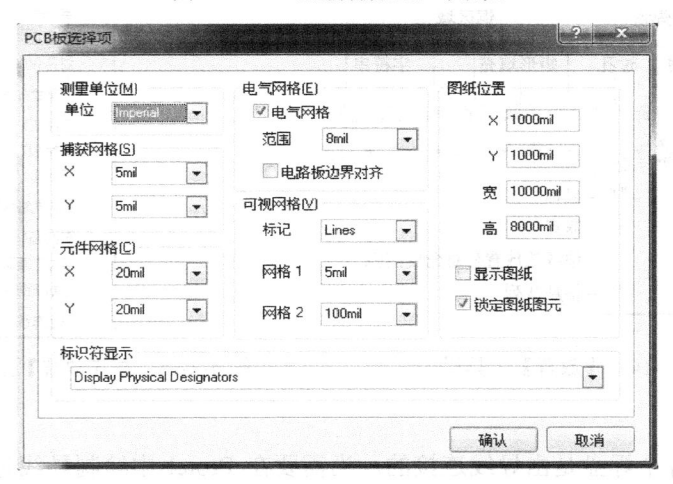

图 4-2-13 【PCB 板选择项】对话框

① 【单位】：设置度量单位。系统度量单位有英制（Imperial）和公制（Metric）两种，默认度量单位是英制（Imperial）。

② 【捕获网格】：设置光标移动的最小距离。

③ 【元件网格】：设置元件移动的间距。

④ 【电气网格】：设置电气网格属性。其意义与原理图电气网格相同。勾选【电气网格】复选框，表示启用自动捕捉焊盘的功能。

⑤ 【可视网格】：设置可视网格的类型和大小。系统提供了两种网格类型，即 Lines（线状）和 Dots（点状），可以在【标记】列表中选择；在【网格 1】、【网格 2】处可设置两组可视网格的大小。

· 153 ·

可视网格可以用作放置和移动对象的可视参考。可视网格的显示受图纸缩放的限制，如果不能显示可视网格，可能是因为缩放得太大或太小。

⑥ 图纸位置：该选项用于设置图纸的大小和位置，如果选中【显示图纸】复选框，则显示图纸，否则只显示 PCB 部分。

对于智能小车灭火驱动电路来说，为绘制 PCB 边框，我们先选择公制单位，可视网格的两项参数依次设为 1mm、10mm，捕获网格的两项参数均设为 1mm，其他保留默认设置。

🔊 提示：观看 SPOC 课堂上的视频：设置 PCB 工作环境参数。

5．放置设计对象

1）工具栏简介

相关工具栏可通过执行菜单命令【查看】→【工具栏】→【配线工具栏】等打开和关闭，【放置】工具栏如图 4-2-14 所示，与其对应的下拉菜单如图 4-2-15 所示。

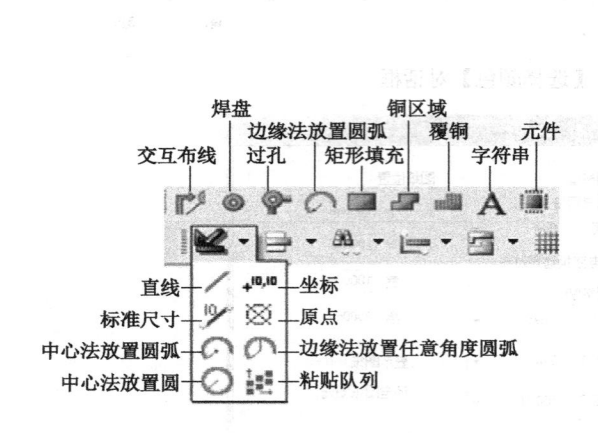

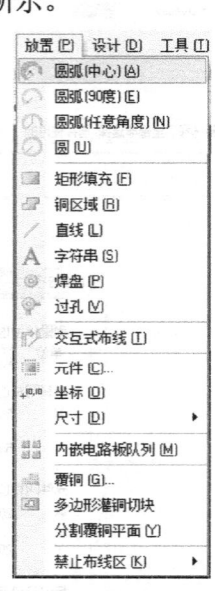

图 4-2-14 【放置】工具栏　　　图 4-2-15 与【放置】工具栏对应的下拉菜单

2）绘制导线

在 PCB 中，各个焊盘是由导线连接的。当需要在 Protel 中绘制导线时，应采用交互式布线，绘制完成的导线具有电气连接属性。

（1）绘制导线：单击【放置】工具栏的 按钮或执行菜单命令【放置】→【交互式布线】，光标变为十字形，即开始绘制导线。

（2）交互式布线的参数设置：在绘制导线时，可以按键盘上的 Tab 键打开【交互式布线】对话框，如图 4-2-16 所示。

在此对话框中，可以设置导线宽度、板层及过孔参数。

（3）设置导线属性：右键单击绘制的导线，在展开列表中单击最下面【Properities】按钮，显示如图 4-2-17 所示的【导线】对话框。对话框中各项含义如下。

【宽】：设定导线宽度。

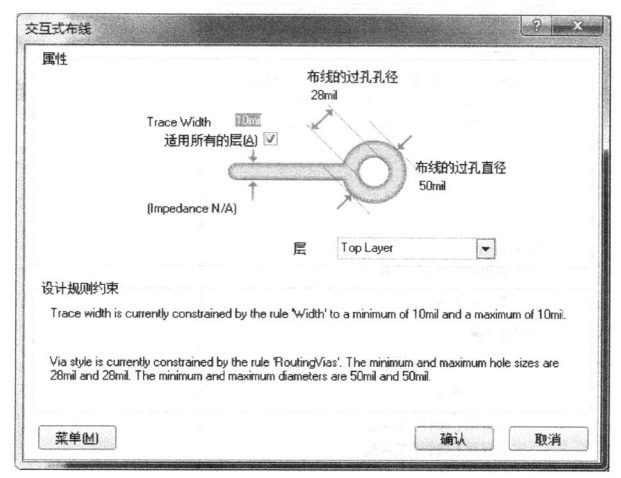

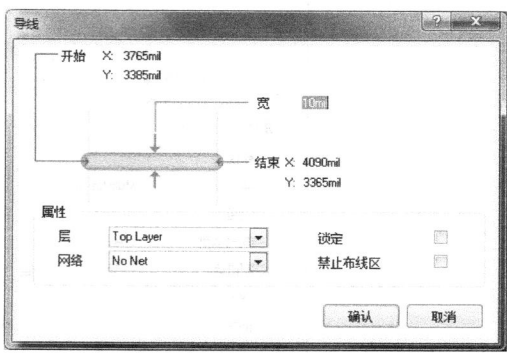

图 4-2-16 【交互式布线】对话框　　　　图 4-2-17 【导线】对话框

【层】：设置导线所在板层。
【网络】：设置导线所在的网络。
【锁定】：设置导线的位置是否锁定。
【禁止布线区】：选中此项，则不论导线属性如何设置，此导线都将出现在禁止布线层。
【开始 X】：设置导线起点的 X 轴坐标。
【开始 Y】：设置导线起点的 Y 轴坐标。
【结束 X】：设置导线终点的 X 轴坐标。
【结束 Y】：设置导线终点的 Y 轴坐标。
（4）删除导线：单击要删除的导线，按 Delete 键或执行菜单命令【编辑】→【删除】删除。
3）绘制直线

单击【放置】工具栏中的 按钮或执行菜单命令【放置】→【直线】，即可绘制直线。该功能与交互式布线（Interactive Routing）的区别在于，绘制直线命令不能实时检测连接关系，该命令常用于绘制没有电气连接属性的线条。在绘制有电气连接属性的导线时，应采用交互式布线。

4）放置焊盘

操作步骤如下：

（1）放置焊盘：

① 单击【放置】工具栏中的 按钮或执行菜单命令【放置】→【焊盘】，光标变为十字形并带着一个焊盘。

② 将光标移到所需位置，单击左键，即可放置一个焊盘。

③ 重复上述操作，就可放置多个焊盘。

④ 单击鼠标右键，退出放置焊盘命令状态。

（2）设置焊盘属性：

在放置焊盘时，按下 Tab 键，系统将弹出【焊盘】对话框，如图 4-2-18 所示。

① 【孔径】：设置焊盘通孔直径。

② 【旋转】：设置焊盘旋转角度，此项对圆形焊盘没有意义。

③ 【位置 X】：设置焊盘的 X 轴坐标。

图 4-2-18 【焊盘】对话框

④ 【位置 Y】：设置焊盘的 Y 轴坐标。

⑤ 【尺寸和形状】区域：用于设置焊盘的大小和形状，形状包括 Round（圆形）、Rectangle（矩形）和 Octagonal（八角形）。

⑥ 【属性】区域：

- 【标识符】：设置焊盘序号。
- 【层】：设置焊盘所在板层。
- 【网络】：设置焊盘所属网络。
- 【电气类型】：指定焊盘在网络中的属性，包括 Load（中间点）、Source（起点）和 Terminator（终点）。
- 【测试点】：设置该焊盘的顶层或底层为测试点。设置测试点属性后，在焊盘上显示 Top&Bottom Test-point 文本，并且该焊盘处于自动锁定状态。
- 【镀金】：设置是否将焊盘通孔孔壁金属化。
- 【锁定】：设置是否锁定该焊盘。

⑦ 【助焊膜扩展】区域：设置焊盘助焊层的属性。

⑧ 【阻焊膜扩展】区域：设置焊盘阻焊层的属性。

5）放置过孔

（1）操作步骤：

① 单击工具栏中的 按钮或执行菜单命令【放置】→【焊盘】，光标变为十字形并带着一个过孔。

② 将光标移到所需位置，单击左键，即可放置一个过孔。

③ 重复上述操作，就可放置多个过孔。

④ 单击鼠标右键，退出放置过孔命令状态。

（2）设置过孔属性。在放置过孔时，按下 Tab 键，系统将弹出【过孔】对话框，如图 4-2-19 所示。

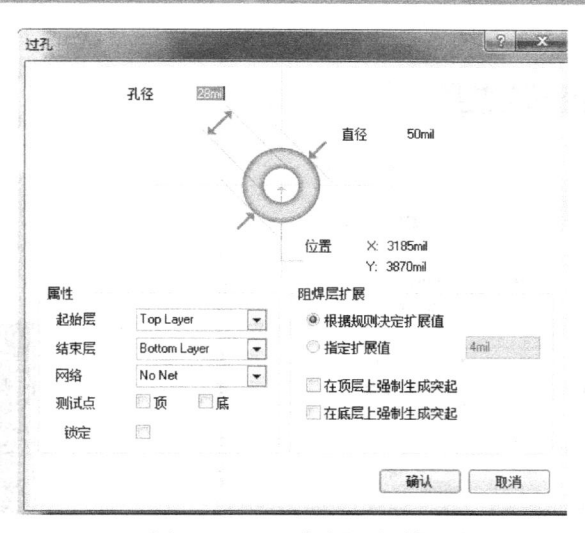

图 4-2-19 【过孔】对话框

其中的选项如下：
① 【孔径】：设置过孔的通孔直径。
② 【直径】：设置过孔直径。
③ 【位置 X】：设置过孔的 X 轴坐标。
④ 【位置 Y】：设置过孔的 Y 轴坐标。
⑤ 【属性】区域：
- 【起始层】：设定过孔穿过的开始层，对于 PCB 双层板可以选择 Top（顶层）和 Bottom（底层），对于 PCB 多层板还会有内电层或信号层供选择。
- 【结束层】：设定过孔穿过的结束层，对于 PCB 双层板可以选择 Top 和 Bottom，对于 PCB 多层板还会有内电层或信号层供选择。
- 【网络】：设置过孔所属网络。
- 【测试点】：设置过孔的顶层或底层为测试点。设置测试点属性后，该过孔处于自动锁定状态。
- 【锁定】：设置是否锁定该过孔。
⑥ 【阻焊层扩展】区域：设置过孔阻焊层的扩展属性。

6）放置字符串

在 PCB 设计过程中，常常需要在板上放置一些字符串（英文）。操作步骤如下：

（1）单击【放置】工具栏中的 **A** 按钮，或执行菜单命令【放置】→【字符串】。

（2）执行命令后，光标变成了十字形，在此状态下，按下 Tab 键，会出现如图 4-2-20 所示的【字符串】对话框。在这里输入字符串内容，进行字体、字号和所在板层等的设置。

（3）设置完成后，关闭对话框，在适当位置单击鼠标左键，把字符串放到相应的位置。

（4）用同样的方法放置其他字符串。如果需要变换字符串的放置方向，可按 Space 键进行调整，或在如图 4-2-20 所示的对话框中的【旋转】编辑框中输入旋转角度，效果如图 4-2-21 所示。

7）放置坐标

（1）单击【放置】工具栏中的 +¹⁰,¹⁰ 按钮或执行菜单命令【放置】→【坐标】。

（2）执行命令后，光标变成十字形，在此状态下，按下 Tab 键，系统弹出如图 4-2-22 所示的对话框。

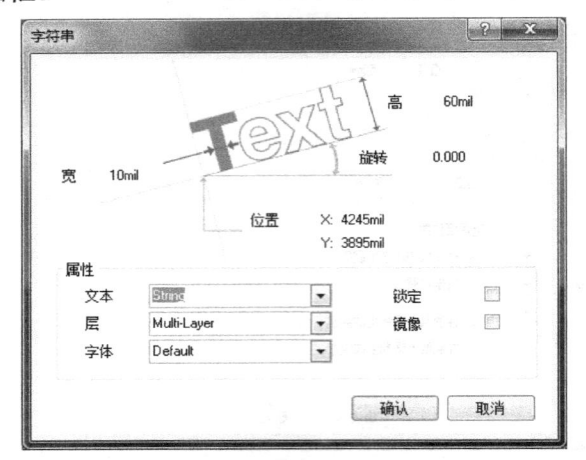

图 4-2-20 【字符串】对话框

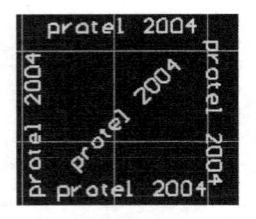

图 4-2-21 放置好的字符串

（3）按要求设置该对话框，设置完成后，关闭对话框，单击鼠标左键，把坐标放到相应的位置。

放置坐标后，也可以选中坐标，单击鼠标右键对其属性进行编辑。

8）放置尺寸标注

放置尺寸标注的具体步骤如下：

① 单击【放置】工具栏中的 按钮，或执行菜单命令【放置】→【尺寸标注】。

② 执行命令后，光标变成十字形，在此状态下，按下 Tab 键，系统弹出如图 4-2-23 所示的【尺寸标注】对话框，设置好后关闭此对话框。

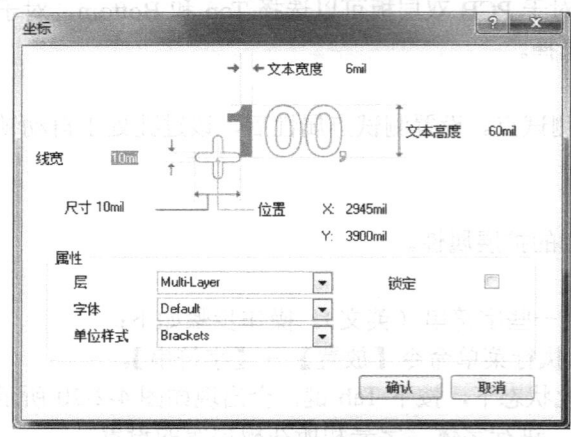

图 4-2-22 【坐标】对话框

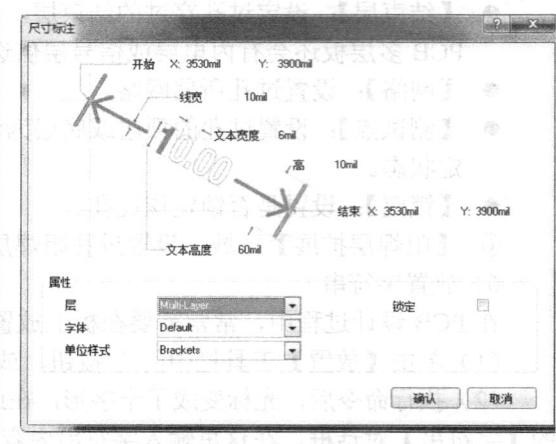

图 4-2-23 【尺寸标注】对话框

③ 将光标移动到尺寸标注的起点位置，单击鼠标左键，即可确定起点。

④ 移动光标到合适位置，单击鼠标左键，即可完成尺寸标注。

放置尺寸标注后，也可以选中该尺寸标注，单击鼠标右键对其属性进行编辑。

9）设置坐标原点

在 PCB 设计的过程中，有时需要重新设置坐标原点。方法如下：

① 单击【放置】工具栏中的 按钮，或执行菜单命令【编辑】→【原点】→【设定】。

② 光标变成了十字形后，移动光标到理想的位置，单击鼠标左键，完成坐标原点重置工作。如果对新坐标原点还不满意，可以重复上述操作到满意为止。

③ 如果希望恢复原来的坐标原点，可执行菜单命令【编辑】→【原点】→【重置】实现。

10）放置元件

在 PCB 设计中，元件一般由原理图载入，也可以通过元件库手动放置元件，还可以通过【放置】工具栏中的元件放置按钮来放置元件。使用【放置】工具栏中的元件放置按钮来放置元件的方法如下：

① 单击【放置】工具栏中的 按钮，或执行菜单命令【放置】→【元件】，系统弹出如图 4-2-24 所示的对话框。

图 4-2-24 【放置元件】对话框

② 在【放置类型】区域中有两个选项：【封装】用于 PCB 封装，【元件】用于原理图设计。

③ 在【元件详细】区域中，输入元件的封装（Footprint）、标识符（Designator），单击【确认】按钮进行元件放置。

如果设计人员对封装很了解。可以在【封装】文本框中直接输入元件封装号。如果不熟悉元件封装，可单击文本框右侧浏览按钮，在元件库中查询并输入。

11）放置圆弧和圆

（1）绘制圆弧。Protel 中提供了 3 种绘制圆弧的方法。

① 中心法：

- 单击【放置】工具栏中的 按钮或执行菜单命令【放置】→【圆弧（中心）】，光标变为十字形。
- 将光标移到所需位置，单击鼠标左键确定圆弧的中心。
- 将光标移到所需位置，单击鼠标左键确定圆弧的起点。
- 将光标移到所需位置，单击鼠标左键确定圆弧的终点。一个圆弧的绘制就完成了。

② 边缘法：

- 单击【放置】工具栏的 按钮或执行菜单命令【放置】→【圆弧（90°）】，光标变为十字形。
- 将光标移到所需位置，单击鼠标左键确定圆弧的起点。
- 将光标移到所需位置，单击鼠标左键确定圆弧的终点，完成绘制。

③ 角度旋转法：

- 单击【放置】工具栏中的 按钮或执行菜单命令【放置】→【圆弧（任意角度）】，光标变为十字形。
- 将光标移到所需位置，单击鼠标左键确定圆弧的起点。
- 将光标移到所需位置，单击鼠标左键确定圆弧的中心。
- 再将光标移动到圆弧终点位置，单击鼠标左键，即可得到一个圆弧。

（2）绘制圆：

① 单击【放置】工具栏中的 按钮或执行菜单命令【放置】→【圆】，光标变为十字形。

② 将光标移到所需位置，单击鼠标左键确定圆心。

③ 再将光标移到所需位置，单击鼠标左键确定半径。

（3）修改圆弧或圆的属性。在绘制圆弧或圆的过程中，按下 Tab 键，或绘制完成后，双击绘制的圆弧或圆，即可进入如图 4-2-25 所示的对话框（以修改圆弧属性为例）。

此对话框中各选项作用如下：

① 【宽】：用来设置圆弧弧线的宽度。

② 【中心 X】和【中心 Y】：用来设置圆弧的圆心位置。

③ 【半径】：用来设置圆弧的半径。

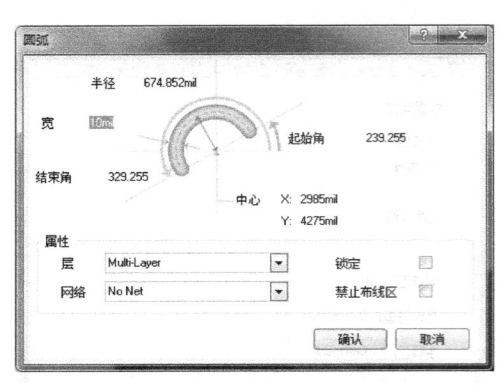

图 4-2-25　修改圆弧或圆的属性

④ 【起始角】：用来设置圆弧的起始角角度。

⑤ 【结束角】：用来设置圆弧的结束角角度。

⑥ 【层】：用来设置圆弧的所在板层。

⑦ 【网络】：用来设置圆弧的所属网络。

⑧ 【锁定】：用来设定是否锁定圆弧。

⑨ 【禁止布线区】：选中此复选框后，则无论其属性如何设置，此圆弧均位于 Keep-Out Layer。

12）放置填充

填充用于制作 PCB 插件的接触面或者用于制作增强系统抗干扰性的大面积电源或地区域。填充通常放置在 PCB 的顶层、底层、内电层上，放置填充的操作方法如下：

（1）单击【放置】工具栏中的　按钮，或执行菜单命令【放置】→【填充】，光标变为十字形。

（2）放置填充，用户只需确定矩形块对角线上两个顶点的位置即可。

在放置填充的过程中，按下 Tab 键，或放置后，双击放置好的填充，即可进入如图 4-2-26 所示的对话框。

该对话框中各项作用如下：

① 【拐角 1 X】和【拐角 1 Y】：用来设置上述第一个顶点的坐标。

② 【拐角 2 X】和【拐角 2 Y】：用来设置上述第二个顶点的坐标。

③ 【旋转】：用来设置填充的旋转角度。

④ 【层】：用来设置填充放置的板层。

⑤ 【网络】：用来设置填充所属的网络。

⑥ 【锁定】：用来设定是否锁定填充。

⑦ 【禁止布线区】：该复选框被选中后，则无论其属性设置如何，此填充均位于 Keep-Out Layer。

13）放置多边形填充

为增强系统的抗干扰性，PCB 常需要设置大面积接地区域，而这项工作需要用多边形填充来实现，放置多边形填充的操作步骤如下：

（1）单击【放置】工具栏中的　按钮，或执行菜单命令【放置】→【覆铜】，系统弹出如图 4-2-27 所示对话框。

（2）设置完对话框后，光标变成十字形，将光标移到所需的位置，单击鼠标左键，确定多边形的起点。然后再移动光标到适当位置并单击鼠标左键，确定多边形的中间点。

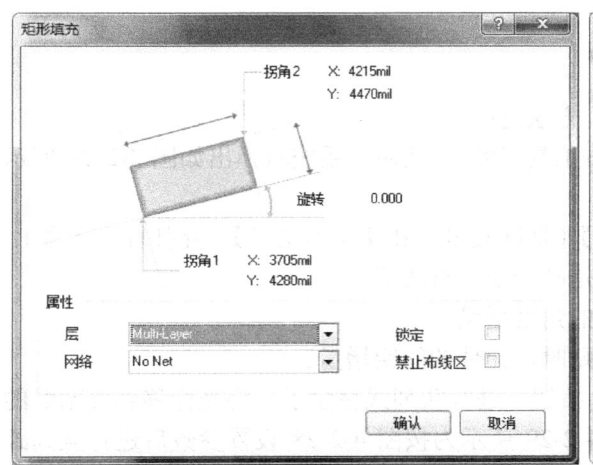

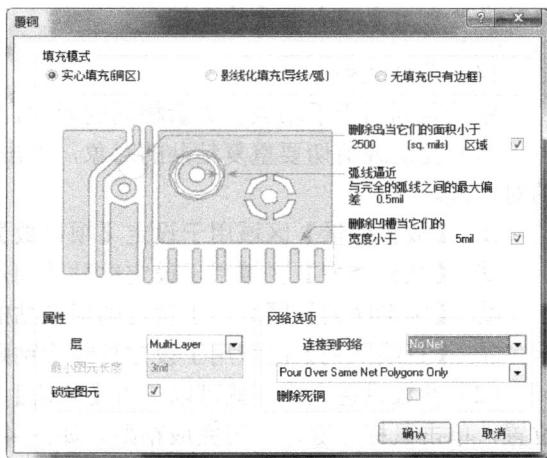

图 4-2-26 【矩形填充】对话框　　　　图 4-2-27 【覆铜】对话框

（3）在终点处单击鼠标右键，程序会自动将终点和起点连接在一起，形成一个封闭的多边形。当放置了多边形填充后，如果需要对其进行编辑，则可双击多边形填充，系统将会弹出【多边形平面属性】对话框，其中各选项作用如下：

- 【填充模式】：用于选择覆铜的模式。【实心填充】表示实体填充；【影线化填充】表示网格状填充；【无填充】表示只在外轮廓上覆铜。
- 【删除岛当它们的面积小于】：将小于指定面积的多边形填充删除。
- 【弧线逼近】：用于设置包围焊盘或过孔的多边形填充的内接圆弧的精度。
- 【删除凹槽当它们的宽度小于】：宽度小于此项设定值的多边形填充将会被删除。默认值为 5mil。
- 【连接到网络】：设置多边形填充所处的网络。
- 【最小图元长度】：该项用于设定推挤多边形填充时的最小允许图元尺寸。当多边形填充被推挤时，它可以包含很多短的导线和圆弧，这些导线和圆弧用来创建包围存在的对象的光滑边。该值设置得越大，则推挤的速度越快。
- 【锁定图元】：如果选中该复选框，则所有组成多边形填充的导线被锁定在一起，并且这些图元将被当成单个对象编辑。如果没有选中该复选框，则可以单独编辑那些组成多边形填充的图元。
- 【连接到网络】下方的下拉列表框：如果选择【Pour Over-All Same Net Objects】，任何存在于相同网络的多边形填充内部的导线将会被该多边形填充覆盖；如果选择【Pour Over Same Net Polygons Only】，任何存在于相同网络的多边形填充内部的多边形填充将会被覆盖；如果选择【Don't Pour Over Same Net Objects】，则多边形填充将只包围相同网络中已经存在的导线（而不覆盖）。
- 【删除死铜】：选中该复选框后，则在多边形填充内部的死铜将被删除。当多边形填充不能连接到所选网络的区域时，会生成死铜；如果没有选中该复选框，则任何区域的死铜将不会被删除。

> 📖 注意：
> 如果在选中的网络中，多边形填充没有封闭任何焊盘，则整个多边形填充会被删除，因为此时多边形填充将会被看作死铜。

14）粘贴队列

粘贴队列用于手动放置大量相同的元件，方法是：

（1）复制或剪切要重复粘贴的对象，单击工具栏的 按钮，系统将弹出如图 4-2-28 所示的对话框。

① 【放置变量】区域用于设定【项目数】（粘贴数量）和【文本增量】（元件标号增量）。
② 【队列类型】区域用于设定粘贴队列是圆形还是直线形。
③ 【圆形队列】区域用于设定圆形粘贴的角度增量。
④ 【直线队列】区域用于设定直线形粘贴时，元件的间距增量。

（2）参数设置完成，就可以单击【确认】按钮，进行队列式粘贴了。将光标移到要粘贴的位置，单击鼠标左键，即可完成粘贴。如图 4-2-29 所示为按图 4-2-28 设置参数后进行队列式粘贴后的结果。

🔊 提示：观看 SPOC 课堂上的视频：放置设计对象。

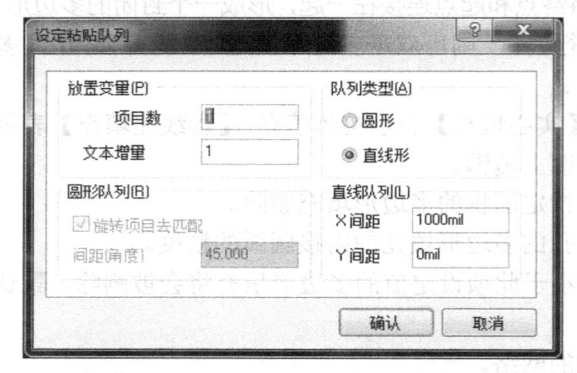

图 4-2-28　设置粘贴队列的各项参数 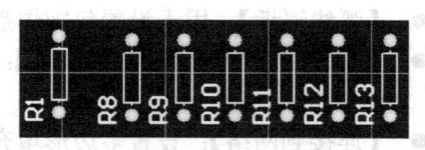　　　图 4-2-29　进行队列式粘贴的结果

4.2.5　学习活动小结

本部分内容主要介绍了 PCB 编辑器的工作界面，以及创建和编辑 PCB 文件、设置 PCB 板层和工作环境参数的方法，重点介绍了放置设计对象的方法。

任务实施

4.3　学习活动 3　手工设计 PCB 单层板

掌握手工设计 PCB 的技术是 PCB 设计的基础。对于简单电路，可以直接从 PCB 元件库里调取元件，放到 PCB 编辑器里，进行手工布局与布线。本部分内容通过设计如图 4-0-1 所示智能小车灭火驱动电路 PCB 单层板，介绍手工设计 PCB 的方法。

4.3.1 学习目标

- 掌握手工设计 PCB 的步骤。
- 能规划 PCB。
- 能加载元件库。
- 能放置元件。
- 能对元件进行手工布局和布线。

4.3.2 学习活动描述与分析

理解手工设计 PCB 的含义，掌握手工设计 PCB 的操作步骤，能规划 PCB，能加载元件库，能手工布局和布线。

本部分内容的学习，**重点**是利用 PCB 生成向导规划 PCB；**难点**是加载元件库，放置元件。观看 SPOC 课堂上的视频，有助于掌握利用 PCB 生成向导规划 PCB 的步骤。

1. 学习引导问题

完成学习活动 3 的设计任务，须弄清楚以下问题：
（1）物理边界与电气边界的作用有什么不同？
（2）什么是规划 PCB？
（3）手工设计 PCB 的流程是什么？
需要掌握以下操作技能：
（1）手工规划 PCB。
（2）利用 PCB 生成向导规划 PCB。

2. SPOC 课堂上的视频资源

（1）任务 4.9 手工设计 PCB。
（2）任务 4.10 利用向导规划 PCB。
（3）任务 4.11 手工设计 PCB 单层板。

4.3.3 相关知识

1. 手工设计 PCB

手工设计 PCB 是指设计者根据原理图手工放置元件、焊盘、过孔等设计对象，并进行线路连接的操作过程。

2. 物理边界

物理边界指 PCB 的机械外形和尺寸。

3. 电气边界

电气边界指 PCB 上设置的元件布局和布线的范围。

4.3.4 学习活动实施

1. 手工设计 PCB 的步骤

（1）新建 PCB 项目文件和原理图文件。
（2）规划 PCB。
（3）加载元件库。
（4）放置设计对象。
（5）进行手工布局。
（6）对元件进行电气连接。
（7）保存设计文件。

2. 规划 PCB

下面我们以设计智能小车灭火驱动电路 PCB（尺寸为 60mm×40mm）为例，讲解如何规划 PCB。

1）手工规划 PCB

（1）绘制 PCB 物理边界：

① 单击 PCB 编辑器页面下部板层转换按钮，将当前板层转换到机械层1（Mechanical 1），如图 4-3-1 所示。

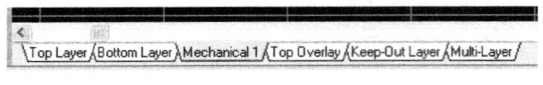

图 4-3-1 转换板层

② 单击【放置】工具栏中的按钮 或执行菜单命令【放置】→【直线】，启动绘制直线操作，光标变为十字形。

③ 单击鼠标左键，确定矩形物理边界的一个顶点（确保此点在尺寸为 10mm 的可视网格格点上）。

④ 按下 Tab 键可以编辑直线属性，如图 4-3-2 所示，此处我们采用默认设置。

⑤ 根据可视网格判断距离，依次确定矩形物理边界其他三个顶点的位置，再在起点上单击鼠标右键退出画线状态（画线时，应与 Space 键配合使用，Space 键可改变走线状态），形成一个封闭的矩形，尺寸为 60mm（W）×40mm（H），如图 4-3-3 所示。

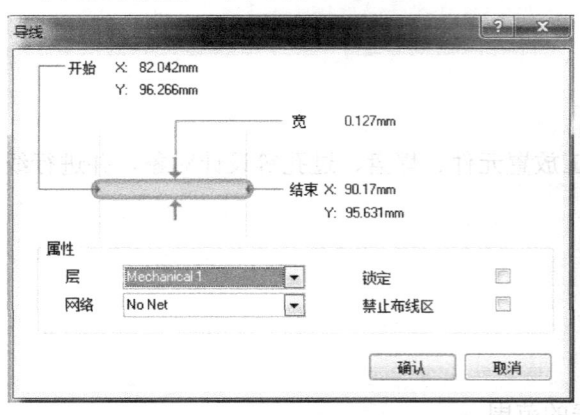

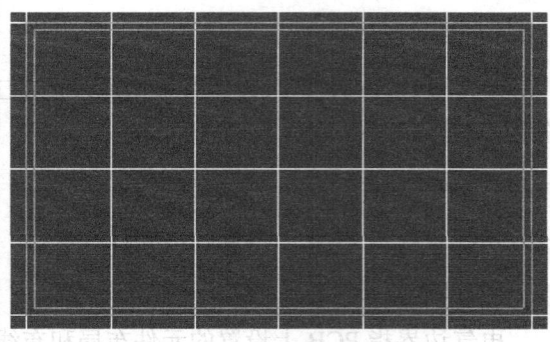

图 4-3-2 编辑线条属性　　图 4-3-3 手工规划的 PCB

（2）绘制 PCB 电气边界。为防止元件及导线距离板边太近，需要设定 PCB 的电气边界，电气边界用于限制元件布置及导线的分布范围。绘制电气边界方法为：

① 单击 PCB 编辑器页面下部板层转换按钮，将当前板层转换到禁止布线层（Keep-Out Layer）。

② 单击【放置】工具栏中的按钮，或执行相关菜单命令，启动交互式布线，此时光标变为十字形。

③ 单击左键确定矩形电气边界的一个顶点（确保此点与"离其最近的横向和纵向物理边界"的距离均为 1mm），通过观察可视网格，继续依次确定其他三个顶点的位置，再在起点上单击鼠标右键退出画线状态，如图 4-3-3 所示。

有时在规划 PCB 的边界时不适于使用上述方法，那么可以先简单画一个矩形，通过编辑四条边属性的方式，也就是通过确定每条边的起点、终点的坐标的方式，完成对物理边界、电气边界的设置。

2）利用 PCB 生成向导规划 PCB

在利用 PCB 生成向导规划 PCB 的过程中，可以选择标准的模板，也可以自定义 PCB 的参数。如果对已经设置的参数不满意，还可以返回上一级对话框进行修改。

（1）单击 Protel 面板控制区里的【SYSTEM】，在弹出的菜单中选择【Files】面板，打开【Files】面板，如图 4-3-4 所示。

（2）单击【Files】面板下部【根据模板新建】区域中的【PCB Board Wizard】选项（如果该选项没有显示在屏幕上，单击上面的使一些区域收起），即可进入 PCB 生成向导，如图 4-3-5 所示。

图 4-3-4 【Files】面板

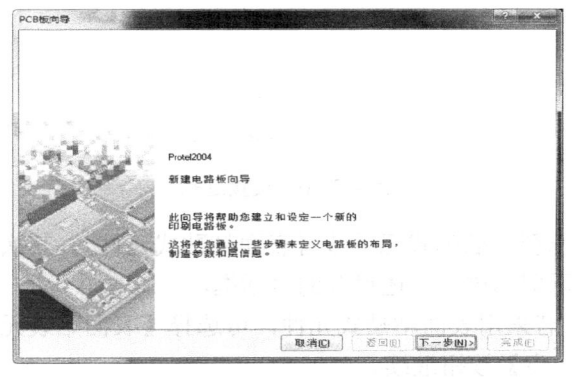

（3）单击【下一步】按钮，弹出如图 4-3-6 所示的对话框。在此对话框里可进行 PCB 尺寸单位设置，在这里选择【英制】，单击【下一步】按钮继续。

图 4-3-5 进入 PCB 生成向导

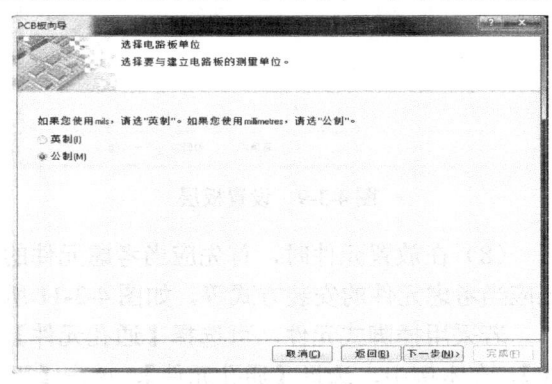

图 4-3-6 设置 PCB 尺寸单位

（4）在弹出的如图 4-3-7 所示的对话框中，可以从 Protel 提供的 PCB 模板库中为正在创建的 PCB 选择一种标准模板，也可以选择【Custom】，根据用户的需要自定义尺寸。在本例中，选择选择【Custom】，单击【下一步】按钮继续。

（5）在如图 4-3-8 所示的对话框中，可选择 PCB 的形状、确定 PCB 的物理边界尺寸及其所在板层，这里将【宽】项设为 60mm，系统自动将其转换成英制尺寸（2362mil），将【高】

项设为 40mm，系统自动将其转换成英制尺寸（1575mil），单击【下一步】按钮继续。

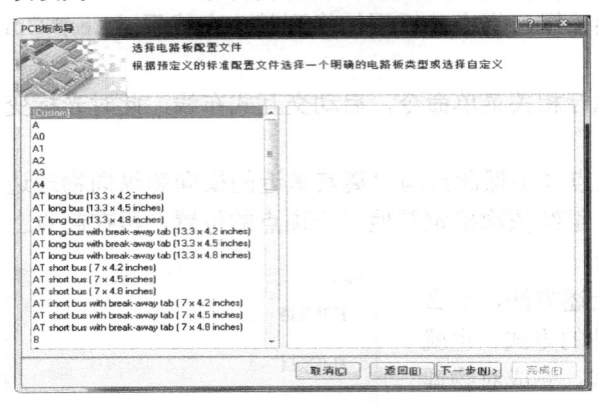

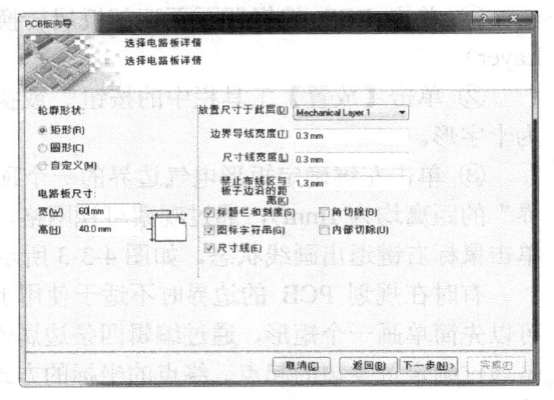

图 4-3-7　选择模板

图 4-3-8　设置 PCB 的形状等

（6）在如图 4-3-9 所示的对话框里，可以对板层进行设置，包括信号层（Signal Layer）及内部电源层（内电层）。在本例中，设置信号层为 2 层，内电层为 0 层，单击【下一步】按钮继续。

（7）在如图 4-3-10 所示的对话框里，可以设置与过孔有关的参数。选中【只显示通孔】，则系统过孔形式设置为全部采用通孔；选中【只显示盲孔或埋过孔】，则系统过孔形式设置为只有盲孔和埋孔。在这里我们选择【只显示通孔】，单击【下一步】按钮继续。

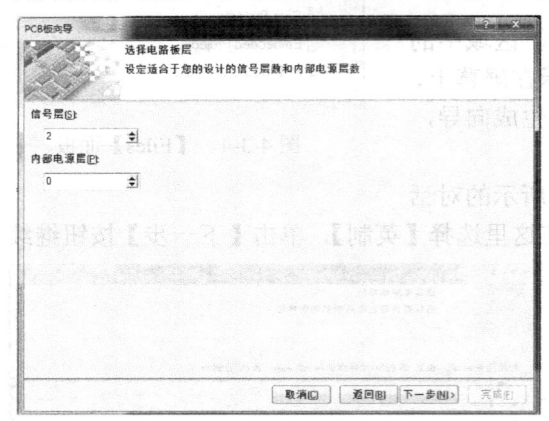

图 4-3-9　设置板层

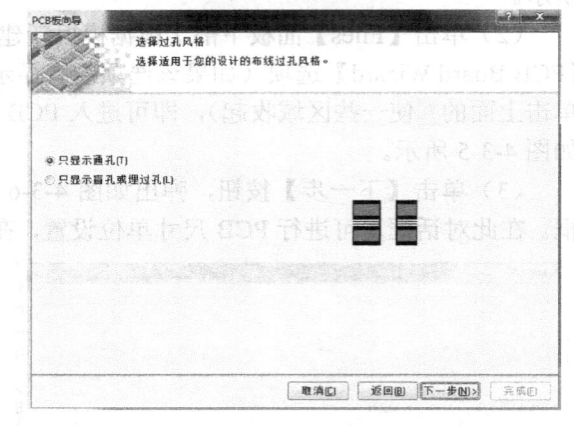

图 4-3-10　设置过孔

（8）在放置元件时，首先应当考虑元件的选型（插脚式元件或者表面粘贴式元件）；其次还应当考虑元件的安装方式等。如图 4-3-11 所示即为进行上述设置的对话框。

若采用插脚式元件，可选择【通孔元件】，若采用表面粘贴式元件，可选择【表面贴装元件】。在本例中，选择【通孔元件】，单击【下一步】按钮继续。

（9）在如图 4-3-12 所示对话框中，可以设置导线和过孔的尺寸及最小间隔等参数。在这里我们采用系统默认值，单击【下一步】按钮继续。

（10）当出现如图 4-3-13 所示的对话框，就表示已经完成对 PCB 生成向导的设置了。单击【完成】按钮，系统生成如图 4-3-14 所示的 PCB 板图。

在规划 PCB 时，不管是用 PCB 生成向导，还是用 PCB 模板，还是手工规划，生成的 PCB 文件默认文件名都是"PCB1.PcbDOC"。更改 PCB 文件名的方法是执行菜单命令【文件】→【保存】或【另存为】，将文件重新命名并保存到自己指定的文件夹中。

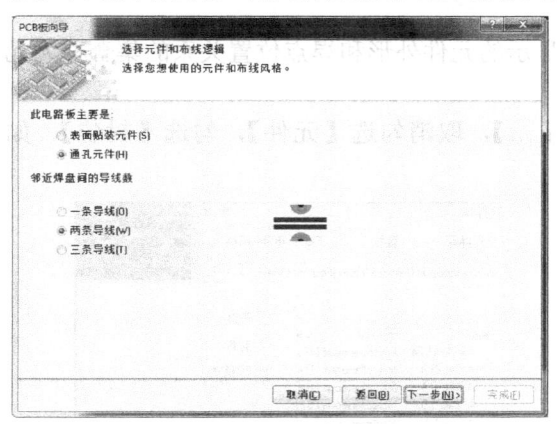

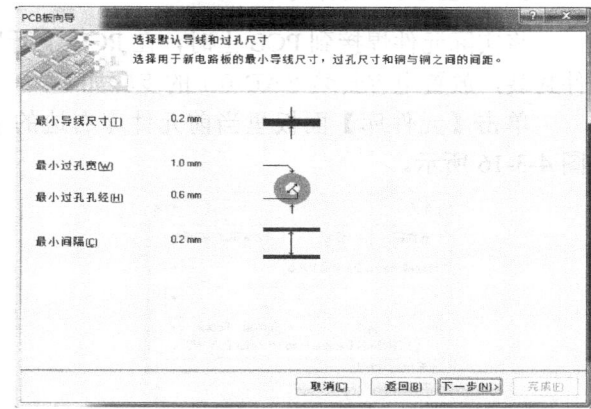

图 4-3-11　设置 PCB 的类型等　　　　　图 4-3-12　设置导线和过孔的尺寸等参数

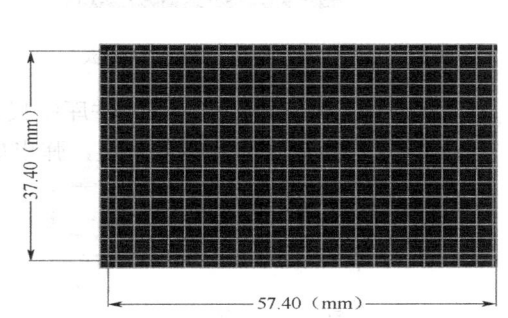

图 4-3-13　设置完成　　　　　　　　　图 4-3-14　系统生成的 PCB 板图

值得说明的是，PCB 的参数可以在完成 PCB 生成向导的过程中设置，也可以在进入 PCB 编辑器之后，执行菜单命令【设计】→【规则】，在弹出的对话框中进行设置。因此，在 PCB 生成向导的设置过程中，可以提前退出 PCB 生成向导，直接进入 PCB 编辑器。

◆ 提示：观看 SPOC 课堂上的视频：利用 PCB 生成向导规划 PCB。

设计任务 4.3.1：利用 PCB 生成向导规划智能小车 PCB，设置其尺寸为 60mm（W）× 40mm（H）。

3. 设置坐标原点

单击【布线】工具栏 ⊗ 按钮，将光标移动到禁止布线区左下角，单击鼠标左键，设置坐标原点。

4. 加载 PCB 元件库

PCB 元件库又称元件封装库。规划好 PCB 后，需要载入设计 PCB 所需要的元件库。如果未能正确载入元件库，就不能正确载入网络表。有了元件库，还需要知道如何浏览、搜索元件库。

执行菜单命令【设计】→【浏览元件】，打开如图 4-3-15 所示的【元件库】面板。

5. 放置 PCB 元件封装

将实际元件焊接到 PCB 上时，在 PCB 上所显示的元件外形和焊点位置关系的集合称为元件封装，放置电容封装 RAD-0.1 的步骤如下：

单击【元件库】面板里当前元件库右边的【…】，取消勾选【元件】，勾选【封装】，如图 4-3-16 所示。

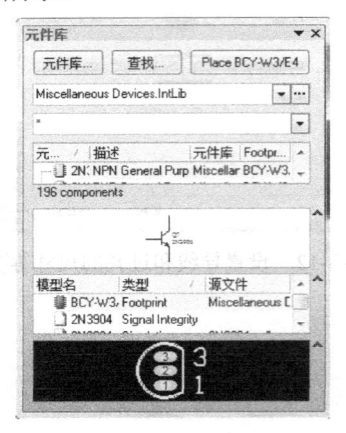

图 4-3-15　【元件库】面板　　　　　　图 4-3-16　勾选【封装】

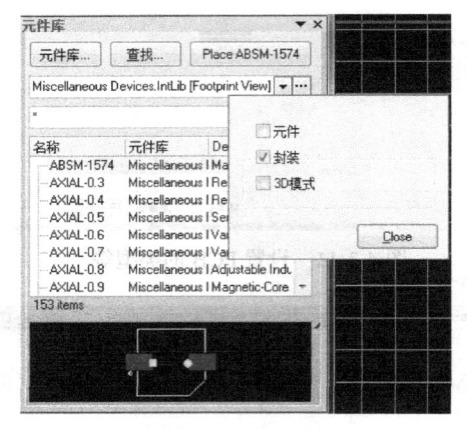

单击【Close】按钮，在元件库中找到 RAD-0.1，如图 4-3-17 所示。
单击【Place RAD-0.1】按钮，弹出如图 4-3-18 所示的对话框。

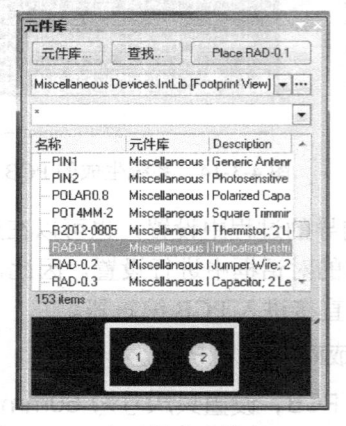

图 4-3-17　在元件库中找到 RAD-0.1　　　　图 4-3-18　【放置元件】对话框

单击【确认】按钮，十字形光标附着电容符号，在合适位置单击左键即可放置封装。

用同样的方法放置功率放大器封装 DIP8，选择 Miscellaneous Connectors.IntLib 为当前元件库，放置接插件封装 Header 2。如果不知道元件在哪个元件库，可以进行查找，这部分内容在前文中已介绍。

6. 进行 PCB 元件布局

单击元件封装，在弹出的对话框中对元件标号进行重新标注，如图 4-3-19 所示。

将元件封装按原理图信号传递方向进行布局，用编辑排列工具对元件的位置进行调整，布局好的元件如图 4-3-20 所示。

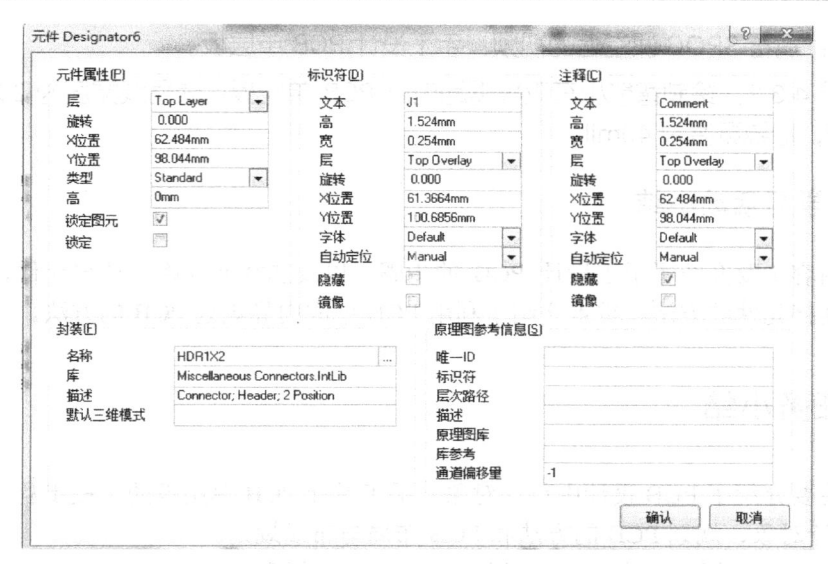

图 4-3-19　对元件标号进行重新标注

7. 布线

在布局完成后，即可开始布线。由于电路的电压和电流都比较小，所以信号线宽度为 0.2mm，电源线宽度为 0.5mm，地线宽度为 0.8mm，放置自由焊盘 1 作为电源端口，放置自由焊盘 2 作为接地端口。

按照原理图电气连接关系连接焊盘。方法如下：

将板层切换至底层（Bottom Layer），单击【放置】工具栏的 按钮，或执行菜单命令【放置】→【交互式布线】，光标变为十字形，将光标移到 J1 的焊盘 2，当光标变成六角形，单击左键连接焊盘，移动光标至 IC1 的焊盘 7，当光标变成六角形时单击左键，连接 J1 的焊盘 2 与 IC1 的焊盘 7。用同样方法放置导线连接其他对应的焊盘，结果如图 4-3-21 所示。

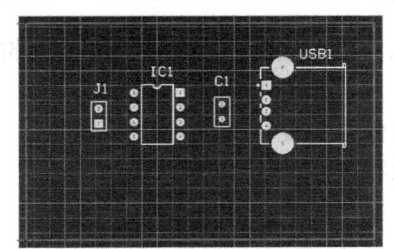

图 4-3-20　布局好的元件　　　　　　图 4-3-21　布线的结果

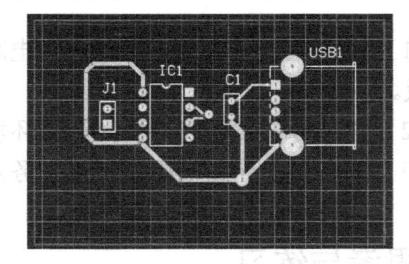

可以采用以下 3 种方式结束布线。
- 双击鼠标左键。
- 单击鼠标右键。
- 按 Esc 键。

保存全部文件，完成 PCB 单层板的设计。

说明：对于简单电路的 PCB 设计，若采用手工设计，步骤是：绘制原理图，创建网络表，创建 PCB 文件，将原理图网络表添加至 PCB 文件（加载网络表的方法参见后文相关介绍），再进行手工布局与手工布线。

提示：观看SPOC课堂上的视频：手工设计PCB单层板。

设计任务4.3.2：绘制智能小车灭火驱动电路PCB单层板：信号线宽度为20mil，电源线宽度为30mil，地线宽度为40mil。

4.3.5 学习活动小结

本部分内容主要介绍了手工设计PCB的步骤，以及加载元件库、放置元件、进行元件布局及用导线连接元件的方法，重点介绍了利用PCB生成向导规划PCB的方法。

学习任务小结

本部分主要介绍了PCB设计中设计对象、手工设计PCB单层板的一般步骤，重点介绍了放置PCB设计对象、规划PCB的方法和PCB布局与布线规则。

（1）PCB按导电层可分为PCB单层板、PCB双层板和PCB多层板；按基材可分为刚性PCB、挠性PCB和刚—挠性PCB。PCB的组成元素有焊盘、过孔、导线、板层、元件封装等。

（2）本部分重点讲述了PCB的布局规则和布线规则。

（3）对PCB板层的设置通常是结合【板层和颜色】对话框和【图层堆栈管理器】对话框的设置完成的。PCB单层板只有一个导电层（底层或顶层）；而PCB双层板有两个导电层（顶层和底层）；PCB多层板除具有顶层和底层外，至少还有一个信号层或内电层。

（4）元件封装是电路设计的根本。Protel系统提供了丰富的元件封装，应学会浏览、查看、添加元件库，并学会手工创建元件封装。

拓展学习

（1）对学习任务1拓展学习部分的电路进行仿真验证，用手工设计的方式设计这些电路的PCB单层板。

（2）尝试将中文环境切换为英文环境并完成本学习任务各设计任务。

（3）试用思维导图描绘本学习任务需要掌握的知识和技能。

思考与练习

（1）简述PCB的概念。
（2）简述元件封装的概念。
（3）PCB元件布局的规则是什么？
（4）简述PCB设计流程。
（5）PCB在电子设备中的主要作用是什么？
（6）焊盘和过孔有何区别？
（7）可视网格、捕获网格、元件网格和电气网格有何区别？
（8）绝对原点与相对原点有何不同？为什么要设置当前原点？

（9）简述 PCB 的各个板层的名称及其作用。
（10）如何用 PCB 生成向导规划 PCB？
（11）加载 PCB 元件库的方法有哪几种？
（12）PCB 的物理边界与电气边界有何区别？

实训题

实训题1. 设计如图 4-4-1 所示无稳态多谐振荡电路的 PCB 单层板。所需元件清单如表 4-4-1 所示。

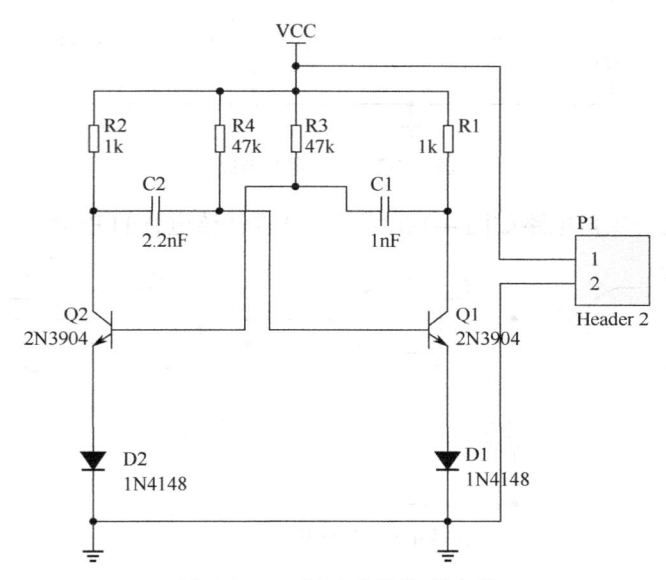

图 4-4-1 无稳态多谐振荡电路

表 4-4-1 无稳态多谐振荡电路元件清单

标 号	注释或参数值	封 装	元 件 名	集成元件库
C1、C2	1nF、2.2nF	CAPR2.54-5.1x3.2	Cap	Miscallaneous Devices.IntLib
D1、D2	IN4148、IN4148	DIO7.1-3.9x1.9	Diode 1N4148	Miscallaneous Devices.IntLib
P1		HDR1X2	Header 2	Miscallaneous Connectors.IntLib
Q1、Q2	2N3904、2N3904	BCY-W3/E4	2N3904	Miscallaneous Devices.IntLib
R1、R2	1kΩ、1kΩ	AXIAL-0.3	Res1	Miscallaneous Devices.IntLib
R3、R4	47kΩ、47kΩ	AXIAL-0.3	Res1	Miscallaneous Devices.IntLib

实训题 2. 将如图 4-4-2 所示的 555 定时电路设计成 PCB 单层板。

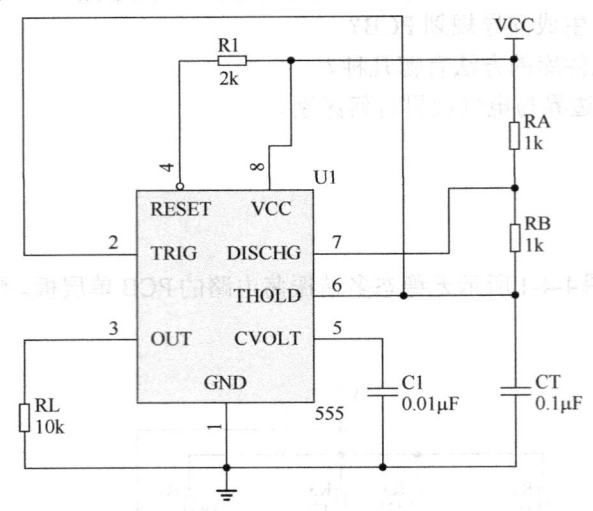

图 4-4-2　555 定时电路

实训题 3. 方波发生器电路如图 4-4-3 所示，试设计该电路的 PCB。

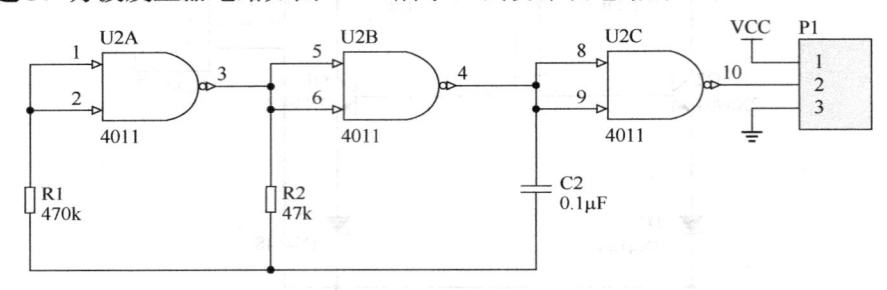

图 4-4-3　方波发生器电路

设计要求：

（1）使用 PCB 单层板，尺寸为 1000mil×1000mil。

（2）电源线及地线的导线宽度为 25mil。

（3）一般布线的导线宽度为 10mil。

（4）手工放置元件封装。

（5）手工布线。

（6）布线时应考虑只能单层布线。

学习任务 5　学习 PCB 自动布线技术
——设计循迹避障小车电路 PCB 双层板

　　PCB 自动布线技术是通过计算机软件自动将原理图中元件间的电气连接转换为 PCB 实际导线连接方案的技术。本部分以设计循迹避障小车电路 PCB 双层板为例，介绍利用 PCB 自动布线技术设计 PCB 的过程。

学习目标

- 会加载网络表和进行元件布局。
- 能设置设计规则与实施 PCB 自动布线。
- 能设计 PCB 双层板。

工作任务

　　设计如图 5-0-1 所示的循迹避障小车原理图对应的 PCB 双层板，元件参数如表 5-0-1 所示。

表 5-0-1　循迹避障小车元件参数

元件名称	规　格	元件标号	元件封装	数　量
单片机	STC15W201S	U1	DIP-16	1
电源	3V	BT1	BAT-2	1
电解电容	47ΩμF	C1	CRPPR1.5-4×5	1
可调电阻	10kΩ，1/4W	RT1～RT4	VR4	4
色环电阻	10kΩ，1/4W	R9～R12	AXIAL0.4	4
色环电阻	510kΩ，1/4W	R13～R16	AXIAL0.4	4
色环电阻	10kΩ，1W	R1，2	AXIAL0.4	2
色环电阻	1kΩ	R3～R8	AXIAL0.4	6
发光二极管	3mm 绿	DS3～DS10	PIN2	4
发光二极管	5mm 红	DS1，DS2	PIN2	2
红外二极管	3mm	DS3～DS6	PIN2	4
红外接收管	3mm 黑色	D1～D4	PIN2	4
电压比较器	LM339	U2	SOP14	1
电机驱动器	L9110S	U3，U4	SOP8	2
贴片电容	104	C2，C3	CC2012-0805	2
拨动开关	单刀双掷	S1	TL36WW15050	1
轻触开关	6×6	S2	DPST-4	1
排针	2.54mm 4P	J1	HDR1X4	1
排针插座	2.54mm 4P	J2	HDR1X4	1
扩展排针	2.54mm 8P	J3，J4	HDR1X8	2
万向轮螺丝	M5			1

图 5-0-1 循迹避障小车原理图

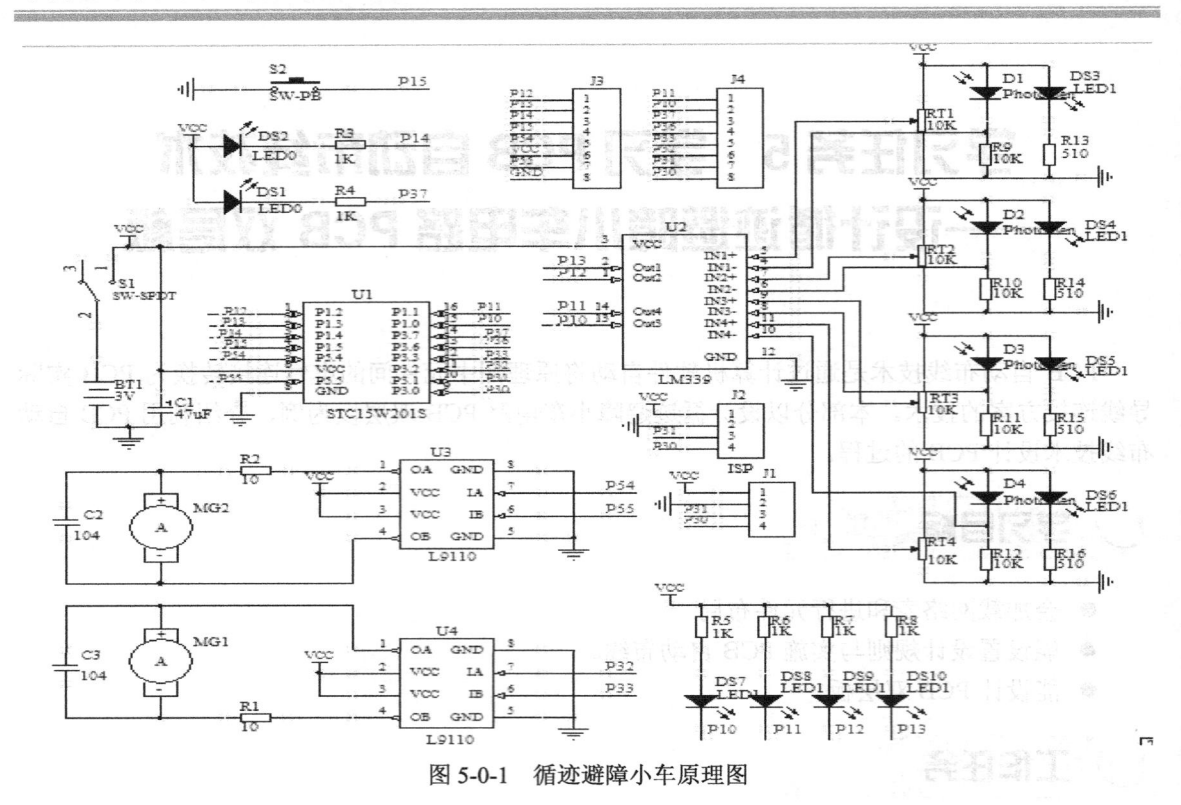

任务分析

学习任务 5 的学习过程分解为 2 个学习活动，每个学习活动是 1 个学习单元，需 2 学时。

学习重点：加载网络表，PCB 自动布局和手工调整，PCB 自动布线的布线规则设置及有关命令的使用。

学习难点：手工调整 PCB 布局。

设计要求如下：

（1）PCB 尺寸（宽×高）为 110mm×75mm。

（2）采用 PCB 双层板，安全间距为 10mil，电源线线宽为 35mil，地线线宽为 45mil，信号线线宽为 20mil，采用弧形转角；采用 PCB 单层板，安全间距为 10mil，电源线线宽为 20mil，地线线宽为 25mil，信号线线宽为 15mil，转角为 45°。

（3）放置定位孔，补泪滴，添加覆铜。

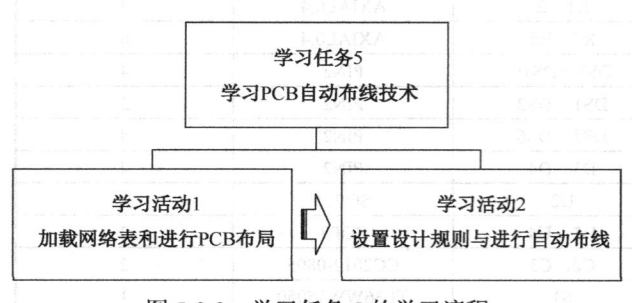

图 5-0-2 学习任务 5 的学习流程

每个学习活动分为课前线上 SPOC 课堂学习、课中多媒体、机房学习和课后学习三个阶段，如表 2-0-1 所示。

任务实施

5.1 学习活动1 加载网络表和进行 PCB 布局

本学习活动以设计循迹避障小车电路对应的 PCB 双层板为例，介绍利用 PCB 自动布局技术设计 PCB 并手工调整布局的过程。

5.1.1 学习目标

- 理解 PCB 设计流程。
- 能加载网络表，加载元件封装。
- 熟练掌握进行 PCB 布局的方法。

5.1.2 学习活动描述与分析

通过本部分内容的学习，学生应掌握 PCB 自动布线的实施步骤，熟练掌握加载网络表、加载元件封装、进行 PCB 自动布局和手工调整布局的操作方法和步骤。

本部分内容的学习**重点**是学会加载网络表和元件封装，并对元件进行自动布局操作；**难点**是手工调整 PCB 布局。布局时要遵循 PCB 布局规则，观看 SPOC 课堂上的教学视频，有助于掌握 PCB 布局的方法。

1. 学习引导问题

完成学习活动 1 的设计任务，须弄清楚以下问题：
（1）PCB 自动布线主要分为哪几个步骤？
（2）PCB 布局有哪些常用的操作？
（3）什么是定位孔？
需要掌握以下操作技能：
（1）加载网络表。
（2）对 PCB 元件进行自动布局和布局后的手工调整。

2. SPOC 课堂上的视频资源

（1）任务 5.1 加载网络表。
（2）任务 5.2 放置定位孔。
（3）任务 5.3 PCB 的布局操作。

5.1.3 相关知识

循迹避障小车的 PCB 如图 5-1-1 所示。

(a)正面　　　　　　　　　　　　　(b)反面

图 5-1-1　循迹避障小车的 PCB

5.1.4　学习活动实施

1. PCB 设计流程

采用 PCB 自动布线技术设计 PCB 的流程如图 5-1-2 所示，具体实施步骤如下。

（1）准备原理图。绘制原理图是进行 PCB 设计的前期工作。原理图设计完成后应确认元件的封装是否为所需的形式，并利用系统工具检查是否存在错误（对于特别简单的原理图也可跳过此步）。

（2）规划 PCB。在进行 PCB 设计之前，设计人员要对 PCB 有一个初步的规划。这个规划包括 PCB 的物理尺寸、各元件的封装形式及安装位置、采用几层的 PCB 等。这是一项极其重要的工作，用于确定 PCB 设计的框架，是决定最终 PCB 设计成败的关键因素之一。

（3）设置 PCB 参数。参数包括元件的布置参数、板层参数、布线参数等。一般说来，有些参数可用默认参数，有些参数在第一次设置后几乎不用再修改。

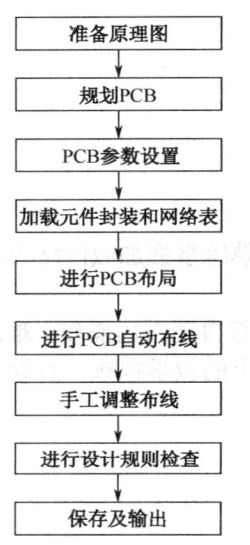

图 5-1-2　采用 PCB 自动布线技术设计 PCB

（4）加载网络表和元件封装。将所需的元件库正确地全部加载是很关键的一步，否则就不能正确加载网络表，设计时也无法找到所需的元件封装。完成此项工作不仅需要熟悉各种元件封装形式，而且要能熟练运用元件库。

网络表是 PCB 自动布线的灵魂，是原理图设计系统与 PCB 设计系统的接口。因此，加载网络表是一个非常重要的环节，只有正确加载网络表，才能保证 PCB 布线的顺利进行。

（5）进行 PCB 布局。Protel 有自动布局功能和手动布局功能。当加载网络表后，各元件封装也相应载入，并堆叠在一起，利用系统的自动布局功能可以将元件自动布置在 PCB 内。但绝大多数情况下，自动布局的结果不会使我们满意，需要我们手工加以调整，直到满意为止。

（6）进行 PCB 自动布线。Protel 采用了先进的 Situs 布线技术，只要合理设置有关参数和布局元件，PCB 自动布线的成功率几乎是 100%。

（7）手工调整布线。PCB 自动布线结束后，图面上还会存在许多令人不满意之处，需要手工加以调整，但这不是否定 Protel 的 PCB 自动布线功能。对于简单的 PCB 设计，我们可以全部采用手工布线，但对于复杂 PCB 来说，手工布线的难度就太大了。所以，在 PCB 设计中，常常采用 PCB 自动布线加手工调整的方式。

（8）进行设计规则检查（DRC）。PCB 布线完成后，还要进行 DRC 检查，并对存在的问题进行分析、修改。

（9）保存及输出。PCB 设计完成后，保存完成的 PCB 文档，还可以用图形输出设备（如打印机、绘图仪等）输出 PCB 文档。

2. 加载网络表和元件封装

加载网络表和元件封装之前，先要完成原理图设计、规划 PCB 和设置 PCB 参数等工作。下面以循迹避障小车为载体，简单介绍这几步操作。

1）准备原理图文件

（1）执行菜单命令【文件】→【创建】→【项目】→【PCB 项目】，创建 PCB 项目文件，命名为"循迹避障小车"并保存在 D 盘"循迹避障小车"文件夹中。

（2）绘制如图 5-0-1 所示原理图。

（3）进行电气规则检查。

（4）创建网络表。

（5）保存设计文件。

2）规划 PCB

PCB 尺寸为 110mm×75mm（宽×高）。使用 PCB 生成向导新建 PCB 文件和规划板框。

3）设置 PCB 参数

（1）设置 PCB 布局的网格。执行菜单命令【设计】→【PCB 板选择项】，在弹出的对话框中分别对捕获网格在 X 轴和 Y 轴方向上的间距进行设置，如图 5-1-3 所示。捕获网格间距的大小与 PCB 上元件排列的疏密程度有关，网格间距越小，元件排列越密集，捕获网格的尺寸设置以够用为度，这里采用默认值 20mil。

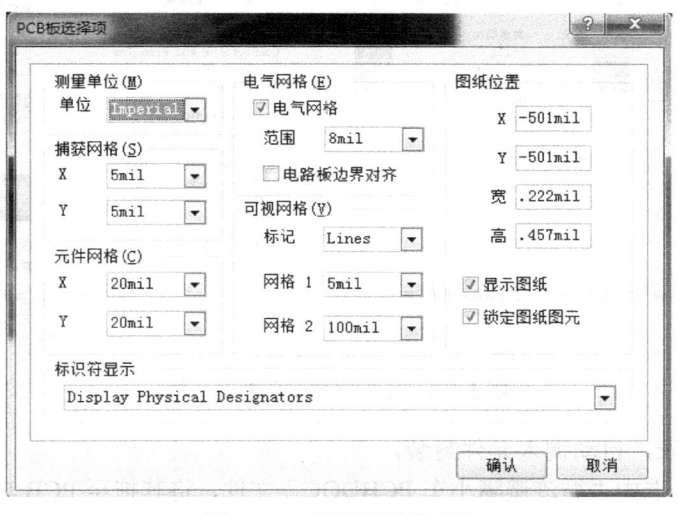

图 5-1-3 设置捕获的网格

（2）设置字符串显示临界值。在 PCB 设计中，缩小显示电路时，字符串经常会变为一个矩形轮廓，不易被识别，需要减小字符串显示临界值参数，以保证字符串以文本形式显示。

执行菜单命令【工具】→【优先设定】，弹出的对话框如图 5-1-4 所示，展开【Protel PCB】项，单击下面的【Display】，在右侧界面中，将【字符串像素】设为 4，单位为像素。

（3）选择板层。执行菜单命令【设计】→【PCB 板层颜色】，弹出【板层和颜色】对话框，按照图 5-1-5 所示选择板层,单击【确认】按钮。设置后的板层如图 5-1-6 所示。

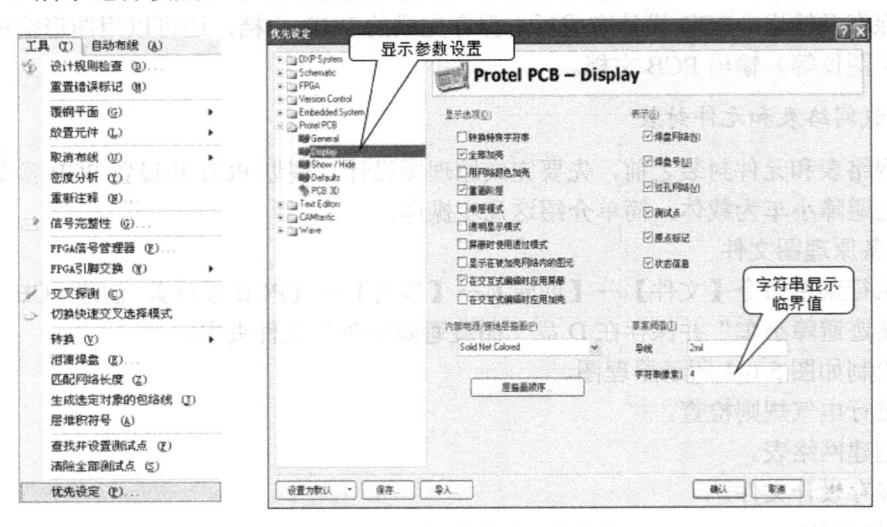

图 5-1-4 设置字符串显示临界值

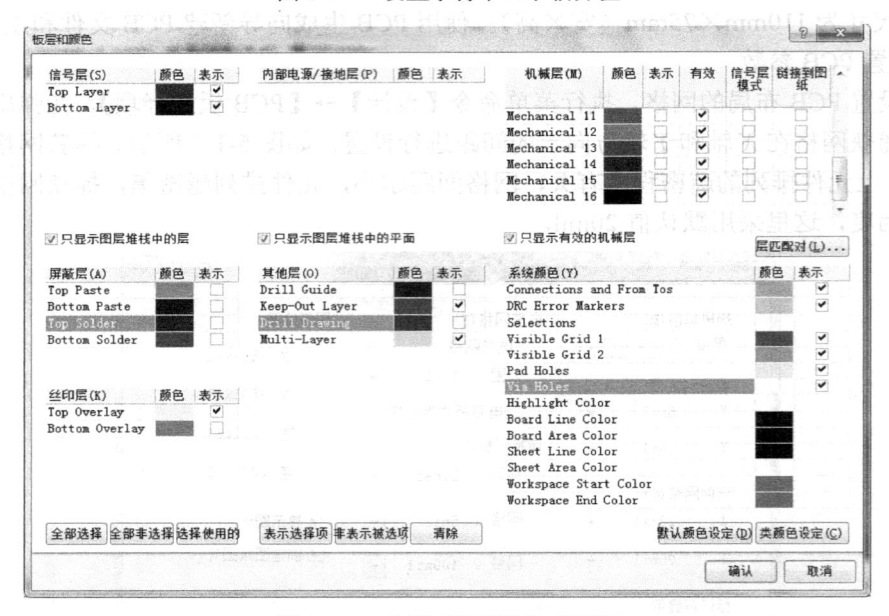

图 5-1-5 【板层和颜色】对话框

(4) 加载网络表,自动调入元件封装。

① 用左键单击选中"循迹避障小车.PCBDOC"文件,将其拖至 PCB 项目文件"循迹避障小车.PRJPCB"中,如图 5-1-7 所示。

② 执行菜单命令【设计】→【Import Changes From】,弹出【工程变化订单】对话框,如图 5-1-8 所示。

③ 单击【使变化生效】按钮,加载网络表,自动调入元件封装,检查并排除加载网络表时的错误,如图 5-1-9 所示,再单击【执行变化】按钮。

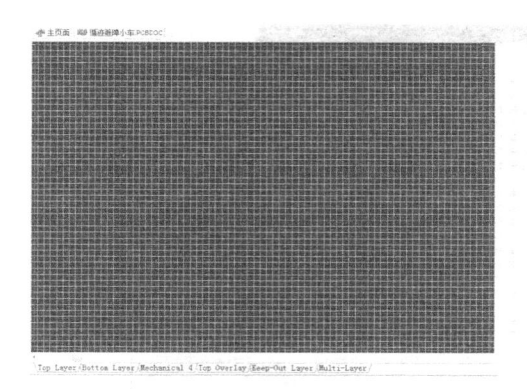

图 5-1-6　设置后的板层

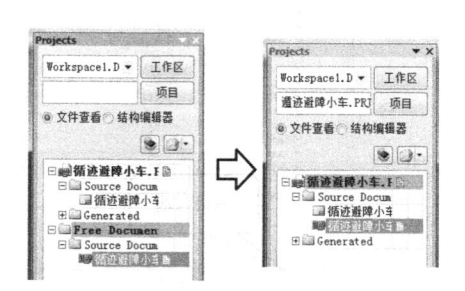

图 5-1-7　将 PCB 文件添加至 PCB 项目文件

图 5-1-8　【工程变化订单】对话框

图 5-1-9　检查调入封装错误

从图 5-1-9 中可以看出，标号为 U1、U2、U3、U4 的元件没有封装，所以要回到循迹避障小车原理图，分别打开 U1、U2、U3、U4 元件的属性对话框，为它们重新添加封装，重新生成网络表，重新加载网络表，确认无误后，取消勾选【Room 循迹避障小车】左边复选框，如图 5-1-10 所示。

• 179 •

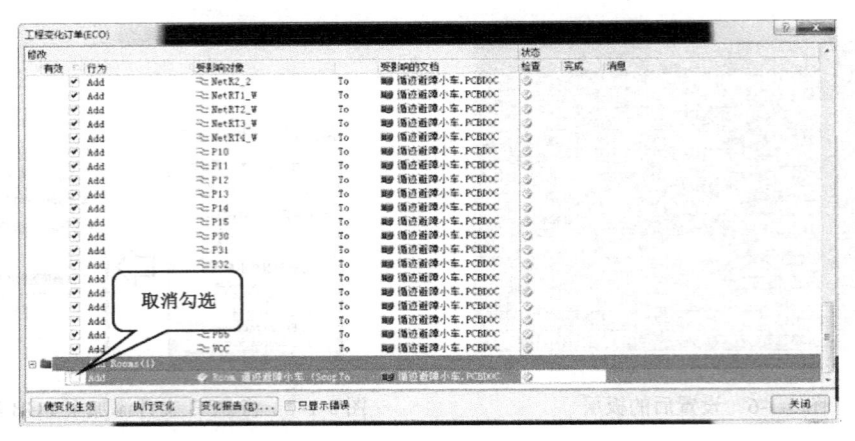

图 5-1-10　重新加载网络表

> 📖 **注意：**
>
> 在加载网络表时，RT1、RT2、RT3 和 RT4 元件引脚编号与封装引脚编号不一致，导致加载网络表后，这些元件没有网络连接，需要在原理图中修改其引脚编号，再重新加载网络表。具体操作可参看 SPOC 教学视频：加载网络表 2。

④ 单击【执行变化】按钮，单击【关闭】按钮，系统自动加载所有元件封装以及网络表。当正确加载网络表后，所有元件及其连接关系都会自动调入 PCB 编辑界面，如图 5-1-11 所示。

🔊 **提示**：观看 SPOC 课堂教学视频：加载网络表。

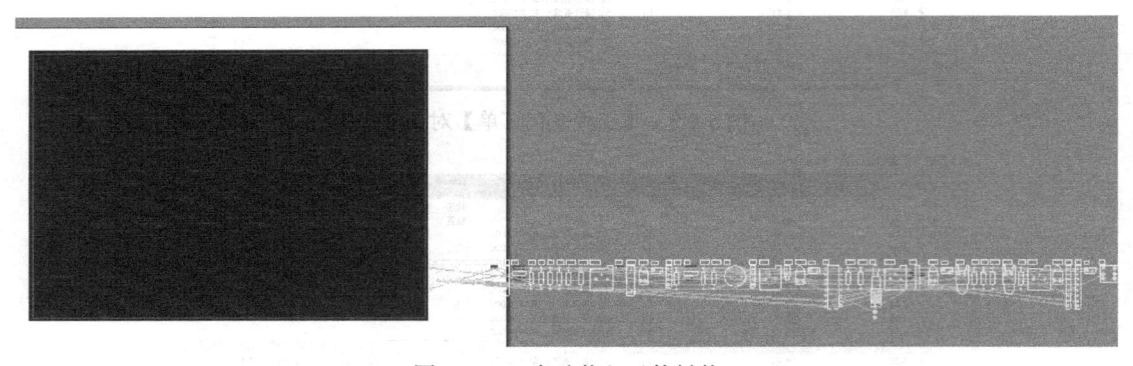

图 5-1-11　自动载入元件封装

设计任务 5.1.1：设计"循迹避障小车"原理图，用 PCB 生成向导规划 PCB，加载"循迹避障小车"原理图网络表。

3. PCB 布局

1）PCB 自动布局

执行菜单命令【工具】→【放置元件】→【自动布局】，弹出【自动布局】对话框，如图 5-1-12 所示。

选择【分组布局】，勾选【快速元件布局】，单击【确认】按钮，自动布局后的 PCB 如图 5-1-13 所示。

2）手工调整布局

（1）设置推挤深度。执行菜单命令【工具】→【放置元件】→【设定推挤深度】，在弹出的对话框中将推挤深度设置为20，如图5-1-14所示。

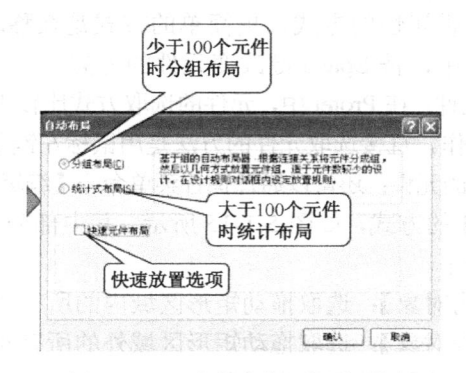

图 5-1-12 【自动布局】对话框

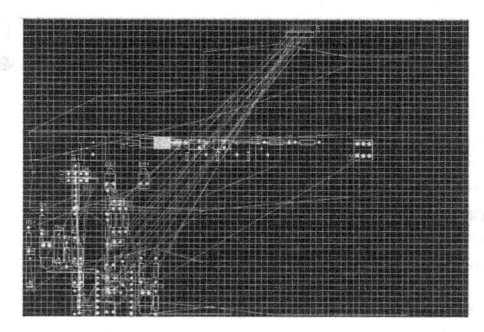

图 5-1-13 自动布局后的PCB

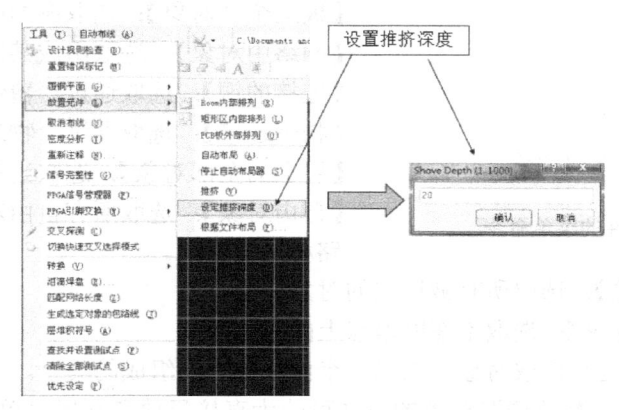

图 5-1-14 设置推挤深度

执行菜单命令【工具】→【放置元件】→【推挤】，用左键单击聚在一起的PCB元件符号，让其散开。

（2）手工调整。自动布局后的结果不太令人满意，还需要以手工形式重新调整元件的布局，使之在满足电气功能要求的同时，布局更加优化、美观。手工调整布局的过程包括元件的选取、移动、旋转等操作。这里我们参考图5-1-1并依据布局规则进行调整。

为便于PCB的制作和安装，在PCB的四个角各布置一个安装孔（过孔），称为定位孔。此步骤可以在自动布线前操作，放置操作如下：

① 执行菜单命令【放置】→【过孔】，光标变成十字形，并带着一个过孔。
② 按Tab键，编辑过孔属性，过孔外径取默认值，孔径为4mm。
③ 依次在每个角放一个过孔，并选择【锁定】选项锁定该过孔。
④ 将板层切换到禁止布线层，执行菜单命令【放置】→【圆】，增加过孔周边的禁布线。禁布线距过孔中心的距离应不小于安装螺母最大外径。
⑤ 放置万向轮螺丝安装过孔，孔径为5.5mm。

◆ 提示：观看SPOC课堂教学视频：放置过孔。

手工调整布局的操作如下：

① 位置、方向调整。对于PCB单层板来说，元件布置的位置和方向很重要，它决定了布线能否完全布通、路径是否短而且顺畅、飞线的多少等，并最终决定了这块板是否可以使用。

调整元件位置可执行菜单命令【编辑】→【移动】，也可以直接用鼠标拖动。改变元件方向可以采用编辑属性的方式，更简单的方式是在移动元件的过程中，按 Space 键改变元件的方向。

- 选取元件：在 Protel 中，元件的选取方式比较丰富，易于操作。直接选取元件的方法是用鼠标左键单击要选取的元件；还可以通过执行菜单命令【编辑】→【选择】的方式，如图 5-1-15 所示，其中部分选项含义如下。

【区域内对象】：选取拖动矩形区域内的所有对象。
【区域外对象】：选取拖动矩形区域外的所有对象。
【全部对象】：选取所有对象。
【板上全部对象】：选取图面中的所有对象。
【网络中对象】：选取组成某网络的对象。
【连接的铜】：选取通过"覆铜"连接的所有对象。
【物理连接】：选取通过"物理连接"连接的对象。
【层上的全部对象】：选取当前板层上的所有对象。
【自由对象】：选取所有自由对象，即不与任何电路相连的对象。

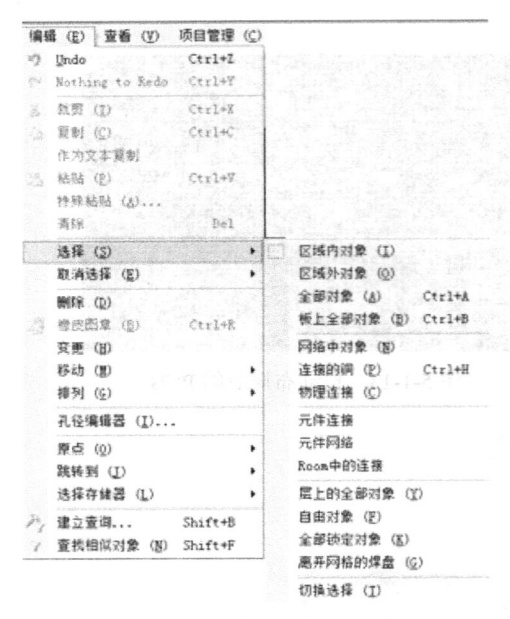

图 5-1-15 选取元件的菜单命令

【全部锁定对象】：选取所有被锁定的对象。
【离开网格的焊盘】：选取不在网格点上的对象。
【切换选择】：逐个选取对象，构成一个由选中对象组成的集合。

- 释放选取对象：释放选取对象的方法可分为直接释放和利用菜单命令释放。直接释放的方法是用鼠标左键单击页面空白处。利用菜单命令释放的方法是执行如图 5-1-16（a）所示【编辑】→【取消选择】级联菜单中的相关菜单命令。
- 移动元件：要移动元件时，可以拖动选中的元件到适当位置，也可通过执行菜单命令移动元件，如图 5-1-16（b）所示为【编辑】→【移动】级联菜单中的菜单命令。

【移动】：在选取了移动对象后，执行该命令，就可以拖动鼠标，移动对象到合适位置。
【拖动】：此命令与【移动】相比操作轻松一些，只需要单击需要移动的对象，其就会随光标移动，到合适位置单击左键，完成移动操作。
【元件】：与【拖动】命令操作方法相同，但此命令只能选择元件。
【重布导线】：此命令用于移动元件后重新布线。
【建立导线新端点】：用于截断某些布线。
【拖动导线端点】：用于选取导线的端点为基准移动对象。
【移动选择】：用于将选中的多个对象移到目标位置。

- 旋转元件：图 5-1-16 中菜单命令【编辑】→【移动】→【旋转选择对象】用于旋转已选取的对象，使用方法是：选取对象，然后执行菜单命令【编辑】→【移动】→【旋转选择对象】，弹出如图 5-1-17 所示对话框，输入要旋转的角度（逆时针为正），单击【OK】按钮，再单击鼠标左键确定旋转中心，完成旋转操作。

另一种间接操作方法是在拖动对象过程中按 Space 键，每按一次，对象逆时针旋转 90°。

(a)释放选取对象　　　　　(b)移动元件

图 5-1-16　释放选取对象及移动元件的菜单命令　　　　图 5-1-17　设置旋转角度

- 排列元件：为使布局后的 PCB 美观，就需要将元件排列整齐，将焊盘移到电气网格格点。排列元件可以使用元件位置调整工具（Align Tools），也可以执行菜单命令【编辑】→【排列】，其级联菜单命令如图 5-1-18 所示。

【排列】：选取该命令（相应工具栏按钮为 ），弹出如图 5-1-19 所示的对话框。在该对话框内，可以设置水平及垂直两个方向的对齐原则。

水平原则包括：无变化（不变）、左（左对齐）、中（中心对齐）、右（右对齐）、等距（间距相同）。

垂直原则包括：无变化（不变）、顶（顶部对齐）、中心（中心对齐）、底（底部对齐）、等距（间距相同）。

【定位元件文本位置】：选取该命令，弹出如图 5-1-20 所示的对话框，在此可设置元件序号及注释文字相对于元件的位置。

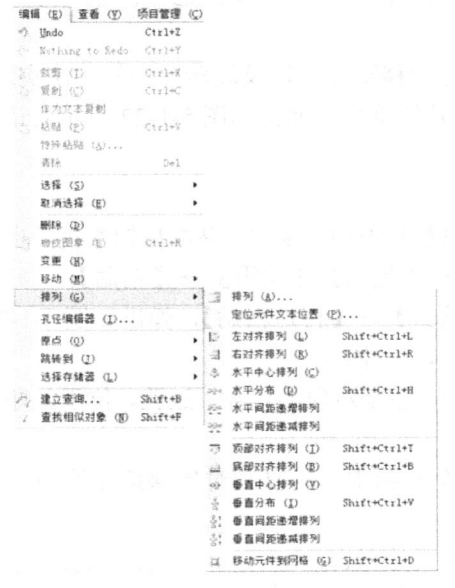

图 5-1-18　调整元件位置的菜单命令　　　　图 5-1-20　【元件文字位置】对话框

图 5-1-19　【排列对象】对话框

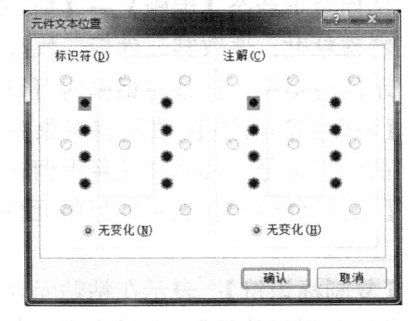

【左对齐排列】：将所有已选取元件按最左端元件对齐，相应工具栏按钮为 ⊫。
【右对齐排列】：将所有已选取元件按最右端元件对齐，相应工具栏按钮为 ⊣。
【水平中心排列】：将所有已选取元件按元件垂直中心线对齐，相应工具栏按钮为 ╬。
【水平分布】：以最左、最右两元件为端点，使所有已选取元件在水平方向上平均分布，相应工具栏按钮为 ᵔᴗᵔ。
【水平间距递增排列】：将所有已选取元件水平间距加大，相应工具栏按钮为 ⇄。
【水平间距递减排列】：将所有已选取元件水平间距减小，相应工具栏按钮为 ⇆。
【顶部对齐排列】：将所有已选取元件按最顶端元件对齐，相应工具栏按钮为 ⊤。
【底部对齐排列】：将所有已选取元件按最底端元件对齐，相应工具栏按钮为 ⊥。
【垂直中心排列】：将所有已选取元件按元件水平中心线对齐，相应工具栏按钮为 ╬。
【垂直分布】：以顶端、底端两元件为端点，使所有已选取元件在垂直方向上平均分布，相应工具栏按钮为 ᴗ。
【垂直间距递增排列】：将所有已选取元件垂直间距加大，相应工具栏按钮为 ⇅。
【垂直间距递减排列】：将所有已选取元件垂直间距减小，相应工具栏按钮为 ⇵。

【移动元件到网格】：将所有已选取元件移到离其最近的电气网格格点，相应工具栏按钮为 ▫。排列元件还可以执行菜单命令【工具】→【放置元件】。其级联菜单命令如图 5-1-21 所示。

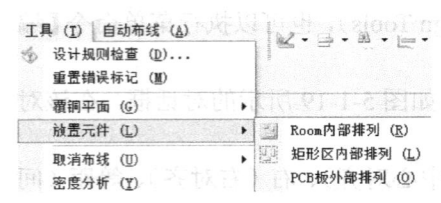

图 5-1-21 级联菜单命令

【Room 内部排列】：将所有已选取元件在定义空间内部排列，相应工具栏按钮为 ▣。

【矩形区内部排列】：将所有已选取元件排列在一个矩形区域内，相应工具栏按钮为 ▤。

【PCB 板外部排列】：将所有已选取元件排列在 PCB 板框外部。

● 调整元件标注：元件标注不影响电路的正确性，但为方便元件的安装调试，使 PCB 看起来更加整齐、美观，需要对元件标注加以调整。元件标注调整包括位置、方向的调整及标注内容、字体的调整。

元件标注位置、方向的调整：采用前面介绍过的移动元件以及旋转元件的方法实现。

调整标注内容、字体及其他属性：双击 PCB 元件符号，弹出如图 5-1-22 所示对话框，在其中可以修改标注内容、字体及其他属性。

● 剪切/复制元件。

简单剪切/复制：剪切/复制可以采用工具栏中提供的剪切/复制、粘贴按钮实现，也可以选用菜单命令【编辑】→【剪切】/【编辑】→【复制】、【编辑】→【粘贴】。

特殊粘贴：选取某元件后，执行菜单命令【编辑】→【特殊粘贴】，弹出如图 5-1-23 所示的对话框。在该对话框内可以设置粘贴方式，其中：

【粘贴到当前层】：表示将对象粘贴在当前板层。但是对象的焊盘、过孔、位于丝印层上的元件标号、形状和注释保留在原板层上。

【保持网络名】：表示如果将元件粘贴在同一个文档中，则复制对象保持相同电气网络连接。

【复制标识符】：表示在粘贴元件时保持原对象的序号。

【加入到元件类】：表示将原对象与复制对象归为同类。

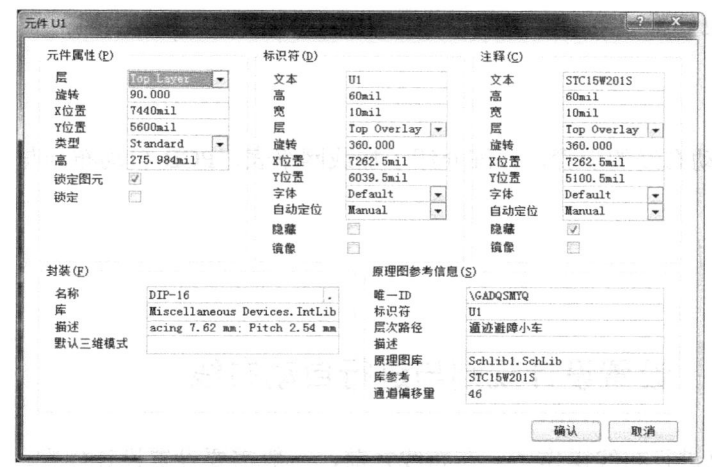

图 5-1-22　调整标注内容、字体及其他属性 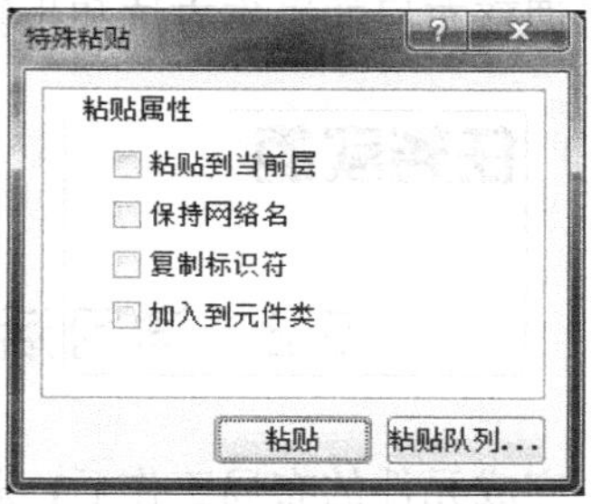　　　　图 5-1-23　【特殊粘贴】对话框

设置了粘贴方式后，单击【粘贴】按钮将对象粘贴到目标位置。

【特殊粘贴】对话框还提供了【粘贴队列】按钮，与【放置】工具栏中的 按钮作用相同，前文中已介绍。

- 删除元件：欲删除元件可以执行菜单命令【编辑】→【删除】，然后单击要删除的元件；也可先选取元件，再执行菜单命令【编辑】→【清除】；还可以直接选取要删除的元件，再按键盘上 Delete 键。

经过上述手工调整后，就可以遵循 PCB 布局规则及循迹避障小车的设计要求，根据原理图元件连接，按功能模块和信号传递方向进行布局，循迹避障小车 PCB 布局如图 5-1-24 所示。

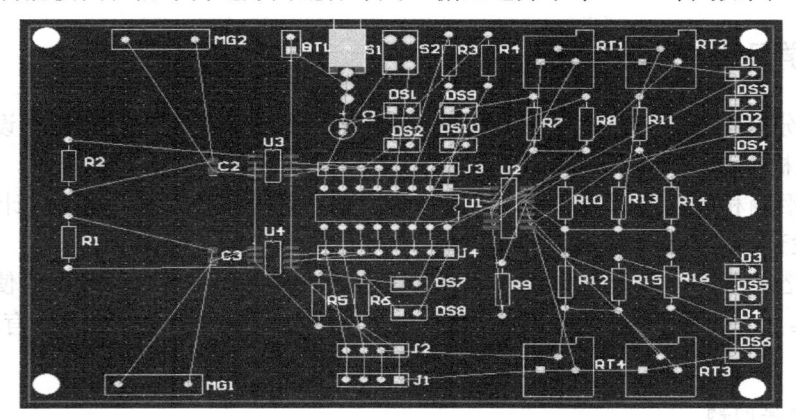

图 5-1-24　循迹避障小车 PCB 布局

🔊 提示：观看 SPOC 课堂教学视频：元件布局操作。

设计任务 5.1.2：对 PCB 编辑器上的"循迹避障小车"元件封装进行布局操作。

② 修改元件焊盘属性。利用菜单命令【编辑】→【查找相似对象】，或使用组合键 Shift+F，查找所有焊盘，单击【查询】面板上的按钮【Inspect】，将所有焊盘所在板层由复合层改为底层。

③ 调整 PCB 尺寸。在元件布局调整过程中，若发现 PCB 的尺寸不合适，可手工调整 PCB：执行菜单命令【设计】→【PCB 板形状】→【重新定义 PCB 板形状】，然后移动鼠标，重新画矩形框确定 PCB 尺寸。

按键盘 Q 键，可将系统度量单位切换成英制。

5.1.5 学习活动小结

本部分内容简要介绍了 PCB 自动布线的步骤，详细介绍了加载网络表、PCB 自动布局与手工调整布局的操作方法和步骤。

任务实施

5.2 学习活动 2 设置设计规则与进行自动布线

完成元件的布局工作后，就可以进行布线操作了。在布线之前，一般需要设置设计规则，设计规则设置得是否合理将直接影响布线的质量和成功率。本部分内容以循迹避障小车为例，介绍如何设置设计规则与进行自动布线。

5.2.1 学习目标

- 理解和掌握设置设计规则的方法。
- 理解和掌握补泪滴和放置覆铜的操作方法及其意义。
- 能进行自动布线和手工调整布线。
- 能检查 PCB 的设计错误。
- 能查看设计的三维 PCB。

5.2.2 学习活动描述与分析

通过本部分内容的学习，学生应能理解和掌握设置设计规则的方法，懂得设置 PCB 单层板、PCB 双层板设计规则的不同之处，能对布局好的 PCB 元件进行自动布线，并能手工调整布线；懂得补泪滴和放置覆铜的意义，掌握补泪滴和放置覆铜的方法；能用设计规则检查功能对 PCB 进行检查，能查看设计的三维 PCB。

本部分内容的学习**重点**是掌握设计规则的设置方法及自动布线有关命令的使用；**难点**是设计规则的设置。布线时要遵循 PCB 布线规则，观看 SPOC 课堂上的教学视频，有助于掌握 PCB 布线的方法。

1. 学习引导问题

完成学习活动 2 的设计任务，须弄清楚以下问题：

（1）什么是自动布线？

（2）什么是泪滴？什么是覆铜？补泪滴和放置覆铜有何意义？

（3）设置设计规则有何意义？PCB 双层板设计需要设置哪些设计规则？PCB 双层板的设计规则设置与 PCB 单层板有何不同？

（4）PCB 双层板的自动布线参数设置与 PCB 单层板有何不同？

（5）自动布线后为什么要手工调整布线？

需要掌握以下操作技能：
（1）设置布线的安全间距规则。
（2）设置布线宽度和规则的优先级。
（3）设置布线拐弯规则。
（4）设置布线的板层规则。
（5）设置元件放置的板层规则。
（6）设置 PCB 双层板的自动布线参数。
（7）对布局好的 PCB 元件进行自动布线，并手工调整布线。
（8）执行设计规则检查并纠正错误。
（9）调整元件标注；补泪滴；查看设计的三维 PCB。

2. SPOC 课堂上的视频资源

（1）任务 5.4 设置设计规则。
（2）任务 5.5 PCB 单层板、PCB 双层板的自动布线。
（3）任务 5.6 补泪滴。
（4）任务 5.7 添加覆铜。

5.2.3 相关知识

1. 自动布线

自动布线是指系统根据设计者设定的布线规则，依照网络表中各个元件之间的连接关系，按照一定的算法自动地在各个元件之间进行布线。Protel 的自动布线功能能够自动地分析当前的 PCB 文件，并选择布线方式，但对于自动布线不合理的地方，仍需要手工调整布线。

2. 放置覆铜

放置覆铜就是在 PCB 上放置一层铜膜（覆铜），一般情况下，覆铜是与地线相连的。在高频电路中，通常使用大面积覆铜进行屏蔽和散热，增强电路的抗干扰能力。初学者设计 PCB 时，常犯的一个错误是大面积覆铜上没有开窗口，PCB 无法排出基板与覆铜间的黏合剂在浸焊或长时间受热时产生的挥发性气体，热量不易散发，导致覆铜膨胀、脱落，因此在使用大面积覆铜时，应将其开窗口或设计成网状。

3. 补泪滴

为了增加 PCB 的导线与焊盘（或过孔）连接的牢固性，避免因钻孔而导致断线，需要将导线与焊盘（或过孔）连接处的导线宽度逐渐加宽，形状就像一个泪滴，这样的操作称为补泪滴。补泪滴时要求焊盘直径要比导线宽度大。

5.2.4 学习活动实施

1. 设置设计规则

在布线之前需要进行设计规则的设置。合理设置设计规则是提高布线质量和成功率的关键。执行菜单命令【设计】→【规则】，系统将弹出如图 5-2-1 所示的【PCB 规则和约束编辑器】对话框。

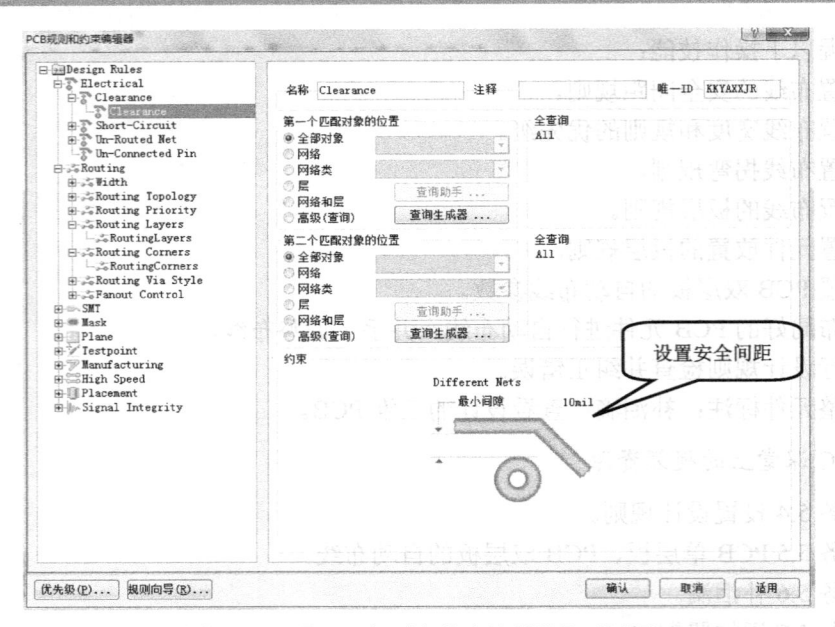

图 5-2-1　【PCB 规则和约束编辑器】对话框

Protel 设计规则可以分为电气规则、布线规则、表面规则、阻焊层与助焊层规则、电源层规则、测试点规则、制造规则、高速电路布线规则、元件布置规则以及信号完整性规则，下面我们将重点介绍部分常用的规则。

1）电气规则——布线的安全间距

此规则用于设置铜膜导线与其他对象间的最小间距。展开【PCB 规则和约束编辑器】对话框中的【Electrical】目录，单击【Clearance】选项，在对话框右边的区域中可选择 Clearance 规则适用的范围，在【最小间隙】栏中可设置铜膜导线与其他对象间的最小间距。系统默认设置整个 PCB 的此项指标为 10mil。这里采用默认设置。

2）布线规则

展开【Routing】目录，部分选项作用如下。

（1）布线宽度：用于设置铜膜导线的宽度范围、推荐的布线宽度以及适用的范围。这是在 PCB 设计中普遍需要设置的一项规则。添加设计规则的方法是用鼠标右键单击【Width】选项，在如图 5-2-2 所示的菜单中单击【新建规则】选项，生成一个新的规则，然后对其名称、适用范围等进行修改，

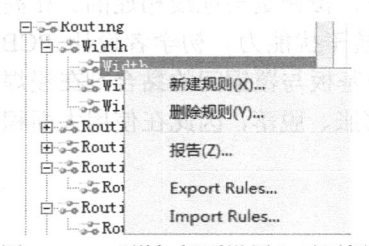

图 5-2-2　"增加规则设置"对话框

如图 5-2-3 所示，我们增加了电源线宽度约束 VCC，适用范围为 VCC 网络，宽度范围为 10~100mil，推荐宽度为 30mil。

设置完成后，在左侧规则树中任意位置单击左键，就可以看到【Width】条目下多了一项 VCC 规则。用同样的方法可以增加多项宽度规则。

以同样方法设置地线宽度为 40mil，其他信号线宽度为 20mil，如图 5-2-4、图 5-2-5 所示。

（2）布线优先级（Routing Priority）：用于设置各个网络或板层的优先布线顺序级别，即布线的先后顺序。Protel 提供了 100 个优先级，数字 1 优先级最高，数字 100 优先级最低。

单击【PCB 规则和约束编辑器】对话框左下角【优先级】按钮，弹出【编辑规则优先级】对话框，如图 5-2-6 所示。

模块 2　PCB 设计

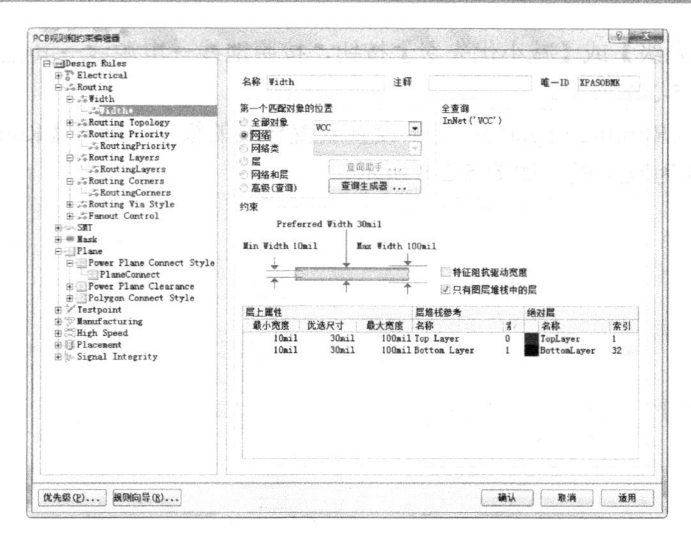

图 5-2-3　设置电源线宽度

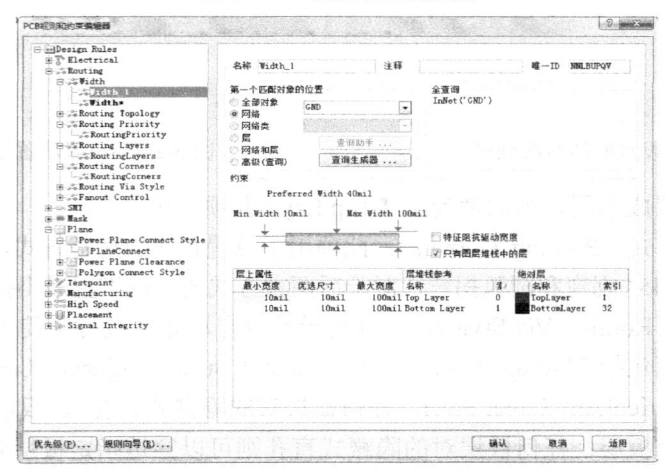

图 5-2-4　设置地线宽度

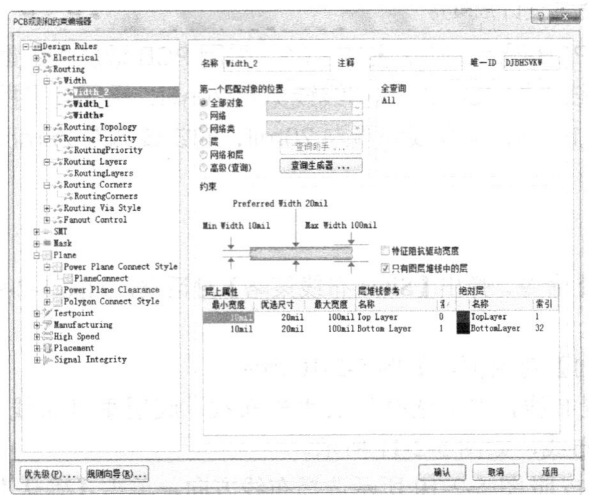

图 5-2-5　设置其他信号线宽度

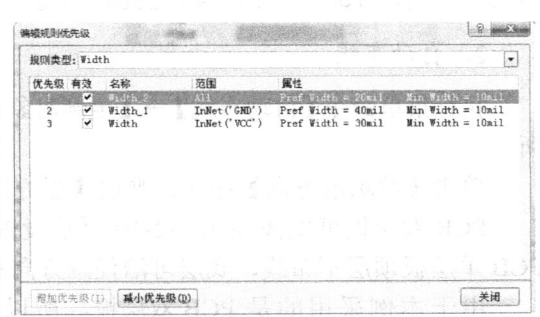

图 5-2-6　【编辑规则优先级】对话框

单击【增加优先级】或【减小优先级】按钮，按照地线→电源线→其他信号线的顺序调整布线的顺序，如图 5-2-7 所示。

（3）布线板层（Routing Layers）：用于设置放置导线的板层。展开【Routing Layers】选项，系统默认设置 PCB 为双层板，如图 5-2-8 所示。

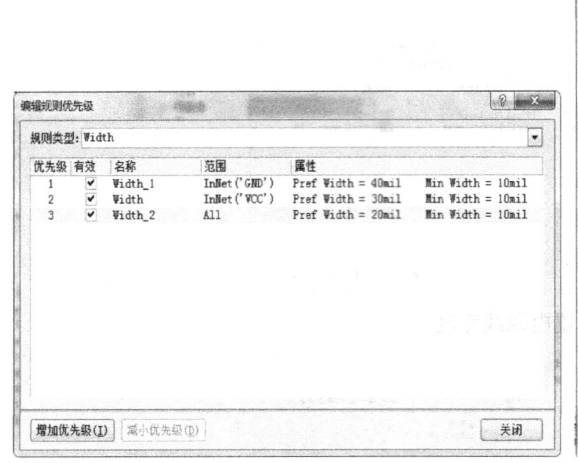

图 5-2-7　设置好的布线顺序　　　　　图 5-2-8　设置放置导线的板层

倘若将板层设置成单层，则取消勾选【Top Layer】项即可。

（4）布线拐弯方式（Routing Corners）：此项用于设置布线的拐弯方式。系统提供了三种拐弯方式：90°拐弯、45°拐弯和圆弧拐弯，对于后两种方式还可以设置最小拐弯尺寸。

（5）过孔类型（Routing Via Style）：此项用于设置自动布线过程中使用的过孔大小及适用范围。通常过孔类型包括 Through Hole（通孔）、Blind Buried[Adjacent Layer]（板层附近隐藏式盲孔）和 Blind Buried[Any Layer Pair]（任何板层对的隐藏式盲孔）。板层附近隐藏式盲孔指的是只穿透相邻两个板层；任何板层对的隐藏式盲孔则可以穿透指定板层对之间的任何板层。本实例中选择 Through Hole。

提示：观看 SPOC 课堂教学视频：设置设计规则。

设计任务 5.2.1：设置"循迹避障小车"PCB 设计规则，要求：（1）采用 PCB 双层板，最小间距为 10mil，电源线线宽为 35mil，地线线宽为 45mil，信号线线宽为 20mil，采用弧形拐弯方式。（2）采用 PCB 单层板，最小间距为 10mil，电源线线宽为 20mil，地线线宽为 25mil，信号线线宽为 15mil，采用 45°拐弯方式。

2. 自动布线

执行菜单命令【自动布线】→【全部对象】命令，弹出【Situs 布线策略】对话框，如图 5-2-9 所示。

单击【编辑层方向】按钮，弹出【层方向】对话框，如图 5-2-10 所示。

PCB 双层板可以按照图 5-2-10 所示设置布线，也可选择顶层水平布线、底层垂直布线。PCB 单层板顶层不布线，底层可沿任意方向布线，如图 5-2-11 所示。

由于本例采用的是 PCB 双层板，所以按照图 5-2-10 所示选择布线方向，单击【确认】按钮。单击【Route All】按钮，系统开始自动布线，屏幕不断变化，显示自动布线的过程。布线完成后，系统给出自动布线的布通率、所有连接数、未布线数、布线所花时间等信息，如图 5-2-12 所示，自动布线后的循迹避障小车 PCB 双层板如图 5-2-13 所示。

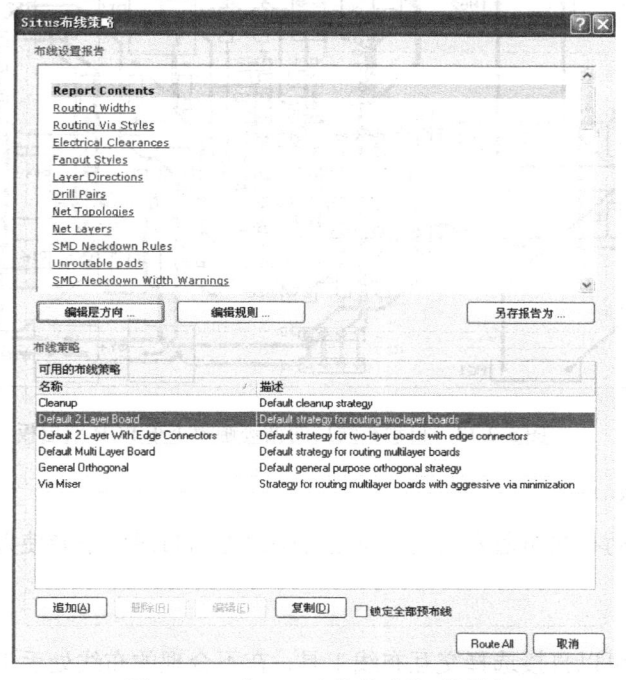

图 5-2-9 【Situs 布线策略】对话框

图 5-2-10 【层方向】对话框   图 5-2-11 选择 PCB 单层板布线

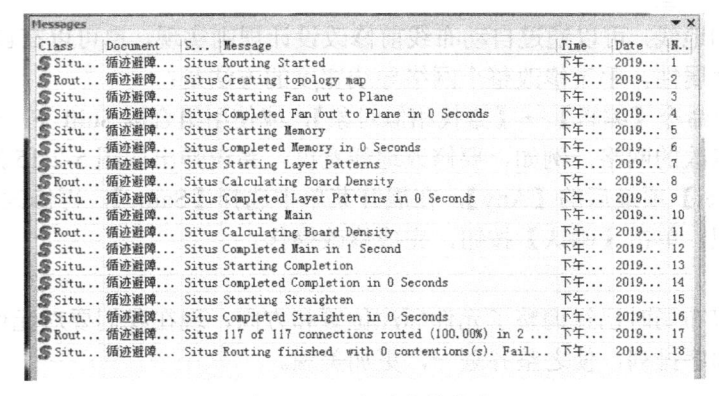

图 5-2-12 自动布线信息

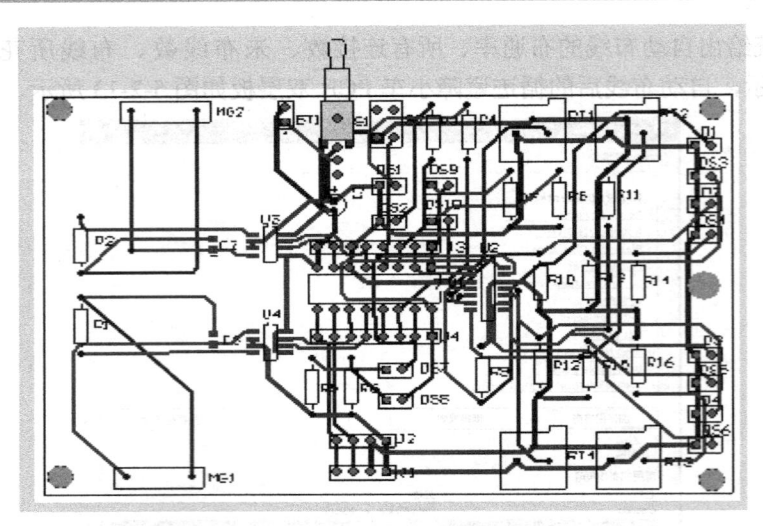

图 5-2-13　自动布线后的循迹避障小车 PCB 双层板

3. 手工调整布线

虽然 Protel 的自动布线布通率很高，但是有些地方的布线仍不能使人满意，需要进行手工调整。

1）调整布线

简单调整布线，可以直接选择交互布线工具，在不合理的布线处手工布线，系统将自动删除原布线。

对于布线较复杂的 PCB，调整布线时常借助系统提供的拆线工具拆除某条或某些导线，再进行局部自动布线或手工布线。

如图 5-2-14 所示为系统提供的【工具】→【取消布线】级联菜单，部分选项功能如下。

【全部对象】：拆除 PCB 所有导线。
【网络】：拆除选定网络的所有导线。
【连接】：拆除选定的一条导线。
【元件】：拆除与该元件直接相连的导线。

2）加宽电源线和地线

为提高 PCB 的抗干扰能力，提高系统的可靠性，通常希望电源线、地线及一些流过较大电流的导线相对宽一些。

加宽电源线和地线，可以通过自动布线前修改设计规则实现，也可以在自动布线完成后手工修改导线的宽度属性。手工修改整个网络导线宽度的方法是：

（1）执行菜单命令【编辑】→【查找相似对象】，或使用组合键 Shift+F，光标变为十字形。

（2）单击要修改的网络，例如，要修改地线宽度，系统弹出如图 5-2-15 所示对话框。

（3）单击【Net】项最后的【Any】，在展开菜单中选择【Same】，再修改宽度值为 50mil，单击【适用】按钮，单击【确认】按钮，完成修改操作。

3）调整标注

前面手工调整布局时已经调整了元件标注位置和方向，现在我们要对元件序号进行调整。目的是使序号按顺序排列，使之整齐划一，更加美观。

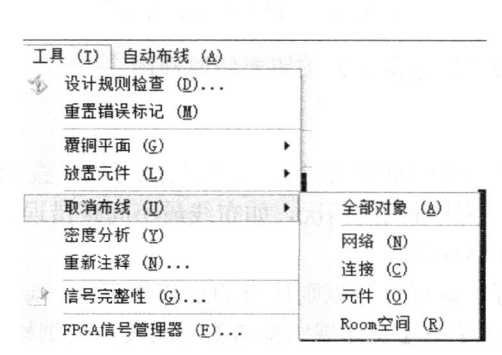

图 5-2-14　拆除布线所用的级联菜单

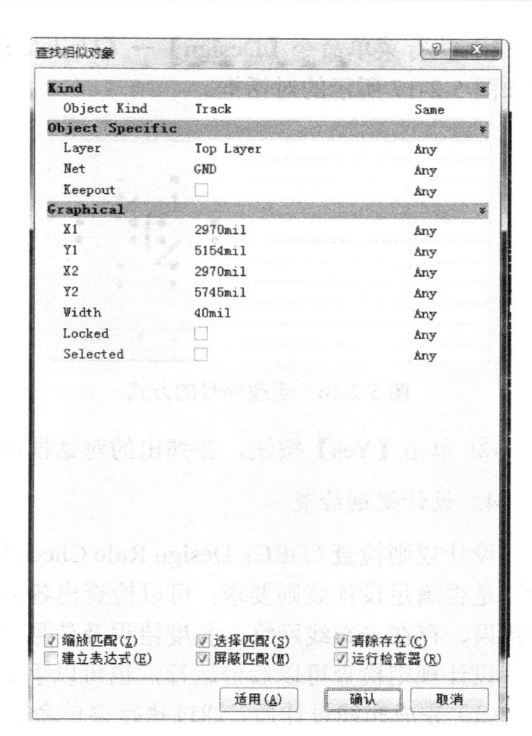

图 5-2-15　加宽地线

（1）元件标注调整原则：
- 尽量靠近元件，以指示元件的位置。
- 排列整齐，文字方向一致。
- 标注不要放在元件的下面或焊盘和过孔的上面。
- 标注大小要合适。

元件标注的调整采用移动和旋转的方式进行，与对元件的操作相似；修改标注内容可直接双击该标注文字，在弹出的对话框中进行修改（手工调整）。

（2）自动更新标注：执行菜单命令【工具】→【重新注释】，系统弹出如图 5-2-16 所示对话框。

在该对话框中，提供了五种更新序号的方式：

① By Ascending X Then Ascending Y：先按 X 轴方向从左到右，再按 Y 轴方向从下到上排列序号。

② By Ascending X Then Descending Y：先按 X 轴方向从左到右，再按 Y 轴方向从上到下排列序号。

③ By Ascending Y Then Ascending X：先按 Y 轴方向从下到上，再按 X 轴方向从左到右排列序号。

④ By Descending Y Then Ascending X：先按 Y 轴方向从上到下，再按 X 轴方向从左到右排列序号。

⑤ Name from Position：根据坐标位置排列序号。

（3）更新原理图。更新序号后，为保持原理图与 PCB 一致，需要更新原理图。更新原理图的方法为：

① 执行菜单命令【Design】→【Update Schematics in（循迹避障小车.PRJPCB）】，系统弹出如图 5-2-17 所示的对话框。

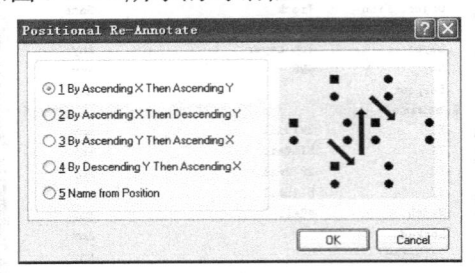

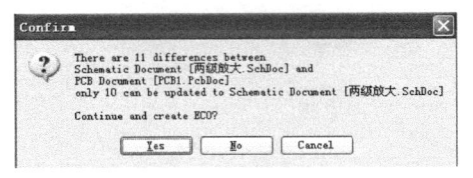

图 5-2-16　更改序号的方式　　　　　　图 5-2-17　【Confirm】对话框

② 单击【Yes】按钮，在弹出的对话框中单击【执行变化】按钮更新原理图。

4. 设计规则检查

设计规则检查（DRC：Design Rule Check）是 Protel 的重要功能之一。该功能可以检查 PCB 设计是否满足设计规则要求；可以检查出各种违反布线规则的情况，如布线最小间距错误、宽度错误、存在未布线网络、长度错误及信号完整性错误等。

设计规则检查可以后台运行，也可以手工运行，进行设计规则检查的步骤如下：

（1）完成布线设计后，通过执行菜单命令【工具】→【设计规则检查】启动设计规则检查，系统弹出如图 5-2-18 所示的对话框，在此对话框内可以设定生成报告选项（Report Options），包括：【建立报告文件】、【建立违规】、【子网络细节】和【内部平面警告】等。

（2）单击【运行设计规则检查】按钮，如图 5-2-19 所示，在对话框右侧显示了所有已设置的设计规则。如要对某项规则进行在线检查，则勾选其后的【在线】选项；如要对某些规则进行批量检查，则勾选其后的【批处理】选项。

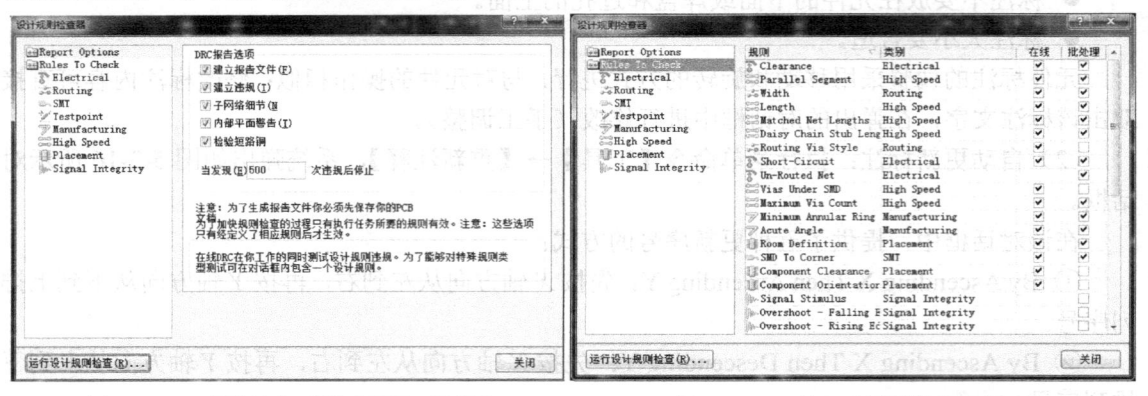

图 5-2-18　【设计规则检查器】对话框　　　　　图 5-2-19　所有已设置的设计规则

（3）再次单击【运行设计规则检查】按钮，开始检查。检查结束后，系统自动生成一个后缀为.DRC 的检查报表文件，并将错误信息列于其中。

以循迹避障小车电路 PCB 为例，对该 PCB 进行设计规则检查。执行设计规则检查后生成的 Layer.DRC 检查报表文件如图 5-2-20 所示。

检查错误也可查看 DRC 报告，如图 5-2-21 所示，在报告中显示违反规则的内容和数量。

图 5-2-20 Layer.DRC 检查报表文件

图 5-2-21 DRC 报告

对于违反规则的对象，系统予以高亮显示，如图 5-2-22 所示。

DRC 报告显示有 5 个对象违反了孔径尺寸规则，由于这 5 个对象是定位孔和万向轮开孔，实际上并没有错误。另外还有一个错误，即开关 S1 元件封装的填充造成了短路。对此，我们在 PCB 元件库里修改开关 S1 的封装（修改方法将在后文中介绍），然后用修改过的封装更新 PCB，再执行设计规则检查，可以发现此项错误消失。

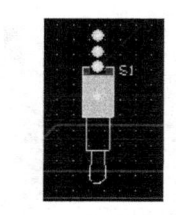

图 5-2-22 违反规则的对象

说明：生成检查报表文件后，设计人员需要对报表中的错误信息进行分析，但并不是所有的错误都需要修改。

5. 查看 3D 效果图

执行菜单命令【查看】→【显示三维 PCB 板】，可以看到调整完工后，循迹避障小车电路的 3D 效果图，如图 5-2-23 所示。

◆ 提示：观看 SPOC 课堂教学视频：PCB 单层板、双层板自动布线。

设计任务 5.2.2："循迹避障小车"PCB 单层板、双层板自动布线。

6. 补泪滴操作

要进行补泪滴操作，可以选中所需焊盘或过孔，也可选中导线或网络，执行菜单命令【工具】→【泪滴焊盘】，弹出如图 5-2-24 所示【泪滴选项】对话框。

● 【一般】区域：用于设置补泪滴的范围及是否创建报告。
● 【行为】区域：用于设置是添加泪滴还是删除泪滴。
● 【泪滴方式】区域：用于设置补泪滴的方式。

这里采用默认设置，直接单击【确认】按钮。

◆ 提示：观看 SPOC 课堂教学视频：补泪滴操作。

7. 放置覆铜

对于高频电路，为了提高 PCB 的抗干扰性能和散热，需要放置覆铜。放置覆铜的方法在前文中已介绍。由于循迹避障小车电路不是高频电路，所以不需要放置覆铜。

对于任何一个原理图，由不同的人设计时，元件的布局和布线的结果都不会完全相同。

📢 提示：观看 SPOC 课堂教学视频：放置覆铜。

设计任务 5.2.3：对设计的"循迹避障小车"PCB 进行补泪滴操作。

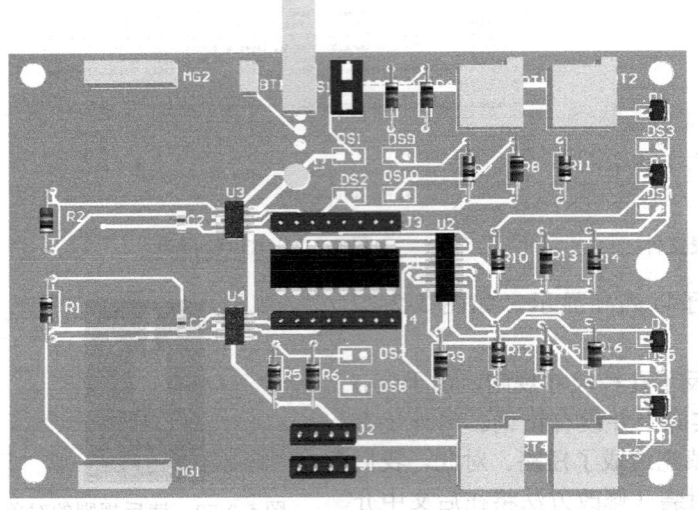

图 5-2-23　循迹避障小车电路的 3D 效果图　　　图 5-2-24　【泪滴选项】对话框

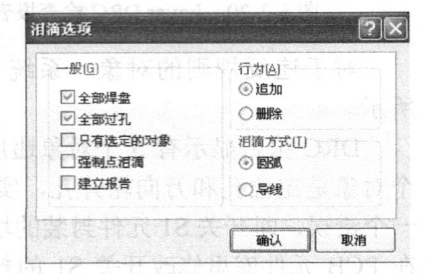

5.2.5　学习活动小结

本部分内容主要介绍了 PCB 自动布线技术的设计规则设置、自动布线、手工调整布线、PCB 设计规则检查、调整标注文字、补泪滴等的方法和步骤。

🔔 学习任务小结

本部分通过一个实例，详细介绍了 PCB 自动布线技术及有关设计技巧。

（1）PCB 自动布线一般包含以下几个步骤：绘制原理图、生成网络表、规划 PCB、加载 PCB 元件库、加载网络表、进行元件布局、设置设计规则、进行自动布线、手工调整布线、进行设计规则检查、调整标注文字、生成和输出相关报表等。

（2）网络表是 PCB 设计的灵魂，承载着元件的封装及其连接关系。

（3）在普通 PCB 设计中，常用到的设计规则设置包括导线宽度设置和最小间距设置，对于 PCB 单层板还涉及板层设置。

（4）Protel 系统提供了强大的自动布线功能，但手工调整依然是很必要的。手工调整应使用交互布线工具，而不该使用画直线工具，原因是画直线工具产生的线条不具备电气连接属性。

（5）进行设计规则检查（DRC）后可以生成检查报表文件。在 PCB 编辑器内可以通过【Messages】（信息）窗口或【Navigator】（导航）面板查看出错情况。对错误信息应仔细进行分析、修改。

拓展学习

（1）对学习任务 2 中拓展学习部分设计的电路进行仿真验证，用自动布线的方式设计电路的 PCB 双层板。

（2）尝试将中文环境切换为英文环境并完成本学习任务各设计任务。

（3）试用思维导图描绘本学习任务需要掌握的知识和技能。

思考与练习

（1）Protel 提供的自动布局方式有几种？分别适用于什么场合？
（2）如何修改 PCB 尺寸？
（3）如何切换度量单位？
（4）简述进行 PCB 自动布线的一般步骤。
（5）简述自动布线规则。
（6）为何要进行补泪滴操作？
（7）为何要添加覆铜？
（8）为何要放置定位孔？

实训题

实训题 1. 设计如图 5-3-1 所示无线话筒电路的 PCB 双层板，电路元件参数如表 5-3-1 所示。

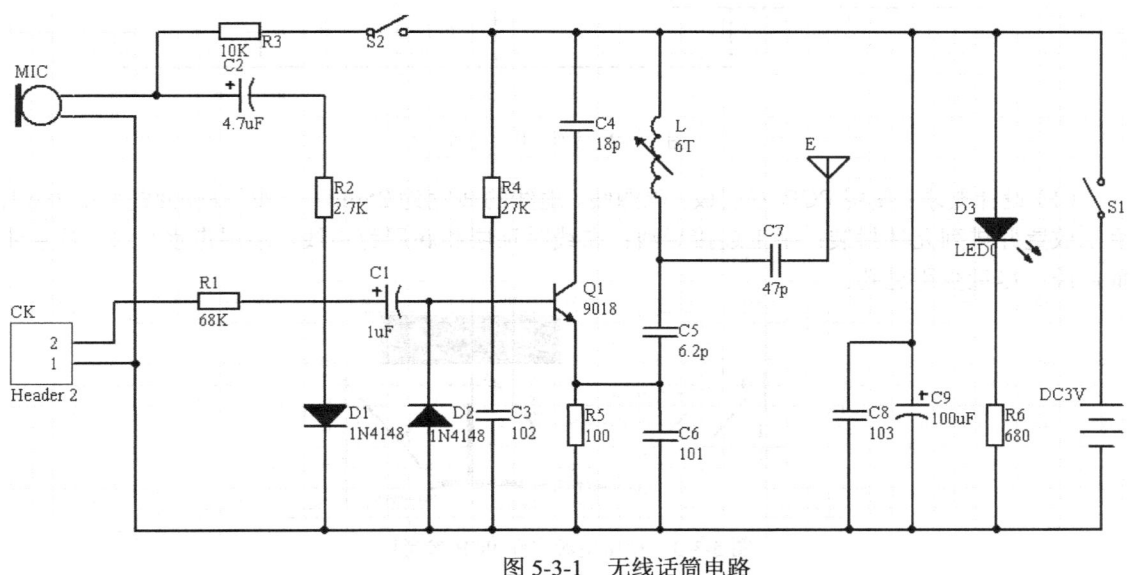

图 5-3-1　无线话筒电路

表 5-3-1 无线话筒电路元件参数

序　号	注释或参数值	封　装	元件名	集成元件库
MIC	MIC	PIN2	Mic2	Miscallaneous Devices.IntLib
BT	DC3V	BAT-2	Battery	Miscallaneous Devices.IntLib
C1、C2、C9	1μF、4.7μF、100μF	RB7.6-15	Cap Pol1	Miscallaneous Devices.IntLib
C3、C4、C5	102F、18pF、6.2pF	CAPR2.54-5.1x3.2	Cap	Miscallaneous Devices.IntLib
C6、C7、C8	101F、47pF、103pF	CAPR2.54-5.1x3.2	Cap	Miscallaneous Devices.IntLib
CK		HDR1X2	Header 2	Miscallaneous Connectors.IntLib
D1、D2		DIO7.1-3.9x1.9	Diode 1N4148	Miscallaneous Devices.IntLib
D3	LED	LED-0	LED0	Miscallaneous Devices.IntLib
E	天线	PIN1	Antenna	Miscallaneous Devices.IntLib
L	6T	AXIAL-0.8	Inductor Adj	Miscallaneous Devices.IntLib
Q	9018	BCY-W3/E4	2N3904	Miscallaneous Devices.IntLib
R1、R2、R3	68kΩ、2.7kΩ、10kΩ	AXIAL-0.4	Res2	Miscallaneous Devices.IntLib
R4、R5、R6	68kΩ、100Ω、680Ω	AXIAL-0.4	Res2	Miscallaneous Devices.IntLib
S1、S2		SPST-2	SW-SPST	Miscallaneous Devices.IntLib

设计要求如下：

PCB 尺寸为 5000mil×4000mil；导线最小宽度为 20mil，电源线（VCC）线宽为 30mil，地线（GND）线宽为 40mil；要求对所有焊盘进行补泪滴操作；要求放置覆铜；要求放置定位孔，定位孔孔径为 4mm。

实训题 2. 试用 PCB 自动布线技术设计如图 5-3-2 所示的稳压电源电路的 PCB（参考设计如图 5-3-3 所示）。

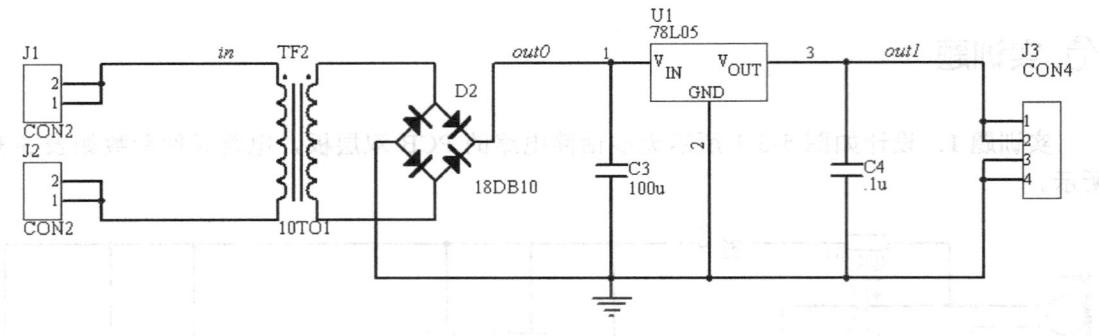

图 5-3-2 稳压电源电路

（1）设计要求：使用 PCB 双层板；电源线、地线的线宽为 25mil；一般导线的线宽为 20mil；手工放置并排列元件封装；手工连接导线；布线时顶层和底层都走线，顶层走水平线，底层走垂直线；尽量少用过孔。

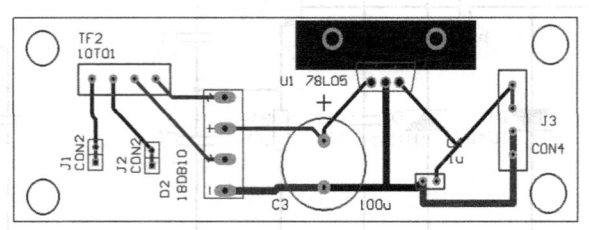

图 5-3-3 稳压电源电路 PCB 参考图

（2）提示：

① 双层电路的顶层同时也为元件面，还需要有丝印层、禁止布线层和穿透层。布线时只在底层布线就可以了，而线宽可以在导线属性中设置。

② PCB 的大小为 4000mil×1320mil。

③ 手工调整布线可执行菜单命令【放置】→【交互式布线】，用小键盘上的*键切换板层。

实训题 3． 试用 PCB 自动布线技术设计如图 5-3-4 所示的波形发生器电路的 PCB（参考设计如图 5-3-5 所示）。

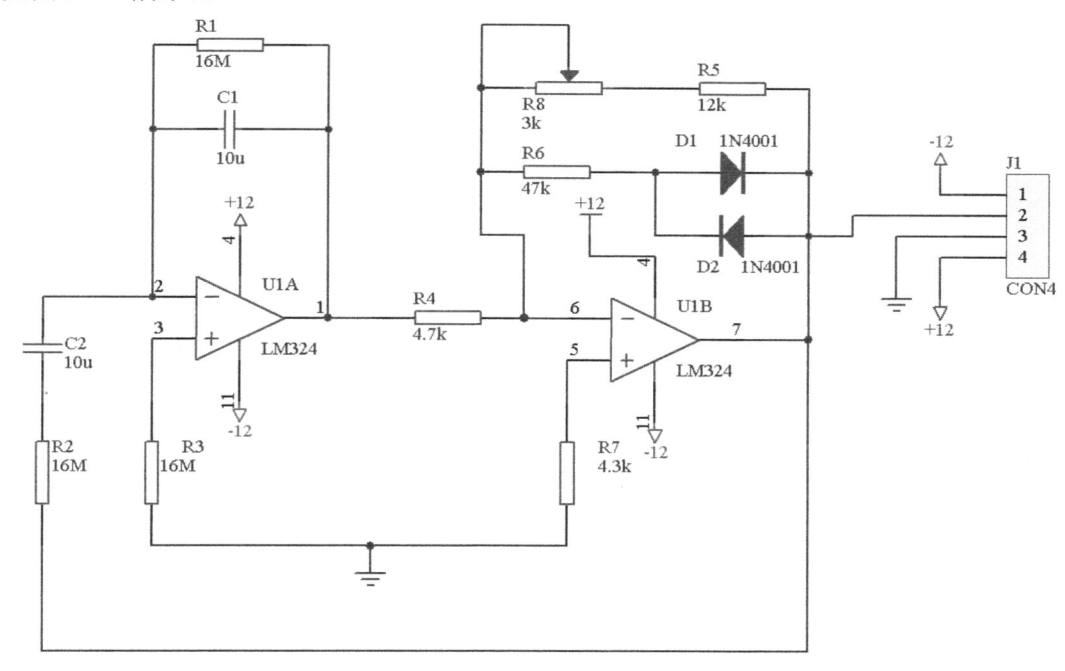

图 5-3-4　波形发生器电路

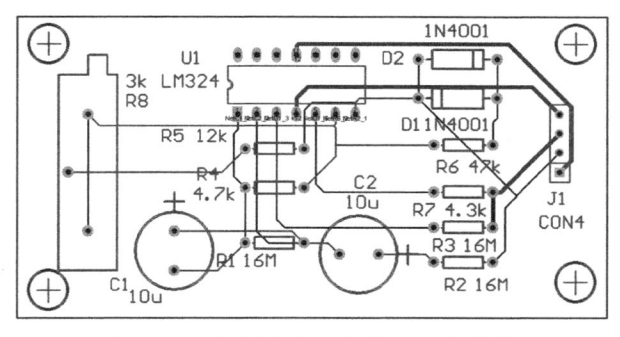

图 5-3-5　波形发生器电路 PCB 参考图

（1）设计要求：使用 PCB 双层板，尺寸为 3000mil×1540mil；采用插脚式元件；过孔镀铜；焊盘之间允许走一根铜膜导线；最小线宽为 10mil，电源线、地线的线宽为 20mil；要求根据给出的电路图建立网络表，手工布置元件，进行自动布线。

（2）提示：

① PCB 双层板的顶层同时也为元件面，还需要有丝印层、禁止布线层和穿透层。布线时只在底层布线就可以了，而线宽可以在导线属性中设置。

② 可以用 PCB 生成向导来设置上述要求，定位孔在机械层画。
③ 手工调整可执行菜单命令【放置】→【交互布线】，用小键盘上的*键切换板层。
④ 每一个元件都应该正确地设置封装（FootPrint），对原理图应该进行检查，然后再形成网络表。

学习任务 6　PCB 元件封装设计
——循迹传感器电路 PCB 元件封装的设计

　　元件封装信息包括实际的电子元件或集成电路的外形尺寸、引脚的直径及引脚间的距离等，在开始绘制 PCB 原理图之前，必须保证所有元件的封装信息正确，元件的封装、外观和焊盘的位置关系必须按照实际尺寸进行设计，否则在装配 PCB 时，会出现元件无法安装到 PCB 上的现象。Protel 的元件库中的元件封装是按照实际尺寸进行设计的。随着科技的迅猛发展和新元件的不断出现，现有的 Protel 系统不可能提供所有的元件封装，这就需要用户自己动手设计 PCB 元件封装。学习任务 6 以设计循迹传感器 PCB 元件封装为例，介绍 PCB 元件封装的设计和创建集成元件库的方法。

学习目标

- PCB 元件封装设计。

工作任务

　　设计如图 6-0-1 所示的智能小车循迹传感器电路相关的元件的封装，部分相关元件如表 6-0-1 所示。

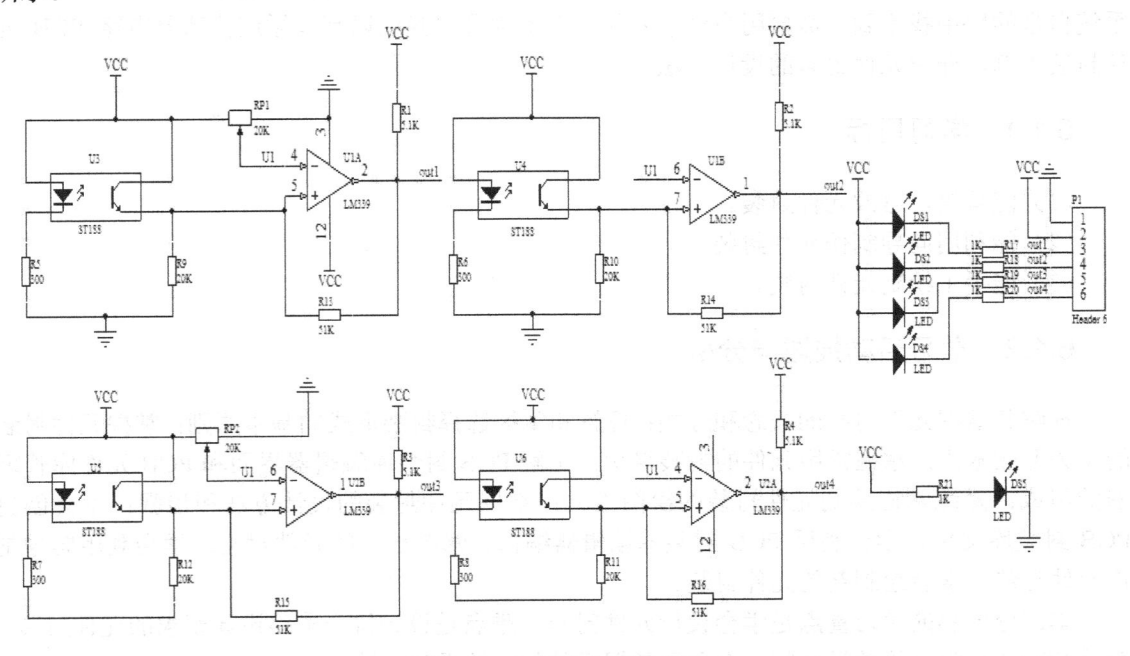

图 6-0-1　循迹传感器电路

表 6-0-1　循迹传感器电路部分相关元件

元 件 名 称	元件库中参考名	元 件 标 识	规格	元件封装	所在库名称
LM339	LM339	U1、U2	LM339	自制	智能小车循迹传感器.Intlib
ST188	Optoisolator1	U3、U4、U5、U6	ST188	自制	智能小车循迹传感器.Intlib
电阻	Res2	R17、R18、R19、R20、R21	1kΩ	自制	智能小车循迹传感器.Intlib
电阻	Res2	R1、R2、R3、R4	5.1kΩ	自制	智能小车循迹传感器.Intlib
电阻	Res2	R13、R14、R15、R16	51kΩ	自制	智能小车循迹传感器.Intlib
电阻	Res2	R9、R10、R11、R12	20kΩ	自制	智能小车循迹传感器.Intlib
电阻	Res2	R5、R6、R7、R8	300Ω	自制	智能小车循迹传感器.Intlib
可调电阻	RPot1	RP1、RP2	20kΩ	自制	智能小车循迹传感器.Intlib
发光二极管	LED3	DS1、DS2、DS3、DS4、DS5	LED	自制	智能小车循迹传感器.Intlib
弯角单排针	Header 6	P1	Header 6	自制	智能小车循迹传感器.Intlib

任务分析

学习任务 6 只有 1 个学习活动，需 2 学时。学习活动分为课前线上 SPOC 课堂学习、课中多媒体/机房学习和课后学习三个阶段，如表 2-0-1 所示。

任务实施

学习活动　PCB 元件封装的设计

在 Protel 的库文件夹（Library）中，自带了一个元件库（库名为"PCB"），常用的元件封装都能从这个库中找到。由于工程实践的复杂性和多样性，有些设计需要的元件封装在 Protel 系统自带的库中找不到，需要用户动手制作。在本部分，我们以制作循迹传感器电路 PCB 元件封装为例，介绍元件封装的设计方法。

6.1.1　学习目标

（1）能编辑、修改元件封装。
（2）能利用向导制作元件封装。
（3）能手工绘制元件封装。

6.1.2　学习活动描述与分析

理解和掌握元件封装的概念和分类；理解和掌握选择封装形式的基本原则；掌握元件封装的相关专业术语；掌握常用元件的封装名称；了解 PCB 封装库编辑器界面和 PCB 元件库管理器的组成；熟练掌握绘制元件封装的绘图工具；掌握元件封装的设计方法和步骤；学会创建 PCB 封装库文件，学会利用 PCB 封装库编辑器编辑、修改已有的元件封装；学会利用向导制作元件封装；学会绘制新的元件封装。

本部分内容的学习**重点**是学会设计元件封装；**难点**是设计符合电路设计要求的元件封装。观看 SPOC 课堂上的教学视频，有助于掌握元件封装的设计方法。

1. 学习引导问题

完成本部分的设计任务，须弄清楚以下问题：

（1）实际元件、原理图元件和元件封装有何不同？为什么要设计元件封装？
（2）元件封装由哪几部分组成？设计元件封装主要考虑哪些因素？
（3）插装式封装、贴片式封装、BGA 封装的焊盘参数的设计依据各是什么？
（4）如何选择元件封装的外形尺寸？如何选择过孔的孔径？
（5）PCB 库文件与 PCB 文件有何不同？PCB 元件库编辑器界面由哪几部分组成？
（6）PCB 元件库编辑器环境参数设置包含哪些内容？

需要掌握以下操作技能：

（1）启动 PCB 封装库编辑器，创建 PCB 库文件。
（2）设置 PCB 封装库编辑器环境参数。
（3）手工绘制元件封装；利用向导制作元件封装。
（5）编辑、修改元件封装。
（6）给已有元件添加封装。

2. SPOC 课堂上的视频资源

（1）任务 6.1 创建"我的封装库"，设置封装编辑器环境参数。
（2）任务 6.2 手工绘制元件封装。
（3）任务 6.3 利用向导制作元件封装。
（4）任务 6.4 编辑、修改元件封装。
（5）任务 6.5 给已有元件添加封装。

6.1.3 相关知识

1. 元件封装概述

元件封装指实际的电子元件或集成电路的外形尺寸、引脚的直径及引脚的距离等，如图 6-1-1 所示，因此外形尺寸和焊盘参数是元件封装的两个重要的组成部分。

在 Protel 的元件库中，标准的元件封装的外形尺寸和焊盘参数是严格按照实际的元件尺寸进行设计的。同样的道理，制作元件封装时必须严格按照实际元件的尺寸和焊盘间距来制作，否则在装配 PCB 时可能因焊盘间距不正确而导致元件不能装到 PCB 上，或者因为外形尺寸不正确，而使元件之间互相干扰，所以用户在制作元件封装时应当谨慎小心。

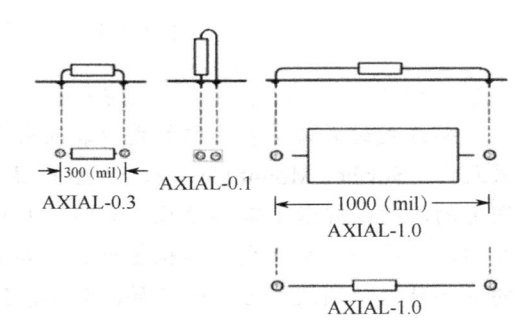

图 6-1-1 元件封装示例

1）元件封装的分类

普通元件封装有插装式封装和贴片式封装两大类。

（1）插装式封装。采用插装式封装的元件在装配焊接时，必须把元件引脚插入焊盘过孔中，再进行焊接，如图 6-1-2 所示。选用的焊盘必须为穿透式过孔，设计时焊盘板层的属性要设置成 Multi-Layer（多层），如图 6-1-3 所示。

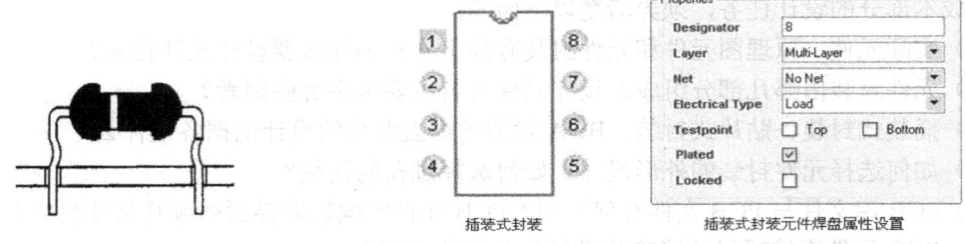

图 6-1-2　插装式封装的应用　　　　图 6-1-3　插装式封装及其元件焊盘属性设置

提示　插装式封装

插装式封装又称插针封装或针脚式封装，采用此类封装的元件的引脚是一根根长长的导线。为固定元件，引脚必须穿过 PCB 并被牢固焊接，因此每个引脚必须对应用于焊接的焊盘及能够穿过去的过孔。由于要钻孔，所以制作 PCB 比较麻烦，而且多余的引脚部分还需要剪掉。此类元件体积大，用它做成的 PCB 也较大。

（2）贴片式封装。采用此类封装的元件的引脚不需要穿过过孔，设计时焊盘属性为单一层面——顶层或者底层，如图 6-1-4 所示。

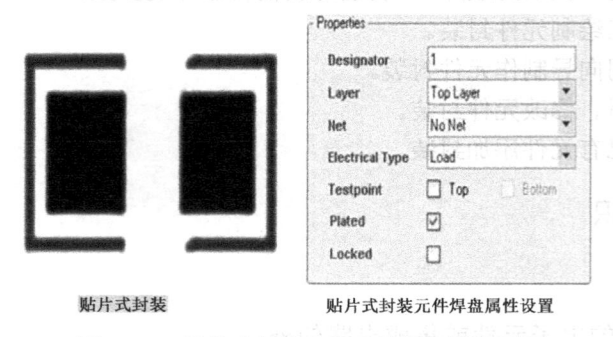

图 6-1-4　贴片式封装及其元件焊盘属性设置

提示　贴片式封装

贴片式封装又称表面贴装式封装或表面黏着式封装，采用此类封装的元件一般称为表面贴装元件（Surface Mount Device，SMD）。表面贴装元件可以直接贴在 PCB 表面上，它是靠粘贴固定的，所以焊盘不需要钻孔，如图 6-1-5 所示。表面贴装元件无引脚或引脚很短，各引脚之间的间距很小，所以元件体积也较小。如图 6-1-6 所示为 Protel 中此类元件的封装，其中焊盘的板层属性必须设置为单一板层，如 Top Layer（顶层）或 Bottom Layer（底层）。

2）元件封装结构图

无论是插装式封装还是贴片式封装，其封装结构图主要由元件图、焊盘、元件属性三个部分组成，如图 6-1-6 所示。

（1）**元件图**：元件图是元件的几何外形，不具有电气属性，它起标注符号或图案的作用。

（2）**焊盘**：焊盘相当于原理图中元件的引脚。

（3）**元件属性**：元件属性主要包括元件的序号、封装名称和注释等内容。

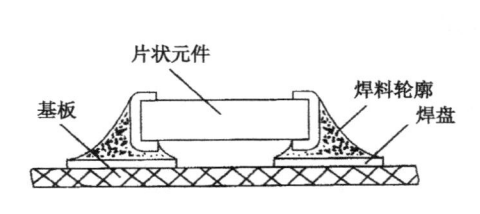

图 6-1-5　表面贴装元件的装配 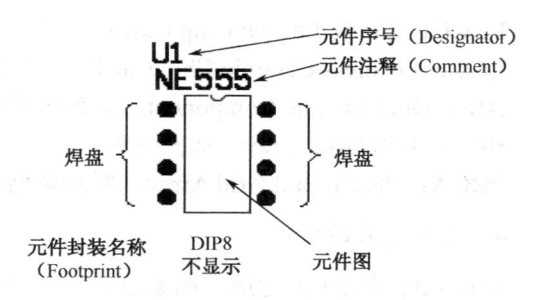　　　　　图 6-1-6　表面贴装元件的封装

2. 选择封装形式的基本原则

设计封装时主要根据以下几个方面选择元件的封装形式。

（1）根据客户提供的元件型号和要求选择封装形式。

要根据客户对元件型号的要求，查询对应的元件封装形式和标准尺寸。

（2）根据机箱空间大小选择封装形式。

机箱的空间大小决定了 PCB 的尺寸和外形。如果机箱空间比较小，就要选择体积小的封装。

（3）选择封装形式要考虑制作成本。

对于小规模生产来说，贴片式封装的生产成本比插装式封装高；对于大规模生产来说则相反。

（4）选择封装时要注意元件的发热情况。

对于功率比较大的集成芯片，如果采用贴片式封装，一般需要外加散热片。

（5）选择封装时要考虑焊接工具。

焊接表面贴装元件一般要用专用的焊接设备。

3. 元件封装的专业术语

SMD：Surface Mount Device，表面贴装元件。
RA：Resistor Array，排阻。
MELF：Metal Electrode Face Component，金属电极无引线端面元件。
SOT：Small Outline Transistor，小外形晶体管。
SOD：Small Outline Diode，小外形二极管。
SOIC：Small Outline Integrated Circuit，小外形集成电路。
SSOIC：Shrink Small Outline Integrated Circuit，收缩小外形集成电路。
SOP：Small Outline Package Integrated Circuit，小外形封装集成电路。
SSOP：Shrink Small Outline Package，收缩小外形封装。
TSOP：Thin Small Outline Package，薄小外形封装。
TSSOP：Thin Shrink Small Outline Package，薄收缩小外形封装。
CFP：Ceramic Flat Package，陶瓷扁平封装。
SOJ：Small Outline Integrated Circuit with J Lead，"J"形引脚小外形集成电路。
QFP：Quad Flat Package，方形扁平封装。
PQFP：Plastic Quad Flat Package，塑料方形扁平封装。
SQFP：Shrink Quad Flat Package，收缩方形扁平封装。
CQFP：Ceramic Quad Flat Package，陶瓷方形扁平封装。

PLCC：Plastic Leaded Chip Carrier，塑料封装有引线芯片载体。
LCC：Leadless Ceramic Chip Carrier，无引线陶瓷芯片载体。
DIP：Dual-In-Line Component，双列直插引脚元件。
BGA：Ball Grid Array，球栅阵列。
PBGA：Plastic Ball Grid Array，塑封球栅阵列。

4. 元件封装的设计

设计元件封装主要考虑的因素有以下三点：
- 为提高封装效率，元件面积与封装面积之比应尽量接近 1∶1。封装外框尺寸要大于元件外形尺寸。
- 引脚要尽量短，以减少延迟，引脚间的距离尽量远，以保证互不干扰，提高性能。
- 基于散热的要求，封装越薄越好。

元件封装焊盘应根据元件生产厂商提供的元件手册制作。对于 IC（集成电路）元件，由于元件手册一般只给出了元件实际引脚及外形尺寸，而焊盘等尺寸并未给出，在设计焊盘时应考虑实际焊接时的可焊性、焊接强度等因素，对焊盘进行适当扩增，进而得到焊盘尺寸。一般来说，设计 QFP、SOP、PLCC、SOJ 等的焊盘时，其外形尺寸应在实际基础上适当扩增；设计 BGA 的焊盘时，其外形尺寸应在实际尺寸基础上适当缩小；设计插装式封装的焊盘时，焊盘的孔径应在实际尺寸基础上适当扩增。

1）插装式封装焊盘的设计

确定焊盘的孔径必须考虑元件引脚直径和公差尺寸、搪锡层厚度、孔径公差、孔金属化电镀层厚度等方面，焊盘内径一般不小于 0.6mm，因为小于 0.6mm 的孔开模冲孔时不易加工，通常情况下以引脚直径加 0.2～0.3mm 作为焊盘内径，如电阻的引脚直径为 0.5mm 时，其对应焊盘内径为 0.7～0.8mm。

插装式封装通常采用方形或圆形焊盘，其第一个引脚通常使用方形焊盘作为标识。一般情况下的尺寸设置如下（注意单位）。

钻孔直径＝引脚直径+10mil
焊盘内径＝钻孔直径+（0.2～0.3）mm
焊盘外径＝$\begin{cases} 钻孔直径+16\text{mil}（钻孔直径<50\text{mil}）\\ 钻孔直径+30\text{mil}（钻孔直径\geq 50\text{mil}）\\ 钻孔直径+40\text{mil}（钻孔形状不为圆形时）\end{cases}$

也可以通过下面公式计算：

$$d_1-d_0>2\delta_1+2\delta_2+\varDelta_1+\varDelta_2$$

式中：d_1——钻孔直径（mm）；
　　　d_0——引脚直径（mm）；
　　　δ_1——孔金属化电镀层厚度（非金属化孔可以不考虑此项）（mm）；
　　　δ_2——搪锡层厚度（mm）；
　　　$\varDelta_1$——钻孔直径公差（mm）；
　　　$\varDelta_2$——引线直径公差（mm）。

一般 d_1-d_0 取 0.2～0.4mm，对于需要金属化的孔，此值取 0.3～0.4mm。对于横截面为矩形的引脚，d_0 为矩形横截面的对角线长度。

孔金属化电镀层平均厚度应不小于 25μm，最小厚度为 20μm。在此前提下，电镀层厚度允许偏差值为 0%～80%。

> **提示**
>
> 实际设计时，焊盘外径的设计主要依据布线密度、安装孔径和金属化状态而定；对于金属化孔孔径不大于 1mm 的 PCB，焊盘外径一般为钻孔直径加 0.45mm（18mil）～0.6mm（24mil），具体依布线密度而定。其他情况下，焊盘外径按钻孔直径的 1.5～2 倍设计，但要满足最小连接盘环宽度不小于 0.225mm（9mil）的要求。
>
> 例如，电阻元件引脚直径为 0.5mm，焊盘内径为 0.8mm，一般焊盘外径为 1.2～1.6mm。考虑到实验室制板腐蚀等因素，实验室制板焊盘外径=焊盘内径+(1～1.3mm)，因此电阻元件封装的焊盘外径可选择 1.8～2.1mm。

焊盘间距的设计：焊盘间距即焊接在 PCB 上的元件引脚之间的距离。如图 6-1-7 所示，焊盘间距为 C，元件长度为 L，引脚转弯前的长度为 A，转弯半径为 R，元件与板面的最小间距为 h，元件引脚直径为 d。

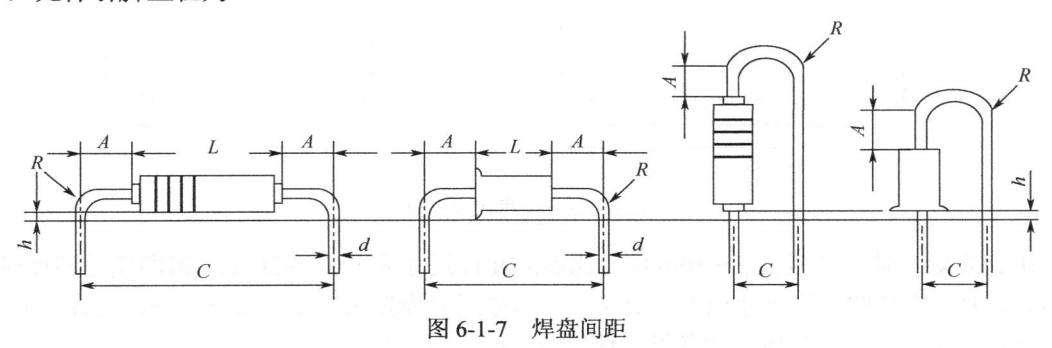

图 6-1-7 焊盘间距

实验室制板时，对于卧式安装的元件，焊盘间距 $C=L+A\times 2$，其中 A 为 1.5～2mm。

2）贴片式封装焊盘的设计

（1）集成电路（IC）的矩形焊盘的设计。

● 对于高布线密度 IC（引脚间距不大于 0.7mm）。

宽度：在标称尺寸的基础上，沿宽度方向扩增 0.025～0.05mm，但应保证两个引脚的最小间距大于 0.23mm。

长度：在标称尺寸的基础上，向外扩增 0.3～0.5mm，向内扩增 0.2～0.3mm，具体扩增量视封装外形尺寸误差决定。

● 对于低布线密度 IC（引脚间距大于 0.7mm）。

宽度：在标称尺寸的基础上，沿宽度方向扩增 0.05～0.1mm，但应保证两个引脚的最小间距大于 0.23mm。

长度：在标称尺寸的基础上，向外扩增 0.3～0.5mm，向内扩增 0.2～0.3mm，具体扩增量视封装外形尺寸误差决定。

（2）分立元件的矩（方）形焊盘设计。此类焊盘通常用于贴片电阻、电容、电感等元件封装的设计。常用表面贴装元件外形尺寸如图 6-1-8 所示。

图 6-1-8 常用表面贴装元件外形尺寸

典型表面贴装元件的外形尺寸如表 6-1-1 所示。

表 6-1-1　典型表面贴装元件的外形尺寸（单位：mm/inch）

公制/英制型号	L	W	a	b	t
3216/1206	3.2/0.12	1.6/0.06	0.5/0.02	0.5/0.02	0.6/0.024
2012/0805	2.0/0.08	1.25/0.05	0.4/0.016	0.4/0.016	0.6/0.016
1608/0603	1.6/0.06	0.8/0.03	0.3/0.012	0.3/0.012	0.45/0.018
1005/0402	1.0/0.04	0.5/0.02	0.2/0.008	0.25/0.01	0.35/0.014
0603/0201	0.6/0.02	0.3/0.01	0.2/0.005	0.2/0.006	0.25/0.01

设计此类元件焊盘的封装外形时，设计尺寸应在实际尺寸基础上适当扩增。焊盘尺寸定义如图 6-1-9 所示。

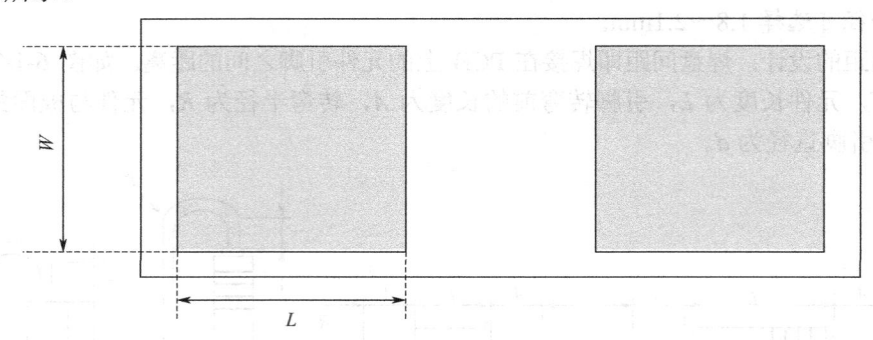

图 6-1-9　焊盘尺寸定义

W 比实际元件尺寸应大 5～10mil，L 比实际元件尺寸应大 10～20mil。但即使是同类封装，电阻、电容、电感的外形尺寸也不一定相同，即电阻的焊盘应该设计得宽一些，电容、电感的焊盘应设计得窄一些。具体尺寸参见元件生产厂商推荐的封装设计。

> **提示**
>
> 在实际设计元件封装时，可按照下面所述选择封装尺寸。
> - 封装外框尺寸大于元件外形尺寸。
> - 封装焊盘长度为 1.5～2 倍元件引脚标称长度。
> - 封装焊盘间距等于元件引脚标称间距。
> - 封装焊盘宽度等于或稍大于元件引脚标称宽度。
>
> 例如，0603 贴片电阻的元件外形尺寸：长为 1.6mm，宽为 0.8mm，元件引脚标称长度为 0.3mm，宽为 0.8mm，在设计元件封装时，元件封装焊盘长为 0.8mm，宽为 0.8mm，或元件封装焊盘长为 0.6mm，宽为 0.8mm。

（3）BGA 封装焊盘的设计。设计 BGA 封装时，焊盘尺寸应该在实际引脚的外径基础上适当缩小。常用 BGA 封装的焊盘设计尺寸如下：
- 引脚间距为 0.8mm：焊盘直径为 0.4mm（16mil）。
- 引脚间距为 1.0mm：焊盘直径为 0.5mm（20mil）。
- 引脚间距为 1.27mm：焊盘直径为 0.55mm（22mil）。

3）过孔的设计

PCB 的最小孔径大小取决于板厚，板厚与孔径之比应在 5～8 范围内。板厚、最小孔径推荐搭配如表 6-1-2 所示（注意单位）。

表 6-1-2 板厚、最小孔径推荐搭配

板　　厚	最 小 孔 径
3mm	24mil
2.5mm	20mil
2mm	16mil
1.6mm	12mil
1mm	8mil

5. 常用的封装形式

Protel 系统元件库里常用的封装形式如表 6-1-3 所示。

表 6-1-3 Protel 系统元件库里常用的封装形式

封装类型	封装名称	所 在 库	对封装名称的说明
普通电阻	AXIAL0.3～1.0	Miscellaneous Devices.IntLib 或 Protel PCB Library 中的 Resistor-AXIAL	数字表示焊盘间距，单位为英寸。AXIAL0.5 表示电阻封装的焊盘间距为 500mil
可变电阻或电位器	VR3～VR5	Miscellaneous Devices.IntLib	数字表示不同的封装形式
贴片电阻	CR1005-0402～CR6332-2512	Miscellaneous Devices.IntLib 或 Protel PCB Library 中的 Chip Resistor-*	"-"前面的数字表示公制尺寸，"-"后面数字表示英制尺寸。CR2012-0805 表示贴片电阻的长为 2mm(80 mil)，宽为 1.2mm(50 mil)，"*"为字母或数字
无极性电容	RAD0.1～0.4	Miscellaneous Devices.IntLib 或 Protel PCB Library 中的 Capacitor Non-Polar	数字表示焊盘间距，单位为英寸。RAD0.1 表示电容封装的焊盘间距为 100mil
贴片无极性电容	CC3216-1206～CC7238-2815	Miscellaneous Devices.IntLib 或 Protel PCB Library 中的 Chip Capacitor-*	含义同贴片电阻
极性电容	RB.5-10.5，B.7.6-15，CappR1.27-1.77×2.8～CappR7.5-16×35	Miscellaneous Devices.IntLib 或 Protel PCB Library 中的 Capacitor Polar *	"-"前面的数字表示焊盘间距，"-"后面的数字表示电容外径。RB.5-10.5 表示电容焊盘间距为 5mm，电容外径为 10mm
贴片极性电容	CC1005-0402～CC2513-1005	Miscellaneous Devices.IntLib 或 Protel PCB Library 中的 Chip Capacitor-*	含义同贴片电阻
普通二极管	DIODE0.4、DIODE0.7	Miscellaneous Devices.IntLib 或 Protel PCB Library 中的 Axial Lead Diode	数字表示焊盘直径，贴片二极管可套用贴片电容的封装
普通三极管	BCY-W3、BCY-W3/***系列	Miscellaneous Devices.IntLib 或 Protel PCB Library	可根据三极管功率的不同进行选择。*为字母或数字，表示不同的封装
贴片三极管	SO-G3/**	Miscellaneous Devices.IntLib 或 Protel PCB Library 中的 SOT23	可根据三极管功率的不同进行选择。*为字母或数字，表示不同的封装
贴片电感	INDC1005-0402～INDC4510-1804	Miscellaneous Devices.IntLib	数字含义同贴片电阻，普通电感可套用普通电阻的封装
变压器	TRANS	Miscellaneous Devices.IntLib	

续表

封装类型	封装名称	所在库	对封装名称的说明
电桥	E-BIP-P4-**	Miscellaneous Devices.IntLib	*为字母或数字，表示不同的电桥封装
发光二极管	LED-0、LED-1	Miscellaneous Devices.IntLib	数字表示不同的封装形式
贴片发光二极管	SMD_LED	Miscellaneous Devices.IntLib	
数码管	LEDDIP-10/**、LEDDIP-18ANUM	Miscellaneous Devices.IntLib	
天线、电铃、熔断器、灯、扬声器	PIN-1、PIN-2、PIN-W2/E2.8	Miscellaneous Devices.IntLib	
普通开关	DIP-x、SPST-2	Miscellaneous Devices.IntLib	x 表示引脚数
贴片开关	SO-G6/P.95、DIP_SW_8WAY_SMD	Miscellaneous Devices.IntLib	
电池	BAT-2	Miscellaneous Devices.IntLib	
石英晶体	BCY-W2/D3.1	MMiscellaneous Devices.IntLib 或 Protel PCB Library 中的 CrystalOscillator	
双列直插集成电路	DIP-xx	Miscellaneous Devices.IntLib 或 Protel PCB Library 中的 DIP-*	x 表示引脚数，如 DIP-8 表示双列直插集成电路有 8 个引脚
贴片双列直插集成电路	SSO-G*	Miscellaneous Devices.IntLib	*为字母或数字
单列直插集成电路	SIPxx	Miscellaneous Connections.IntLib	x 表示引脚数
接插件	HDR1xx、HDR2xx	Miscellaneous Connections.IntLib	x 表示引脚数

6.1.4 学习活动实施

1. 启动 PCB 封装编辑器

Protel 提供了 PCB 封装编辑器，用它可以设计任意形状的元件封装。通常设计元件封装可以手工设计或利用向导设计，也可以在已有的元件封装基础上，通过编辑、修改来得到需要的封装。

1）手工设计封装的工具

设计元件封装的绘图工具位于【实用】工具栏和【配线】工具栏内，如图 6-1-10 所示。执行菜单命令【查看】→【实用工具栏】和【查看】→【配线工具栏】，可以打开这些绘图工具。

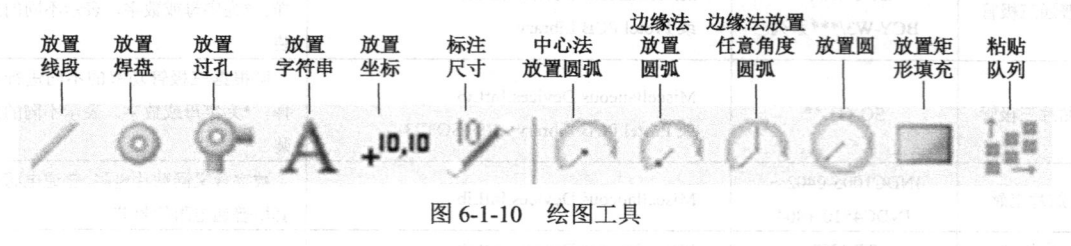

放置线段　放置焊盘　放置过孔　放置字符串　放置坐标　标注尺寸　中心法放置圆弧　边缘法放置圆弧　边缘法放置任意角度圆弧　放置圆　放置矩形填充　粘贴队列

图 6-1-10　绘图工具

2）启动 PCB 封装编辑器

PCB 封装编辑器的主要功能是对元件库进行管理，包括元件封装的设计等。

执行菜单命令【文件】→【创建】→【库】→【PCB 库】，新建 PCB 封装库文件，默认名为"PcbLib1.PcbLib"，系统自动打开 PCB 封装编辑器，如图 6-1-11 所示，整个编辑器可分为以下几个部分。

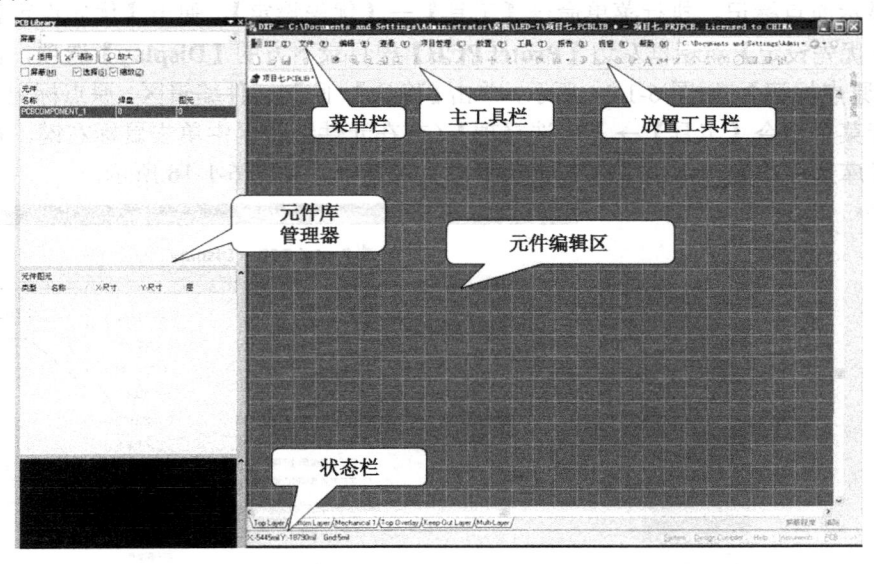

图 6-1-11　PCB 封装编辑器

（1）**菜单栏**。菜单栏为用户提供编辑、绘图命令。

（2）**主工具栏**。主工具栏为用户提供了各种图标按钮，可以让用户方便、快捷地执行各项功能，如缩放、选中、取消选中、移动、复制、粘贴、打印及保存等均可通过主工具栏来实现。

（3）**元件编辑区**。元件编辑区主要用于创建、查看、修改元件封装。

（4）**放置工具栏**。放置工具栏中各按钮功能与菜单中的命令对应，以方便用户快速放置各种图元，如线段、焊点、字符串、圆弧等。

（5）**元件库管理器**。元件库管理器位于界面的左侧，主要用于对元件封装的管理。

单击 PCB 封装编辑器窗口下面的【PCB】标签，在弹出的菜单中选择【PCB Library】，或执行菜单命令【查看】→【工作区面板】→【PCB】→【PCB Library】，则可以打开【PCB Library】（PCB 元件库管理器）面板，如图 6-1-12 所示。

（6）**状态栏**。在编辑器最下方为状态栏，它用于提示用户当前系统所处的状态和正在执行的命令。

执行菜单命令【文件】→【保存】，或单击主工具栏中 按钮，可以保存文件。

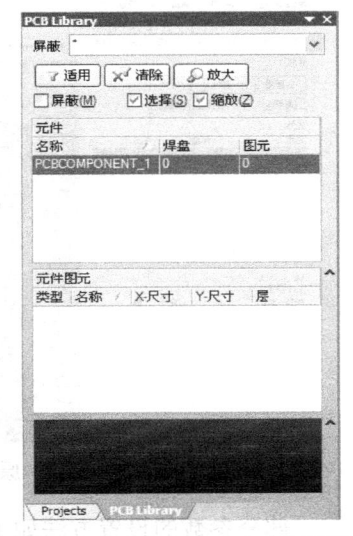

图 6-1-12　【PCB Library】面板

2. 设置 PCB 元件库编辑器环境参数

1）显示原点标记

（1）确定原点位置。执行菜单命令【编辑】→【设定参考点】→【位置】，如图 6-1-13 所示，移动十字光标到元件编辑区合适位置，单击左键确定坐标原点位置。

（2）显示原点标记。执行菜单命令【工具】→【优先设定】，弹出【优先设定】对话框，左键单击【优先设定】对话框左边【Protel PCB】根目录下方的【Display】选项，在右侧区域内，勾选【原点标记】，如图 6-1-14 所示，单击【确认】，回到元件编辑区，原点标记如图 6-1-15 所示。执行菜单命令【工具】→【库选择项】（或在元件编辑区中单击鼠标右键，在弹出的菜单中选择【库选择项】），弹出【PCB 板选择项】对话框，如图 6-1-16 所示。

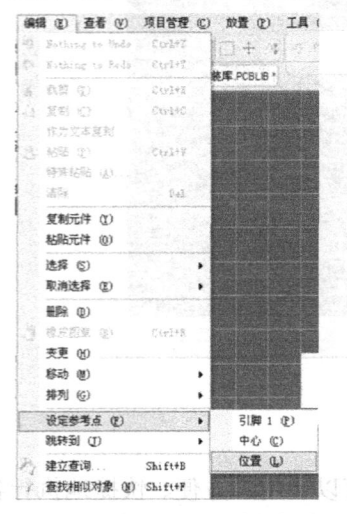

图 6-1-13 确定坐标原点位置　　　　　　图 6-1-14 【优先设定】对话框

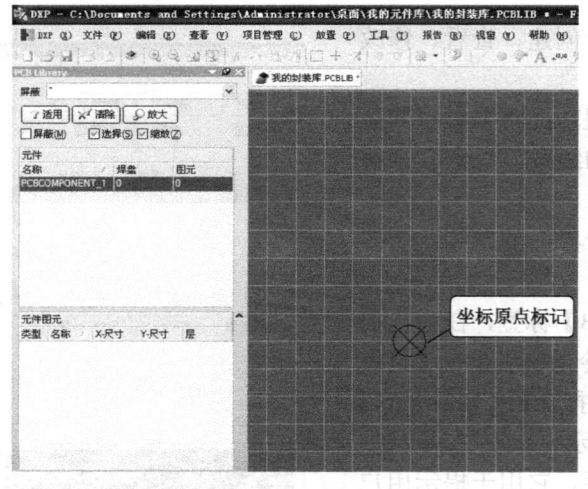

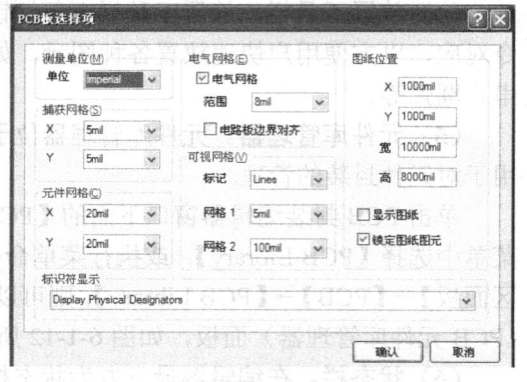

图 6-1-15 原点标记　　　　　　图 6-1-16 【PCB 板选择项】对话框

部分参数的设置方法如下：

- 【测量单位】：用于设置系统度量单位，这里选择 Metric（公制）。
- 【捕获网格】：用于设置光标捕获元件时移动的最小间隔，通常采用默认设置。

- 【元件网格】：用于设置元件移动的最小步长，通常采用默认设置。
- 【电气网格】：主要用于设置电气网格的属性，通常采用默认设置。
- 【可视网格】：用于设置可视网格的类型和间距，通常将网格1（Grid 1）设置为50mil，网格2（Grid 2）设置为100mil。
- 【图纸位置】：用于设置图纸的大小和位置。

2）设置板层和颜色

执行菜单命令【工具】→【层次颜色】（或在元件编辑区中单击鼠标右键，在弹出的菜单中选择【选择项】→【库层次】），弹出【板层和颜色】对话框，如图6-1-17所示。在此对话框中设置板层和颜色，通常采用默认设置。

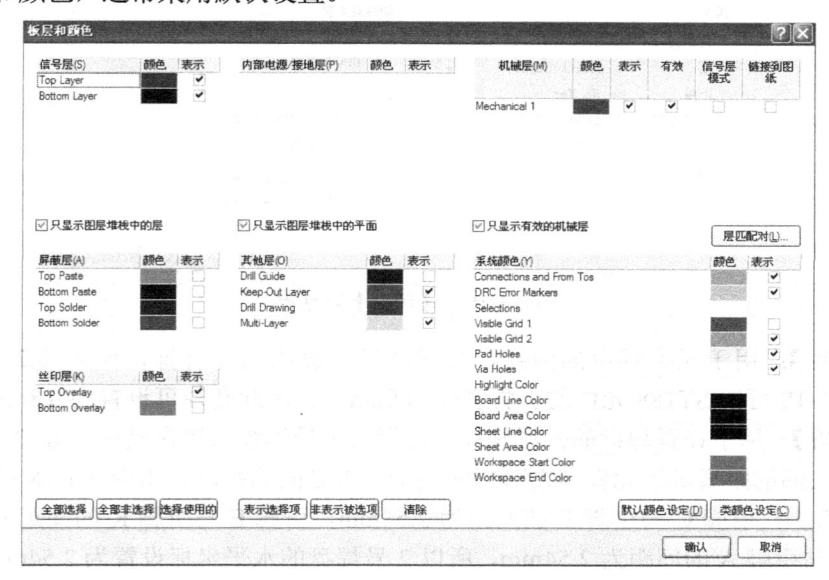

图6-1-17 【板层和颜色】对话框

提示：

观看教学视频：6.1 启动PCB封装编辑器，创建"我的封装库"，设置环境参数。

3. 设计封装

下面通过在实验室制作智能小车循迹传感器电路PCB单层板的元件封装为例，介绍封装的三种设计方法。

1）手工设计元件封装

ST188是反射式红外光电传感器，是智能小车的红外探测器。ST188主要由高发射功率红外光电二极管和高灵敏度光电晶体管组成，在智能小车中与LM339组合构成循迹传感器。它采用非接触检测方式，检测距离为4～13mm。ST188外形如图6-1-18所示。

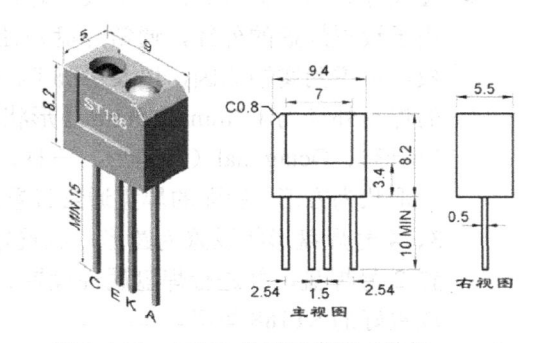

图6-1-18 ST188外形示意图（单位：mm）

下面以手工设计ST188元件封装为例，介绍手工设计元件封装的操作步骤。

(1) 放置焊盘。执行菜单命令【放置】→【焊盘】，或单击工具栏中的 按钮，十字光标附着一个焊盘，在原点处单击鼠标左键放置焊盘。在放置过程中按 Tab 键或双击已放置的焊盘，即可打开【焊盘】对话框，如图 6-1-19 所示。

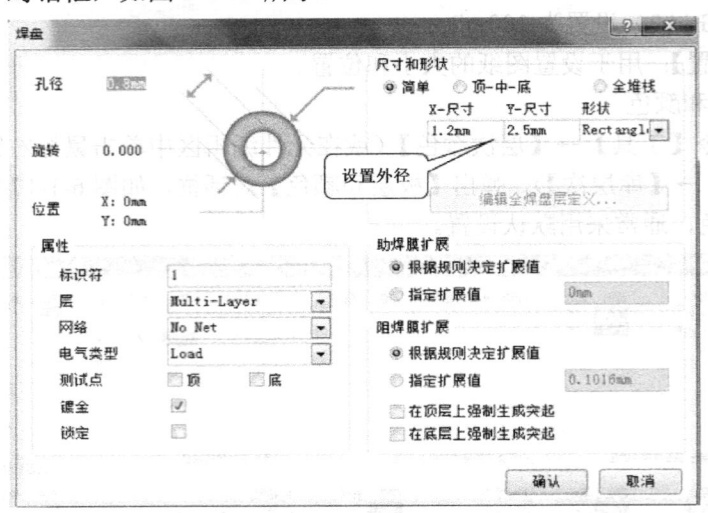

图 6-1-19　【焊盘】对话框

- 【孔径】：用于设置焊盘的内径，焊盘孔径一般比元件引脚直径大 0.2～0.3mm。由图 6-1-18 可知 ST188 元件的引脚直径为 0.5mm，因此孔径可设置为 0.8mm。
- 【位置】：用于设置焊盘的位置坐标。习惯上 1 号焊盘布置在坐标（0，0）位置；两个焊盘之间的距离等于元件与之对应的两个引脚之间的距离。由图 6-1-18 可知 ST188 有 4 个引脚，引脚 C 与引脚 E 的间距为 2.54mm，引脚 E 与引脚 K 的间距为 1.5mm，引脚 K 与引脚 A 的间距为 2.54mm，所以 2 号焊盘的水平坐标设置为 2.54mm，竖直坐标设置为 0；3 号焊盘的水平坐标设置为 4.04mm，竖直坐标设置为 0；4 号焊盘的水平坐标设置为 6.58mm，竖直坐标设置为 0。
- 【标识符】：用于设置焊盘的序号。仍以图 6-1-18 为例，将第 1 个焊盘至第 4 个焊盘的序号分别设置为 1～4。
- 【层】：由图 6-1-18 可知 ST188 为插装式元件，所以板层选择 Multi-Layer（多层）。
- 【尺寸和形状】区域：用于设置焊盘外径大小和形状。其中"X 尺寸"和"Y 尺寸"用于设置焊盘的外径，通常焊盘外径是焊盘孔径的 1.5～2 倍。由于后面采用实验室制板，考虑到腐蚀原因，以及引脚 E、引脚 K 的间距为 1.5mm 的情况，这里设置 ST188 的焊盘外径为 1.2mm、2.5mm。【形状】下拉列表里的可选项有 Round（圆形）、Ractangle（矩形）、Octagonal（八角形）三种，用于设置焊盘的形状，习惯上作为标记的 1 号焊盘形状为方形，后面的焊盘通常设置为其他形状。本例中 1 号焊盘形状设置为方形，2、3、4 号焊盘形状设置为圆形，放置好 1 号焊盘后，可接着在适当位置单击左键继续放置 2 号焊盘，并进行焊盘属性设置。单击鼠标右键可退出放置焊盘状态。图 6-1-20 为放置好的 ST188 焊盘。

(2) 绘制元件封装外形轮廓。从图 6-1-18 可以看出，ST188 在 PCB 上的表现形式是 9.4mm×5.5mm 的矩形，所以只要绘制一个 11mm×7mm 矩形，就可以作为 ST188 封装的外形轮廓。

将板层切换到顶层丝印层（Top Overlay）。执行菜单命令【放置】→【直线】或单击工具

栏中的 ╱ 按钮，光标变为十字形，移动光标，在 1 号焊盘下面画一个 11mm×7mm 的矩形，如图 6-1-21 所示，完成 ST188 元件封装外形轮廓绘制。

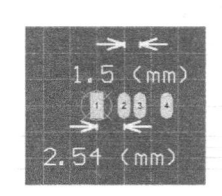

图 6-1-20　放置好的 ST188 焊盘 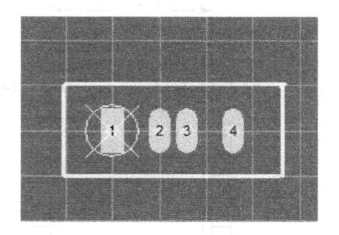　　　　图 6-1-21　ST188 元件封装外形轮廓

（3）**元件封装的重命名**。在创建元件封装时，系统自动给元件封装默认命名为"PCBCOMPONENT_1"，并在封装编辑器窗口中显示出来。执行菜单命令【工具】→【元件属性】，弹出【PCB 库元件】对话框，在【名称】文本框中输入元件封装名称"ST188-0"，在【描述】文本框中输入"红外光电传感器"，如图 6-1-22 所示，单击【确认】按钮。

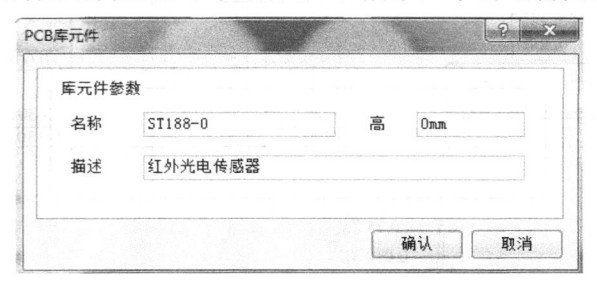

图 6-1-22　【PCB 库元件】对话框

（4）**检查与保存**。执行菜单命令【报告】→【元件规则检查】，弹出【元件规则检查】对话框，如图 6-1-23 所示，单击【确认】按钮，生成如图 6-1-24 所示的元件规则检查报告，报告将显示系统检查发现的错误。此处生成的报告内容为空白，表示绘制的封装无错误。

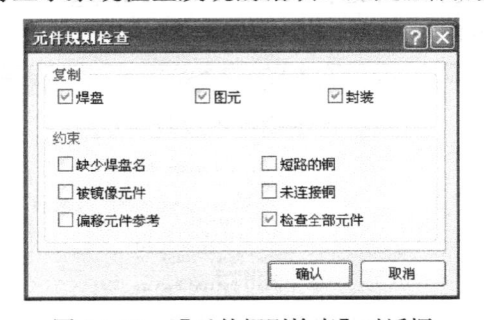

图 6-1-23　【元件规则检查】对话框 　　　　图 6-1-24　元件规则检查报告

单击【循迹传感器电路.PCBLIB】标签，回到封装编辑器界面，执行菜单命令【文件】→【保存】，将新创建的元件封装及元件库保存，完成 ST188 封装的设计。

2）利用向导制作元件封装

下面以制作 LM339 封装为例，介绍利用向导制作元件封装的方法。

LM339 有双列直插式封装和贴片式封装两种封装形式，图 6-1-25 为 LM339 的双列直插式封装的尺寸示意图。

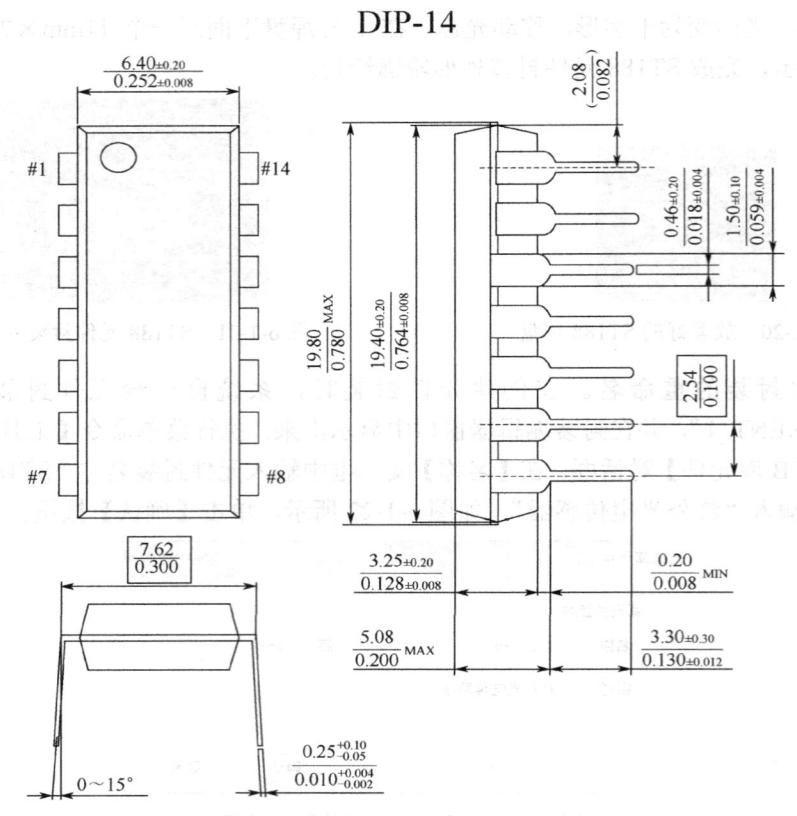

图 6-1-25　LM339 的双列直插式封装的尺寸示意图（单位：mm）

（1）制作双列直插式封装。

执行菜单命令【工具】→【新元件】，弹出如图 6-1-26 所示的【元件封装向导】对话框，单击【下一步】按钮，在弹出的【Component Wizard】对话框中选择【Dual in-line Package（DIP）】，并将【选择单位】项设为【Metric（mm）】，如图 6-1-27 所示。

图 6-1-26　【元件封装向导】对话框 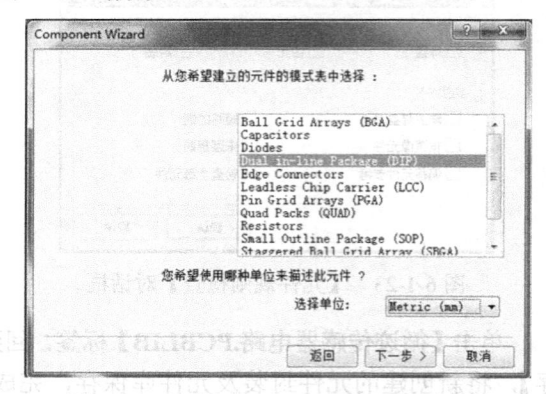　　　　图 6-1-27　【Component Wizard】对话框

单击【下一步】按钮，弹出如图 6-1-28 所示的对话框。

根据图 6-1-25 可知，LM339 引脚直径为 0.46±0.2mm，因此焊盘内径设置为 0.8mm，焊盘外径尺寸为 2.5mm、1.8mm，设置好以后单击【下一步】按钮，弹出如图 6-1-29 所示的对话框。

· 216 ·

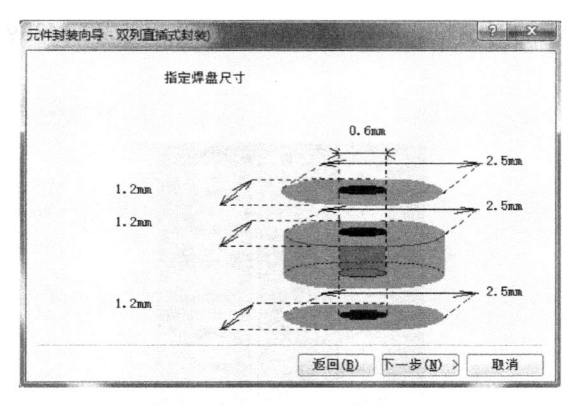

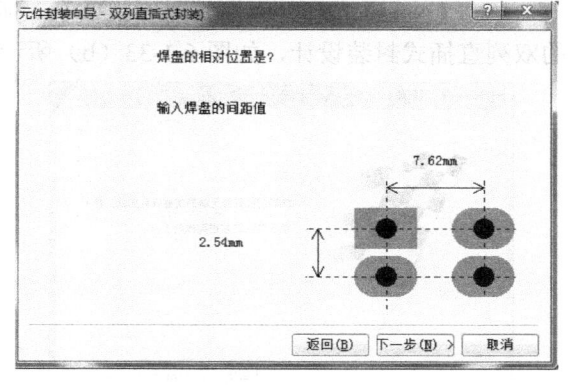

图 6-1-28 设置焊盘尺寸

图 6-1-29 设置焊盘间距

根据图 6-1-25 可知，LM339 同边相邻引脚间距为 2.54mm，对边相邻引脚间距为 7.62mm，如图 6-1-29 所示，单击【下一步】按钮，弹出如图 6-1-30 所示的对话框。单击【下一步】按钮，弹出如图 6-1-31 所示的对话框。

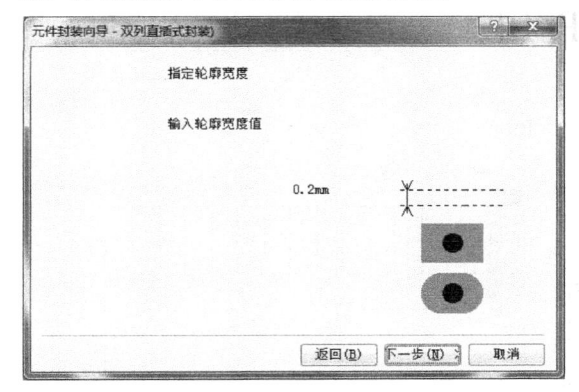

图 6-1-30 设置轮廓宽度

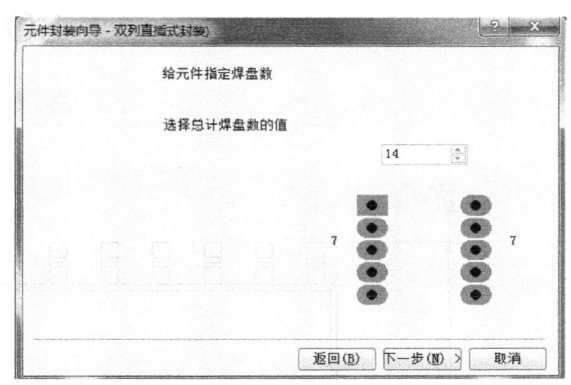

图 6-1-31 给元件（封装）指定焊盘数

根据图 6-1-25 可知，LM339 有 14 个引脚，因此焊盘数设置为 14。单击【下一步】按钮，弹出如图 6-1-32 所示的对话框，在此将名称修改为"DIP14"。

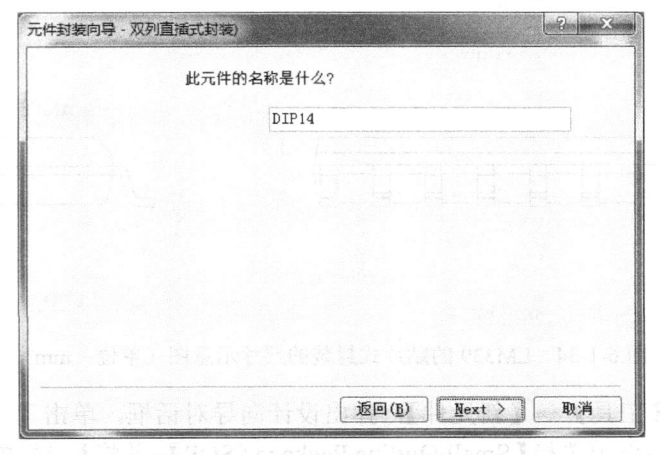

图 6-1-32 设置元件（封装）名称

单击【Next】按钮，弹出如图 6-1-33（a）所示的对话框。单击【Finish】按钮，完成 LM339 的双列直插式封装设计，如图 6-1-33（b）所示。

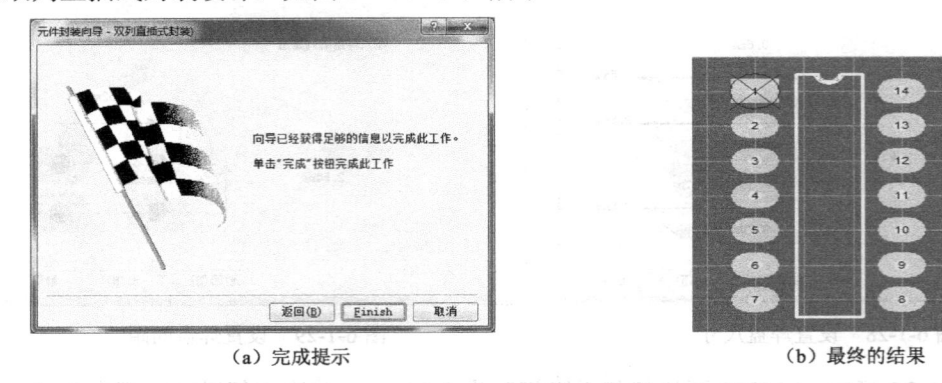

（a）完成提示　　　　　　　　　　　（b）最终的结果

图 6-1-33　完成封装设计

（2）制作 LM339 的贴片式封装。图 6-1-34 为 LM339 的贴片式封装的尺寸示意图。

SOP-14

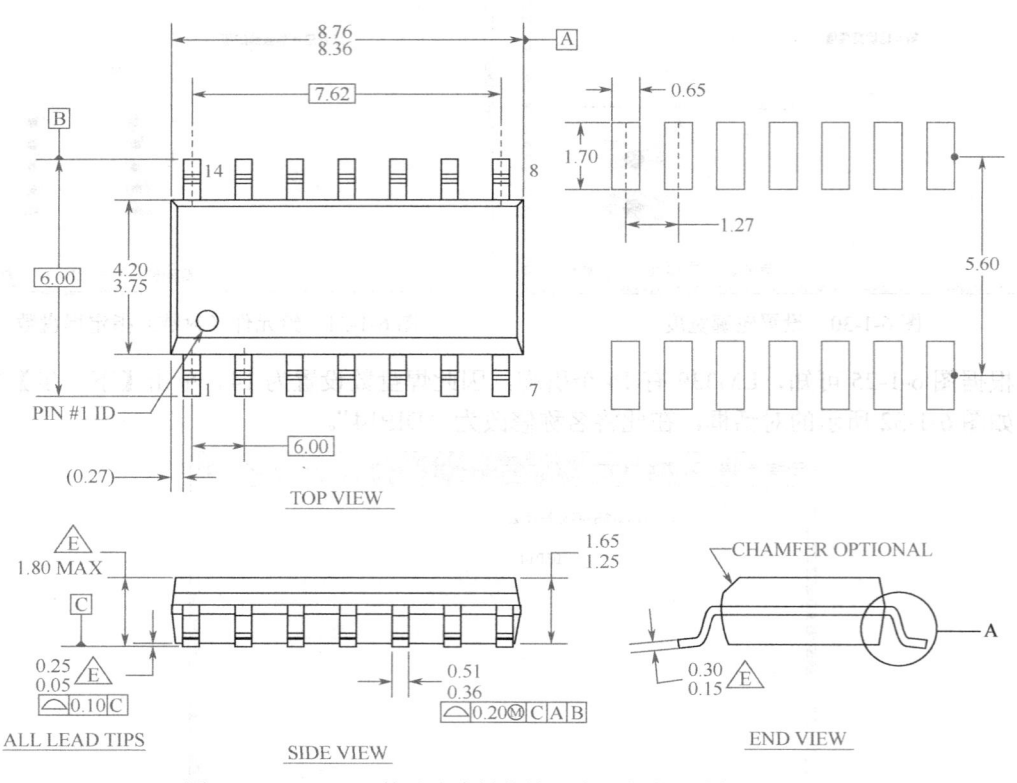

图 6-1-34　LM339 的贴片式封装的尺寸示意图（单位：mm）

执行菜单命令【工具】→【新元件】，弹出设计向导对话框，单击【下一步】按钮，在如图 6-1-35 所示的对话框中选择【Small Outline Package（SOP）】，并将【选择单位】项设为【Metric（mm）】。单击【下一步】按钮，弹出如图 6-1-36 所示的对话框。

· 218 ·

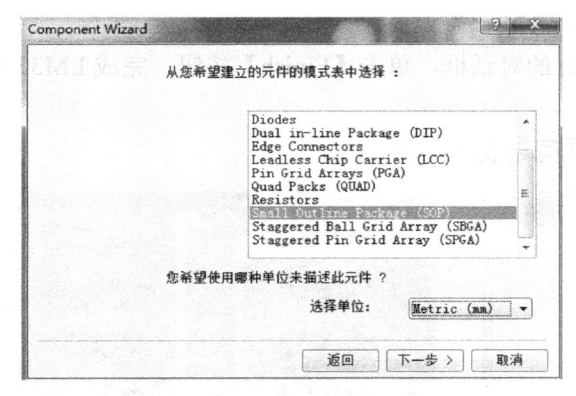

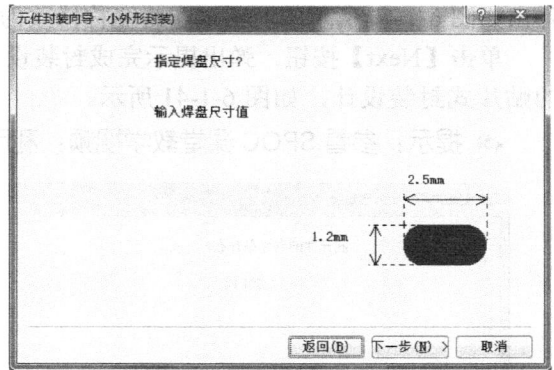

图 6-1-35　选择封装形式　　　　　　　　图 6-1-36　设置焊盘尺寸

根据图 6-1-34 可知，贴片式封装的焊盘长度为 1.7mm，宽度为 0.65mm；所以设置元件封装的焊盘的长度为 2.5mm，宽度为 0.75mm。

单击【下一步】按钮，弹出如图 6-1-37 所示的对话框。根据图 6-1-34 可知，LM339 同边相邻引脚间距为 1.27mm，对边相邻引脚间距为 5.6mm，设置好之后单击【下一步】按钮，弹出如图 6-1-38 所示的对话框，根据图示设置参数。

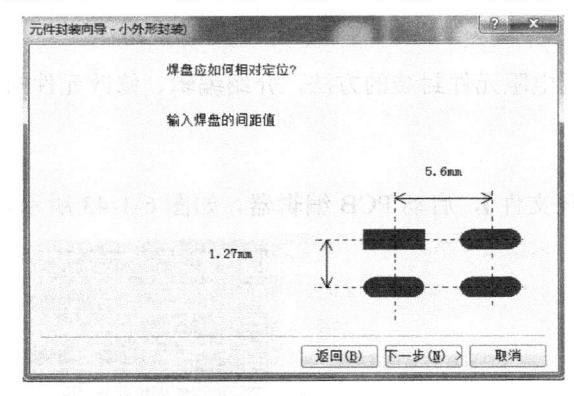

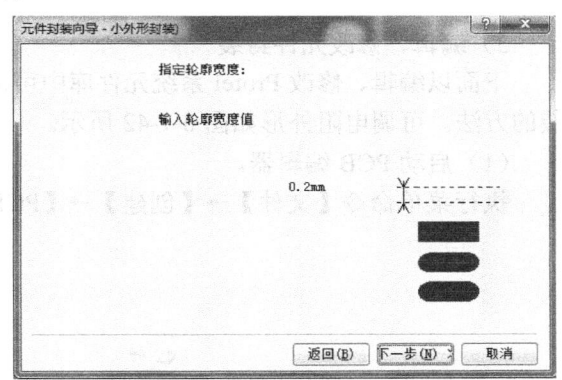

图 6-1-37　设置焊盘间距　　　　　　　　图 6-1-38　设置轮廓宽度

单击【下一步】按钮，弹出如图 6-1-39 所示的对话框。

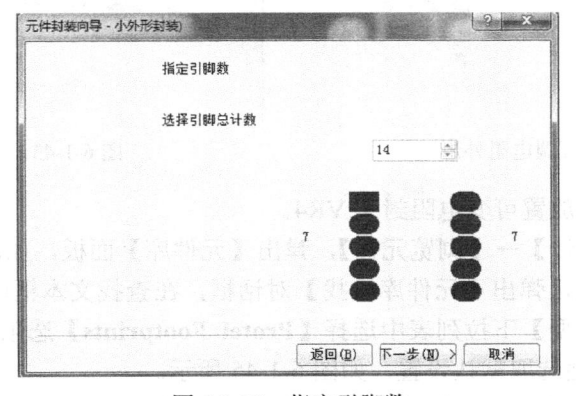

图 6-1-39　指定引脚数

根据图 6-1-34 可知，LM339 有 14 个引脚，因此焊盘数设置为 14。单击【下一步】按钮，弹出如图 6-1-40 所示的对话框，将名称修改为"SOP14"。

单击【Next】按钮，弹出提示完成封装设计的对话框，单击【Finish】按钮，完成 LM339 的贴片式封装设计，如图 6-1-41 所示。

🔊 提示：参看 SPOC 课堂教学视频：利用向导制作元件封装。

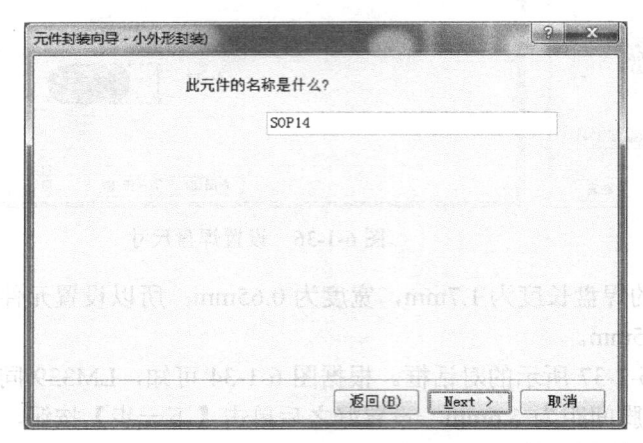

图 6-1-40　设置元件（封装）名称　　　　　图 6-1-41　LM339 的贴片式封装

3）编辑、修改元件封装

下面以编辑、修改 Protel 系统元件库中可调电阻元件封装的方法，介绍编辑、修改元件封装的方法。可调电阻外形如图 6-1-42 所示。

（1）启动 PCB 编辑器。

执行菜单命令【文件】→【创建】→【PCB 文件】，启动 PCB 编辑器，如图 6-1-43 所示。

图 6-1-42　可调电阻外形　　　　　图 6-1-43　PCB 编辑器

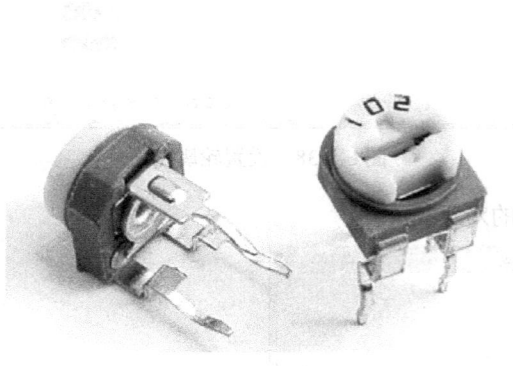

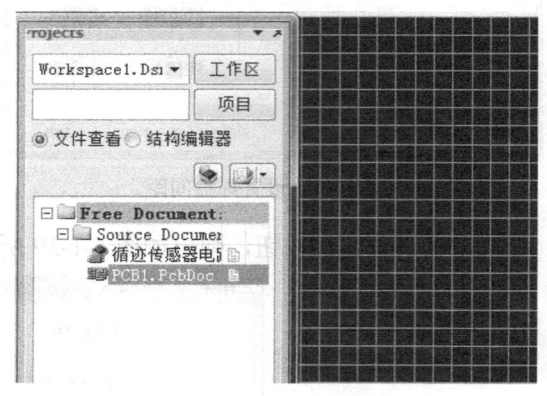

（2）在元件编辑区放置可变电阻封装 VR4。

执行菜单命令【设计】→【浏览元件】，弹出【元件库】面板，如图 6-1-44 所示。

单击【查找】按钮，弹出【元件库查找】对话框，在查找文本框中输入"VR4"，在【选项】区域中的【查找类型】下拉列表中选择【Protel Footprints】选项，在【范围】区域中选择【路径中的库】，其他选取默认设置，如图 6-1-45 所示。

单击【查找】按钮，系统开始自动搜索"VR4"封装，搜索完毕的【元件库】面板如图 6-1-46 所示。单击【Place VR4】按钮，弹出【放置元件】对话框，如图 6-1-47 所示。

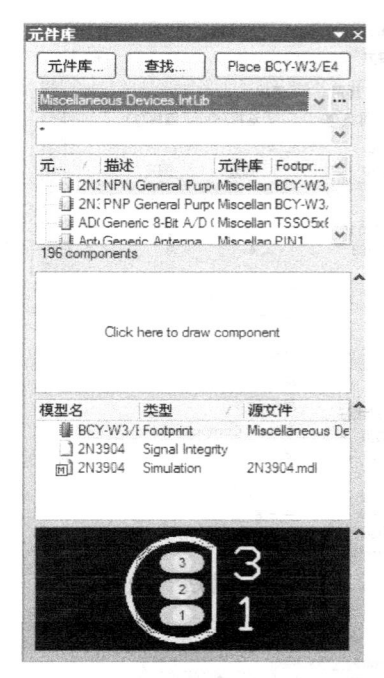

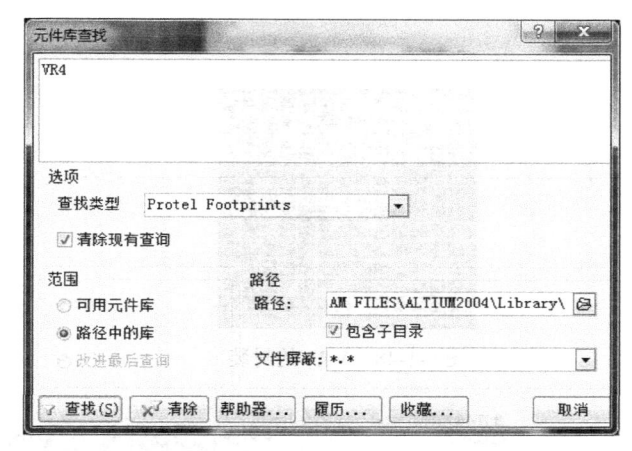

图 6-1-44 【元件库】面板　　　　　　图 6-1-45 【元件库查找】对话框

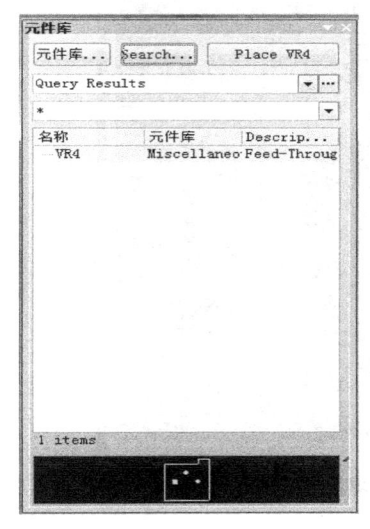

图 6-1-46 查找 VR4　　　　　　图 6-1-47 【放置元件】对话框

单击【确认】按钮,十字光标附着"VR4",在元件编辑区适当位置单击左键放置"VR4",如图 6-1-48 所示,单击鼠标右键退出放置状态。

(3) 复制"VR4"。选中"VR4",单击工具栏 (复制)按钮,十字光标单击选中的"VR4"。

(4) 将"VR4"复制到 PCB 封装编辑区。执行菜单命令【查看】→【工作区面板】→【PCB】→【PCB Library】,打开【PCB Library】面板。

在【PCB Library】面板【元件】区域内单击鼠标右键，在弹出的菜单中选择【Paste 1 Components】，如图 6-1-49 所示，将"VR4"粘贴到【PCB Library】面板的【元件】区域，如图 6-1-50 所示。

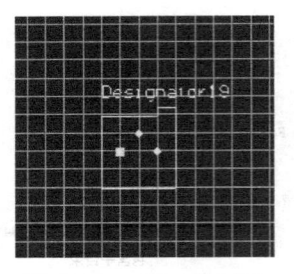

图 6-1-48　VR4 的封装　　　　图 6-1-49　粘贴"VR4"

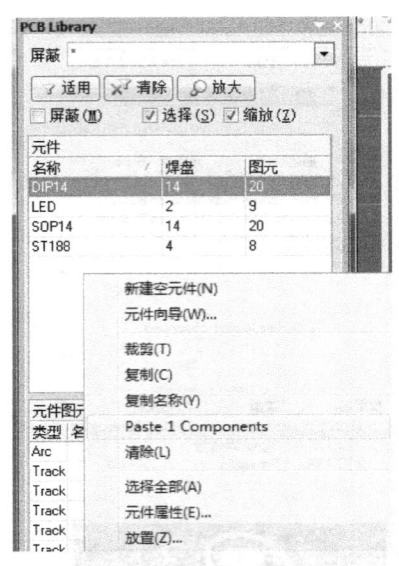

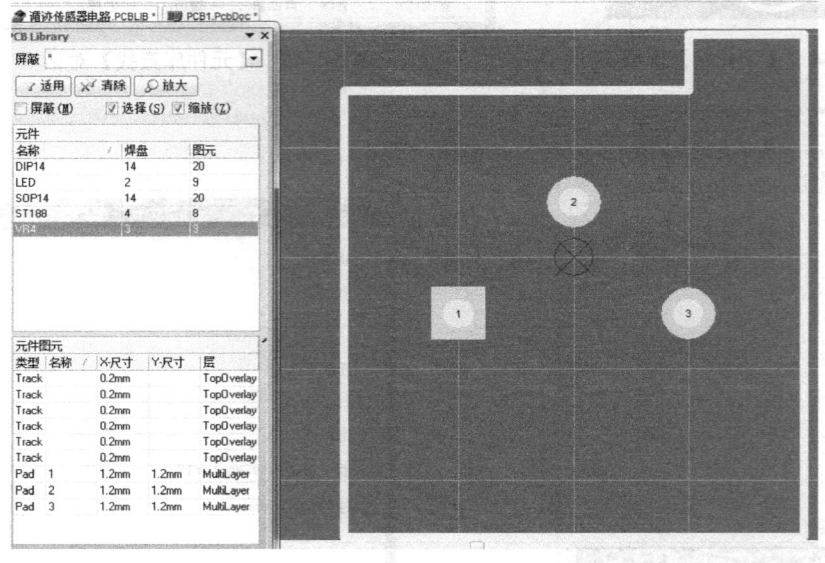

图 6-1-50　执行粘贴操作后的界面

（5）根据实际尺寸修改元件封装的参数。

① 测量元件外形尺寸。可调电阻为通孔插装式元件，用尺子测量其外形尺寸：引脚直径为 0.8mm，三个引脚呈三角形分布，引脚 1、引脚 3 的间距为 5mm，水平方向上引脚 2 距引脚 1、引脚 3 所在竖直直线的距离为 5mm。整个元件的外形近似为 7mm×7mm 的正方形。

② 设计元件封装尺寸。焊盘内径为 1mm，外径为 2mm；焊盘 1 与焊盘 3 的间距为 5.08mm，水平方向上焊盘 2 距焊盘 1、焊盘 3 所在竖直直线的距离为 5.08mm，整个元件封装的外形为 10mm×10mm 的正方形。

③ 修改参数。执行菜单命令【编辑】→【设定参考点】→【位置】，光标变成十字形，单击焊盘 1，重新设置原点的位置。

双击焊盘 1,弹出设置焊盘属性的对话框,按照设计尺寸修改焊盘 1 的参数,如图 6-1-51 所示。

仍照同样方法修改焊盘 2 与焊盘 3 的参数,如图 6-1-52、图 6-1-53 所示。

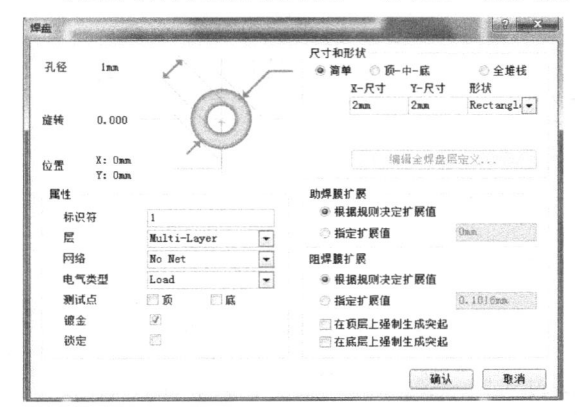

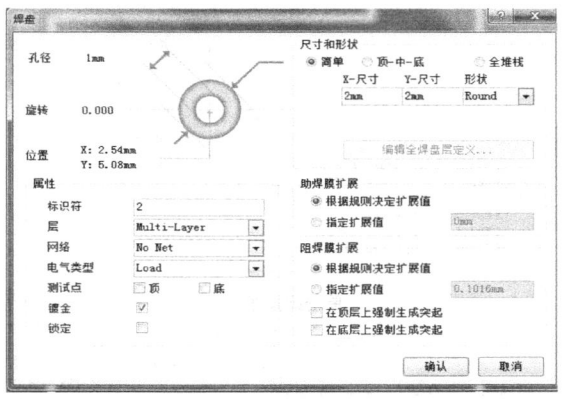

图 6-1-51　设置焊盘 1 的属性

图 6-1-52　设置焊盘 2 的属性

将板层切换到【Top Overlay】,将封装外形修改为 10mm×10mm 的正方形,如图 6-1-54 所示。

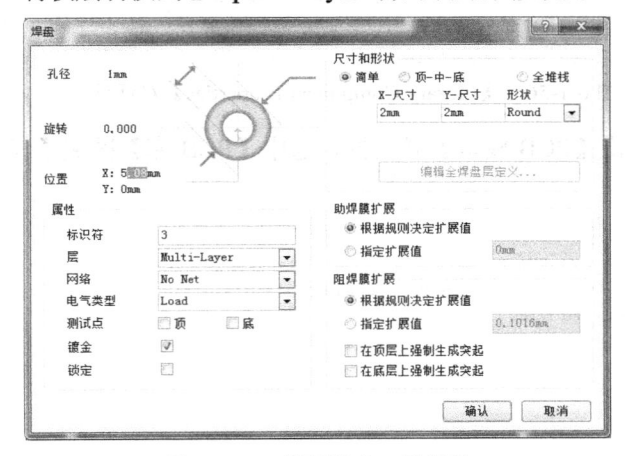

图 6-1-53　设置焊盘 3 的属性

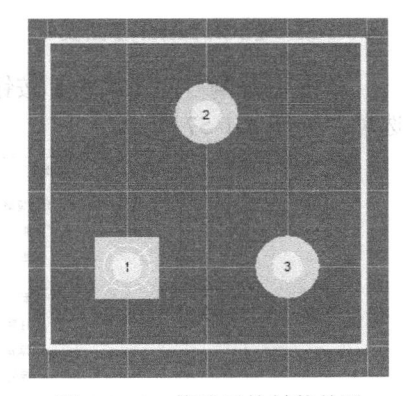

图 6-1-54　修改后的封装外形

④ 重新命名封装。执行菜单命令【工具】→【元件属性】,弹出【PCB 库元件】对话框,在【名称】文本框中输入元件封装名称"VR4-0",在【描述】文本框中输入"可调电阻",单击【确认】按钮。

⑤ 执行元件规则检查并保存。

用同样的方法可以修改电阻、弯角单排针的封装。

▸ 提示:参看 SPOC 课堂教学视频:编辑、修改元件封装。

设计任务 6.1.1:设计表 6-0-1 中元件的封装。

4. 给元件添加封装

下面我们以给 LM339 添加封装为例,介绍给元件添加封装的方法。

用左键单击【Projects】面板里的【智能小车循迹传感器.SCHLIB】,执行菜单命令【查看】→【工作区面板】→【SCH】→【SCH Library】,弹出【SCH Library】面板,在【元件】

区域中选中【LM339】,如图 6-1-55 所示。

单击【元件】区域下面的【编辑】按钮,弹出【Library Component Properties】对话框,如图 6-1-56 所示。

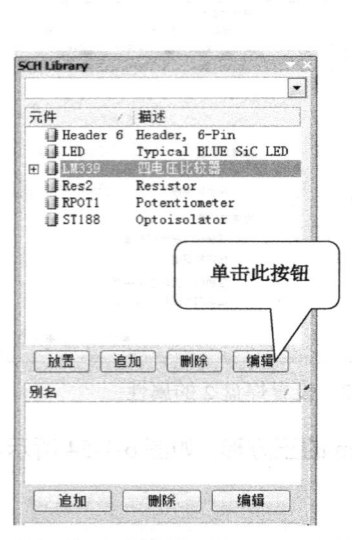

图 6-1-55　【SCH Library】面板　　　　图 6-1-56　【Library Component Properties】对话框

单击下方偏右的【编辑】按钮,弹出【PCB 模型】对话框,选中【PCB 库】区域【任意】选项,如图 6-1-57 所示。

图 6-1-57　【PCB 模型】对话框

单击【浏览】按钮,弹出【库浏览】对话框,选中【DIP14-0】,如图 6-1-58 所示,单击【确认】按钮,回到【PCB 模型】对话框,单击【确认】按钮,回到【Library Component Properties】对话框,单击【确认】按钮,完成给 LM339 添加封装的操作。

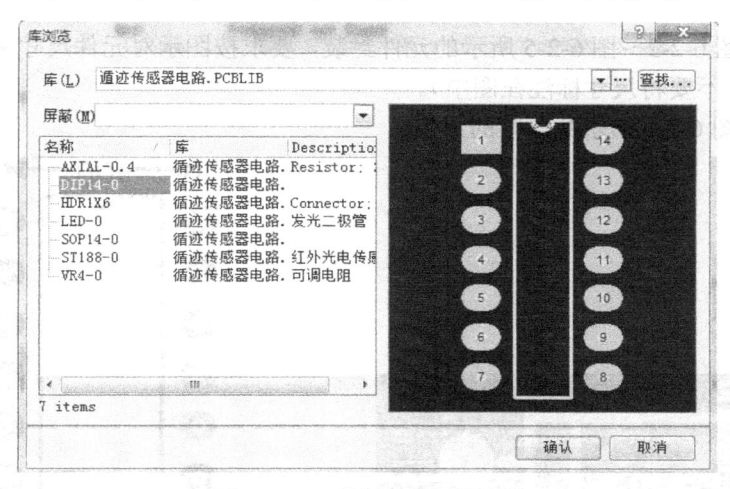

图 6-1-58 【库浏览】对话框

🔊 提示：参看 SPOC 教学视频：给元件添加封装。
设计任务：给循迹传感器电路原理图中的元件添加封装。

6.1.5 学习活动小结

本部分内容主要介绍了封装的概念、结构、类型和常用元件封装的名称，详细介绍了封装的设计方法，编辑、修改已有封装，绘制新的封装，以及利用向导制作封装的操作步骤。

拓展学习

（1）根据学习任务 2 或学习任务 1 拓展学习部分设计的元件，制作 PCB 元件封装库。
（2）尝试将中文环境切换为英文环境并完成本学习任务各设计任务。
（3）试用思维导图描绘本学习任务需要掌握的知识和技能。

思考与练习

（1）简述编辑、修改元件封装的主要步骤。
（2）简述利用向导制作元件封装的主要步骤。

实训题

实训题 1．制作元件封装。设计要求如下：
（1）在 PCB 项目文件中新建一个元件库文件，文件名为 PCBlib1.PcbLib。
（2）建立一个名为 DIODE 的二极管封装。要求：打开 PCB Footprints 元件库，复制一个 DIODE0.4 的封装到 PCBlib1.PcbLib 元件库中，然后将它改为如图 6-2-1 所示的封装。

（3）绘制如图 6-2-2～图 6-2-5 所示的元件封装，要求按图示对元件尺寸进行修改（尺寸标注的单位为 mil，不要将尺寸标注在图中）。

（4）画出如图 6-2-6 所示数码管的封装。

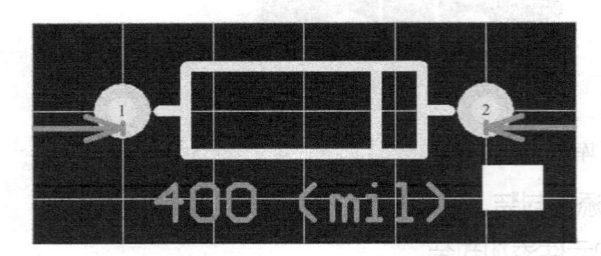

图 6-2-1　修改后的 DIODE0.4 封装

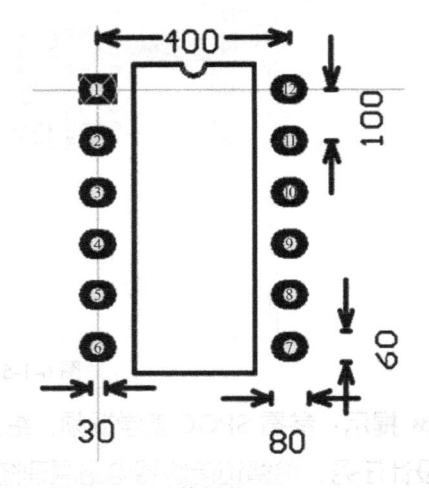

图 6-2-2　元件封装 DIP12（B）

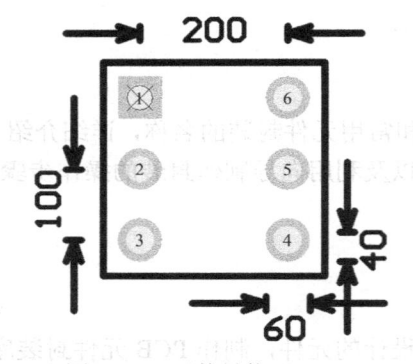

图 6-2-3　元件封装 DPDT-6

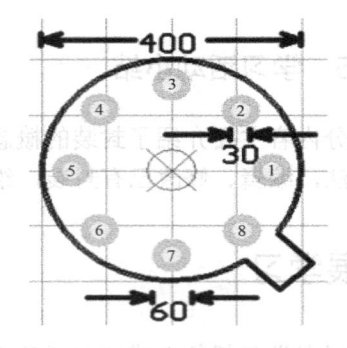

图 6-2-4　元件封装 CAN8

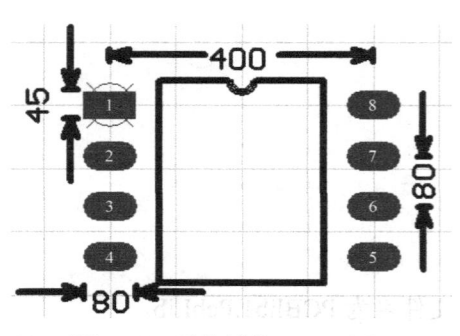

图 6-2-5　元件封装 SOP8（S）

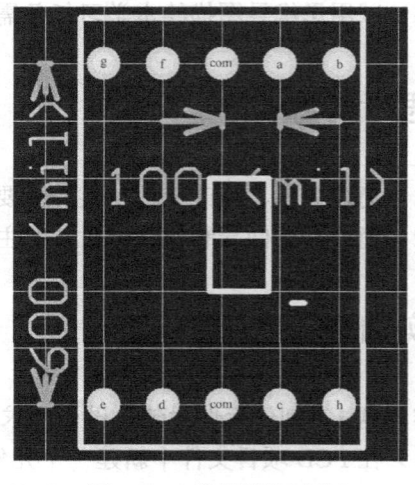

图 6-2-6　数码管的封装

（5）画出如图 6-2-7 所示极性电容的封装和如图 6-2-8 所示三端稳压器的封装。

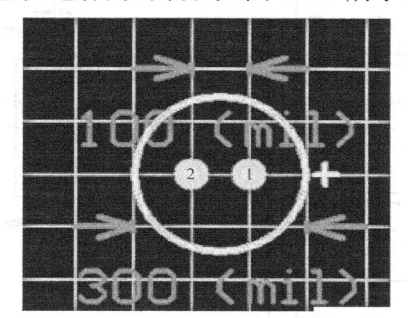

图 6-2-7 极性电容的封装

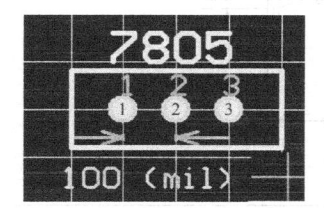

图 6-2-8 三端稳压器的封装

实训题 2. 绘制如图 6-2-9 所示的元件封装，并将其命名为 SOP16。

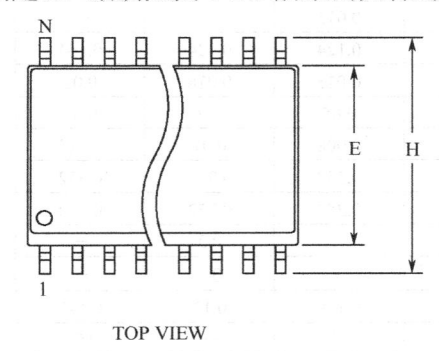

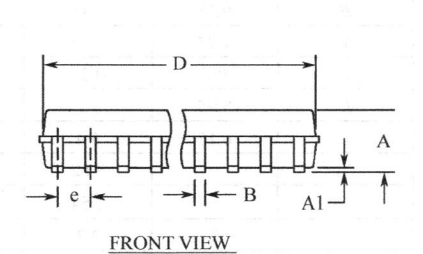

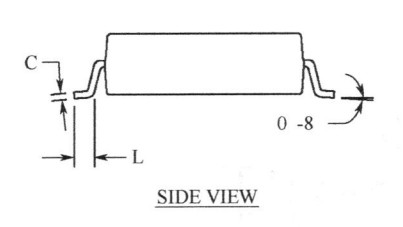

	INCHES		MILLIMETERS	
DIM	MIN	MAX	MIN	MAX
A	0.093	0.104	2.35	2.65
A1	0.004	0.012	0.10	0.30
B	0.014	0.019	0.35	0.49
C	0.009	0.013	0.23	0.32
e	0.050		1.27	
E	0.291	0.299	7.40	7.60
H	0.394	0.419	10.00	10.65
L	0.016	0.050	0.40	1.27

图 6-2-9 实训题 2 对应的图

实训题 3. 绘制如图 6-2-10 所示的元件封装，并将其命名为 DIP8。

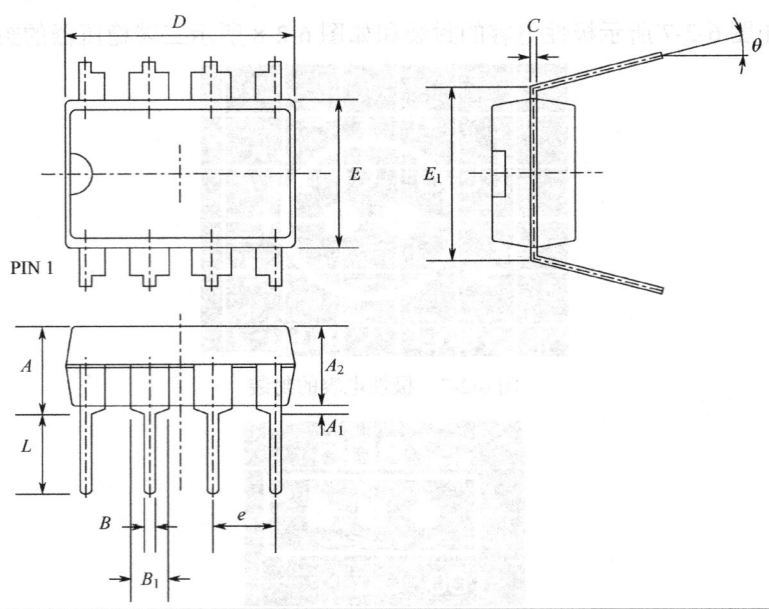

符号	尺寸（mil）			尺寸（inch）		
	最小值	推荐值	最大值	最小值	推荐值	最大值
A	—	—	—	—	—	0.170
A_1	0.38	—	—	0.015	—	—
A_2	3.15	3.4	3.65	0.124	0.134	0.144
B	0.38	0.46	0.51	0.015	0.018	0.02
B_1	1.27	1.52	1.77	0.05	0.06	0.07
C	0.2	0.25	0.3	0.008	0.01	0.012
D	8.95	9.2	9.45	0.352	0.362	0.372
E	6.15	6.4	6.65	0.242	0.252	0.262
E_1	—	7.62	—	—	0.3	—
e	—	2.54	—	—	0.1	—
L	3	3.3	3.6	0.118	0.13	0.142
θ	0°	—	15°	0°	—	15°

图 6-2-10　实训题 3 对应的图

实训题 4. 试设计图 6-2-11 所示元件封装。

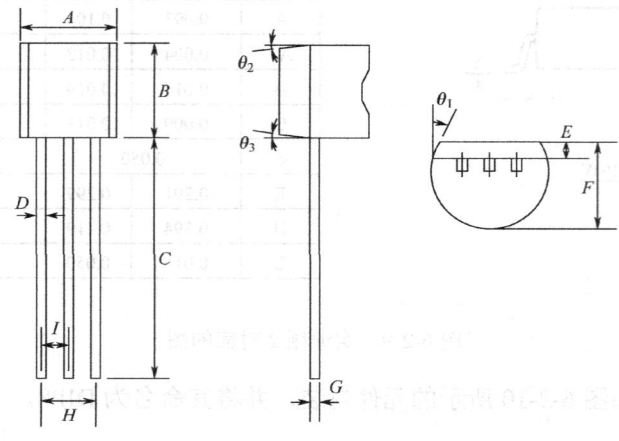

图 6-2-11　实训题 4 对应的图

符号	尺寸（mil）			尺寸（inch）		
	最小值	推荐值	最大值	最小值	推荐值	最大值
A	4.33	4.58	4.83	0.17	0.18	0.19
B	4.33	4.58	4.83	0.17	0.18	0.19
C	14.07	14.47	14.87	0.554	0.57	0.585
D	0.34	0.44	0.54	0.013	0.017	0.021
E	0.92	1.02	1.12	0.036	0.04	0.044
F	3.36	3.56	3.76	0.132	0.14	0.148
G	0.34	0.44	0.54	0.013	0.017	0.021
H	2.42	2.54	2.66	0.095	0.1	0.105
I	1.15	1.27	1.39	0.045	0.05	0.055
θ_1	—	5°	—	—	5°	—
θ_2	—	2°	—	—	2°	—
θ_3	—	2°	—	—	2°	—

图 6-2-11　实训题 4 对应的图（续）

模块 3　PCB 制作

学习任务 7　制作 PCB 单层板
——循迹传感器电路 PCB 单层板的制作

PCB 的制作流程和工艺比较复杂。学习任务 7 以实验室制作循迹传感器电路 PCB 单层板为例,介绍手工制作 PCB 的流程与步骤。

学习目标

- 学习 PCB 设计综合实例。
- 学习 PCB 的输出。
- 手工制作 PCB 单层板。

工作任务

学习任务 7 的工作任务是设计并用实验室简易制板法制作如图 6-0-1 所示循迹传感器电路 PCB 单层板。PCB 设计要求如下。

（1）设计 PCB 单层板。PCB 尺寸（宽×高）为 4000mil×3000mil；最小导线宽度为 20mil，安全间距为 10mil，地线宽度为 40mil；电源线宽度为 30mil；其他信号线宽度为 20mil；补泪滴，放置定位孔，孔径为 3.5mm，直径为 4 mm。

（2）输出 PCB 信息报表、元件报表、网络表、Gerber 文件和钻孔文件；生成雕刻机能识别的钻孔文件。

（3）打印 PCB 文件，用化学蚀刻法制作循迹传感器电路 PCB 单层板。

任务分析

由于 PCB 制作工艺复杂，时间较长，因此学习任务 7 的学习过程可以安排在实训阶段进行，分解为 3 个学习活动，如图 7-0-1 所示。学习活动 1 在校内机房进行，学习活动 2 在 PCB

制板室进行（完成 PCB 单层板的制板），3 个学习活动共需 8～12 学时。

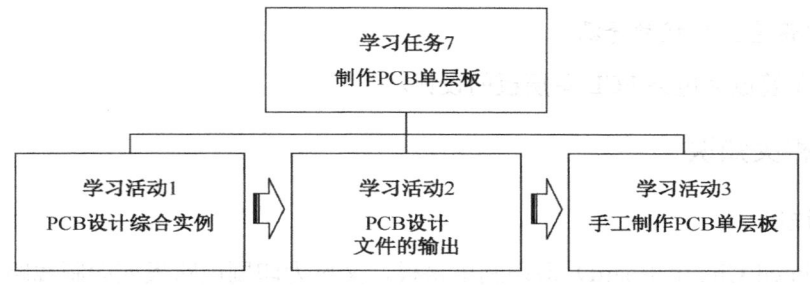

图 7-0-1 学习任务 7 的学习流程

任务实施

7.1 学习活动 1 PCB 设计综合实例

制作 PCB 之前，先要设计原理图和 PCB 板图。前面各个学习任务已分别介绍了设计原理图、制作与创建原理图元件库和 PCB 元件库的方法、PCB 的布局与布线的方法与操作步骤，本部分内容通过设计循迹传感器电路 PCB 单层板的实例来复习并进一步掌握已经学过的知识和操作技能，并为制作 PCB 单层板做好准备。

7.1.1 学习目标

能独立完成一个 PCB 项目的设计工作。

7.1.2 学习活动描述与分析

学习活动 1 的设计任务是在计算机上完成下面操作：

设计 PCB 单层板，尺寸（宽×高）为 4000mil×3000mil；最小导线线宽为 20mil，安全间距为 10mil，地线线宽为 40mil；电源线线宽为 30mil；其他信号线线宽为 20mil；补泪滴，放置定位孔，孔径为 3.5mm，直径为 4mm。

理解和掌握用自动布线技术设计 PCB 单层板的流程与操作步骤，学会设计 PCB 单层板，能独立完成一个 PCB 项目的设计工作。

本部分内容的学习，**重点**是掌握 PCB 项目设计的方法和操作步骤；**难点**是进行 PCB 布局。在学习时重点关注综合实例的布局方法，观看 SPOC 课堂上的视频，有助于更好地掌握 PCB 布局方法。完成学习活动 1 的设计任务，须弄清楚以下问题：

1. 学习引导问题

（1）如何评价 PCB 的布局质量？
（2）设计 PCB 单层板的流程和主要操作步骤是什么？
（3）PCB 单层板设计与 PCB 双层板设计有何不同？

需要掌握以下操作技能：

（1）设置 PCB 单层板的设计规则。

(2) 设置 PCB 单层板的布线规则。

2. SPOC 课堂上的视频资源

任务 7.1 单管放大电路 PCB 单层板的设计。

7.1.3 相关知识

1. PCB 概述

PCB（Printed Circuit Board）即印制电路板，又称为印刷电路板或印制线路板，是一种通过印制导线、焊盘及金属化过孔等来实现电路元件各个引脚之间电气连接的专用板材。

PCB 具有以下特点：
(1) 可实现电路中各元件的电气连接，代替复杂的布线。
(2) 缩小了整机体积，降低了电子产品成本，提高了产品的质量和可靠性。
(3) 采用标准化设计，有利于在生产过程中实现机械化和自动化。
(4) 整块经过装配调试的 PCB 可作为单个备件，便于整机产品的部件互换与维修。

2. PCB 布局评价标准
(1) 不会带来干扰。
(2) 装配维修方便。
(3) 性能价格比佳。
(4) 对外引线可靠。
(5) 元件排列整齐。
(6) 布局合理美观。

7.1.4 学习活动实施

下面通过设计循迹传感器电路的 PCB 单层板的综合实例，复习已经学过的自动布线技术及设计 PCB 的方法和操作步骤。

1. 创建 PCB 项目文件

执行菜单命令【文件】→【创建】→【项目】→【PCB 项目】，创建一个新的 PCB 项目，命名为"循迹传感器.PRJPCB"并保存。

执行菜单命令【文件】→【创建】→【原理图】，在项目文件下创建一个新的原理图文件，命名为"循迹传感器.SCHDOC"并保存，如图 7-1-1 所示。

图 7-1-1 【Projects】面板

2. 加载元件库

在如图 7-1-1 所示的【Projects】面板上右击"循迹传感器.PRJPCB"项目文件，在弹出的菜单中选择【追加已有文件到项目中】，弹出【Choose Documents to Add to Project…】对话框，以"循迹传感器"为关键词进行查询，结果如图 7-1-2 所示。

单击【打开】按钮，将循迹传感器原理图元件库文件添加至循迹传感器工程项目根目录。

按照同样的方法，将循迹传感器电路 PCB 元件库文件添加至循迹传感器工程项目根目录。添加原理图元件库文件和 PCB 元件库文件后的工程项目文件如图 7-1-3 所示。

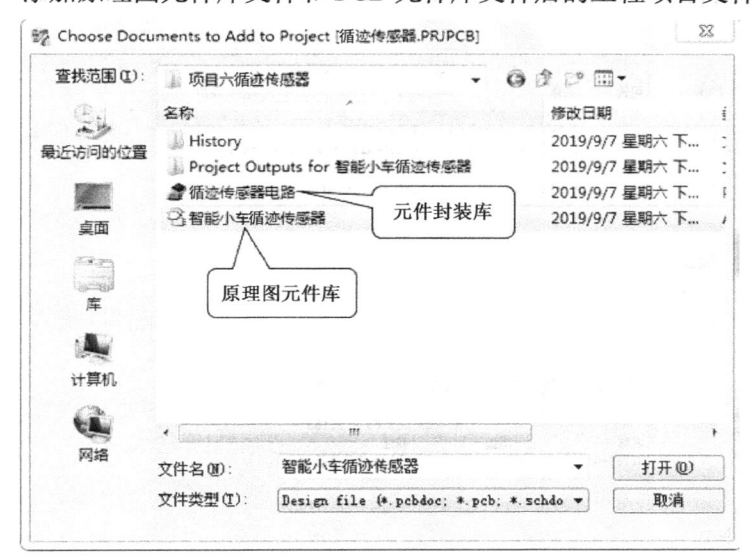

图 7-1-2 【Choose Documents to Add to Project…】对话框 　　图 7-1-3　添加原理图元件库和 PCB 元件库

执行菜单命令【设计】→【浏览元件库】，打开【元件库】面板，单击当前元件库右侧的下拉按钮，如图 7-1-4 所示。

在弹出的元件库选项中选择"智能小车循迹传感器.SCHLIB"作为当前元件库，如图 7-1-5 所示。

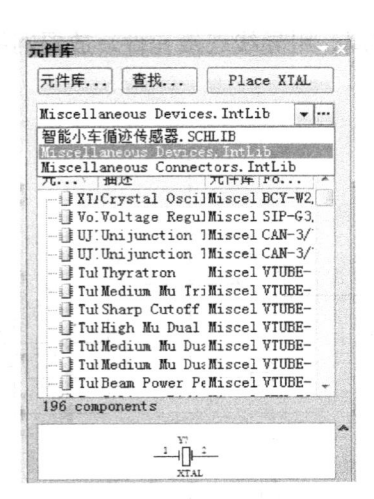

图 7-1-4　【元件库】面板 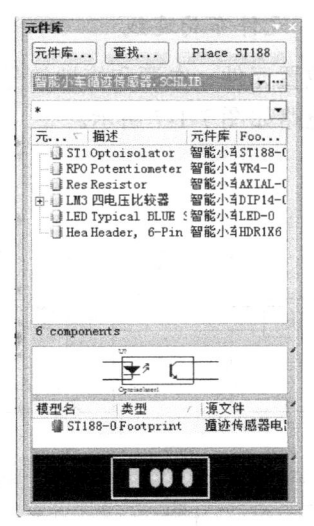　　图 7-1-5　设置当前元件库

3. 放置元件

单击【Place ST188】按钮，光标变成十字形，附着弯角 ST188 元件图形符号，按下键盘 Tab 键，弹出【元件属性】对话框，将标识符改为 U3，单击"Parameters for U3-ST188"下面

· 233 ·

的【追加】按钮，在弹出的【参数属性】对话框【数值】文本栏中输入 **ST188**，勾选【可视】复选框，单击【确认】按钮，回到【元件属性】对话框，如图 7-1-6 所示。

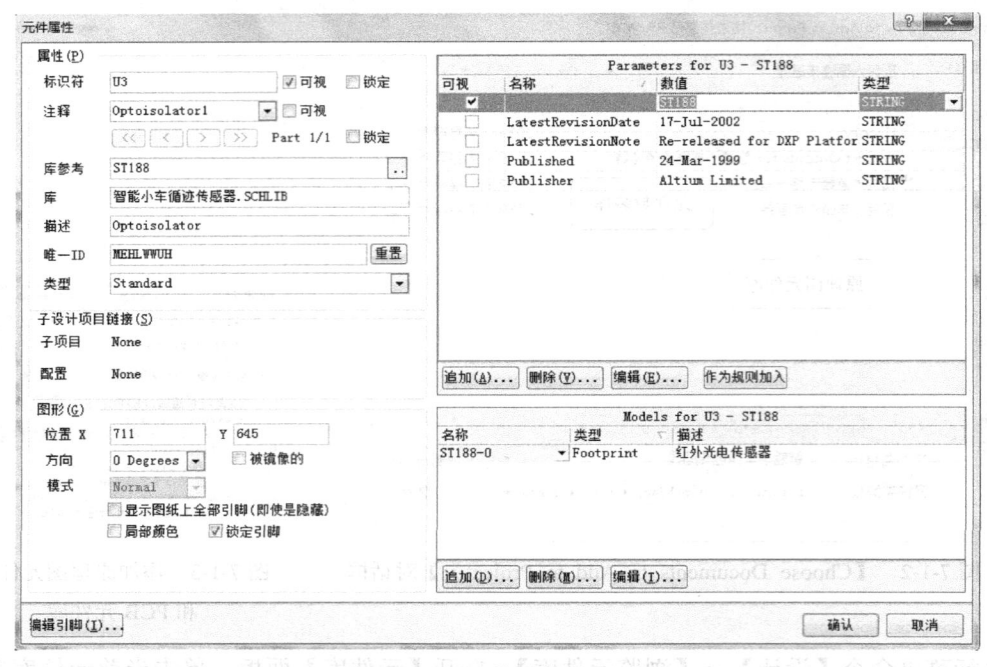

图 7-1-6 【元件属性】对话框

单击【确认】按钮，在原理图适当位置单击鼠标左键，放置 ST188 元件。用同样的方法放置其他元件。

4. 元件布局连线

放置元件、电源和接地符号，并对元件进行布局，用导线连接元件，放置网络标签，连接好的电路如图 7-1-7 所示。

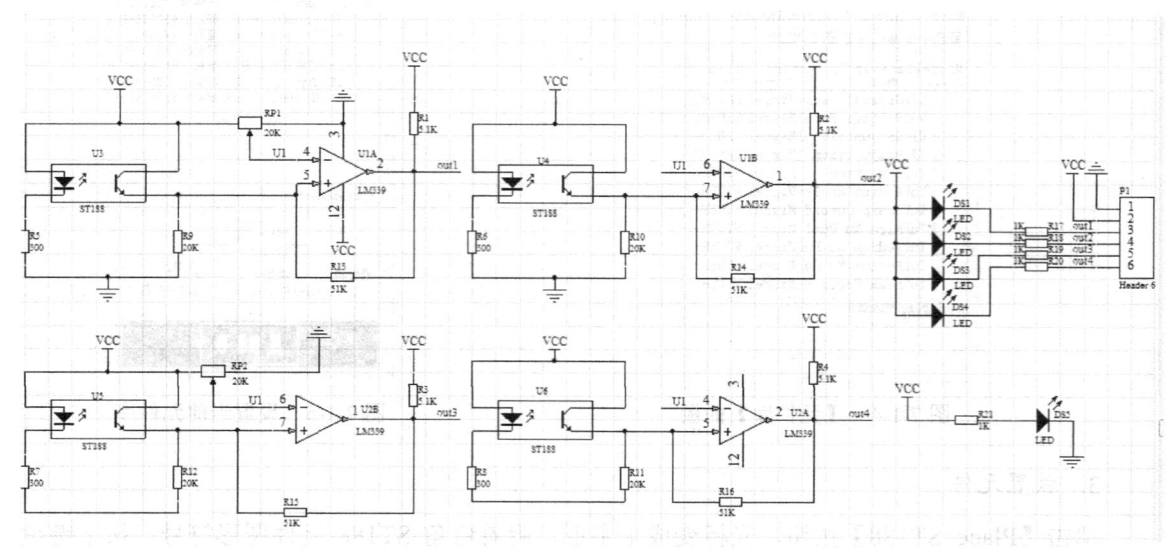

图 7-1-7 连接好的电路

5. 电气规则检查

执行菜单命令【项目管理】→【Compile PCB Project...】，单击面板控制区【System】标签，在弹出的菜单中选择【Messages】，打开【Messages】面板，显示 ERC 检查报告，如图 7-1-8 所示。

图 7-1-8　ERC 检查报告

ERC 检查报告指出 LM339 的子件 3 与子件 4 没有使用，这与实际使用情况相符，不是错误；ERC 检查报告还指出电路没有信号源，由于信号源在仿真实验中才使用，这也不是错误；因此电路设计没有错误。

返回到原理图编辑器，执行菜单命令【文件】→【保存】，保存设计的原理图文件。

6. 创建网络表并保存

执行菜单命令【设计】→【设计项目的网络表】→【Protel】，可以生成项目的网络表。执行菜单命令【文件】→【保存】，保存网络表文件。

7. 使用 PCB 向导创建 PCB 文件和规划板框

单击面板控制区【System】标签，在弹出的菜单中选择【Files】，打开【Files】面板，单击【Files】面板下部【根据模板新建】→【PCB Board Wizard】选项，进入 PCB 向导，选择【英制】，单击【下一步】按钮，选择【Custom】，单击【下一步】按钮。

（1）规划 PCB 的形状为矩形，尺寸为 4000mil×3000mil，如图 7-1-9 所示。

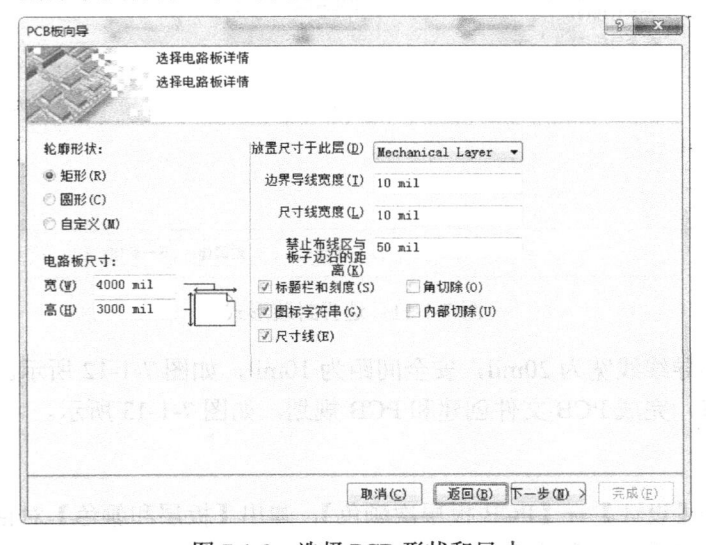

图 7-1-9　选择 PCB 形状和尺寸

（2）将内部电源层（内电层）的数量设置为 0，如图 7-1-10 所示。

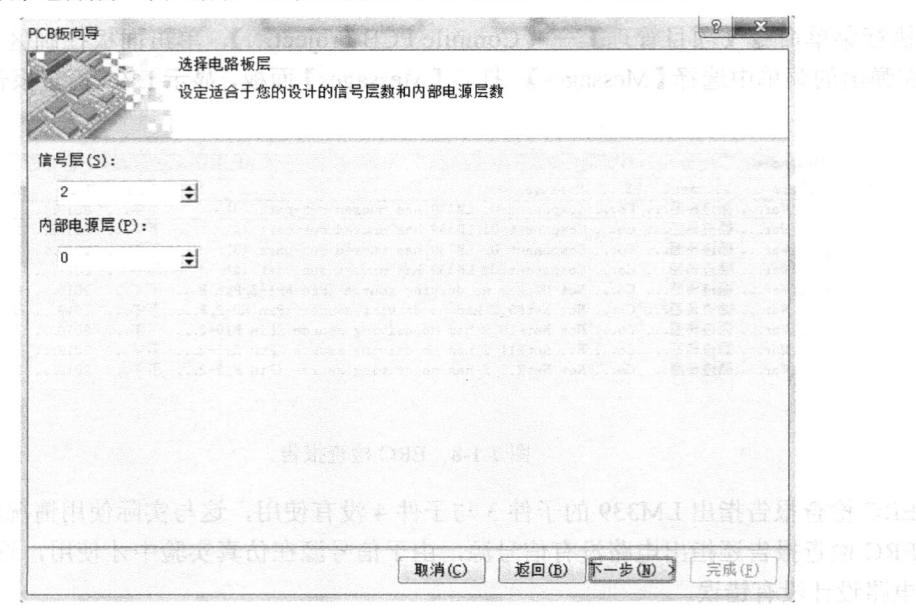

图 7-1-10　设置 PCB 板层

（3）由于设计选用的封装主要是插装式封装，所以选择【通孔元件】，如图 7-1-11 所示。

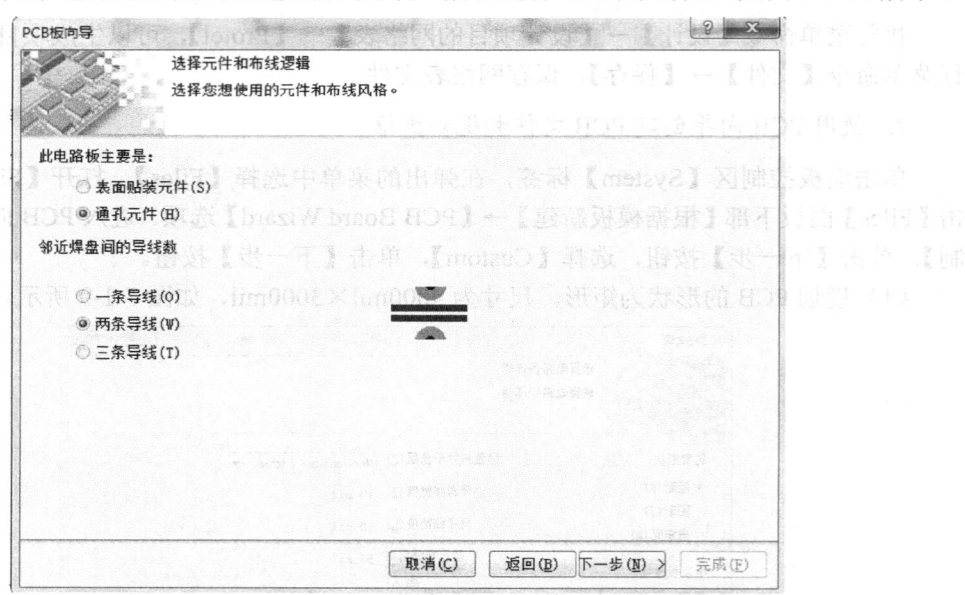

图 7-1-11　选择封装形式

（4）设置最小导线线宽为 20mil，安全间距为 10mil，如图 7-1-12 所示。

其他取默认值，完成 PCB 文件创建和 PCB 规划，如图 7-1-13 所示。

8. 选择板层

执行菜单命令【设计】→【PCB 板层次颜色】，弹出【板层和颜色】对话框，按照图 5-1-5 所示选择板层，单击【确认】按钮。

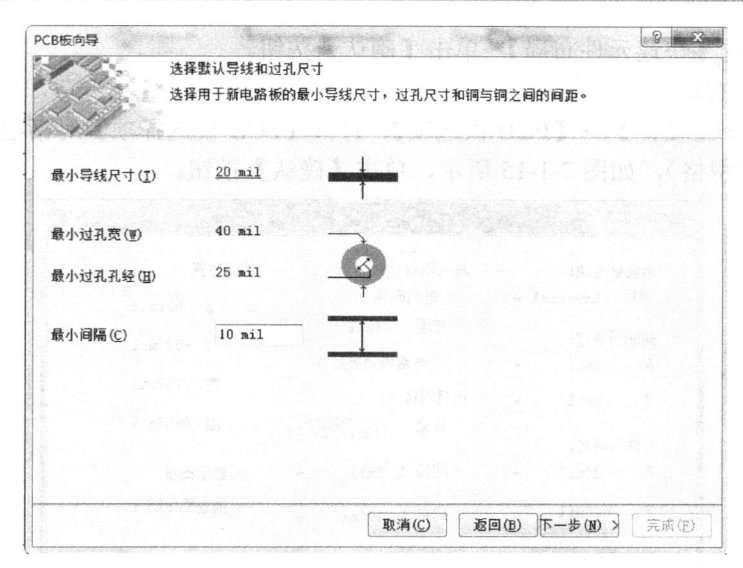

图 7-1-12 设置导线和过孔尺寸

9. 保存文件并将其添加至项目文件

执行菜单命令【文件】→【保存】,在弹出的【Save as ...】对话框中,选择保存路径,PCB 文件名为"循迹传感器.PCBDOC",保存创建的 PCB 文件。

选中"循迹传感器.PCBDOC"文件,将其拖至 PCB 项目文件"循迹传感器.PRJPCB"中,如图 7-1-14 所示。

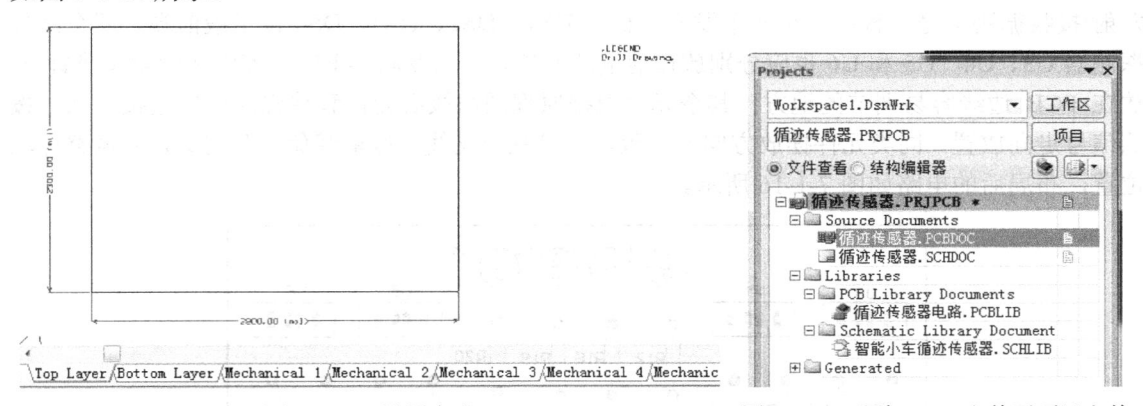

图 7-1-13 设置完成　　　　图 7-1-14 添加 PCB 文件至项目文件

10. 装入网络表并自动调入元件封装

执行菜单命令【设计】→【Import Changes From】,弹出【工程变化订单】对话框,单击【使变化生效】按钮,加载网络表,自动调入元件封装,检查并排除装入网络表时的错误。若没有错误,取消勾选【Add】,参看前面图 5-1-9,单击【执行变化】按钮,单击【关闭】按钮。

11. PCB 布局

1) 自动布局

执行菜单命令【工具】→【放置元件】→【自动布局】,弹出【自动布局】对话框,选择

· 237 ·

【分组布局】，勾选【快速元件布局】，单击【确认】按钮。

2）手工调整布局

执行菜单命令【设计】→【PCB 板选项】，打开【PCB 板选择项】对话框，将【标记】设为【Dots】（点状网格），如图 7-1-15 所示，单击【确认】按钮。

图 7-1-15　【PCB 板选择项】对话框

按照功能模块和信号走向进行布局。先确定核心元件 LM339 的位置，将 U1、U2 放置在 PCB 中间；再确定特殊元件 ST188、滑动变阻器、弯角单排针和发光二极管的位置。为了便于发射/接收循迹信号，智能小车 4 个发光二极管 DS1、DS2、DS3、DS4 位于最前端，四个红外探测器 U3、U4、U5 和 U6 也应分别放在前端的两侧，滑动变阻器 RP1、RP2 和弯角单排针 P1 放在 PCB 边缘容易调节的地方；其余元件根据原理图与核心元件和特殊元件的连接关系，按照信号走向放置，同类元件摆放方向要一致，尽量减少飞线，尽量避免相互交叉，并调整标注位置，布局后的电路如图 7-1-16 所示。

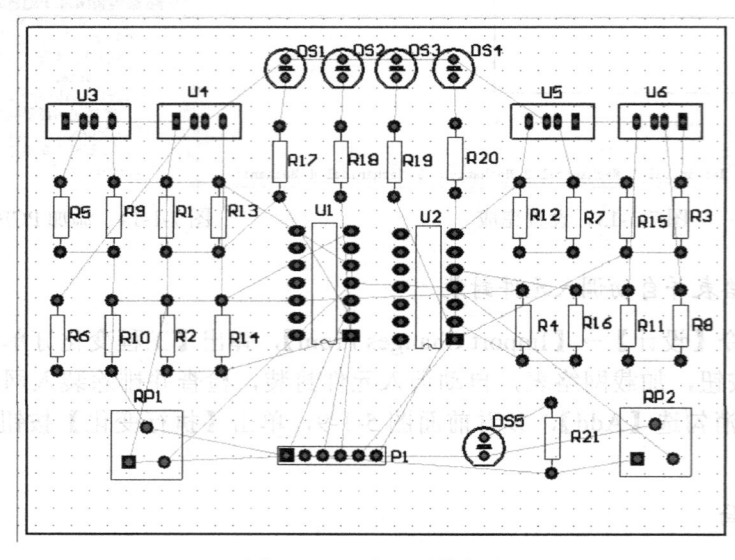

图 7-1-16　布局后的电路

12. 设置自动布线规则

在自动布线之前，要设置一些规则，如导线线宽规则、安全间距规则和平行线间距规则等，布线规则设置是否合理直接影响布线的成功率和 PCB 的性能。

1）设置最小间隙

执行菜单命令【设计】→【规则】，弹出【PCB 规则和约束编辑器】对话框，单击【Electrical】→【Clearance】选项，在【约束】区域下面，设置最小间隙为 10mil，如图 7-1-17 所示。

图 7-1-17　设置最小间隙

2）设置导线宽度

单击【PCB 规则和约束编辑器】对话框中【Routing】→【Width】选项，分别设置地线线宽为 40mil；电源线线宽为 30mil；其他信号线线宽为 20mil，如图 7-1-18 所示。

3）设置布线板层

单击【Routing Layers】选项，在【约束】区域下面，取消勾选【Top Layer】复选框，如图 7-1-19 所示。

13. 自动布线

执行菜单命令【自动布线】→【全部对象】，弹出【Situs 布线策略】对话框，单击【编辑层方向】按钮，弹出【层方向】对话框，将【Top Layer】项设为"Not Used"，将【Bottom Layer】项设为"Any"，单击【确认】按钮，再单击【Route All】按钮。自动布线后的 PCB 如图 7-1-20 所示。

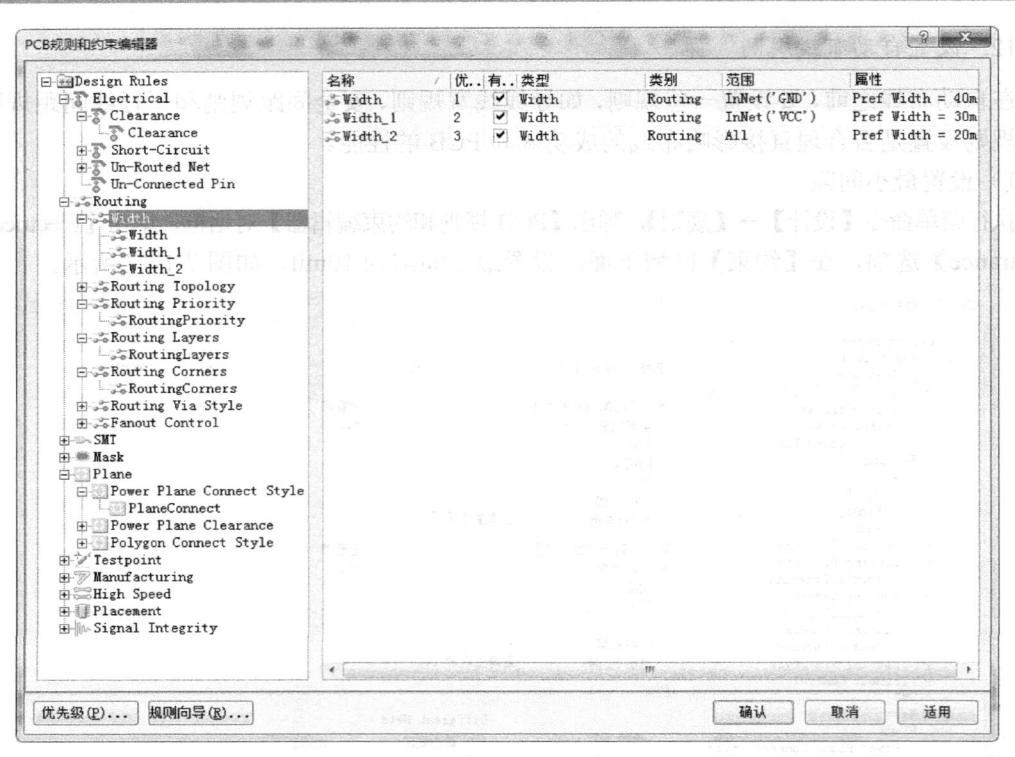

图 7-1-18　设置线宽

图 7-1-19　设置布线板层

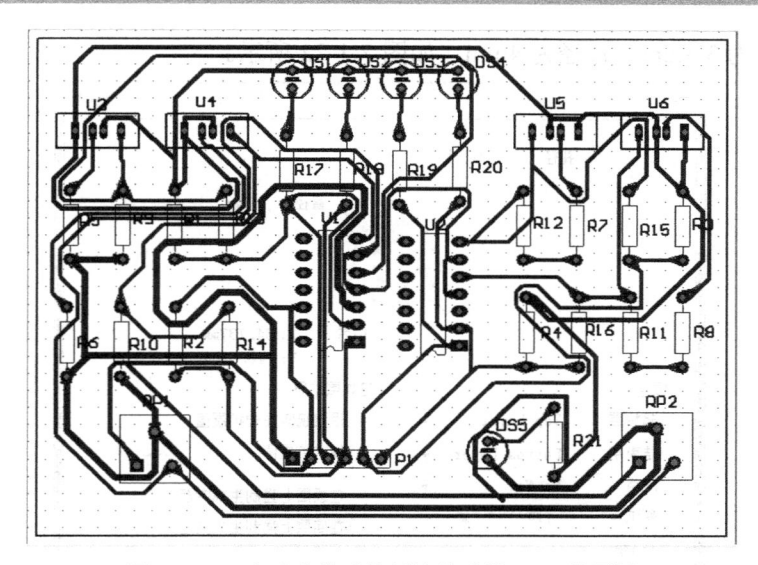

图 7-1-20　自动布线后的循迹传感器 PCB 单层板

14. 进行设计规则检查

执行菜单命令【工具】→【设计规则检查】，弹出【设计规则检查器】对话框，单击【运行设计规则检查】按钮，弹出【Messages】对话框，空白表示没有错误，关闭【Messages】对话框，显示设计规则检查报告，如图 7-1-21 所示。

图 7-1-21　设计规则检查报告

15. 补泪滴

执行菜单命令【工具】→【泪滴焊盘】，弹出【泪滴选项】对话框，采用系统默认设置，单击【确认】按钮。

16. 放置过孔作为定位孔

执行菜单命令【放置】→【过孔】，光标变成十字形，并带着一个过孔；按 Tab 键，编辑过孔属性，孔径为 3.5mm，直径为 4mm，如图 7-1-22 所示。

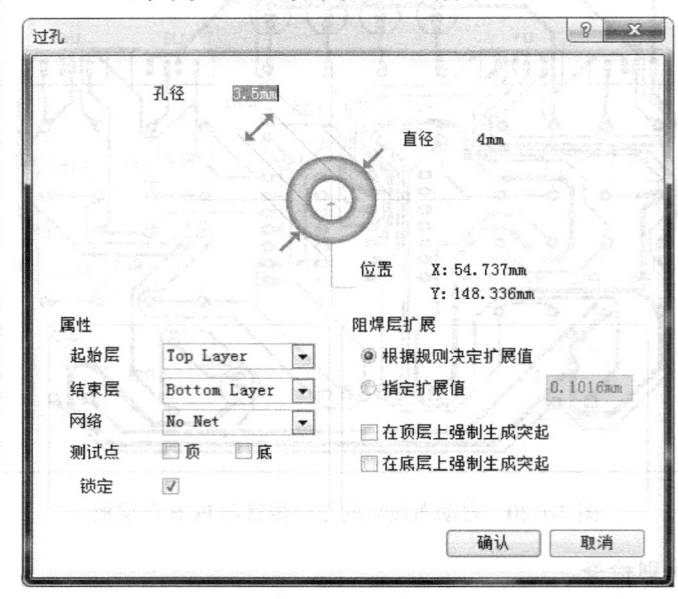

图 7-1-22 【过孔】对话框

依次在每个角放一个过孔，并勾选【锁定】选项锁定过孔，完成循迹传感器 PCB 单层板设计，如图 7-1-23 所示。

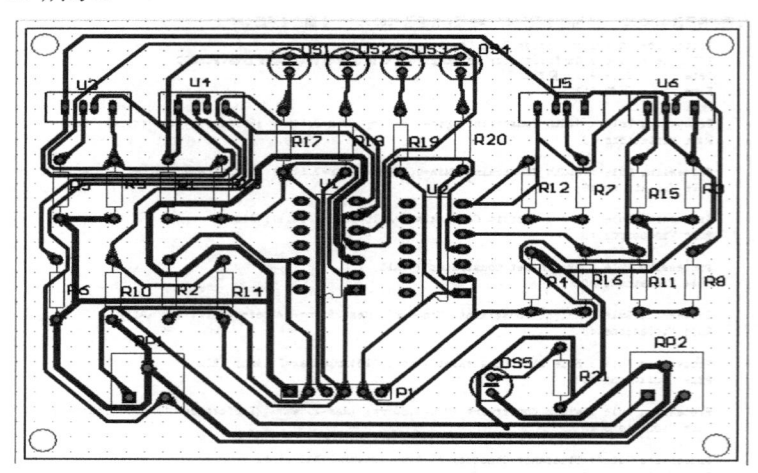

图 7-1-23 放置定位孔后的循迹传感器 PCB 单层板

17. 3D 效果图

执行菜单命令【查看】→【显示三维 PCB 板】，显示循迹传感器 PCB 电路顶层 3D 效果图，如图 7-1-24 所示。

拖动 PCB，可以翻转板子看到底层 3D 效果图，如图 7-1-25 所示。

◆ 提示：观看 SPOC 课堂教学视频：设计单管放大电路 PCB 单层板。

设计任务 7.1.1：在智能小车循迹传感器电路中，将电阻的封装设为 0805，发光二极管封装设为贴片，可调电阻封装设为 RP-3362，LM339 的封装设为 SOP-14，其他元件封装与本部分内容实例相同,试设计如图 5-0-1 所示原理图的 PCB 单层板。

图 7-1-24　顶层 3D 效果图　　　　　图 7-1-25　底层 3D 效果图

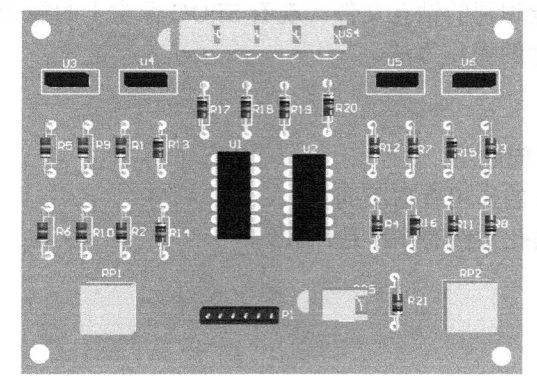

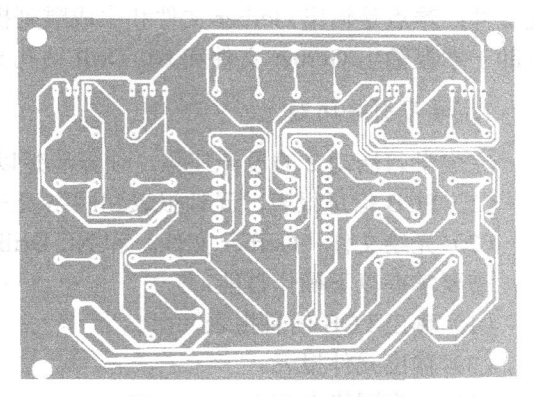

提示:在设计有表面贴装元件的 PCB 单层板时,应将表面贴装元件放置在底层,即 Bottom Layer,方法是双击该表面贴装元件,弹出【元件…】对话框,在【元件属性】区域下的【层】选项框中,将系统默认的 Top Layer(顶层)改成 Bottom Layer(底层)即可。

7.1.5　学习活动小结

本部分内容通过设计循迹传感器电路 PCB 单层板的过程,详细介绍了采用 Protel 进行 PCB 设计的一般过程。设计 PCB 的一般步骤是创建项目文件、设计原理图、生成报表、创建 PCB 文件、进行布局和布线、进行设计规则检查、补泪滴和放置定位孔等。

任务实施

7.2　学习活动 2　PCB 设计文件的输出

在 PCB 设计完成之后通常需要输出一些报表文件,如 PCB 信息报表、元件报表、网络表、Gerber 文件和 NC Drill 钻孔文件等。本部分内容将以循迹传感器电路 PCB 单层板为例,学习 PCB 各类报表文件的输出方法。

7.2.1　学习目标

能输出 PCB 各类报表文件,能生成雕刻机能识别的钻孔文件。

7.2.2　学习活动描述与分析

学习活动 2 的设计任务是在计算机上完成下面操作:输出 PCB 信息报表、元件报表、网络表、Gerber 文件和 NC Drill 钻孔文件;生成雕刻机能识别的钻孔文件。了解 PCB 设计系统提供的生成各种报表的功能;掌握生成 PCB 信息报表、元件报表、网络表的方法和操作步骤;掌握输出 Gerber 文件和 NC Drill 钻孔文件的方法和操作步骤;掌握生成雕刻机能识别的钻孔文件的方法和操作步骤。

本部分内容的学习，**重点**是输出 Gerber 文件、NC Drill 钻孔文件和生成雕刻机能识别的钻孔文件；**难点**是输出 Gerber 文件和生成雕刻机能识别的钻孔文件。观看 SPOC 课堂上的视频，有助于掌握输出 Gerber 文件和 NC Drill 钻孔文件的操作方法。

1. 学习引导问题

完成学习活动 2 的设计任务，须弄清楚以下问题：
（1）PCB 信息报表、元件报表和网络表三者的作用有何不同？
（2）光绘文件（Gerber 文件）和 NC Drill 钻孔文件的作用是什么？
需要掌握以下操作技能：
（1）输出 PCB 信息报表。
（2）输出元件报表。
（3）输出网络表。
（4）输出 Gerber 文件。
（5）输出 NC Drill 钻孔文件。
（6）生成雕刻机能识别的钻孔文件。

2. SPOC 课堂上的视频资源

（1）任务 7.2 输出 PCB 信息报表、元件报表和网络表。
（2）任务 7.3 输出 Gerber 文件。
（3）任务 7.4 输出 NC Drill 钻孔文件。
（4）任务 7.5 生成雕刻机能识别的钻孔文件。

7.2.3 相关知识

1. PCB 信息报表

PCB 信息报表用于为用户提供一个 PCB 的完整信息，包括 PCB 尺寸、PCB 上的焊点及过孔的数量，以及 PCB 上的元件标号等信息。

2. 元件报表

元件报表就是一个 PCB 或一个项目所用元件的清单。使用元件报表可以帮助用户了解 PCB 上的元件信息。

3. 网络表

网络表是描述 PCB 上元件连接情况的报表。用户可以通过比较 PCB 网络表与原理图网络表，查找 PCB 设计的错误。

4. Gerber 文件

在设计好 PCB 文件以后，需要将其转换为 Gerber 文件和钻孔数据并交给 PCB 生产厂家。Gerber 文件在电子组装行业又称为模板文件，在 PCB 制造业又称为光绘文件，是描述用于制作 PCB 所需的板层图像信息的文件，可以通过 EDA 软件或者 CAD 软件产生。生产时将 Gerber 文件送到 PCB 工厂，导入 CAM 软件，就可以为每一道 PCB 工艺流程提供数据。

5. NC Drill 钻孔文件

对于焊盘和过孔，在 PCB 加工时都需要钻孔。NC Drill 钻孔文件用于提供制作 PCB 时所需的钻孔资料，直接用于数控钻孔机的钻孔操作。

6. SXY-D300 软件

SXY-D300 软件是全自动数控钻铣雕刻机驱动软件。

7.2.4 学习活动实施

1. 输出 PCB 信息报表

输出 PCB 信息报表的操作方法如下。

1）打开 PCB 文件

执行菜单命令【文件】→【打开】，弹出【Choose Document to Open】对话框，找到并打开"循迹传感器"PCB 文件，如图 7-2-1 所示。

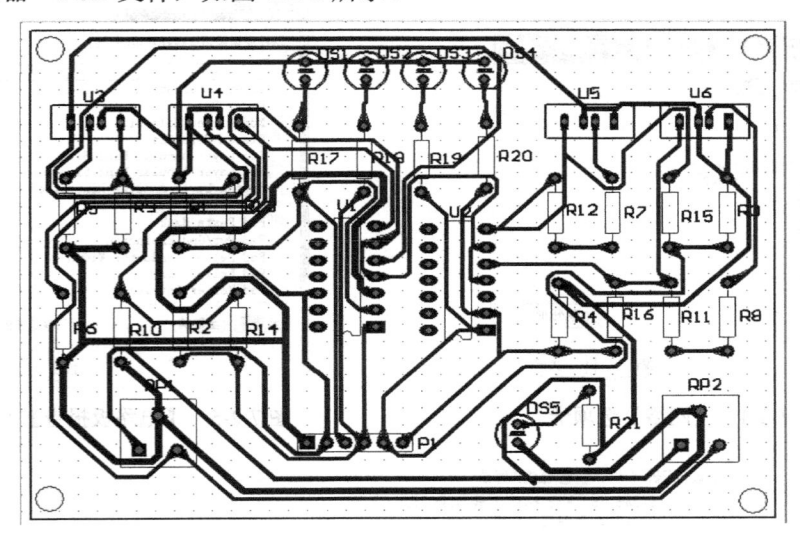

图 7-2-1 "循迹传感器"PCB 文件

2）输出 PCB 信息报表

执行菜单命令【报告】→【PCB 板信息…】，弹出【PCB 信息】对话框，如图 7-2-2 所示。
- 【一般】选项卡：显示 PCB 的一般信息，包括各种图元数量、PCB 尺寸等。
- 【元件】选项卡：显示 PCB 中所有元件及上下层元件数量等信息，如图 7-2-3 所示。
- 【网络】选项卡：显示的是 PCB 的网络总数和所有网络的列表，如图 7-2-4 所示。

单击【报告】按钮，弹出【电路板报告】对话框，如图 7-2-5 所示，在该对话框中可选择报告文件中需要包含的项目。

再次单击【报告】按钮，将产生 PCB 信息报表，如图 7-2-6 所示。

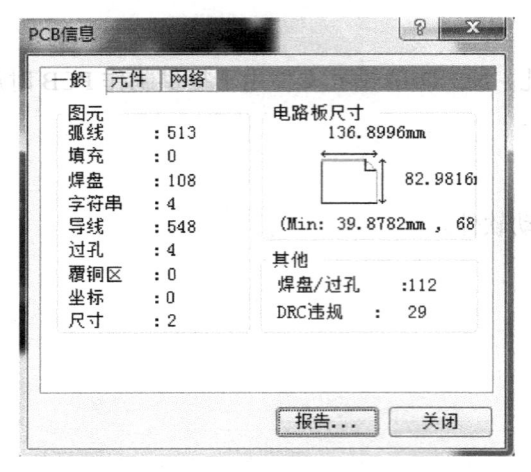

图 7-2-2 【PCB 信息】对话框

图 7-2-3 【元件】选项卡

图 7-2-4 【网络】选项卡

图 7-2-5 【电路板报告】对话框

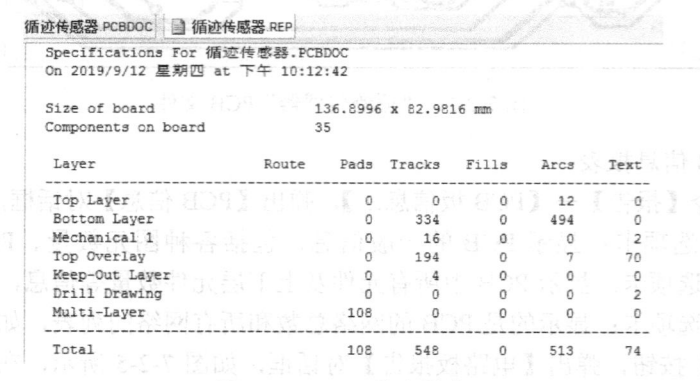

图 7-2-6　PCB 信息报表

2. 输出元件报表

输出元件报表的操作步骤如下：

（1）执行菜单命令【报告】→【Bill of Materials】，弹出如图 7-2-7 所示的对话框。

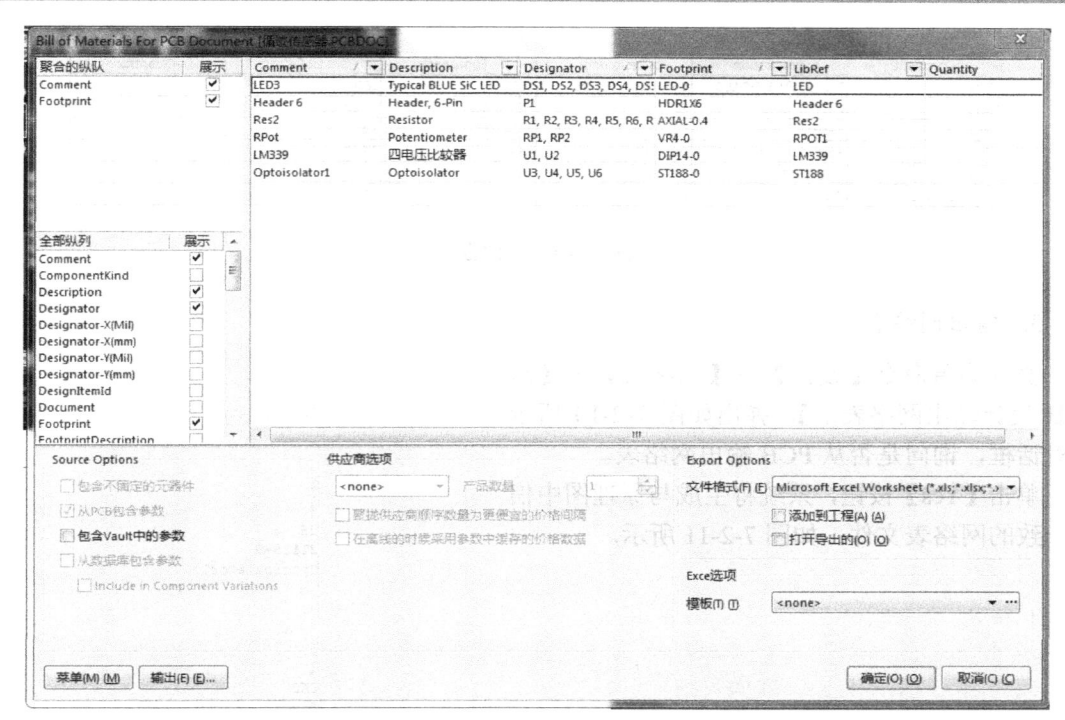

图 7-2-7 【Bill of Materials For PCB Document[循迹传感器.PCBDOC]】对话框

（2）单击【输出】按钮，系统将弹出如图 7-2-8 所示的对话框，在此可设定输出报表的文件类型、文件存放位置和文件名称，这里均采用默认设置。

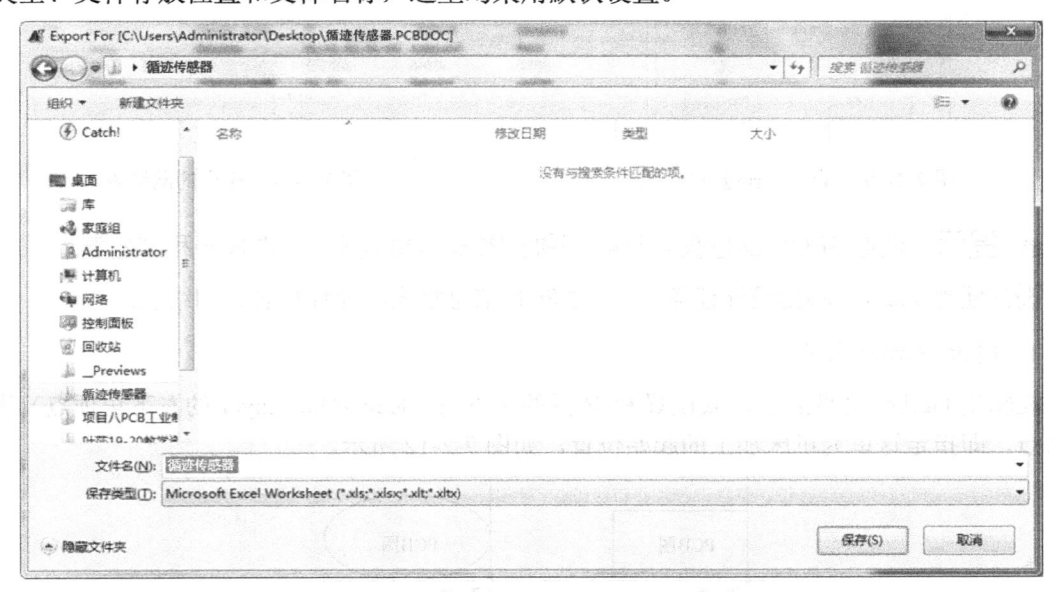

图 7-2-8 设定输出报表的文件类型、文件存放位置和文件名称

（3）单击【保存】按钮，回到【Bill of Materials For PCB Document[循迹传感器.PCBDOC]】对话框，单击【确定】按钮，元件报表创建完成。可以在 Excel 环境中打开该文件，如图 7-2-9 所示。

· 247 ·

Comment	Description	Designator	Footprint	LibRef	Quantity
LED3	Typical BLUE SiC LED	DS1, DS2, DS3, DS4, DS5	LED-0	LED	5
Header 6	Header, 6-Pin	P1	HDR1X6	Header 6	1
Res2	Resistor	R1, R2, R3, R4, R5, R6, R...	AXIAL-0.4	Res2	21
RPot	Potentiometer	RP1, RP2	VR4-0	RPOT1	2
LM339	四电压比较器	U1, U2	DIP14-0	LM339	2
Optoisolator1	Optoisolator	U3, U4, U5, U6	ST188-0	ST188	4

图 7-2-9　元件报表

3. 输出网络表

执行菜单命令【设计】→【网络表】→【从 PCB 设计输出网络表...】，弹出如图 7-2-10 所示的对话框，询问是否从 PCB 输出网络表。

单击【Yes】按钮，系统将生成与原理图中信息一致的网络表文件，如图 7-2-11 所示。

图 7-2-10　【Confirm】对话框

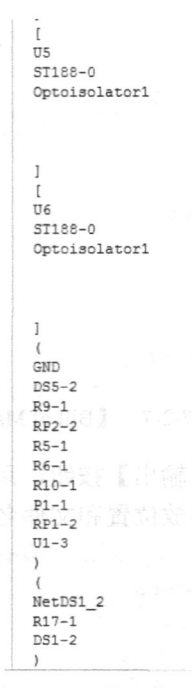

图 7-2-11　输出的网络表

💡 提示：观看 SPOC 课堂教学视频：输出 PCB 信息报表、元件报表和网络表。

设计任务 7.2.1：输出设计任务 7.1.1 的 PCB 信息报表、元件报表和网络表。

4. 输出 Gerber 文件

在输出 Gerber 文件之前，须设置 PCB 图的左下角（Keep-Out Layer 的左下角顶点）为坐标原点，即指定这里为机床加工的起始位置，如图 7-2-12 所示。

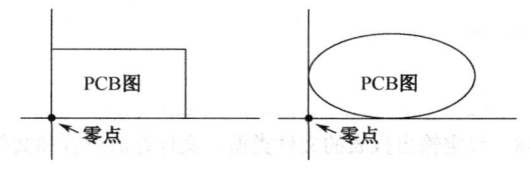

图 7-2-12　坐标原点示意图

1）设定坐标原点

执行菜单命令【编辑】→【原点】→【设定】，光标变成十字形，拖动十字光标至 PCB 图左下角单击鼠标左键，设定坐标原点，如图 7-2-13 所示。

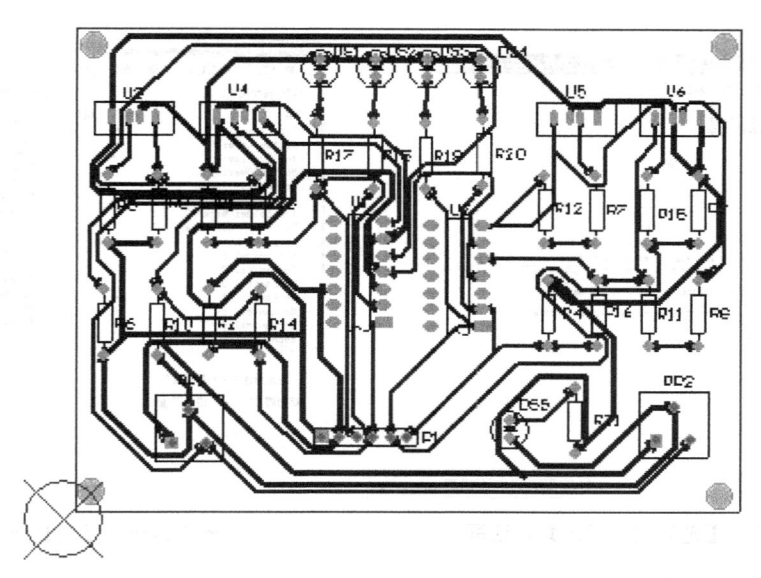

图 7-2-13 设定坐标原点

2）输出 Gerber 文件

执行菜单命令【文件】→【输出制造文件】→【Gerber Files】，如图 7-2-14 所示。

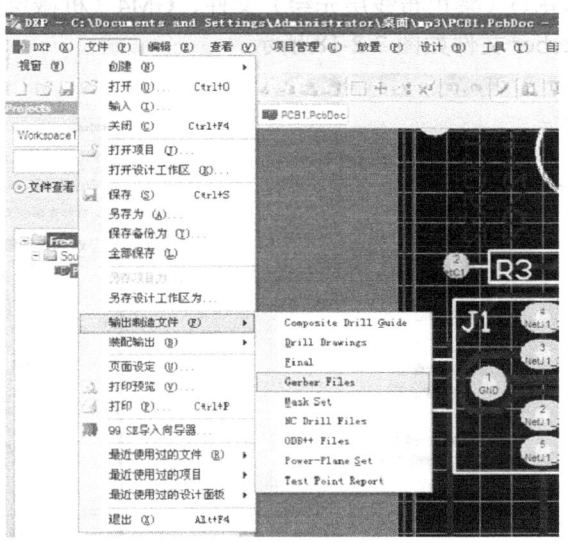

图 7-2-14 输出 Gerber 文件

弹出的【光绘文件设定】对话框如图 7-2-15 所示。
【一般】选项卡内的【格式】表示数据格式：
- 2∶3 表示整数 2 位，小数 3 位。
- 2∶4 表示整数 2 位，小数 4 位。
- 2∶5 表示整数 2 位，小数 5 位。

这里选择输出文件精度最高的 2∶5。

3）选择板层

单击【层】选项卡，勾选板层，如图 7-2-16 所示。

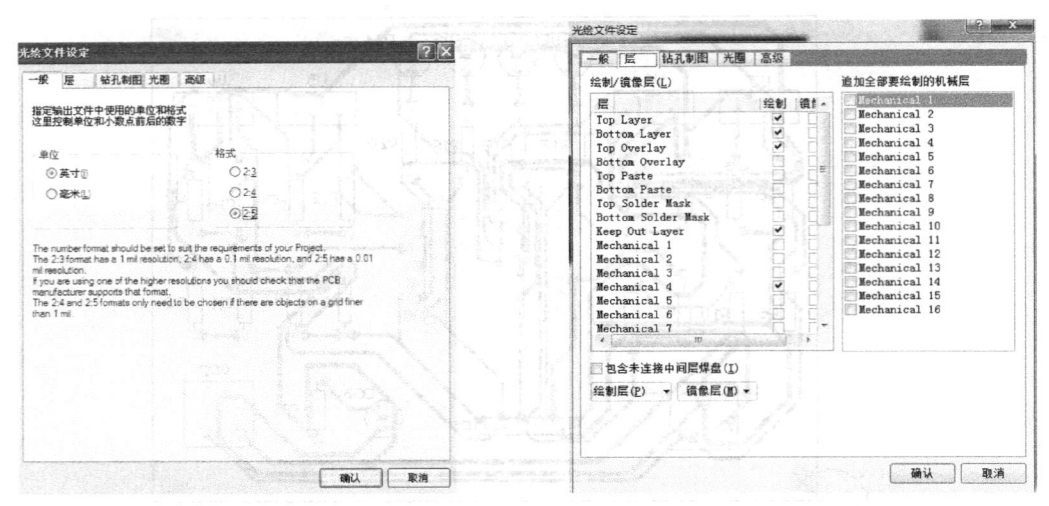

图 7-2-15 【光绘文件设定】对话框   图 7-2-16 【层】选项卡

4)选择胶片上的位置

单击【高级】选项卡,在【胶片上位置】区域中选择【参照相对原点】,如图 7-2-17 所示。

单击【确认】按钮,分别生成 GTL(顶层光绘)文件、GBL(底层光绘)文件、GTO(顶层丝印层光绘)文件、GKO(禁止布线层光绘)文件、GM4(机械层光绘)文件,在 PCB 文件所在目录里生成的 Gerber 文件如图 7-2-18 所示。

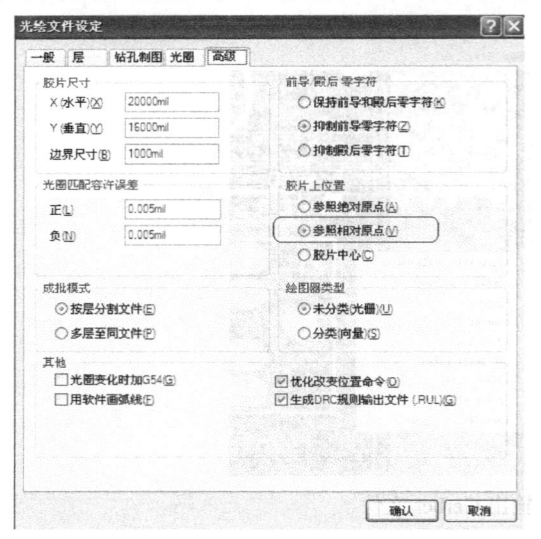

图 7-2-17 选择胶片上的位置    图 7-2-18 生成的 Gerber 文件

在"循迹传感器"的文件夹中生成的 Gerber(光绘)文件如图 7-2-19 所示。

提示:观看 SPOC 课堂教学视频:输出 Gerber 文件。

设计任务 7.2.1:输出设计任务 7.1.1 的 Gerber 文件

5. 输出 NC Drill 钻孔文件

执行菜单命令【文件】→【输出制造文件】→【NC Drill Files】,如图 7-2-20 所示。

图 7-2-19 "循迹传感器"文件夹中的 Gerber 文件

弹出的【NC 钻孔设定】对话框如图 7-2-21 所示。

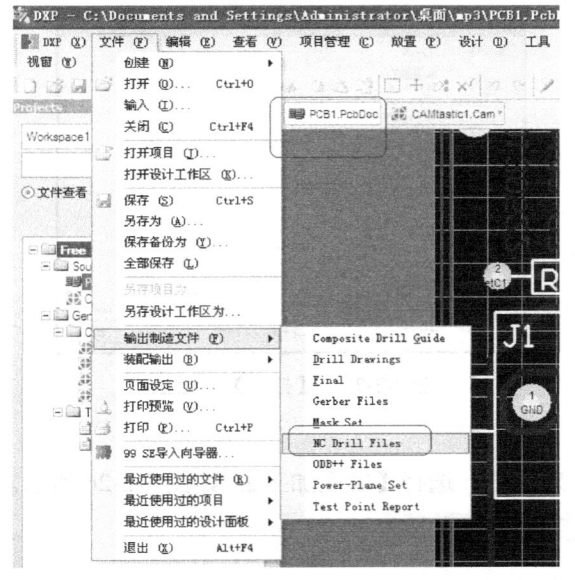

图 7-2-20 输出钻孔文件 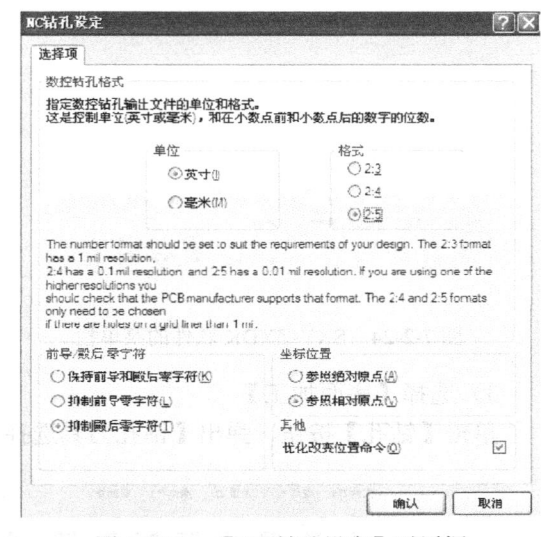　　　　　　图 7-2-21 【NC 钻孔设定】对话框

在【数控钻孔格式】区域选择输出文件精度为 2∶5，在【坐标位置】区域选择【参照相对原点】，如图 7-2-21 所示，与生成 Gerber 文件时保持一致。单击【确认】按钮，弹出【输入钻孔数据】对话框，如图 7-2-22 所示。

单击【确认】按钮，在 PCB 文件所在目录里生成所需的 NC Drill 钻孔文件（*.TXT 文件），如图 7-2-23 所示。

图 7-2-22 【输入钻孔数据】对话框 　　　　　　图 7-2-23 NC Drill 钻孔文件

◁» 提示：观看 SPOC 课堂教学视频：输出 NC Drill 钻孔文件。

设计任务 7.2.3：输出设计任务 7.1.1 的 NC Drill 钻孔文件。

6. 生成雕刻机能识别的钻孔文件

1）启动 SXY-ZXDK 软件

双击 图标，打开 SXY-ZXDK 软件，其菜单栏如图 7-2-24 所示。

2）打开文件

单击【打开】按钮，弹出【打开】对话框，找到并选中所需的 Gerber 文件，如图 7-2-25 所示，单击【打开】按钮，可将其打开。

图 7-2-24　SXY-ZXDK 软件的菜单栏

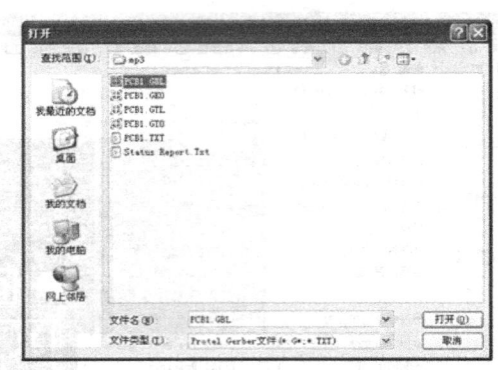

图 7-2-25　【打开】对话框

3）选择【底面加工】

单击【钻孔】按钮，弹出【钻孔刀具选择】对话框，选择【底面加工】，如图 7-2-26 所示。

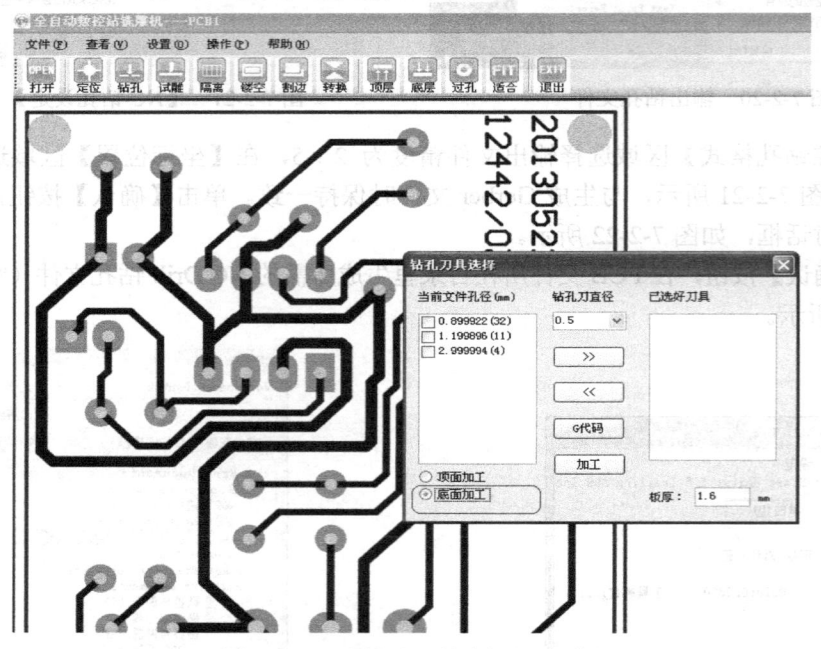

图 7-2-26　【钻孔刀具选择】对话框

> **注意：**
> 顶面加工和底面加工的区别在于，当选择顶面加工时，钻孔是从顶层钻到底层，当选择底面加工时，钻孔是从底层钻到顶层。这里可根据需要进行设置。

4）选择钻孔刀具直径

根据当前文件要求的孔径，勾选左边【当前文件孔径】下面方框内钻孔刀具直径（可将几个孔径相近的孔设成由同一个钻孔刀具加工），单击 >> 按钮，将其移至右边【已选好刀具】下面方框，如图 7-2-27 所示。

> **注意：**
> 如要重新设置钻孔刀具直径，可单击 << 按钮重新设置；可根据覆铜板的厚度修改板厚。

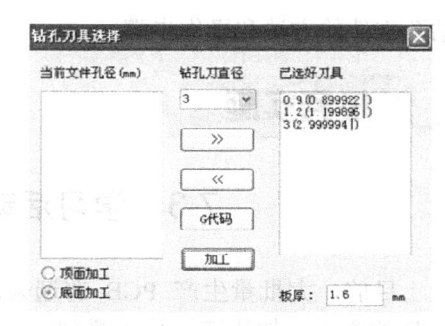

图 7-2-27　选择钻孔刀具直径

5）生成 G 代码

设置完钻孔刀具直径后，单击【G 代码】按钮，弹出的【另存为…】对话框，如图 7-2-28 所示。单击【保存】按钮，在不修改路径的情况下，文件默认保存在 PCB 文件所在目录下的 "×××_输出文件" 文件夹中，×××为 PCB 文件名。此时弹出确认对话框，如图 7-2-29 所示。

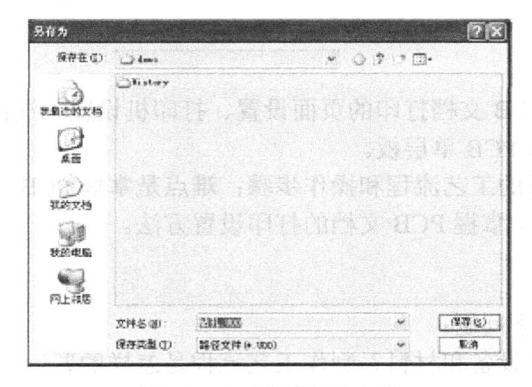

图 7-2-28　选择保存路径　　　　　　　　　图 7-2-29　确认对话框

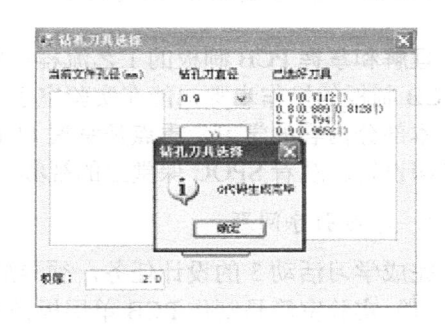

6）生成钻孔文件

单击【确定】按钮，生成扩展名为 ***.U00** 的钻孔文件，如图 7-2-30 所示。

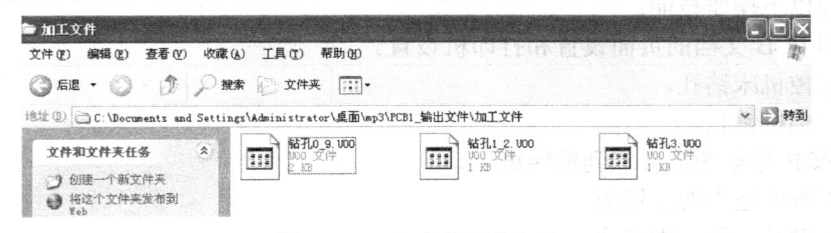

图 7-2-30　生成的钻孔文件

"钻孔 0_9.U00" 为孔径 0.9mm 对应的钻孔文件。将上面生成的钻孔文件存放到 U 盘的根目录下。

7.2.5　学习活动小结

完成 PCB 设计后，还需要输出一些设计过程中的相关资料，如 PCB 信息、引脚信息、元件封装信息、布线信息及网络信息等。本部分内容输出循迹传感器电路相关文件的实例，介绍了输出 PCB 信息报表、元件报表、网络表、Gerber 文件、NC Drill 钻孔文件和雕刻机能识别的钻孔文件的方法和操作步骤。

任务实施

7.3 学习活动 3 手工制作 PCB 单层板

目前，大批量生产 PCB 普遍采用丝网漏印法和感光晒板法。除此之外，还有其他制作 PCB 的方法，如快速计算机雕刻法、实验室简易制板法和小型工业制板法。这里介绍采用实验室简易制板法手工制作循迹传感器电路 PCB 单层板的过程。

7.3.1 学习目标

能在实验室手工制作 PCB 单层板。

7.3.2 学习活动描述与分析

理解和掌握 PCB 制板的工艺流程；掌握 PCB 文档打印的页面设置、打印机设置方法；掌握 PCB 制板的操作步骤，能在实验室手工制作 PCB 单层板。

本部分内容的学习，**重点**是掌握 PCB 制板的工艺流程和操作步骤；**难点**是掌握 PCB 文档的打印设置。观看 SPOC 课堂上的视频，有助于掌握 PCB 文档的打印设置方法。

1. 学习引导问题

完成学习活动 3 的设计任务，须弄清楚以下问题：
（1）实验室简易制作 PCB 单层板需要哪些设备和材料？制作工艺流程是怎样的？
（2）打印 PCB 文档需要设置哪些内容？
（3）钻孔的方法有哪几种？
（4）热转印的温度应当设置为多少？

需要掌握以下操作技能：
（1）打印 PCB 文档的页面设置和打印机设置。
（2）用数控机床钻孔。
（3）用雕刻机钻孔。
（4）将 PCB 导电图形转印到覆铜板上。
（5）配制浓度适当的腐蚀液。
（6）判断腐蚀过程是否完成。
（7）除去保护层和修板。

2. SPOC 课堂上的视频资源

任务 7.6 PCB 文档的打印。

7.3.3 相关知识

1. PCB 单层板的制作过程

PCB 单层板实验室简易制作过程如图 7-3-1 所示。

· 254 ·

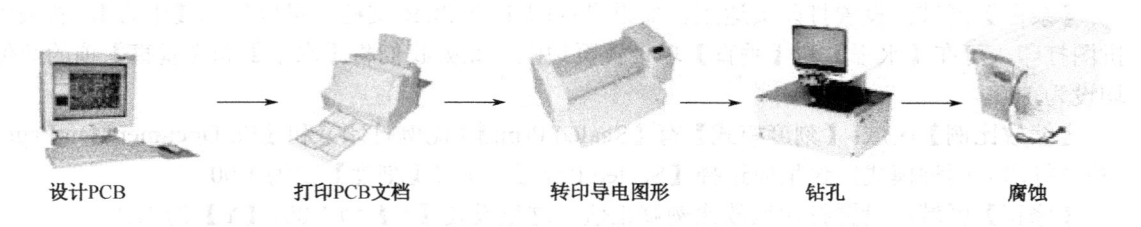

图 7-3-1　PCB 单层板实验室简易制作过程

2. 制板设备和耗材

（1）制板设备：
- 计算机：用于设计 PCB 和打印 PCB 文档。
- 打印机：用于打印 PCB 文档。
- 热转印机：用于转印图形。
- 雕刻机（或数控钻孔机、手动钻孔机）：用于钻孔。
- 塑料盒：用于腐蚀覆铜板。
- 裁板机、油性墨笔、电热水壶。

（2）耗材：
- 覆铜板、热转印纸、蓝色环保型腐蚀剂、砂纸、纸质胶带、钢丝球。
- 直径为 0.8mm、1.0mm、3.5mm 的钻头。

7.3.4　学习活动实施

1. 打印 PCB 文件

1）打印页面设置

执行菜单命令【文件】→【页面设置】，弹出如图 7-3-2 所示的对话框。

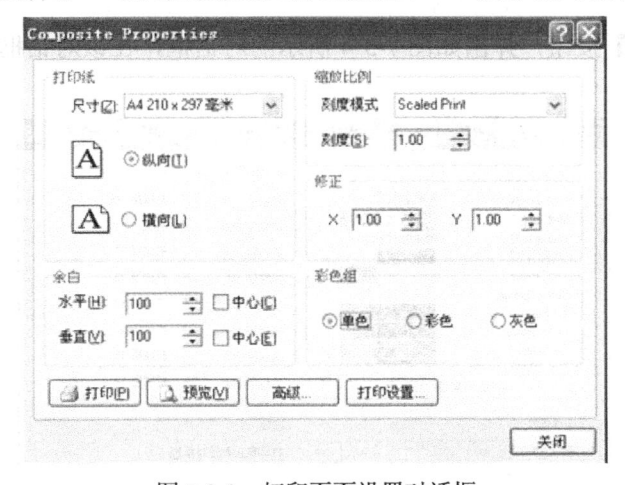

图 7-3-2　打印页面设置对话框

【打印纸】区域：设置打印纸的尺寸和打印方向。此处我们将【尺寸】设为【A4 210×297 毫米】并选择【纵向】为打印方向。

【余白】区域：设置打印页边距。如果只打印 1 个 PCB 文档，可以勾选【中心】，若采用拼图打印，可在【水平】和【垂直】项设置页边距，此处我们将【水平】和【垂直】项的数值均设为 100。

【缩放比例】区域：【刻度模式】有【Scaled Print】（比例打印）和【Fit Document On Page】（整页打印）两种模式，这里应选择【Scaled Print】，并将【刻度】设为 1.00。

【修正】区域：设置打印缩放比例修正值，这里设置【X】为 1.00，【Y】为 1.00。

【彩色组】区域：选择打印色彩，有【单色】、【彩色】和【灰色】三种选项，这里选择【单色】选项。

设置好打印页面参数后，单击【高级】按钮，弹出【PCB 打印输出属性】对话框，右键单击【Top Layer】，在弹出的菜单中选择【Delete】，弹出【Confirm Delete Print Layer】对话框，单击【Yes】按钮，删除顶层。用同样的方法删除顶层丝印层，保留的板层如图 7-3-3 所示。

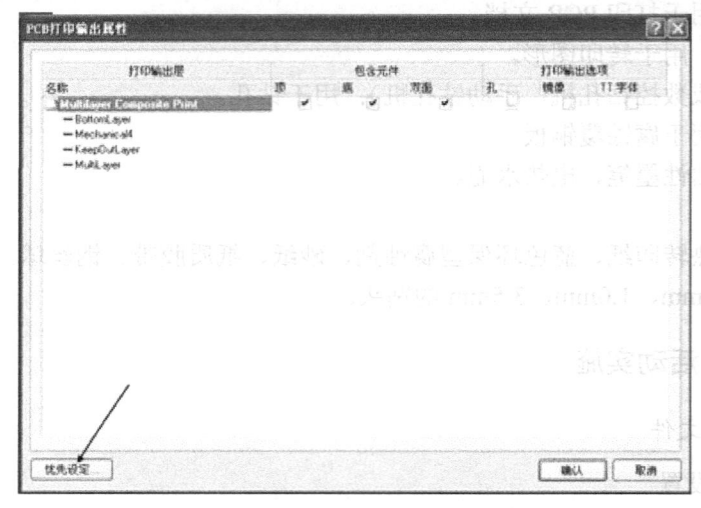

图 7-3-3　【PCB 打印输出属性】对话框

单击【优先设定】按钮，弹出如图 7-3-4 所示的对话框，在该对话框中将【Bottom Layer】设置为黑白色。

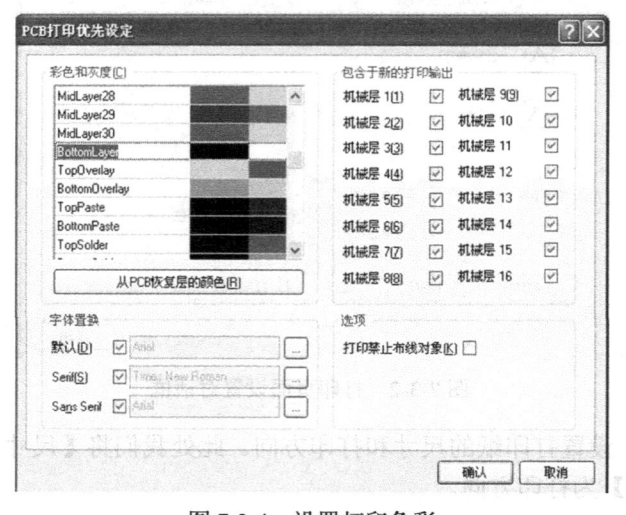

图 7-3-4　设置打印色彩

单击【确认】按钮，回到【PCB 打印输出属性】对话框，单击【确认】按钮。

执行菜单命令【文件】→【打印预览】，弹出如图 7-3-5 所示的对话框，在此可查看打印页面设置是否合适，如果设置没有问题，单击【关闭】按钮。若不合适，重新进行页面设置。

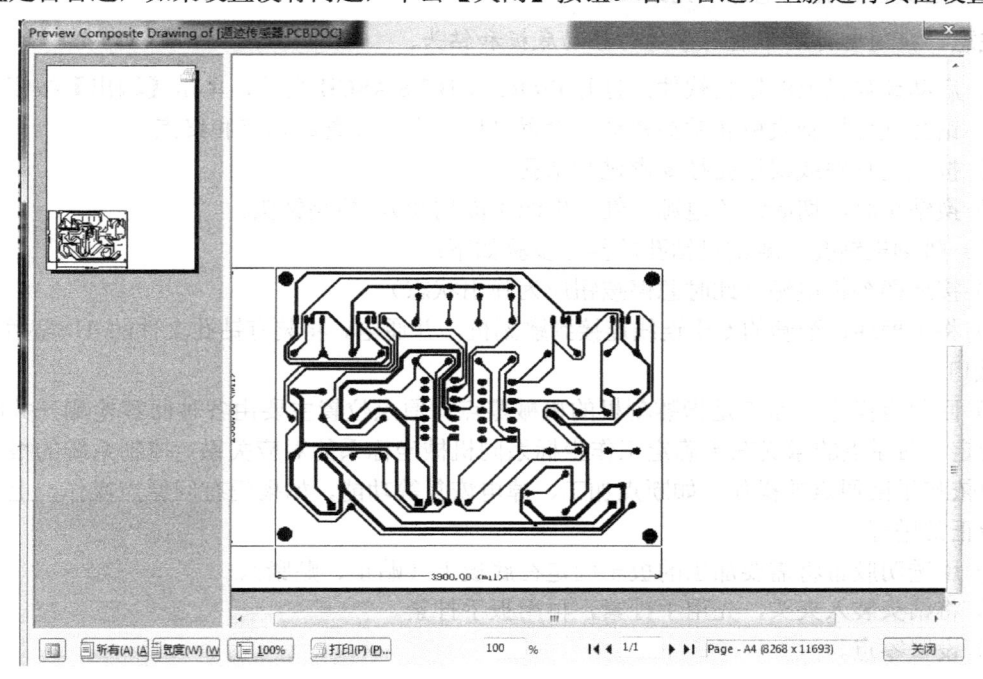

图 7-3-5　打印预览

2）打印机设置

执行菜单命令【文件】→【打印】，打开打印机配置对话框。在该对话框中可以选择打印机的名称、打印范围、打印份数等。用户可以根据要求进行设置。单击【确定】按钮后，如果用户的计算机已经连接了打印机，就可以打印了。

注意：打印纸要选用热转印纸。

提示：（1）观看 SPOC 课堂教学视频：PCB 文档的打印。

（2）对于与 Protel 不兼容的系统，可采用 Altium 软件打印 PCB 文档，其页面设置方法与用 Protel 打印类似。

设计任务 7.3.1：打印设计任务 7.1.1 对应的 PCB 的相关文档。

2. PCB 单层板的制作工艺流程

PCB 单层板的制作工艺流程如下：
裁板→钻孔→抛光→打印图纸→对孔转印→腐蚀→清水冲洗→除去保护层→修板。

1）裁板

根据设计的 PCB 的实际尺寸剪裁覆铜板，实际尺寸应略大于设计尺寸。

2）钻孔

钻孔的方法有多种，这里仅介绍数控钻孔机钻孔和雕刻机钻孔两种方法。

（1）数控钻孔机钻孔。先把设计好的 PCB 文件另存为 Protel PCB 2.8 ASCII 文件；再用钻孔软件打开 PCB 文件；然后用全自动数控钻孔机钻孔。

① 使裁好的板子覆铜面向上，用胶带将其固定在数控钻孔机的底板上。
② 移动钻头至离 PCB 1mm～1.5mm 处。
③ 接通数控钻孔机电源（先红后绿）。

注意：接通电源后不能用手强行移动底板和钻头。

④ 启动计算机上的钻孔软件，打开 Protel PCB 2.8 ASCII 文件，单击【输出】按钮。
⑤ 钻孔软件控制底板和钻头移动，设置坐标原点，设置起始点和终点。
⑥ 按预定顺序或根据孔径要求进行钻孔。
⑦ 换钻头时，切断绿色电源（红色电源不能切断），抬高钻头。

（2）雕刻机钻孔。雕刻机钻孔的操作步骤如下：
① 接通雕刻机电源（此时急停按钮应为弹出状态）。
② 将手柄通过配套的专用连线连接到雕刻机，并通电。将装有钻孔文件的 U 盘插入手柄 USB 接口。
③ 回原点操作：原点是指雕刻机的机械零点，原点位置主要由各种回零检测开关的装载位置确定。回原点的意义在于确定工作坐标系同机械坐标系的对应关系。控制系统的很多功能的实现依赖于回原点的操作，如断点加工、掉电恢复等功能，如果没有回原点操作，上述操作均不能正常进行。
④ 用透明胶带将需要加工的板子固定在底板上（贴正、贴紧）。
⑤ 将钻头装入夹头，先用手拧紧，再用扳手拧紧。
⑥ 设置零点。

注意：制板的整个流程中，只有这里需要设置零点。

⑦ 手动移动工作点至覆铜板左下角，调节 Z 轴，使工作点距板面约 0.5mm 左右，将该位置设定为零点（X/Y→0，Z→0）。
⑧ 设置速度。

加工速度：钻孔时，X 轴、Y 轴方向自动以最大速度进给，不需要进行设置。

主轴转速：根据钻头的大小进行调整，如钻直径为 3mm 的孔时，需要将转速调至第 7 挡，主轴转速可以在加工时，按【Z+】/【Z-】按钮进行调节。

⑨ 钻孔。按下雕刻机上的【启动主轴】按钮；按手柄上【运行】按钮，选择 U 盘中的文件，按下【确定】按钮，指定钻孔文件，再次按下【确定】按钮，开始加工（X+光标上移，X-光标下移）。

> **提示** 控制手柄操作说明
>
> X+/1/▲：沿 X 轴方向右移/输入数值 1/光标上移。
> X-/4/▼：沿 X 轴方向左移/输入数值 4/光标下移。
> Y+/2：沿 Y 轴方向后移/输入数值 2，提升雕刻速度。
> Y-/5：沿 Y 轴方向前移/输入数值 5，降低雕刻速度。
> Z+/3：沿 Z 轴方向上移/输入数值 3，提升主轴运行速度。
> Z-/6：沿 Z 轴方向下移/输入数值 6，降低主轴运行速度。
> X/Y→0/7：将当前 X 轴/Y 轴坐标清零/输入数值 7。
> （轴启/停）/8：启动/停止主轴电机/输入数值 8。

Z→0/9：将当前 Z 轴坐标清零/输入数值 9。
回原点/0：回原点[1]，输入数值 0。
高速/低速：切换手动模式下三个坐标轴方向上的移动速度。
菜单：设置机器内的各参数。
回零点/0：回零点[2]。
速度设置：设置加工速度、空行速度、手动高速和手动低速的速度值。
手动步进：三个坐标轴方向上的手动调整的步进量。
确定：确定当前设置项及当前操作项。
运行/暂停/删除：运行钻孔文件/暂停钻孔/删除输入的数值。
停止/取消：停止当前钻孔工作，取消当前设置项。
注：（1）回原点：指沿 X 轴负方向、Y 轴负方向、Z 轴正方向移动至最大极限位置。
（2）回零点：指沿 X 轴、Y 轴方向移动到坐标值为 0.000 的位置，沿 Z 轴方向移动至正方向最大极限位置。

3）抛光

用砂纸对覆铜板表面进行打磨抛光。

4）打印

设置好 PCB 页面，使热转印纸光面朝上，将 PCB 图形打印到热转印纸上。

5）对孔转印

用 PCB 热转印机将 PCB 的图形转印到覆铜板上。具体操作如下：

① 将热转印纸上 PCB 的图形的焊盘与打磨抛光过的覆铜板钻孔对准。

② 用纸胶带将对好的热转印纸粘贴在覆铜板上，放入热转印机中，一般温度设置为 180℃，转速设置为 "1.2N"，转印两遍即可，没有印到的地方用油性墨笔涂上。

📖 注意：

绝对不可直接切断热转印机的电源，应该用软件关机，否则会烧坏机器。关机方法：连续按右边的【NET】按钮两下，出现 "OFF" 提示，按住【NET】按钮不动，屏幕出现以 "4OFF" 为初始值的倒计数，倒计数至 "0OFF"，自动关机。

6）腐蚀

将转印好电路图形的 PCB 放入盛有蓝色环保型腐蚀液的容器中（PCB 单层板膜面向上，PCB 双层板悬空放置，勿接触器），腐蚀液按 1:4 兑水配制，即 1 包 200g 的腐蚀剂兑 800g 水，腐蚀温度为 50℃ 左右（可将水加热至 70℃ 再倒入腐蚀剂），腐蚀时间为 5~15 分钟。

📖 注意：

腐蚀过程要有人监控，腐蚀时间不宜过长，待板上裸露的铜层完全消失，覆铜板呈现半透明状时，即标志着腐蚀工作完成，此时应尽快将 PCB 从腐蚀液中取出。

7）清水冲洗

对于腐蚀好的 PCB，应立即用清水冲洗，否则残存的腐蚀液会将铜膜导线腐蚀掉。冲洗时可用钢丝球去除覆盖在导电线路上的油墨，冲洗用的清水最好是流动的，冲洗干净后将 PCB 擦干。

> **注意：**
> （1）腐蚀液为弱酸性，使用后务必洗手，如溅入眼睛应立即用清水冲洗。
> （2）腐蚀液应安全存放，避免无关人员接触。
> （3）腐蚀完成后，剩余的腐蚀液在滤除结晶沉淀物后可继续使用。
> （4）弃置腐蚀液前要用纯碱或石灰等碱性物质进行中和处理。

8）修板

将腐蚀好的 PCB 再次与原图对照，用裁板刀修整 PCB，使 PCB 边缘平滑无毛刺。

7.3.5 学习活动小结

本部分内容详细介绍了打印 PCB 文档时进行页面设置和打印机设置的方法和操作步骤，重点介绍了实验室手工制作 PCB 单层板的工艺流程和操作步骤。在采用实验室简易制板法制作 PCB 时，工艺流程顺序可以根据实际制板情况进行调整，如可以先钻孔，也可以将钻孔环节放到腐蚀 PCB 之后进行。

学习任务小结

学习任务 7 以采用实验室简易制板法制作 PCB 单层板为例，详细介绍了采用自动布线技术设计 PCB 单层板的一般过程、生成和输出制作 PCB 的相关报表的方法，以及采用实验室简易制板法制作 PCB 单层板的工艺流程和操作步骤。

（1）采用自动布线技术设计 PCB 单层板的一般过程包括创建 PCB 项目文件、设计原理图文件、创建网络表、创建 PCB 文件、加载网络表、进行布局和布线、进行设计规则检查、补泪滴、添加定位孔和输出相关报表等。

（2）生成和输出的与制作 PCB 相关的文件有进行信息报表、进行元件报表、网络表、Gerber 文件、NC Drill 钻孔文件和雕刻机能识别的钻孔文件等。

（3）采用实验室简易制板法制作 PCB 单层板的工艺流程包括裁板、钻孔、抛光、打印图纸、对孔转印、腐蚀等工序。

拓展学习

（1）手工制作学习任务 1 或学习任务 2 中拓展学习部分设计的电路的 PCB。
（2）尝试将中文环境切换为英文环境并完成本学习任务各设计任务。
（3）试用思维导图描绘本学习任务需要掌握的知识和技能。

思考与练习

（1）分析前面的学习和本单元的 PCB 单层板设计实例，总结采用 Protel 进行电路设计的一般过程。
（2）简述输出 Gerber 文件的一般步骤。

（3）简述输出 NC Drill 钻孔文件的一般步骤。
（4）简述打印 PCB 文档的一般步骤。
（5）简述用实验室简易制板法制作 PCB 单层板的一般步骤。

实训题

实训题 1：试用自动布线技术设计如图 7-4-1 所示功放音箱电路 PCB 单层板，并购买元件，根据实物设计元件封装，用实验室简易制板法手工制作 PCB 单层板。

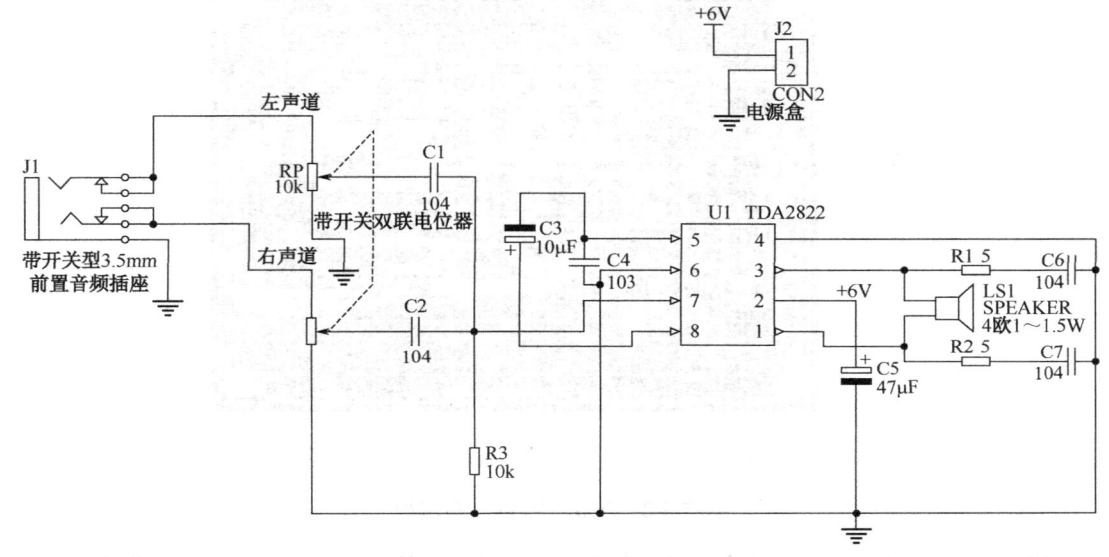

图 7-4-1 功放音箱电路

设计要求如下：

PCB 边界尺寸为 100mm×80mm；安全间距为 0.3mm；信号线宽度为 1mm，电源线线宽为 1.5mm，地线的宽度为 1.8mm；四个定位孔内径为 3.5mm，外径为 4mm；要求补泪滴。功放音箱电路元件参数如表 7-4-1 所示。

表 7-4-1 功放音箱电路元件参数

元件名称	型号或标称值	元件标号	元件封装	数量
双声道低电压音频功率放大器	TDA2822，6V	U1	DIP-8 型（自制）	1
双联电位器	10kΩ	RP	自制	1
色环电阻	5Ω	R1、R2	AXIAL 型（自制）	2
色环电阻	10kΩ	R3	AXIAL 型（自制）	1
瓷片电容	104	C1、C2、C6、C7	RAD 型（自制）	4
瓷片电容	103	C4	RAD 型（自制）	1
电解电容	10μF/25V	C3	RB 型（自制）	1
电解电容	47μF/25V	C5	RB 型（自制）	1
扬声器	2W，4Ω	LS1	自制	1

续表

元 件 名 称	型号或标称值	元件标号	元件封装	数 量
耳机插座（带开关型前置音频插座）	3.5mm	J1	自制	1
DC 插座（直流插座）		J2	自制	1
U 型散热片	与 TDA2822 配套			
耳机音频线插头	3.5mm			1
连接导线				若干

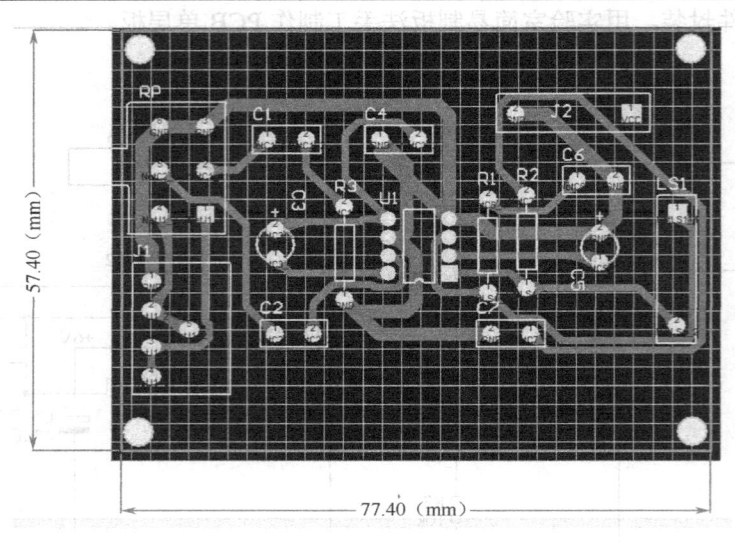

图 7-4-2　功放音箱 PCB 单层板

实训题 2：试用自动布线技术设计如图 7-4-3 所示晶闸管调光灯电路 PCB 单层板，并购买元件，根据实物设计元件封装，用实验室简易制板法手工制作 PCB 单层板。电路元件参数如表 7-4-2 所示。

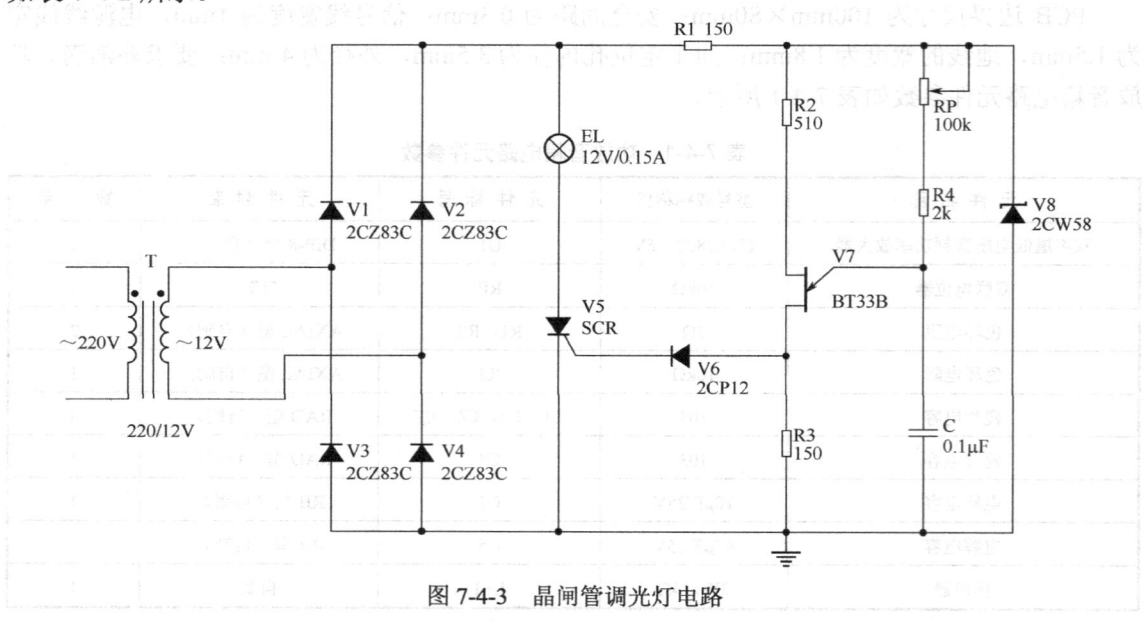

图 7-4-3　晶闸管调光灯电路

表 7-4-2　晶闸管调光灯电路元件参数

元 件 名 称	型号或标称值	元 件 标 号	元 件 封 装	数　量
二极管	1N4004~1N4007 均可	V1、V2、V3、V4、V6	DIODE 型（自制）	5
稳压管	IN4740	V8	DIODE 型（自制）	1
单结晶体管	BT33F	V7	自制	1
晶闸管	塑封立式 100V	V5	自制	1
涤纶电容器	63V、0.1μF	C	RAD 型（自制）	1
色环电阻器	150Ω	R1、R3	AXIAL 型（自制）	2
色环电阻器	510Ω	R2	AXIAL 型（自制）	1
色环电阻器	2 kΩ	R4	AXIAL 型（自制）	1
带开关电位器	B100K　1/2W	RP	自制	1
指示灯	0.15A 12V	J2	自制	1
电源变压器	BK50 220/12V（220V/12V）			1

实训题 3． 试用自动布线技术设计如图 2-4-12 所示智能小车控制板电路的 PCB 单层板。元件参数如表 7-4-3 所示。

表 7-4-3　智能小车控制板电路元件参数

名　　称	型号或规格	标　号	封　装	数　量
瓷片电容	104	C1, C3, C15	0805C	3
电解电容	22mF	C2	RB.1/.2	1
瓷片电容	22pF	C4, C5	0805C	2
电解电容	10μF	C8	RB.1/.2	1
瓷片电容	20pF	C13, C14	0805C	2
发光二极管	LED	D1, D2, D3, D4, D5, D6, D7, D8, D9	0805C	9
双排针	Header 20X2	JP1, JP2	HDR2X20	2
USB 母头（D 型）	USB	JP5	USB_D 型插座	1
轻触按键	SW-PB	K1, K2, K3, K4, S5	轻触按键 6mm	5
蜂鸣器	bell1	LS1	BUZZER（有源）	1
防反座	Header 2	P3	防反座-2pin	1
双排针	MHDR2X6	P6, P8, P10	HDR2X6	3
单排座	HDR1X16			1
单排座	Header 4	P7	HDR1X4	1
防反座	舵机电源	P9	防反座-2pin	1
三极管	8550	Q1, Q3, Q4, Q5, Q6	TO92-2	5
电阻	2kΩ	R1	0805	1
电阻	1kΩ	R2, R3, R4, R5, R6, R12, R16, R17	0805	8
电阻	4.7kΩ	R11, R13, R14, R15, R30	0805	5
电阻	10kΩ	R18, R19, R27, R31, R32	0805	5
电阻	150Ω	R37, R67	0805	2

续表

名　　称	型号或规格	标　号	封　装	数　量
电阻	27Ω	R38, R39	0805	2
电阻	1.5kΩ	R40	0805	1
电位器	10kΩ	Rp1	RP-3362	1
自锁开关	自锁开关	S7	SW_8.5MM	1
四位一体共阳极数码管	4位-共阳	U1	SEG4_3	1
74HC595	74HC595	U2, U5	SOP-16	2
LCD1602	LCD1602	U3	HDR1X16	1
STC12C5A60S2	STC12C5A60S2	U4	DIP40	1
PL2303	PL2303	U6	SOP28	1
芯片座	DIP40			1
晶振	11.0592MHz	Y1	XTAL2	1
晶振	12MHz	Y2	cry	1
跳线帽				40

学习任务 8 PCB 多层板的设计与制作
——设计、制作多功能智能小车 PCB 四层板

随着电子技术向高速、多功能、大容量、便携、低功耗方向发展，以及大规模集成电路的迅猛发展，电子产品所用的 PCB 向着多层化的方向发展，传统的 PCB 单、双层板已经不能满足设计和使用的需求，PCB 多层板的应用越来越广泛，PCB 多层板的制作在整个 PCB 制作行业中已经占据主导地位。本部分内容以设计、制作多功能智能小车 PCB 四层板为例，介绍 PCB 多层板的设计方法和制作工艺流程。

自从 20 世纪 50 年代计算机辅助制造（Computer Aided Manufacturing，CAM）被引入数控设备以来，借助软件和计算机控制机器，制造过程实现了自动化，制造业发生了巨大的变化，CAM 技术已经应用于各种类型的制造过程，正在创造一个自动化制造的世界。当人们使用 CAD 软件完成 PCB 设计后，就可以生成制造文件——Gerber 文件和 NC Drill 文件，并将其导入 CAM 设备，借助计算机的帮助，完成从 PCB 设计到产品制造整个过程的活动。本部分内容将通过使用 Genesis 2000 软件修正客户提供的原始资料的实例，介绍 PCB 多层板的 CAM 制作流程和制作方法。

学习目标

- 能设计 PCB 多层板。
- 学会制板前的 CAM 操作。
- 能编制 PCB 多层板的生产工艺流程。

工作任务

设计、制作如图 8-0-1 所示的多功能智能小车 PCB 四层板，电路元件参数如表 8-0-1 所示。

（1）PCB 设计要求：

设计 PCB 四层板，PCB 板框尺寸为 4300mil×3900mil，安全间距为 6mil，信号线线宽为 10mil，电源线/地线线宽为 20mil，要求补泪滴，并放置内径为 3.5 mm 的定位孔。

- CAM 制作要求：用 Genesis 2000 软件处理多功能智能小车 PCB 四层板的钻孔文件，制作内电层负片、外层线路、阻焊、字符，拼版并输出 Gerber 文件。
- PCB 制板要求：编制多功能智能小车 PCB 四层板生产工艺流程。

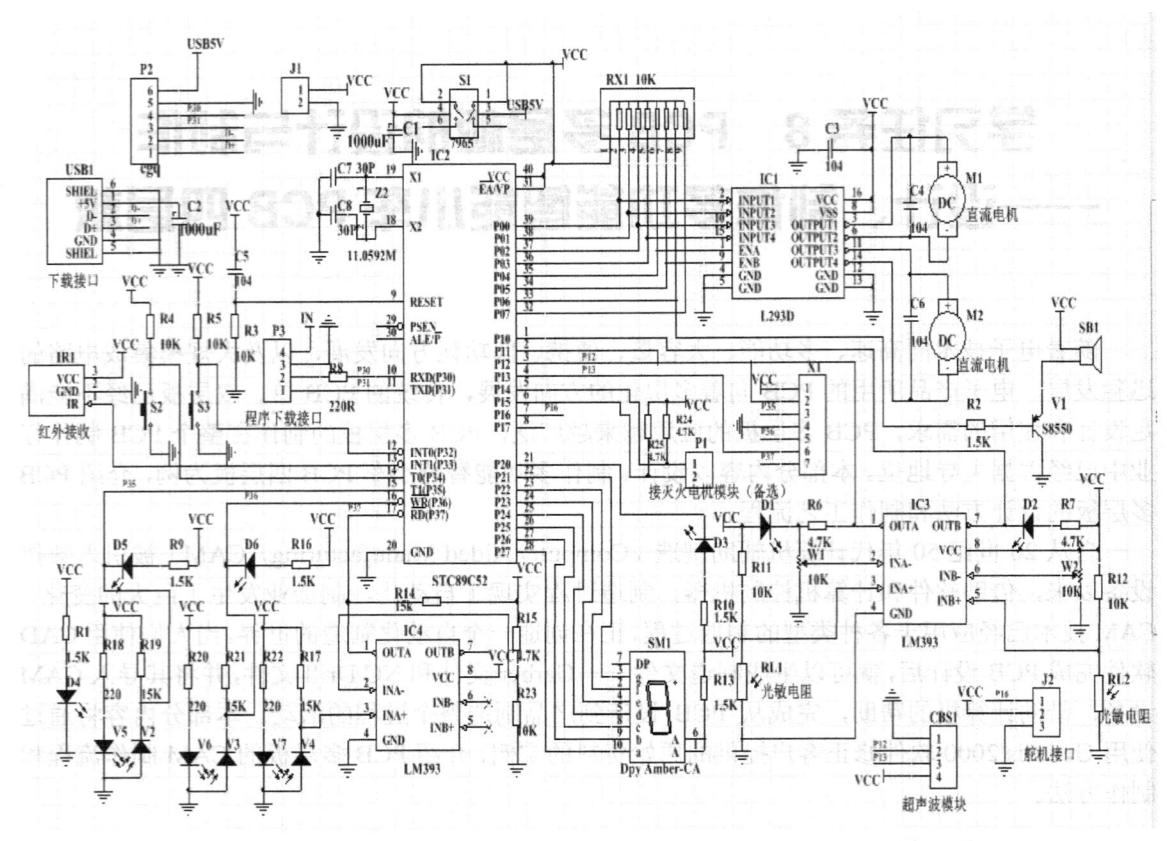

图 8-0-1 多功能智能小车电路原理图

表 8-0-1 多功能智能小车元件清单

序号	元件名称	元件标号	元件标称值或型号	元件封装
1	电机驱动芯片	IC1	L293D	DIP16
2	单片机芯片	IC2	STC89C52	PDIP40
3	双电压比较器（寻光处理芯片）	IC3、IC4	LM393	SOP8
4	三极管	V1	S8550	SOT-23
5	瓷片电容	C3、C4、C5、C6	104	C0805
6	瓷片电容	C7、C8	30pF	C0805
7	电解电容	C1、C2	10V/1000uF	自制
8	发光二极管	D1、D2、D3、D5、D6	红发红色 LED 5mm	PIN2
9	发光二极管	D4	绿发绿色 LED 5mm	PIN2
10	F5 红外发射管	V5、V6、V7	940nm	PIN2
11	F5 红外接收管	V2、V3、V4	940nm	PIN2
12	色环电阻	R6、R7、R15、R24、R25	4.7kΩ	0805
13	色环电阻	R3、R4、R5、R11、R12、R23	10kΩ	0805
14	色环电阻	R1、R2、R10、R13、R16、R9	1.5kΩ	0805
15	色环电阻	R8、R18、R20、R22	220	0805
16	色环电阻	R14、R17、R19、R21	15kΩ	0805
17	光敏电阻	RL1、RL2	5528	自制

续表

序 号	元件名称	元件标号	元件标称值或型号	元件封装
18	排阻	RX1	10kΩ	HDR1X9
19	可调电位器	W1、W2	10kΩ	VR4
20	红外接收管	IR1	红外接收头 0038	HDR1X3
21	数码管	SM1	共阳、红色	A
22	无源蜂鸣器	SB1	Speaker	PIN2
23	拨动开关	S1	7965	DPDT-6
24	按键	S2、S3	SW-PB	SPST-2
25	晶振	Z2	11.0592MHz	R38
26	电源接口	J1	Header 2	BAT-2
27	舵机接口	J2	3P 排针	HDR1X3
28	灭火模块接口	P1	XH2.54 2P	HDR1X2
29	6P 弯排针	P2	6P 弯排针	MHDR1X6
30	程序下载接口	P3	2.54*4P	MHDR1X4
31	直流电机	M1、M2	XH2.54 2P	自制
32	7P 座子	X1	DIP7 XH 2.54	MHDR1X7
33	下载接口	USB1	USB	MICRO-USB
34	超声波模块接口	CSB1	4P 2.54mm 弯排针	HDR1X4

任务分析

依照 PCB 多层板的制作流程，将学习任务 8 的学习过程分解为 3 个学习活动，如图 8-0-2 所示。

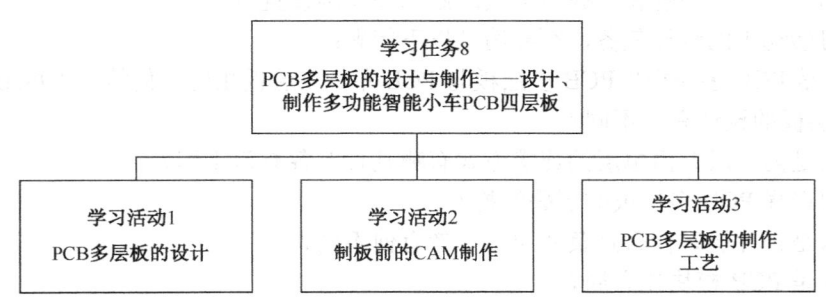

图 8-0-2 学习任务 8 的学习过程分解

学习活动 1 在校内生产实训或顶岗实习阶段进行；学习活动 2 在校内机房或企业顶岗实习 CAM 设计岗位现场进行，学习活动 3 以在多媒体教室使用 PPT 和播放 PCB 生产工艺教学视频的方式进行，或在企业顶岗实习生产车间现场进行，3 个学习活动共需 8~12 学时。

任务实施

8.1 学习活动 1　PCB 多层板的设计

当 PCB 的布线比较复杂或对电磁干扰要求较高时，就需要采用 PCB 多层板。我国的计算机辅助设计绘图员（电路类）技能鉴定考试和我国内地生产企业设计 PCB 电路采用的软件大多为 Protel DXP 2004。但是近几年有的省市高职院校职业技能大赛在设计 PCB 时，使用的是美国 Altium 公司推出的 Protel DXP 2004 软件的升级版——Altium Designer17，两者的设计方法相同，仅仅是操作界面略有不同。为了使读者熟悉 Altium Designer17 软件的工作界面，本部分内容通过使用 Altium Designer17 软件设计多功能智能小车 PCB 四层板的实例，介绍 PCB 多层板的设计方法。

8.1.1 学习目标

掌握 PCB 多层板设计的一般流程和设计方法。

8.1.2 学习活动描述与分析

学习活动 1 的设计任务是在计算机上完成下面操作：

设计如图 8-0-1 所示多功能智能小车电路 PCB 四层板，PCB 板框尺寸为 4300mil×3900mil，安全间距为 6mil，信号线线宽为 10mil，电源线/地线线宽为 20mil，要求补泪滴，并放置内径为 3.5mm 的定位孔。

通过本部分内容的学习，学生应熟悉 Altium Designer17 软件工作界面，理解 PCB 多层板的含义、特点；了解 PCB 常用板层的类型及其作用；懂得电源和接地网络与内电层连接的方式；理解正片层和负片层的含义；理解和掌握层叠结构的选择方法；学会设计 PCB 多层板。

本部分内容的学习，**重点**是 PCB 多层板的设计规则设置；**难点**是对于 PCB 多层板的内电层分割、PCB 多层板的层叠结构的理解和内电层规则设置方法的掌握。观看 SPOC 课堂上的视频、学习案例，有助于理解和掌握内电层的添加和规则设置方法。

完成学习活动 1 的设计任务，须弄清楚以下问题：

（1）什么是 PCB 多层板？PCB 多层板与 PCB 单、双层板相比有何特点？PCB 多层板的设计与 PCB 双层板的设计有何不同？

（2）什么是内电层？内电层的连接方式有哪几种？各有何不同？

（3）如何选择 PCB 多层板的层叠结构？

（4）什么是正片层？什么是负片层？二者有何不同？

（5）什么是 PCB 模块化布局？

（6）表面贴装元件规则包括哪些内容？

（7）PCB 多层板设计规则包括哪些内容？

需要掌握以下操作技能：

（1）规划、定义 PCB 四层板板框。

（2）添加内电层，并定义内电层、接地层的属性。

（3）进行模块化布局。

（4）设置某类导线宽度规则。

（5）设置表面贴装元件规则。

（6）设置过孔规则。

（7）设置阻焊规则。

（8）设置内电层规则。

(9) 进行 PCB 多层板的布线、补泪滴、添加覆铜等操作。

8.1.3 相关知识

1. PCB 多层板的特点

PCB 多层板指的是四层或四层以上的 PCB，它是在 PCB 双层板基础上，增加了内部电源/接地层及若干中间信号层（简称信号层）构成的 PCB。PCB 多层板是将多个 PCB 单层板和 PCB 双层板压制在一起而得到的，信号层就是原 PCB 单层板和 PCB 双层板的顶层或底层，如 PCB 四层板就是在 PCB 双层板基础上增加电源层和接地层而形成的，如图 8-1-1 所示，其特点是电源线和地线各用一个层面连通，而不是用铜膜导线。由于增加了两个板层，所以布线更加容易。

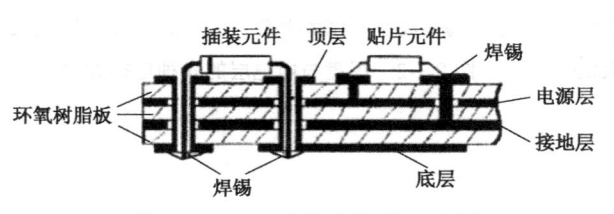

图 8-1-1 PCB 四层板结构示意图

PCB 的板层越多，则可布线的区域就越多，使得布线变得更加容易。但是，PCB 多层板的制作工艺复杂，制作费用也较高。一般的电路系统设计采用 PCB 双层板和 PCB 四层板即可满足设计需要，只是在较复杂的电路设计中，或者有特殊需要的场合，如对抗高频干扰要求很高的情况下才使用六层及六层以上的 PCB。

PCB 多层板与 PCB 双层板最大的不同就是增加了内部电源/接地层（内电层），电源线和地线网络主要在内电层上布线。但是，PCB 布线主要还是以顶层和底层为主，以信号层为辅。因此，PCB 多层板的设计与 PCB 双层板的设计方法基本相同，其关键在于如何优化内电层的布线，使 PCB 的布线更合理，电磁兼容性更好。

2. PCB 多层板的设计

PCB 多层板的设计与 PCB 双层板的设计方法基本相同，其关键是需要添加和分割内电层，因此 PCB 多层板设计的基本步骤除了遵循 PCB 双层板设计的步骤外，还需要对内电层进行操作。

1) 内电层与内电层分割

在系统提供的众多板层中，有两种导电层，即信号层与内电层。信号层被称为正片层，一般用于纯线路设计，包括外层线路和内电层线路；内电层被称为负片层，不布线、不放置任何元件的区域完全被铜膜覆盖，布线或放置元件的地方则是排开了铜膜的。

在 PCB 多层板的设计中，由于接地层和电源层一般都用整片的铜膜作为线路（或作为几个较大块的分割区域），如果要用正片层作为接地层或电源层的话，必须采用覆铜的方法才能实现，这样将会使整个设计的数据量非常大，不利于数据的交流传递，同时也会影响设计刷新的速度，而使用内电层作为接地层或电源层，则只在相应的设计规则中设定与外层的连接方式即可，非常有利于提高设计效率和数据的传递。Altium Designer 17 系统支持多达 16 层的内电层，并提供了对内电层连接的全面控制及 DRC 检验。一个网络可以指定多个内电层，而一个内电层也可以分割成多个区域，以便设置多个不同的网络。

如果在 PCB 多层板的设计中，需要用到不止一种电源或者不止一组接地，那么可以在电源层或接地层中使用内电层分割来完成不同网络的分配。内电层可分割成多个独立的区域，而每个区域可以被指定连接到不同的网络，分割内电层可以使用画直线、弧线等命令来完成，只要画出的区域构成了一个独立的闭合区域，内电层就被分割开了。

2）内电层的连接方式

焊盘与内电层的4种连接方式如图8-1-2所示。电源、接地网络与内电层连接的方式主要有以下两种。

①【Relief Connect】：辐射连接。

电源或接地网络与具有相同网络标签的内电层连接时，采用辐射的方式连接，连接导线的数目有"2"和"4"两种，如图8-1-3所示。

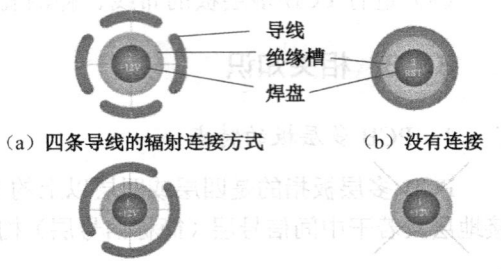

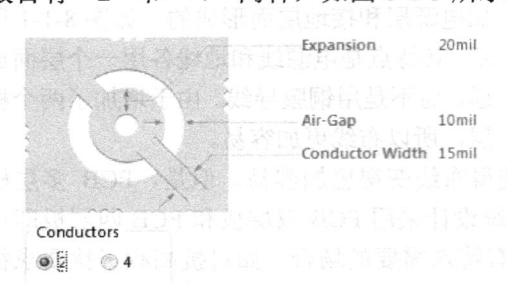

(a) 四条导线的辐射连接方式　　(b) 没有连接

(c) 两条导线的辐射连接方式　　(d) 直接连接的方式

图8-1-2　焊盘与内电层的4种连接方式

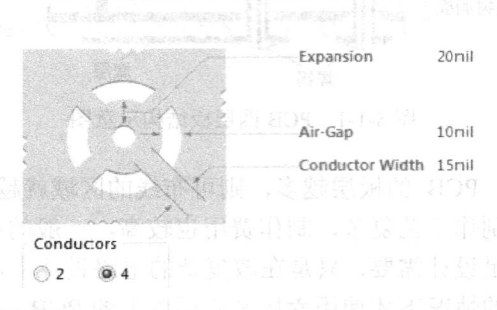

图8-1-3　辐射连接

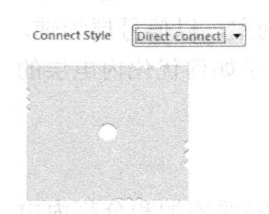

②【Direct Connect】：直接连接。

电源或接地网络与具有相同网络标签的内电层直接连接，如图8-1-4所示。

图8-1-4　直接连接

3）板层及层叠结构的选择

在设计PCB多层板之前，设计者需要首先根据电路的规模、PCB的尺寸和电磁兼容（EMC）的要求来确定所采用的PCB结构，也就是决定采用四层、六层，还是更多层数的PCB。确定层数之后，再确定内电层的放置位置以及如何在这些板层上分布不同的信号，这就是PCB多层板层叠结构的选择依据。

层叠结构是影响PCB的EMC性能的一个重要因素，也是抑制电磁干扰的一个重要手段。对于PCB四层板来说，选择的层叠方式（从顶层到底层）为：Signal_1(Top)、GND(Inner_1)、POWER（Inner_2）、Signal_2（Bottom），即：信号层1（顶层）、接地层（内电层1）、电源层（内电层2）、信号层2（底层），如图8-1-5所示。

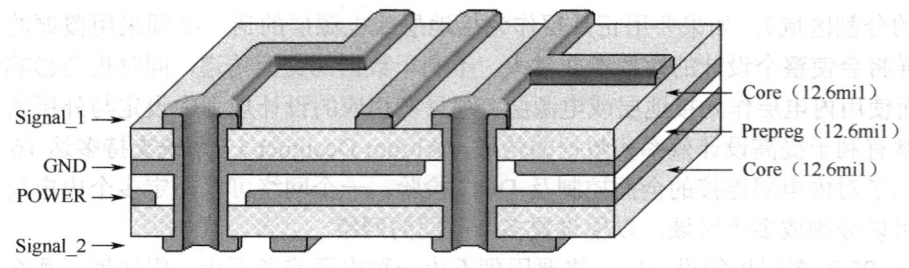

图8-1-5　PCB四层板的层叠方式

这种层叠方式中，顶层放置元件，底层的信号线较少，可以采用大面积的覆铜来与电源层耦合；反之，如果元件主要布置在底层，则应该选用以下层叠方式：Signal_1（Top）、POWER（Inner_1）、GND（Inner_2）、Signal_2（Bottom），即：信号层1（顶层）、电源层（内电层1）、接地层（内电层2）、信号层2（底层）。

对于 PCB 六层板来说，选择的层叠方式（从顶层到底层）为：Signal_1（Top）、GND（Inner_1）、Signal_2（Inner_2）、POWER（Inner_3）、GND（Inner_4）、Signal_3（Bottom），即：信号层1（顶层）、接地层（内电层1）、信号层2（内电层2）、电源层（内电层3）、接地层（内电层4）、信号层3（底层），如图8-1-6所示。

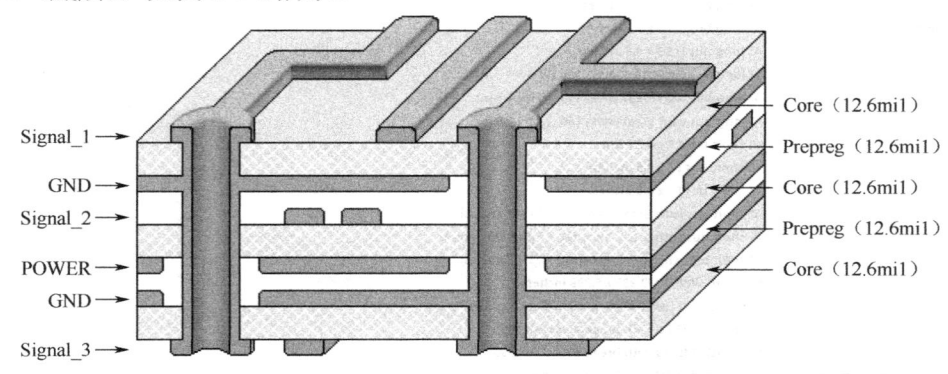

图 8-1-6　PCB 六层板的层叠方式

这种层叠方式中，电源层和地线层紧密耦合，每个信号层都与内电层直接相邻，与其他信号层均有有效的隔离，不易发生串扰；Signal_2（Inner_2）和 GND（Inner_1）、POWER（Inner_3）相邻，可以用来传输高速信号；两个内电层可以有效地屏蔽外界对 Signal_2（Inner_2）的干扰和 Signal_2（Inner_2）对外界的干扰。

4）正片层与负片层

正片层就是平常布线的信号层（外观上看得到的地方就是铜膜导线），可以进行大面积覆铜与填充操作。

负片层与正片层相反，即默认覆铜，即负片层默认是整层覆铜的，布线的地方是分割线，没有铜存在。要做的事情就是分割覆铜，再设置分割后的覆铜的网络即可。

正片层、负片层都可以作为内电层，正片层通过布线和覆铜也可以实现负片层能实现的功能。负片层的好处在于默认以大块覆铜填充，再添加过孔时，改变覆铜的大小等操作都不需要重新覆铜，这样省去了重新覆铜的计算时间，中间层为电源层和接地层（也称地层、地线层）时，板层上大多是大块覆铜，这样用负片层的优势就很明显。

8.1.4　学习活动实施

下面以设计多功能智能小车 PCB 四层板为例，介绍 PCB 多层板的设计方法与步骤。设计要求如下：设计 PCB 四层板，PCB 板框尺寸为 4300mil×3900mil，安全间距为 6mil，信号线线宽为 10mil，电源线/地线线宽为 20mil，要求补泪滴，并放置内径为 3.5mm 的定位孔。

1. 新建 PCB 工程项目文件

执行菜单命令【开始】→【Altium Designer】，或双击桌面快捷图标，进入 Altium Designer 17 工作界面。执行菜单命令【文件】→【新建】→【Projects】，弹出【新工程】对话框，在该对话框中的【工程类别】区域下面选中【PCB Project】选项,在右边【工程模板】区域下面选择【<Default>】,在【名称】文本框中输入 PCB 工程文件名称"多功能智能小车";单击【浏览位置】按钮,弹出【Browse for Project Location】对话框,在其中选择文件保存位置,单击【选择文件夹】按钮,回到【新工程】对话框,如图 8-1-7 所示。

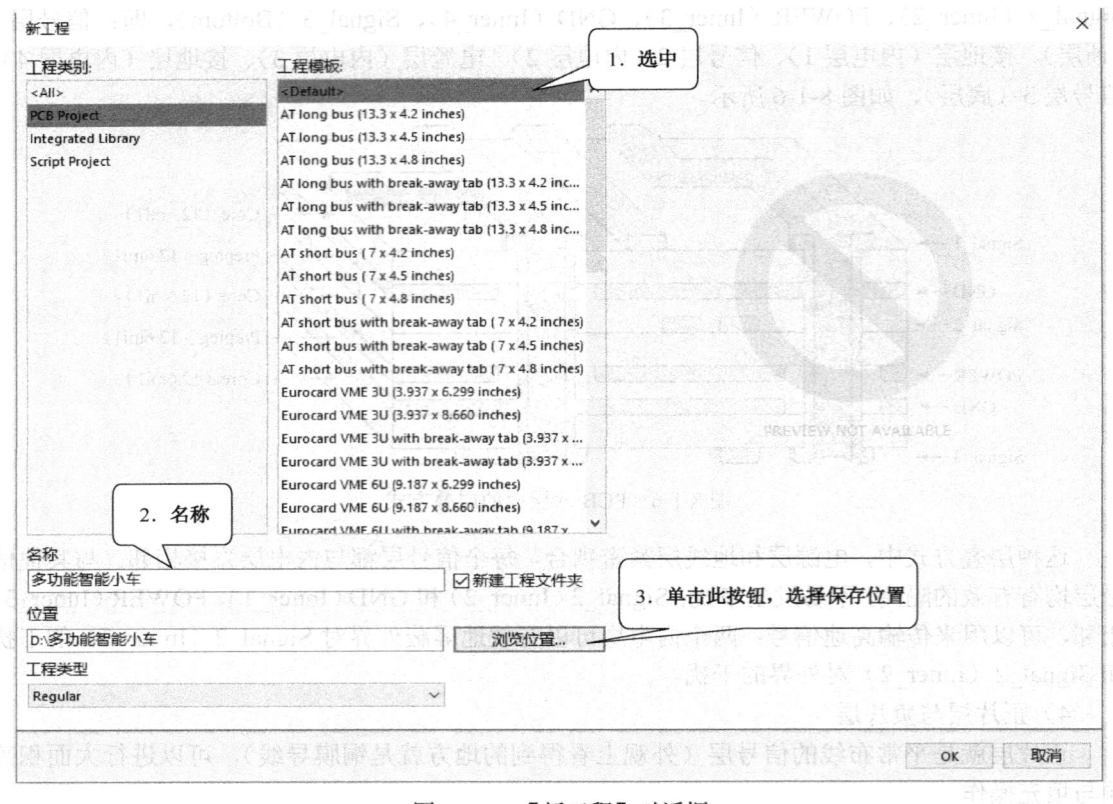

图 8-1-7 【新工程】对话框

单击【OK】按钮,创建"多功能智能小车"项目文件,如图 8-1-8 所示。

◀ 提示:观参看 SPOC 课堂教学视频:任务 8.1 新建 PCB 工程文件。

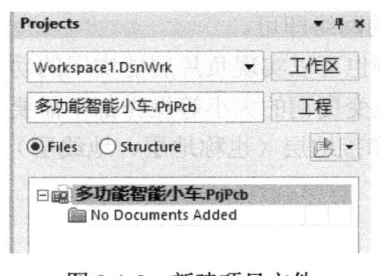

图 8-1-8 新建项目文件

2. 设计 PCB 元件

执行菜单命令【文件】→【新建】→【库】→【PCB 元件库】,创建名为"PcbLib1.PcbLib"的 PCB 元件库,执行菜单命令【文件】→【保存】,在弹出的【Save [PcbLib1.PcbLib]As】对话框中,选择保存位置,在【文件名】文本框中输入"多功能智能小车",单击【保存】按钮,创建"多功能智能小车" PCB 元件库文件。

按照前文介绍的方法制作多功能智能小车电路所需的 PCB 元件。

3. 绘制原理图元件

执行菜单命令【文件】→【新建】→【库】→【原理图库】,创建名为"Schlib1.Schlib"的原理图元件库,执行菜单命令【文件】→【保存】,在弹出的【Save [Schlib1.Schlib]As】对话框中选择保存路径,在【文件名】文本框中输入"多功能智能小车",单击【保存】按钮,创建"多功能智能小车"原理图库文件。

按照前文介绍的方法绘制多功能智能小车电路原理图元件。

4. 绘制原理图

执行菜单命令【文件】→【新的】→【原理图】,创建原理图文件,按照前文介绍的方法绘制多功能智能小车原理图,命名为"多功能智能小车"并保存。

5. 原理图的编译与检查

执行菜单命令【工程】→【Compile PCB Project 多功能智能小车.PrjPcb】,单击【System】标签,在弹出的菜单中选择【Messages】,弹出【Messages】面板,如图 8-1-9 所示。

图 8-1-9 【Messages】面板

从图 8-1-9 可以看出,设计的原理图没有错误。

6. 创建网络表

执行菜单命令【设计】→【工程的网络表】→【Protel】,创建"多功能智能小车.Net"网络表文件,并保存。

7. 创建 PCB 文件,规划 PCB 边框尺寸

- 执行菜单命令【文件】→【创建】→【PCB】,在"多功能智能小车"工程项目下创建名为"PCB1.PcbDoc"的文件,重命名为"多功能智能小车.PcbDoc"并保存。
- 单击 PCB 编辑区下面的【Mechanical】标签,将板层切换至机械层,按照前文介绍的手工规划板框的方法,绘制尺寸为 4300mil×3900mil 的板框,如图 8-1-10 所示。

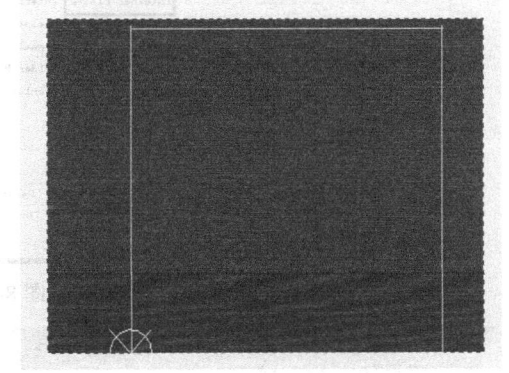

图 8-1-10 多功能智能小车 PCB 的板框

8. 添加内电层

执行菜单命令【设计】→【层叠管理】，弹出【Layer Stack Manager】对话框，单击对话框下面的【Add Layer】按钮，在弹出的菜单中单击【Add Internal Plane】，如图 8-1-11 所示。

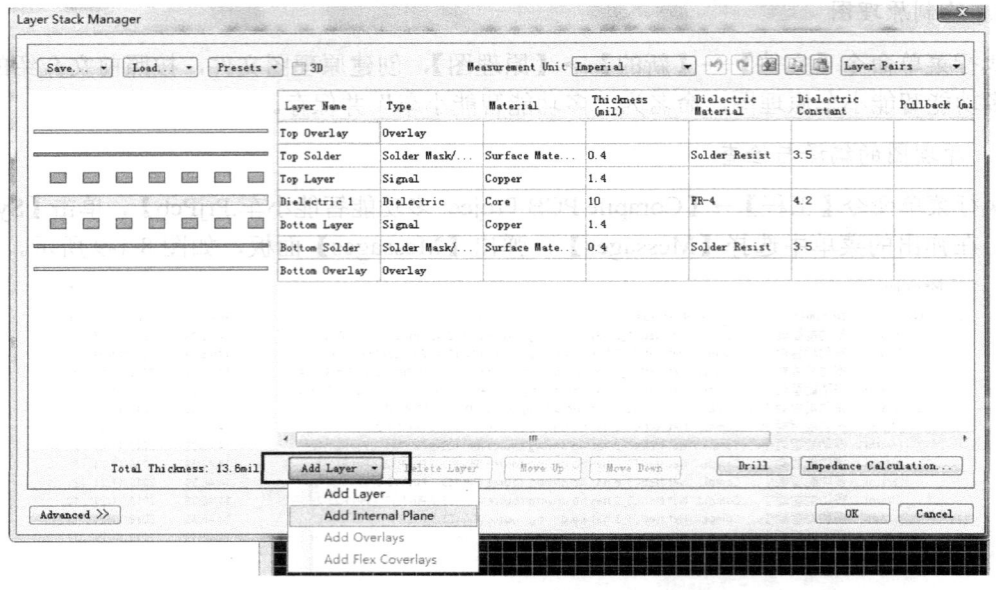

图 8-1-11　【Layer Stack Manager】对话框

添加"Internal Plane 1"内电层，用同样的方法添加"Internal Plane 2"内电层，如图 8-1-12 所示。

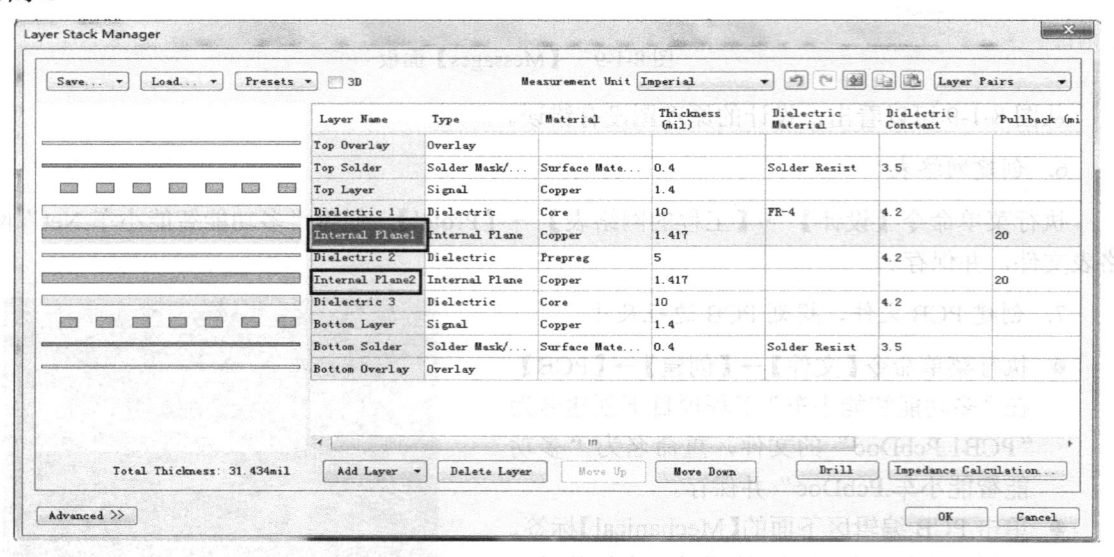

图 8-1-12　添加内电层

> 提示：
>
> 如果要添加信号层，执行菜单命令【设计】→【层叠管理】，弹出【Layer Stack Manager】对话框，单击【Add Layer】按钮，在弹出的菜单中单击【Add Layer】。

9. 封装匹配的检查及 PCB 的导入

执行菜单命令【设计】→【Import Changes From 多功能智能小车.Prjpcb】,弹出【工程更改顺序】对话框;单击【生效更改】按钮,检查添加的 PCB 元件封装有无错误,如果有错误就要查找错误的原因并纠正,倘若无错误,单击【执行更改】按钮,添加 PCB 元件封装。

10. 定义内电层

1) 添加接地层

双击 PCB 编辑区下面的板层标签【Internal Plane1】,弹出【Internal Plane1 properties[mil]】(内电层属性)对话框,将内电层名称"Internal Plane1"修改为"GNDPlane1",单击【网络名】选项框旁的▼按钮,在弹出的菜单中选择【GND】,如图 8-1-13 所示。

> 提示:
> 障碍物指的是在内电层边缘设置的一个闭合的去铜边界,以保证内电层边界距离 PCB 边界有一个安全距离,根据设置,内电层边界将自动从 PCB 边界回退。

2) 添加电源层

双击 PCB 编辑区下面的板层标签【Internal Plane2】,弹出【Internal Plane2 Properties[mil]】对话框,将内电层名称"**Internal Plane2**"修改为"VCCPlane",单击【网络名】选项框旁的▼按钮,在弹出的菜单中选择【VCC】,如图 8-1-14 所示。

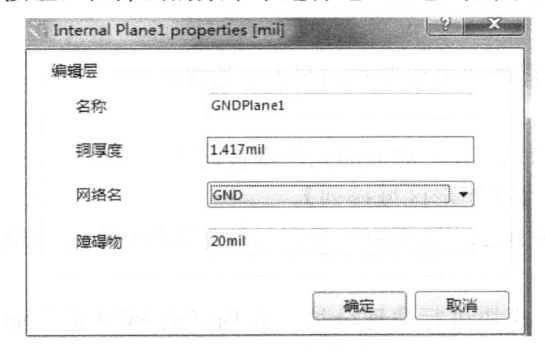

图 8-1-13 添加接地层　　图 8-1-14 添加电源层

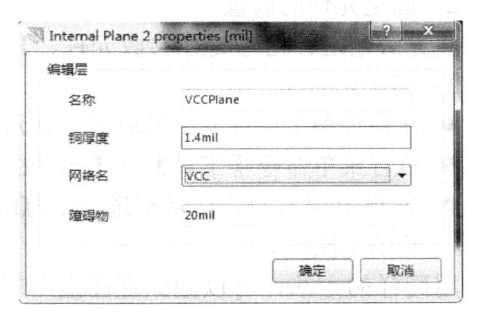

完成上述操作后的 PCB 四层板板层如图 8-1-15 所示。

图 8-1-15 PCB 四层板板层

提示:观参看 SPOC 课堂教学视频:任务 8.2 规划、定义 PCB 四层板板框。

11. PCB 模块化布局

1) 原理图与 PCB 的交互设置

(1) 分别打开多功能智能小车原理图文件和 PCB 文件,执行菜单命令【Window】→【垂直平铺】,窗口同时显示智能小车原理图文件和 PCB 文件,如图 8-1-16 所示。

(2) 执行菜单命令【工具】→【交叉选择模式】,可以看到在原理图上选中某个元件后,PCB 上相应的元件会同步被选中,反之在 PCB 上选中某个元件后,原理图上对应的元件会同步被选中。

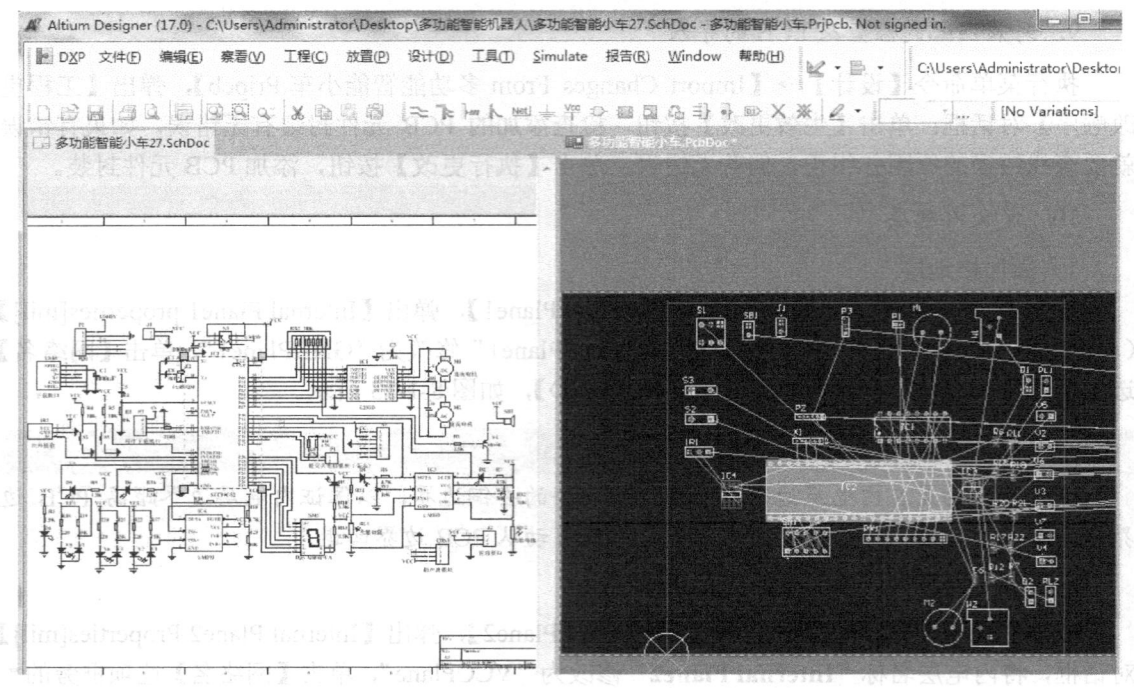

图 8-1-16 垂直平铺展示智能小车原理图文件和 PCB 文件

2）固定元件的放置

将光敏电阻、光电发射/接收元件、开关、接插件和电位器布局在板子边缘。

3）模块化布局

- 在原理图上选择 IC2 模块的所有元件，此时 PCB 上对应的元件都被选中。
- 执行菜单命令【工具】→【元件摆放】→【在矩形区域排列】。
- 在 PCB 某片空白区域框选一个范围，这时 IC2 功能模块的所有元件都会排列到这个框选的范围内。

用同样的方法，可以把原理图上所有的功能模块进行快速分块。布局好的 PCB 板图如图 8-1-17 所示。

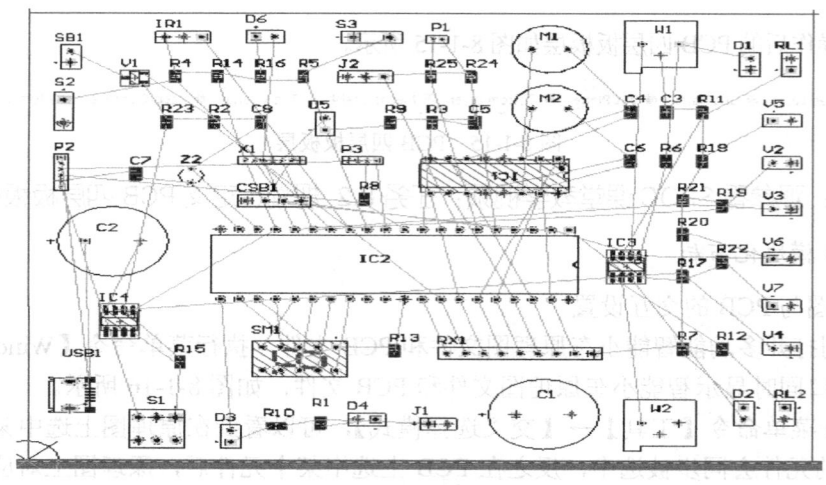

图 8-1-17 布局好的 PCB 板图

◀ 提示：观参看 SPOC 课堂教学视频：任务 8.3 PCB 模块化布局。

12. 创建网络类

将电源、接地网络汇总到一起，并命名为 PWR。操作方法如下：

（1）执行菜单命令【设计】→【类…】，弹出【对象类浏览器】对话框，选中【Net Classes】。

（2）在【Net Classes】上单击鼠标右键，在弹出的菜单中选择【添加类】，如图 8-1-18 所示。

在弹出的【对象类浏览器】对话框中创建名为"New Class"的类。将名称"New Class"更名为"PWR"。

图 8-1-18 添加类

（3）选中【非成员】区域中的"GND""VCC""USB5V"，单击 > 按钮，将其移至【成员】区域中，如图 8-1-19 所示，单击【关闭】按钮。

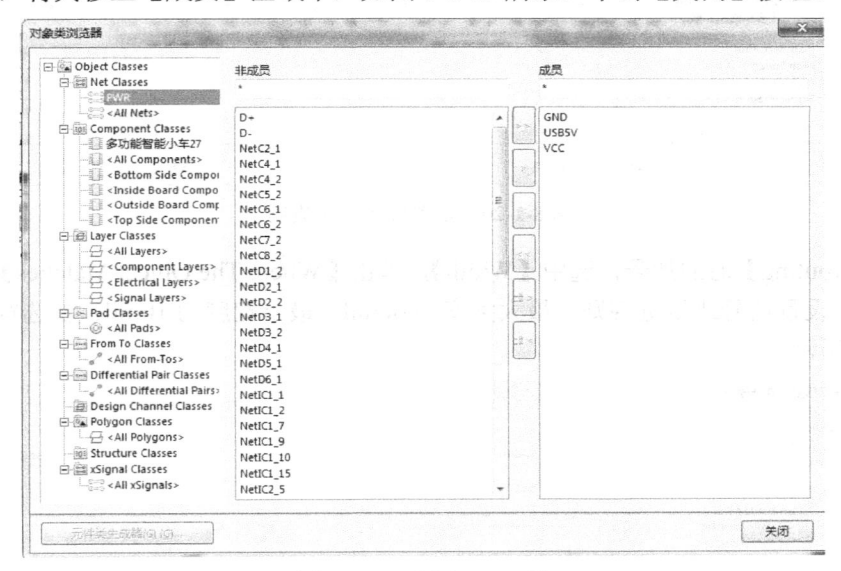

图 8-1-19 创建 PWR 类

◀ 提示：观参看 SPOC 课堂教学视频：任务 8.4 创建 PWR 类。

13. PCB 规则设置

1）设置安全间距规则

执行菜单命令【设计】→【规则】，弹出【PCB 规则及约束编辑器[mil]】对话框。单击【Clearance】前的加号将其展开，选中【Clearance】，在右边【Constraints】（约束）区域下面设置安全间距。通常安全间距为 4~6mil，这里设置安全间距为 6mil，如图 8-1-20 所示。

2）设置线宽规则

（1）设置信号线宽度规则。因为 PCB 四层板内电层添加的是负片层，负片层只是用来作为 PWR 层或者 GND 层分割之用，所以这里不再显示内电层的布线规则，只单独显示顶层和底层的布线规则。

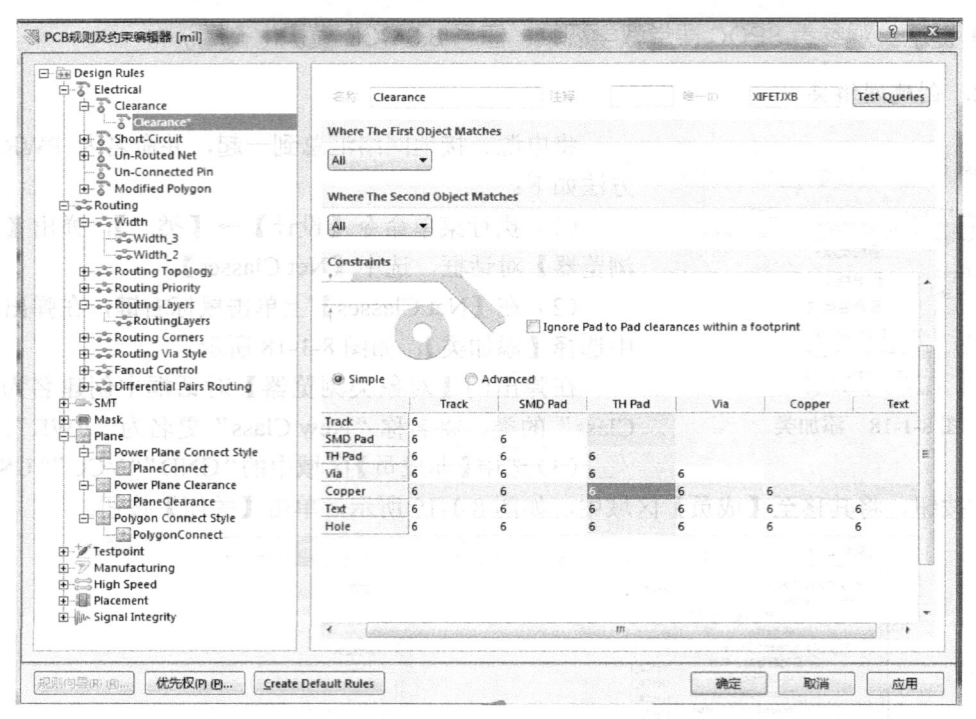

图 8-1-20 设置安全间距规则

单击【Routing】前的加号，选中【Width】，单击【Where The Object Matches】下面的▼并选择【All】，设置信号线线宽规则：最大宽度为 60mil，最小宽度为 10mil，首选宽度为 10mil，如图 8-1-21 所示。

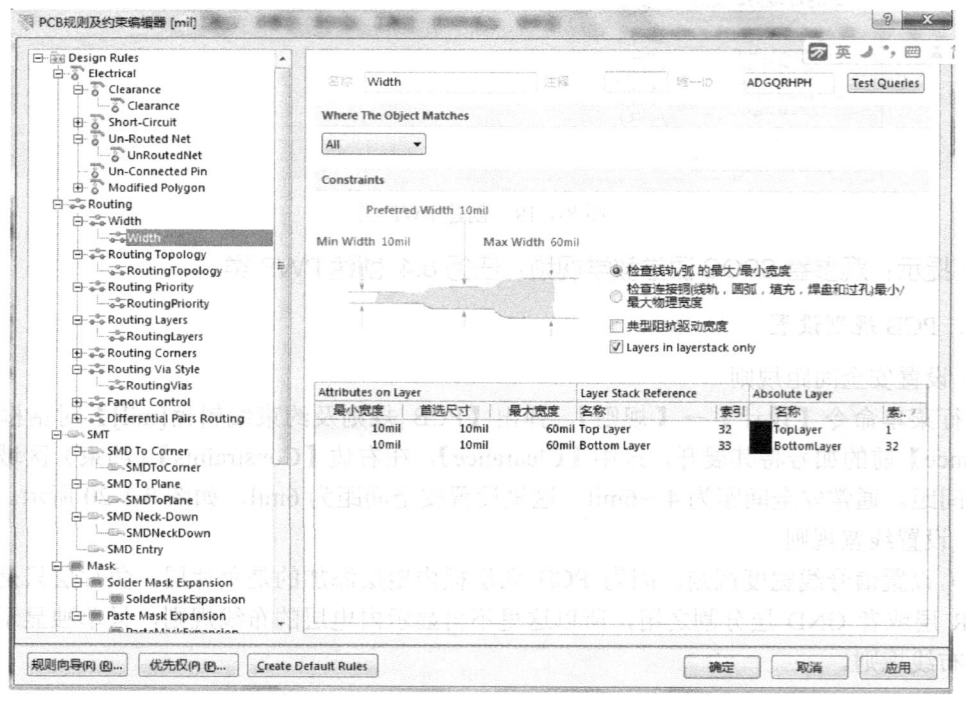

图 8-1-21 设置信号线宽度规则

（2）设置 PWR 类线宽规则：

在【Width】上单击鼠标右键，在弹出的菜单中选择【新规则】，如图 8-1-22 所示。

将名称"Width_1"改为"PWR"，在【Where The Object Matches】区域下面单击左侧的▼并选择【Net Class】（网络类），单击右侧的▼并选择【PWR】。对线宽进行加粗设置，要求最小宽度为 10mil，最大宽度为 60mil，首选宽度为 20mil，如图 8-1-23 所示。

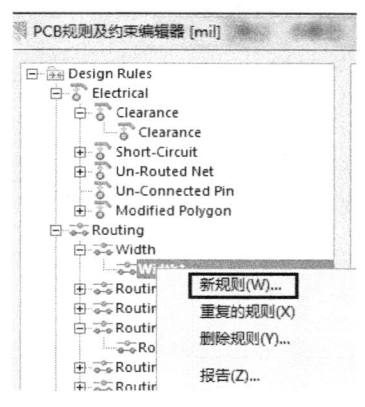

图 8-1-22 添加新规则

> **注意：**
> 单击图 8-1-23 所示对话框下面的【优先权】按钮，设置布线的优先级，设置方法前文已介绍。

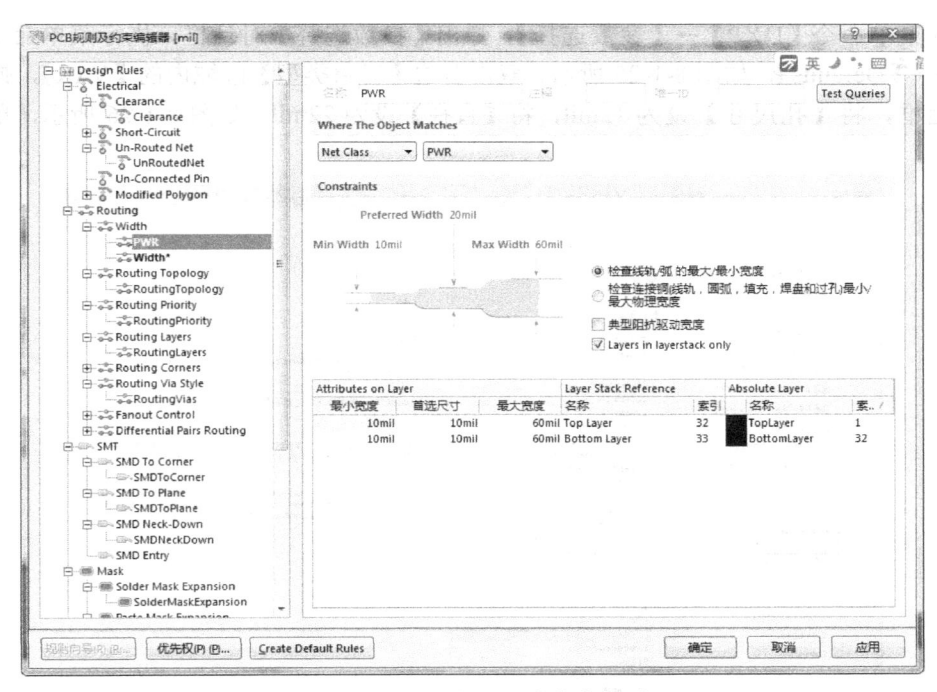

图 8-1-23 设置 PWR 类线宽规则

3）设置过孔规则

设置过孔规则即设置布线中过孔的尺寸。常规孔径大小为 0.2mm 及以上。可以对电源类过孔进行单独设置。过孔孔径 H_1 与直径 H_2 的关系：$H_2=2\times H_1\pm 2\text{mil}$。

展开【PCB 规则及约束编辑器[mil]】对话框左边的【Routing Via Style】项，选中【RoutingVias】，将右边【Constraints】（约束）区域下面【过孔孔径大小】的三项数值设置为 12mil，将【过孔直径】的三项数值设置为 22mil，如图 8-1-24 所示。

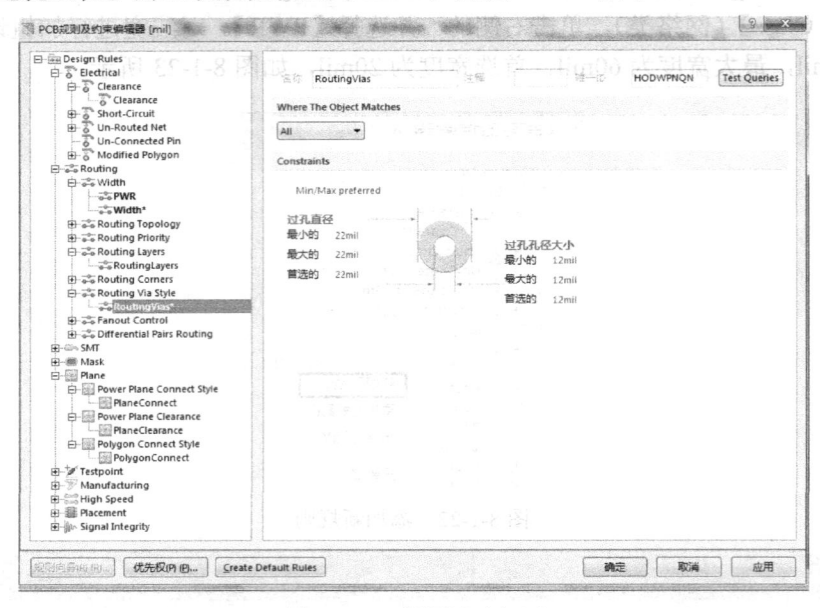

图 8-1-24　设置过孔规则

执行菜单命令【DXP】→【参数选择】，弹出【参数选择】对话框，执行菜单命令【PCB Editor】→【Defaults】，如图 8-1-25 所示。双击右边【对象类型】区域内的【VAR】，弹出【过孔】对话框，将【孔尺寸】设为 12mil，将【直径】设为 22mil，如图 8-1-26 所示，单击【确定】按钮。

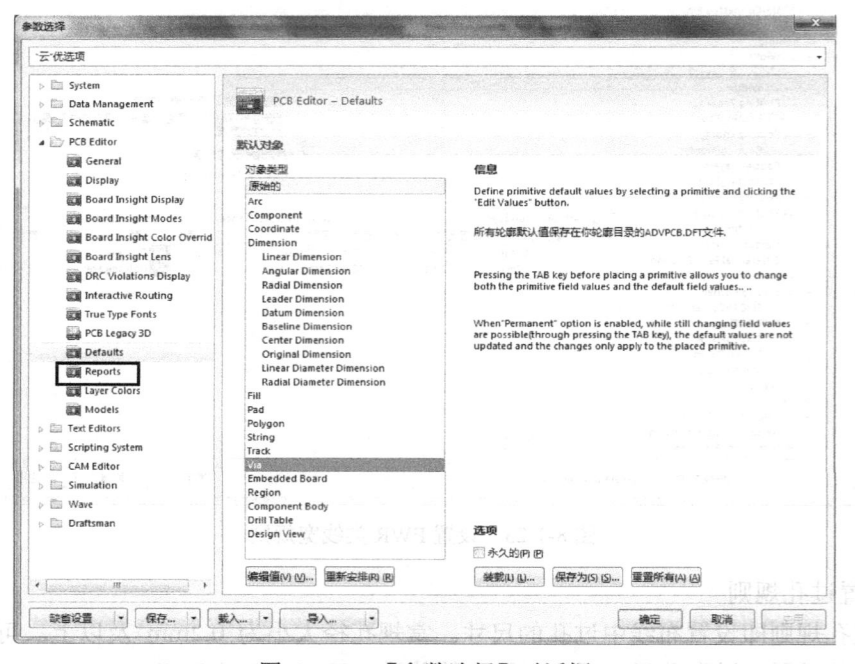

图 8-1-25　【参数选择】对话框

图 8-1-26 【过孔】对话框

4）设置表面贴装元件规则

（1）设置贴装式焊盘引出导线宽度。贴装式焊盘的引出导线不能太细，否则容易断裂。通常根据焊盘的宽度决定引出导线的宽度，引出导线的宽度通常不小于焊盘宽度的 50%，这里设置为 70%。

展开【PCB 规则及约束编辑器[mil]】对话框左边的【SMT】项，右键单击【SMDNeckDown】，在弹出的菜单中选择【新规则】，添加"SMDNeckDown"规则，单击选中该规则，将右边【Constraints】（约束）区域下面【收缩向下】文本框中数值修改为 70%，如图 8-1-27 所示。

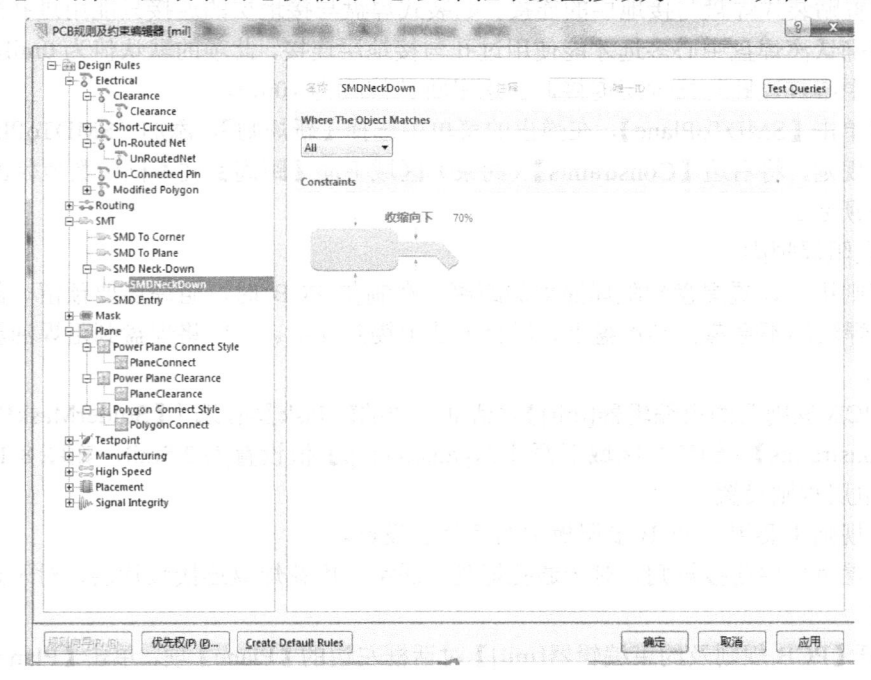

图 8-1-27 设置贴装式焊盘引出导线宽度

（2）设置贴装式焊盘引出导线长度。右键单击【SMD To Corner】，在弹出的菜单中选择【新规则】，添加"SMDToCorner"规则，单击选中该规则，将右边【Constraints】（约束）区域下面【距离】文本框中数值修改为 10mil，如图 8-1-28 所示。

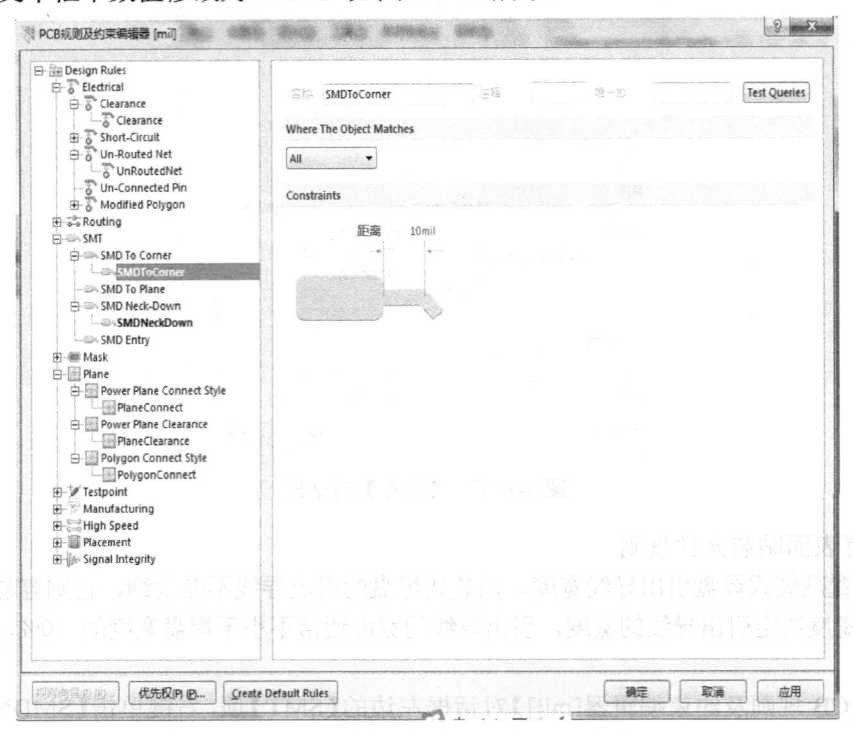

图 8-1-28　设置贴装式焊盘引出导线长度

（3）设置贴装式焊盘与接地层的连接。贴装式焊盘与接地层的连接只能用过孔来实现，设置此项时要确认离焊盘中心多远才能使用过孔与接地层连接，此项的默认值为 0mil，表示可以直接从焊盘中心打过孔与接地层连接，在这里将其修改为 10mil。

用右键单击【SMDToPlane】，在弹出的菜单中选择【新规则】，添加"SMDToPlane"规则，单击选中该规则，将右边【Constraints】（约束）区域下面【距离】文本框中数值修改为 10mil，如图 8-1-29 所示。

5）设置阻焊规则

阻焊规则用于设置焊盘到阻焊油墨的距离。在制作 PCB 时，阻焊层要预留一部分空间给焊盘，使阻焊油墨不会覆盖到焊盘上，以免无法上锡到焊盘。一般将焊盘到阻焊油墨的距离设置为 2.5mil。

展开【PCB 规则及约束编辑器[mil]】对话框左边的【Mask】项，选中【SolderMaskExpansion】，将右边【Constraints】（约束）区域下面【Expansion top】值设置为 2.5mil，如图 8-1-30 所示。

6）内电层规则设置

内电层规则主要用于 PCB 多层板中的负片层设计。

（1）设置负片层连接规则。对于通孔焊盘，通常采用花焊盘连接负片层，对于过孔，采用全连接方式。

① 展开【PCB 规则及约束编辑器[mil]】对话框左边的【Plane】项，单击【Plane Connect】，

在右边【Constraints】(约束)区域下面选中【Advanced】。

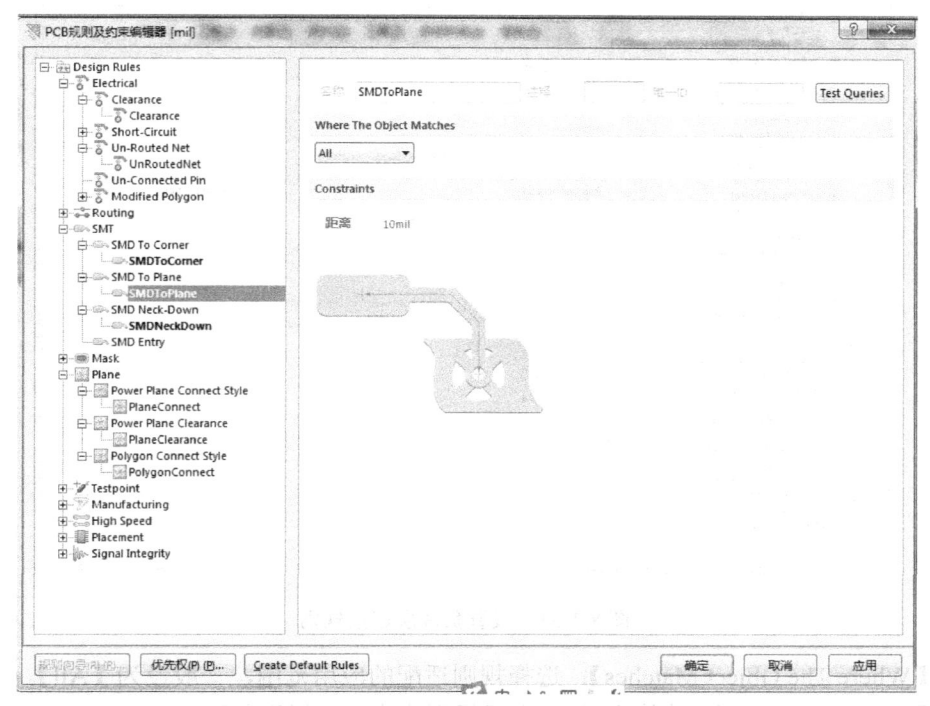

图 8-1-29　设置贴装式焊盘与接地层的连接

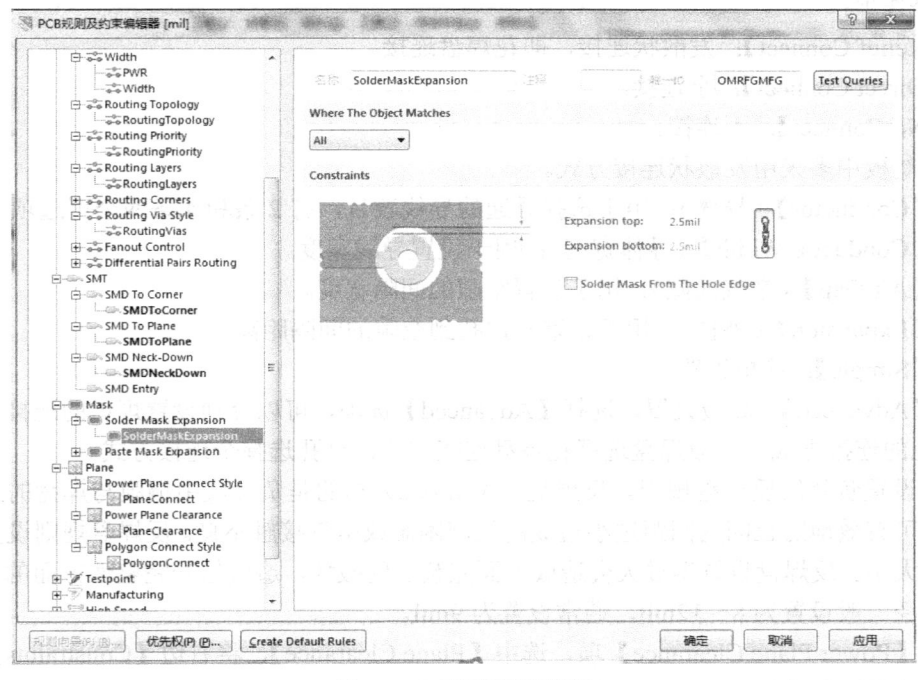

图 8-1-30　阻焊规则设置

② 单击【Pad Connection】(焊盘连接)下面的▼按钮，选择【Relief Connect】，在【Via Connection】(过孔连接)下面选择【Direct Connect】，如图 8-1-31 所示。

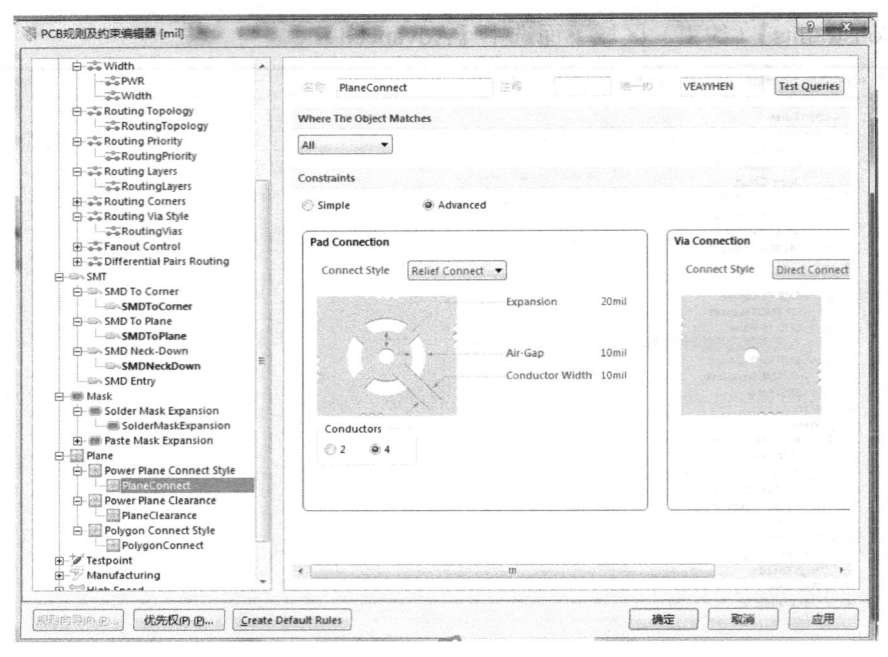

图 8-1-31　设置负片层连接规则

- 【Where The Object Matches】：选择规则适配的应用范围，一般设为【All】。
- 【Via Connection】（连接方式）：用于设置内电层和过孔的连接方式，下拉列表中有 3 个选项：

  【Relief Connect】：发散状连接，即花焊盘连接。

  【Direct Connect】：全连接。

  【No Connect】：不连接。

  工程制板中多采用发散状连接方式。

- 【Conductor】（导体）：用于选择导通的导线数目，有 2 条和 4 条两个可选项。
- 【Conductor Width】（导体宽度）：用于设置导线宽度。
- 【Air Gap】（空气间隙）：用于设置空隙的间隔宽度。
- 【Expansion】（外扩）：用于设置从过孔到空隙的间隔距离。
- 【Simple】：简单设置。
- 【Advanced】：高级设置，选择【Advanced】选项，可以分别设置焊盘的连接方式、过孔的连接方式。一般焊盘选择花焊盘连接方式，过孔选择全连接方式。

（2）设置负片层反焊盘规则。反焊盘（Anti-pad）指的是负片层中铜膜与焊盘的距离，设置反焊盘可有效地防止因为间距过小造成的生产困难或电气接触不良。反焊盘规则设置即设置反焊盘的大小。反焊盘设置得过大会造成平面完整性的破坏，造成信号完整性方面的问题。反焊盘的直径一般设置为 8~12mil，通常设置为 9mil。

展开【Power Plane Clearance】项，选中【Plane Clearance】，将右边【Constraints】（约束）区域下面【间距】值设置为 9mil，如图 8-1-32 所示。

（3）正片层覆铜连接规则设置。此项规则用于确定常规的多边形覆铜与焊盘/过孔之间的连接方式。正片层覆铜连接规则设置和负片层连接规则设置是类似的，对于通孔插装式焊盘和表面贴装式焊盘，常采用花焊盘连接方式，对于过孔采用全连接方式，如图 8-1-33 所示。

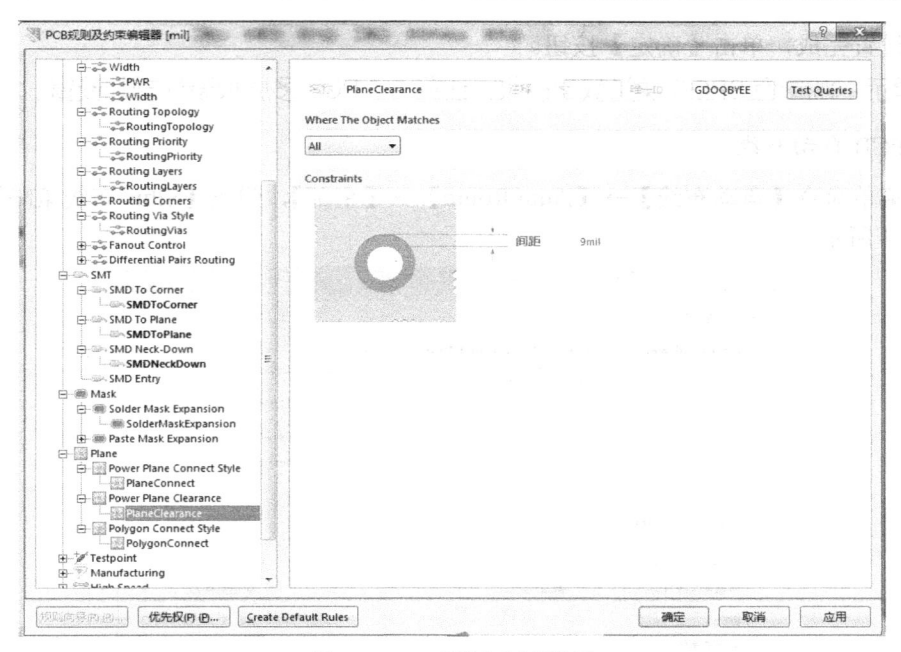

图 8-1-32　反焊盘规则设置

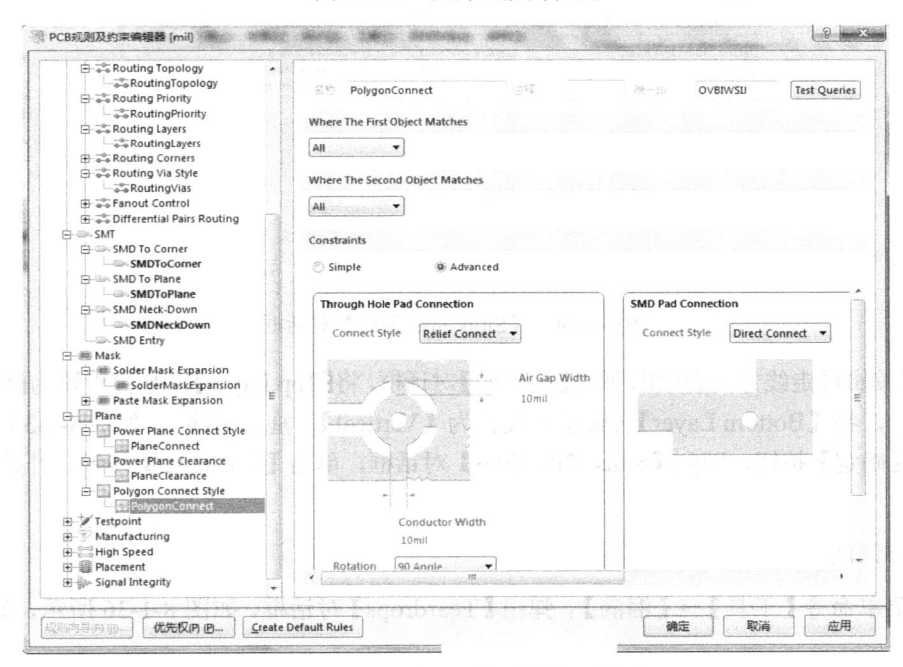

图 8-1-33　正片层覆铜连接规则设置

【Advanced】设置中，提供了 3 种焊盘的连接设置。
- 【通孔焊盘连接】：通孔焊盘的连接一般默认设置为花焊盘连接，这样散热均匀，在进行手工焊接时不会造成虚焊。
- 【SMD Pad Connection】：表面贴装式焊盘的连接一般默认设置为花焊盘连接，某些电源网络如果需要流通大电流，可以单独对整个网络或者某个元件采用全连接方式。
- 【Via Connection】：过孔的连接一般默认设置为全连接方式。

规则设置完成，单击【确定】按钮。

📢 提示：观参看 SPOC 课堂教学视频：任务 8.5 PCB 多层板设计规则设置。

14. PCB 自动布线

执行菜单命令【自动布线】→【Auto Route】→【全部】，弹出【Situs 布线策略】对话框，如图 8-1-34 所示。

图 8-1-34　【Situs 布线策略】对话框

单击【编辑层走线方向】按钮，弹出【层说明】对话框，将【Top Layer】（顶层）设置为【Horizontal】（水平布线），将【Bottom Layer】（底层）设置为【Vertical】（垂直布线），如图 8-1-35 所示。

单击【确定】按钮，回到【Situs 布线策略】对话框，单击【Route All】按钮，开始进行 PCB 自动布线。

15. 补泪滴

执行菜单命令【工具】→【泪滴】，弹出【Teardrops】对话框，如图 8-1-36 所示，单击【OK】按钮。

16. 放置定位孔

执行菜单命令【放置】→【过孔】或者单击工具栏 按钮，在 PCB 四个角放置 4 个孔径为 3.5mm 的过孔，放置方法前文已介绍。设计完成的多功能智能小车 PCB 四层板如图 8-1-37 所示。

17. 添加覆铜

1）顶层添加覆铜

单击【PCB】面板下面的层标签【Top Layer】，将 PCB 板层切换到顶层，执行菜单命令【放置】→【多边形覆铜】或者单击工具栏 按钮，弹出【多边形覆铜[mm]】对话框，单击【属性】区域下面【层】列表框右边的 ，在弹出的列表中选择【Top Layer】，单击【网络选项】区域下面【链接到网络】列表框右边的 ，在弹出的列表中选择【GND】，勾选【死铜移除】，如图 8-1-38 所示，单击【确定】按钮，拖动鼠标左键，沿着 PCB 内边框画一封闭矩形。

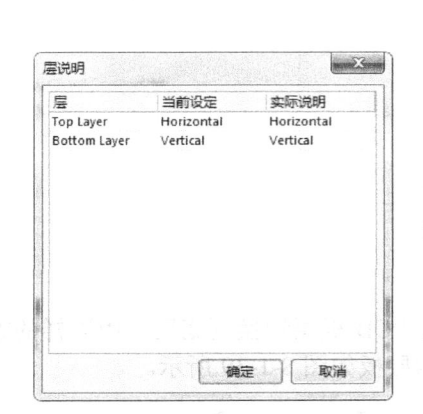

图 8-1-35 【层说明】对话框

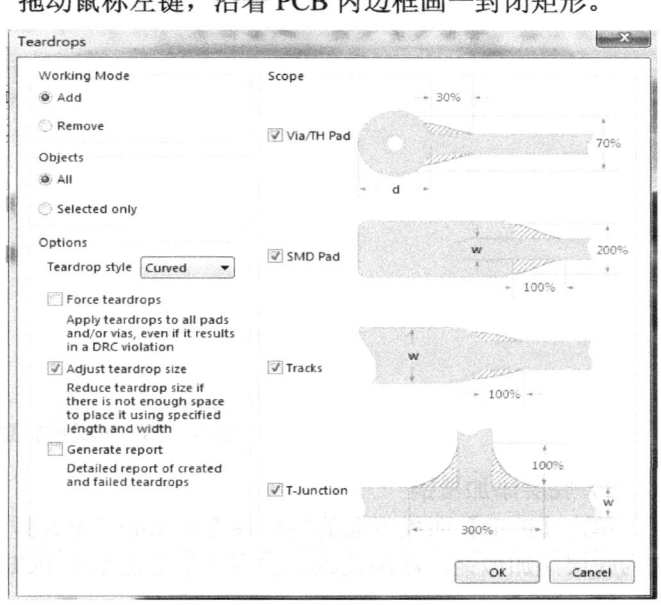

图 8-1-36 补泪滴

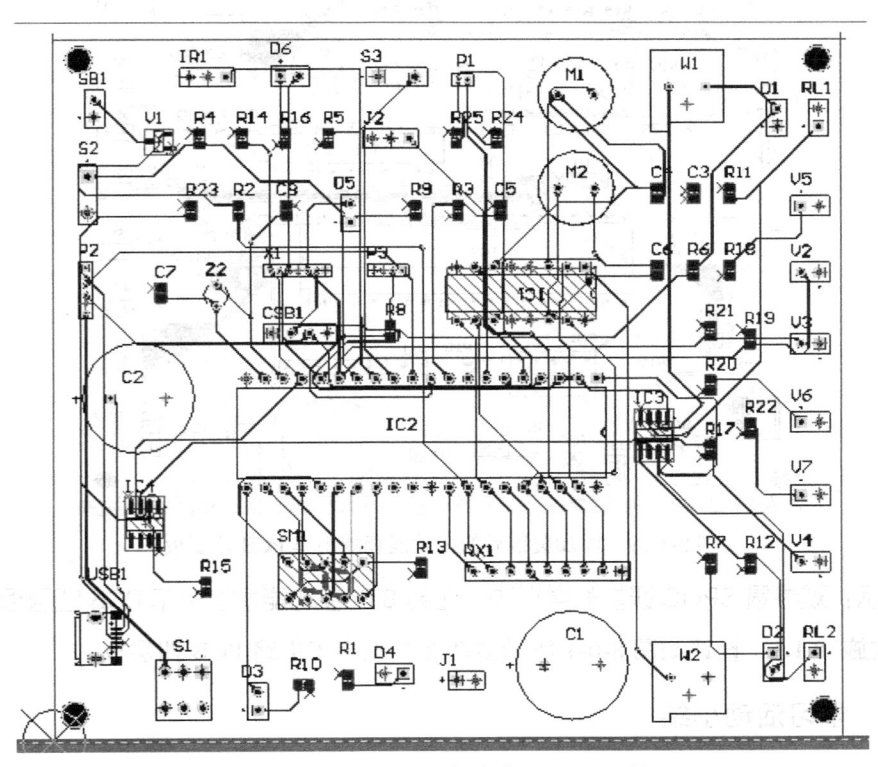

图 8-1-37 多功能智能小车 PCB 四层板

图 8-1-38　顶层添加覆铜

2）底层添加覆铜

单击【PCB】面板下面的层标签【Bottom Layer】，将 PCB 板层切换到底层，用同样的方法为底层添加覆铜，添加覆铜后的多功能智能小车 PCB 四层板如图 8-1-39 所示。

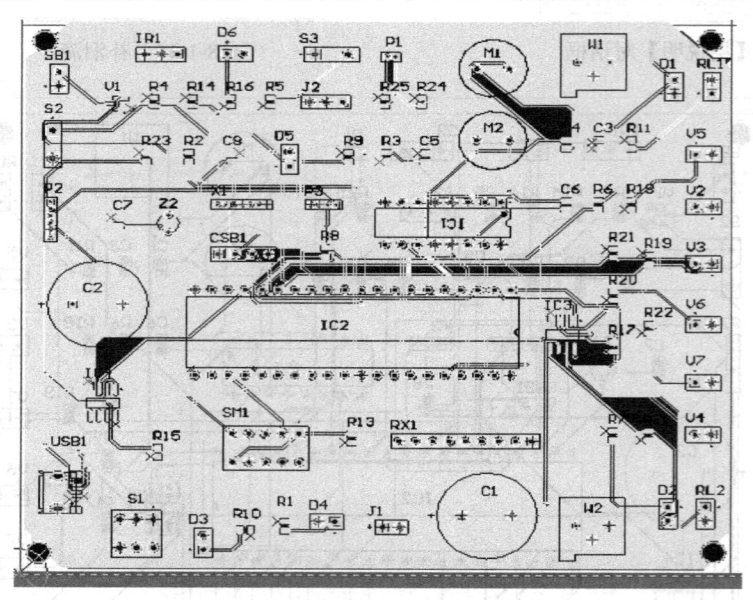

图 8-1-39　添加覆铜后的多功能智能小车 PCB 四层板

提示：观参看 SPOC 课堂教学视频：任务 8.6 多功能智能小车 PCB 四层板的设计。

任务实施 8.1.1　设计如图 8-0-1 所示多功能智能小车电路 PCB 四层板。

8.1.5　学习活动小结

本部分内容通过用 Altium Designer 17 软件设计多功能智能小车 PCB 四层板的案例，介绍了 PCB 多层板的概念、特点、层叠结构、内电层分割方法，重点介绍了内电层的添加、表面贴装元件和内电层的设计规则设置方法。

任务实施

8.2 学习活动 2 制板前的 CAM 制作

在制作 PCB 之前，制板企业接到客户订单以后，需要对客户提供的 PCB 设计文件、Gerber 文件、钻孔文件和样品资料，根据客户要求和企业的生产能力，使用 Genesis 2000 等软件进行修正，这个过程称为 **CAM** 制作。本部分内容通过普通 PCB 多层板的 CAM 制作案例，介绍了 PCB 多层板的 CAM 制作流程、方法和步骤。

8.2.1 学习目标

学会 PCB 多层板制板前的 CAM 制作。

8.2.2 学习活动描述与分析

学习活动 2 的设计任务是在计算机上完成下面操作：用 Genesis 2000 软件处理多功能智能小车 PCB 四层板的钻孔文件，制作内部板层负片、外部板层线路、阻焊、字符，拼版并输出 Gerber 文件。

通过本部分内容的学习，学生应了解 Genesis 2000 软件及其用法；理解 CAM 制作的相关专业术语；掌握 PCB 多层板的制作流程；掌握 CAM 制作方法。

本部分内容的学习**重点**是掌握 PCB 制板前的 CAM 制作流程和方法；**难点**是掌握 CAM 制作方法。突破难点的方法是严格按照 PCB 多层板 CAM 制作案例进行操作。

完成学习活动 2 的设计任务，须弄清楚以下问题：

（1）Genesis 2000 软件在 PCB 制作中有何作用？其制作流程可分为哪几个步骤？
（2）CAM、工作料号、原稿、Gerber（光绘）文件、钻孔文件的含义是什么？
（3）PCB 多层板各板层的文件名书写形式是怎样的？
（4）PCB 制板前 CAM 作业流程是怎样的？
（5）CAM 制作内容包括哪些方面？

需要掌握以下操作技能：

（1）读入客户资料；对客户的资料进行初步处理。
（2）处理钻孔文件，制作内部板层负片，制作外部板层线路，制作阻焊，制作字符，拼版。
（3）输出 Gerber 文件。

8.2.3 相关知识

1. CAM

计算机辅助制造（CAM）就是利用计算机辅助完成从生产准备到产品制造整个过程的活动，实现制造过程的自动化。

2. Genesis 2000 软件介绍

Genesis 2000 是由 Frontline 公司开发的 PCB CAM 软件，该软件被许多 PCB 生产企业和光绘公司广泛采用，用于根据生产企业的生产能力，对客户提供的技术资料进行修正。例如，PCB 设计要求 PCB 上的某类过孔内径为 40mil，如果制板时只钻 40mil，那么在后期过孔金属化工序完成后，过孔的孔壁镀了层铜，最后制作的实际内径就小于 40mil，因此在制作 PCB 之前，制板企业需要根据实际生产过程中该类过孔孔壁镀铜厚度数据，修改原始钻孔文件，生成新的钻孔机床能读懂的文件。

使用 Genesis 2000 对客户提供的原始 PCB 资料进行处理的过程如图 8-2-1 所示，主要步骤如下。

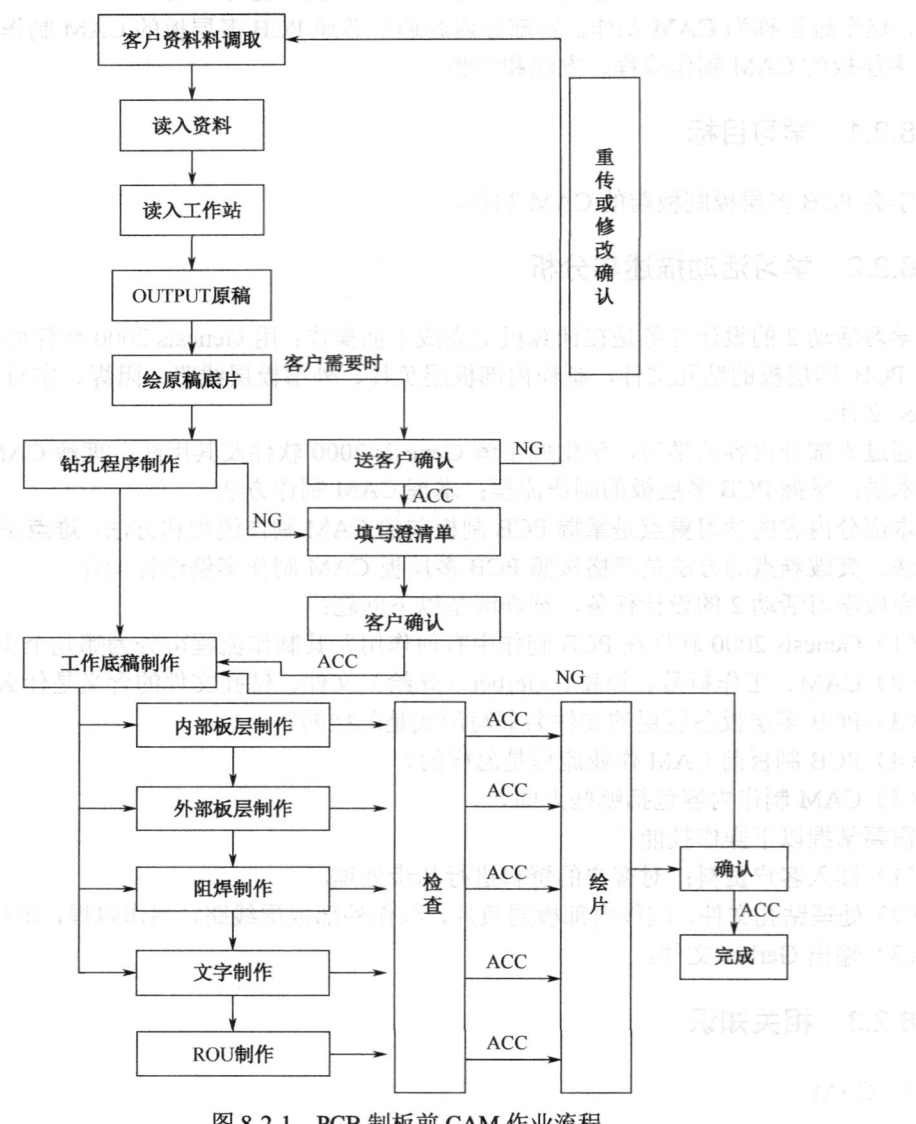

图 8-2-1 PCB 制板前 CAM 作业流程

- 建立一个新的 Job（工作料号）。
- 将客户交来的 CAM 原始资料读进 Genesis 2000 系统，转成系统可识别的格式。

- 定义每一层的性质，整体对位、定零点、定 Profile。
- 将客户交来的资料和 Netlist（网络表）进行核对，将用线条画好的焊盘转换成 SMD 属性。
- 分析、检查和产生报告。
- 按照工单的要求修改使之满足生产要求。
- 制作生产用的 Panel。
- 输出光绘、钻孔和切板文件。

◁》提示：Profile 表示轮廓。

3. 工作料号

工作料号按 PCB 生产厂家约定的规则命名，包括板层数、PCB 的特征（如喷锡、金手指等）、当前 PCB 为样板还是生产板、PCB 编号、MI 版本等信息。

4. 原稿

原稿指客户提供的原始文件，包括 PCB 设计文件、Gerber 文件、钻孔文件和样品资料等。

5. 菲林

菲林指经过 PCB 制板曝光工序后印有线路图像的胶片。

6. Gerber 文件

Gerber 文件是用于光绘机控制光线照射，从而形成图像，用于绘制菲林的 CAM（计算机辅助制造）文件。

7. 钻孔文件

钻孔文件，也称为钻带，也是一种 CAM 文件，其内容包括钻孔机采用的钻刀顺序、钻嘴大小、钻孔位置等。

8.2.4 学习活动实施

制作普通 PCB 多层板的操作步骤如下：

1. 资料读入

资料读入的一般流程：登录系统→调入客户原始资料→自动识别→检查并修正错误→转换和板层命名。

1）登录系统

（1）启动 Genesis 2000。双击桌面上的软件图标，如图 8-2-2 所示，启动 Genesis 2000。输入用户名和密码，如图 8-2-3 所示，登录 Genesis 2000 系统。

（2）建立 Job（工作料号）：

① 执行菜单命令【File】→【Creat】，弹出【Create Entity Popup】对话框，如图 8-2-4 所示。

② 在【Entity】文本框中输入 Job（工作料号）名称，单击【Database:】按钮，如图 8-2-5 所示。

图 8-2-2 启动 Genesis 2000

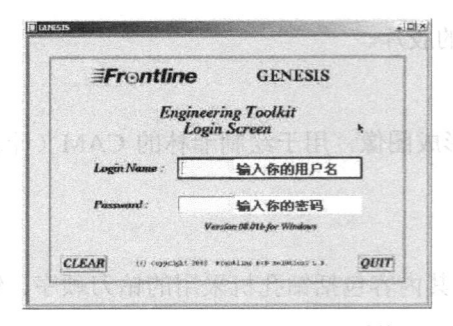

图 8-2-3 登录 Genesis 2000 系统

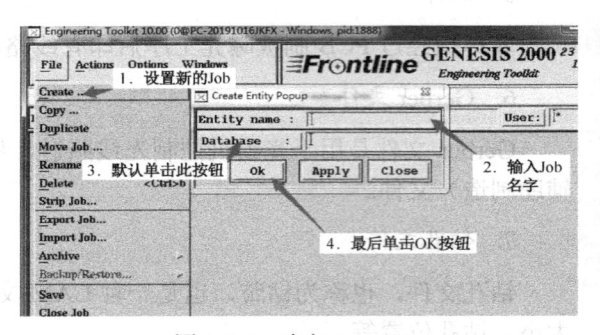

图 8-2-4 建立 Job（1）

③ 单击【OK】按钮，创建新的工作料号。

④ 在如图 8-2-6 所示的对话框中双击新创建的 Job 文件，结果如图 8-2-7 所示。

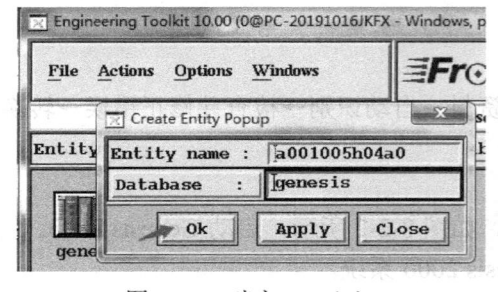

图 8-2-5 建立 Job（2）

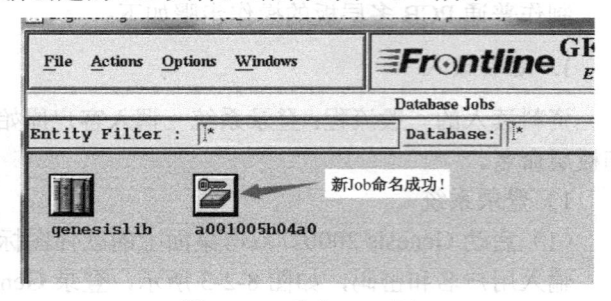

图 8-2-6 建立 Job（3）

2）调入客户原始资料（即调入 Gerber 文件）

（1）双击 凹 按钮，弹出【Input Package】对话框，如图 8-2-8 所示。

（2）调入 Gerber 文件。单击【Path:】按钮，弹出【打开】对话框，找到 Gerber 文件存放的位置，选中 Gerber 文件，如图 8-2-9 所示，单击【打开】按钮，调入 Gerber 文件。

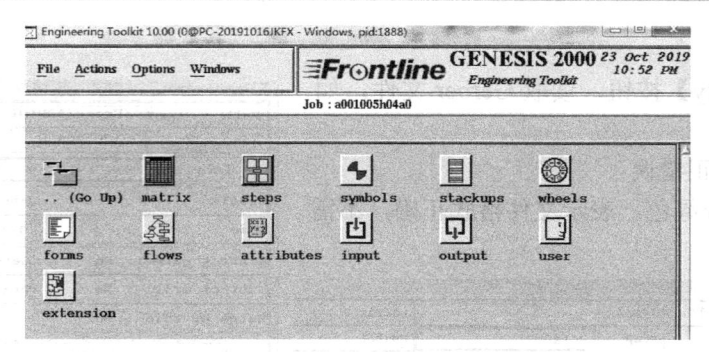

图 8-2-7　打开新创建的 Job 文件

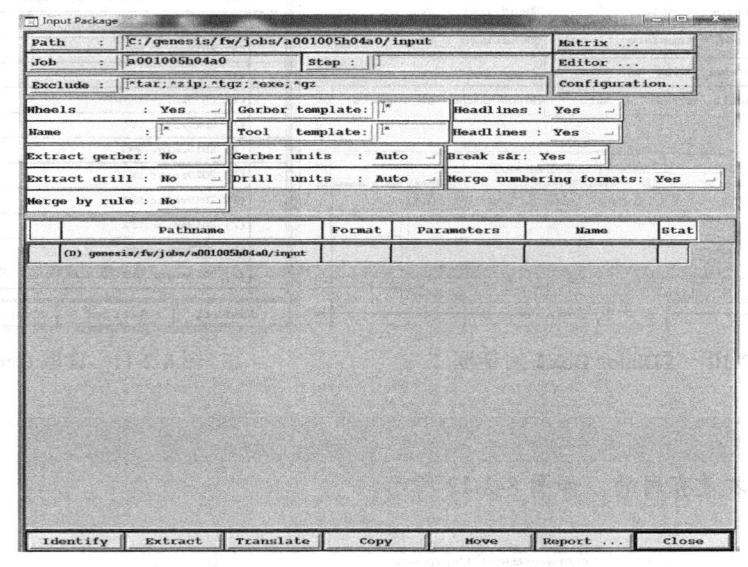

图 8-2-8　【Input Package】对话框

图 8-2-9　调入 Gerber 文件

（3）建立 Step 层。在【Input Package】对话框中的【Step：】文本框中输入"orig"（原稿），弹出【Dialog Box】对话框，如图 8-2-10 所示，单击【OK】按钮，回到【Input Package】对话框。

3）自动识别

单击【Identify】按钮，读取 Gerber 文件，如图 8-2-11 所示。

4）检查并修正错误

如果表格呈现绿色，表示文件格式正确，不需要修改。

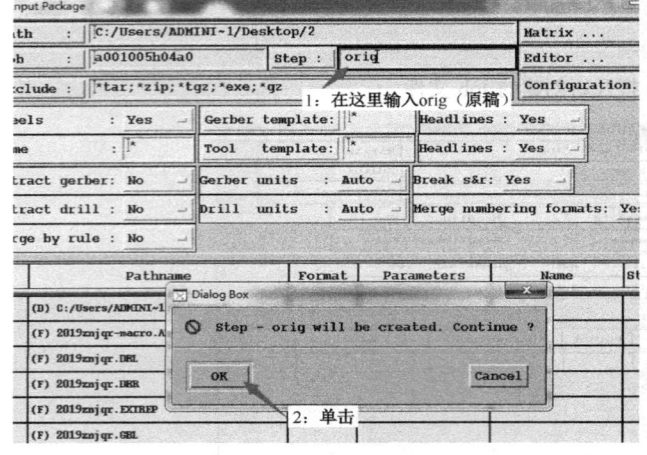

图 8-2-10 【Dialog Box】对话框

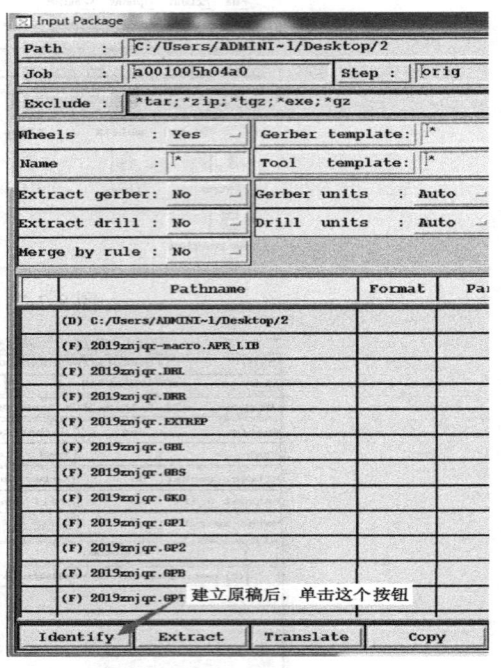

图 8-2-11 读取 Gerber 文件

> **注意：**
> 打勾的文件才是有用的，如图 8-2-12 所示。

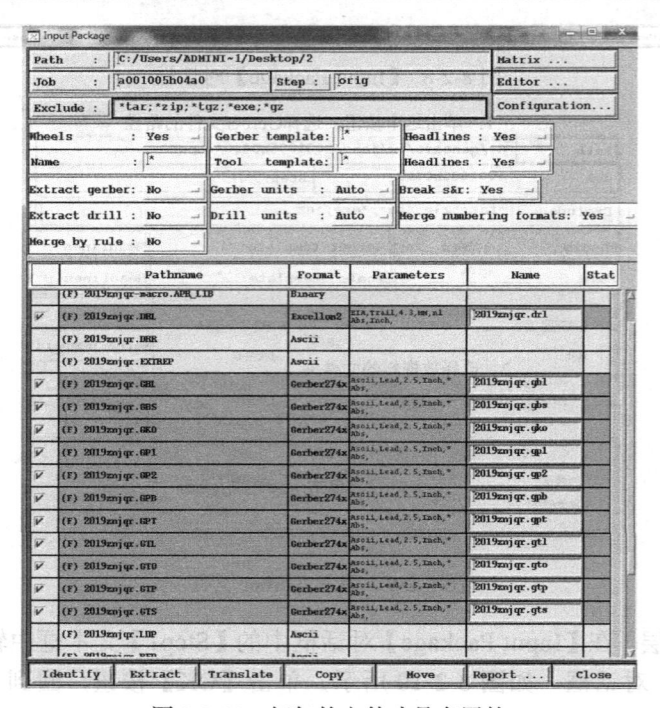

图 8-2-12 打勾的文件才是有用的

如果表格中出现红色，或者文件格式错误，需要修改文件格式，可将光标移至需要修改的层上，按下鼠标右键，将光标移到弹出的菜单中【Parameters】处，如图 8-2-13 所示。释放右键，弹出【Parameters Popup】对话框，如图 8-2-14 所示。

图 8-2-13　修改文件格式

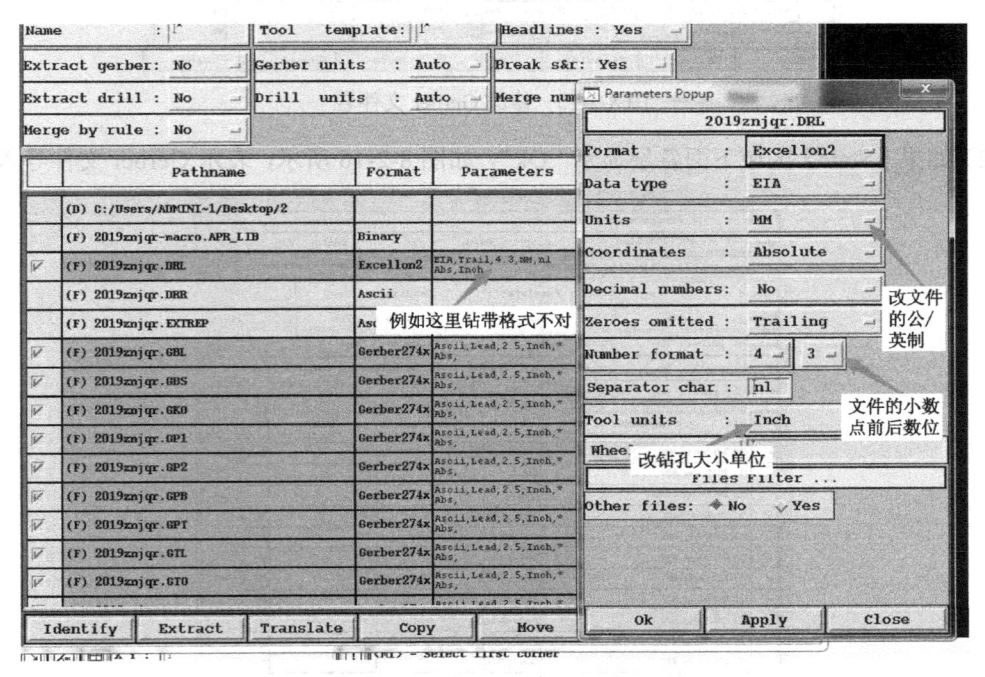

图 8-2-14　【Parameters Popup】对话框

一般 Gerber 文件的格式都是默认的，只是钻孔文件的格式要改，这里钻孔文件格式是英制 2-5 格式（表示 2 位整数，5 位小数，钻孔单位为英制）。

举例：如果钻孔文件格式为 EIA、Trail、4.3MM 或 nl ABS，则是错误的，需要修改，修改的方法是在【Parameters Popup】对话框中，单击【Unite】旁的按钮修改文件的单位，如将公制修改为英制；单击【Number format】旁的按钮修改文件的小数点前后的位数；单击【Tool Unit】旁的按钮修改钻孔尺寸单位，如图 8-2-14 所示。

5）转换和层命名

由于各个工厂的 Gerber 文件命名方式不一样，因此需要修改各层 Gerber 文件名。

（1）在【Name】区域下面修改各层文件名，单击【Translate】按钮，如图 8-2-15 所示。

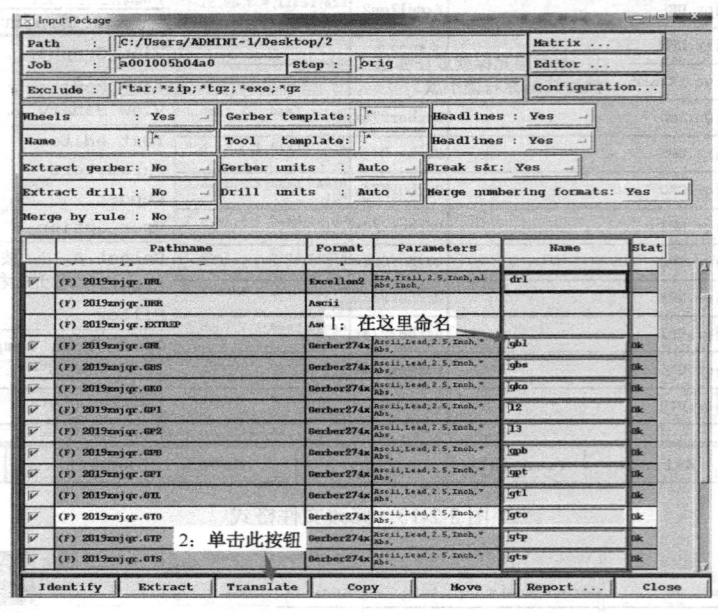

图 8-2-15　修改 Gerber 文件名

（2）如果【State】区域下面各层显示"Ok"，如图 8-2-16 所示，表示 Gerber 文件导入成功。

图 8-2-16　成功导入 Gerber 文件

2. 初步处理

初步处理的一般流程：层命名→层排序→定义层属性→备份层资料→建立外围和 Profile（轮廓）。

1）层排序和定属性

（1）进入 Matrix 层。单击【Input Package】对话框中【Matrix】按钮，如图 8-2-17 所示，进入 Matrix 层。

（2）层排序和设定属性：

① 执行菜单命令【Actions】→【Re-arrange rows】，如图 8-2-18 所示。

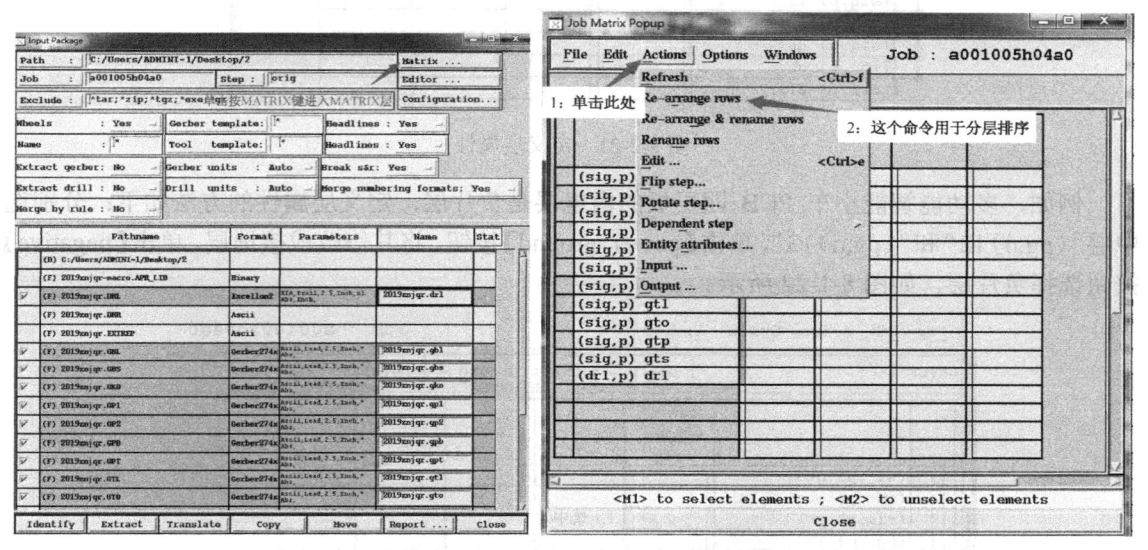

图 8-2-17　进入 Matrix 层

图 8-2-18　执行菜单命令

② 层排序和设定属性，如图 8-2-19 所示。

如果设定的属性不对，可以手动更改。例如，要将"（sm,p）gts"修改为"board"（板），修改方法：单击选中【（sm,p）gts】层，单击【board】按钮，如图 8-2-20 所示。

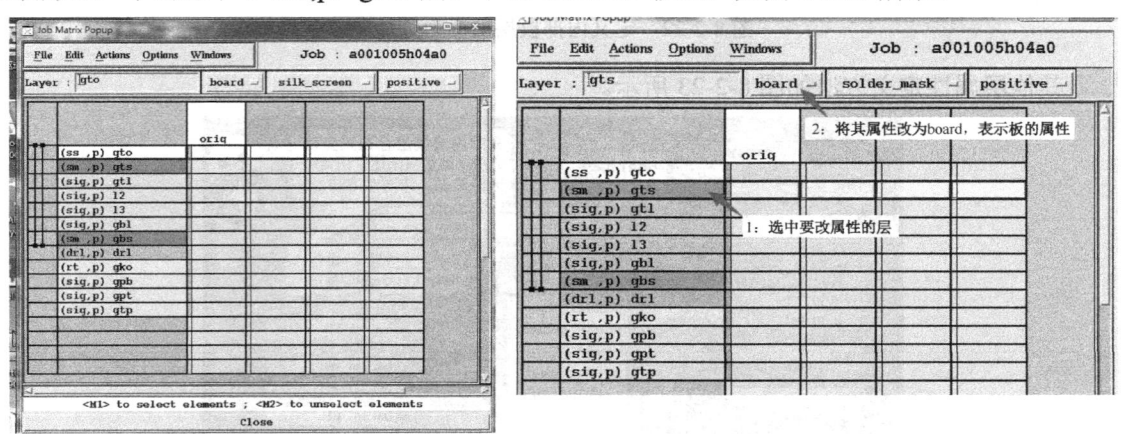

图 8-2-19　层排序和设定属性

图 8-2-20　修改层的属性

按钮【signal】用于设定层属性，如图 8-2-21 所示。

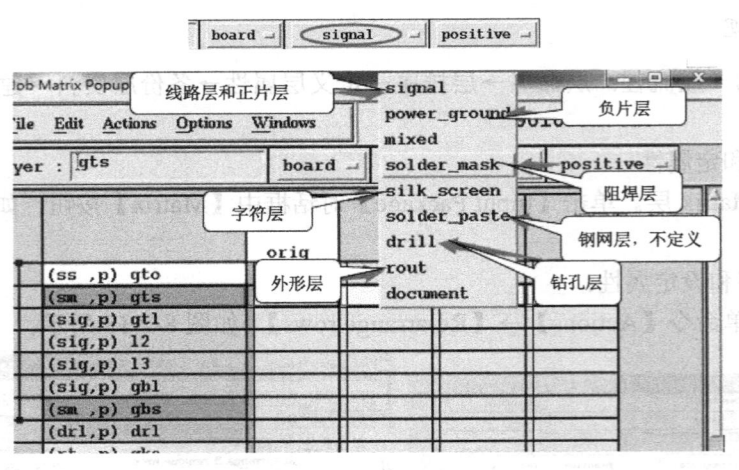

图 8-2-21　定义层属性

例如，多功能智能小车 PCB 四层板的内电层是负片层，定义层属性的方法如下：分别选中层"(pg,n)12"和"(pg,n)13"，单击【power_ground】按钮，将其修改成接地层，单击【negative】按钮选择负片层，如图 8-1-22 所示。

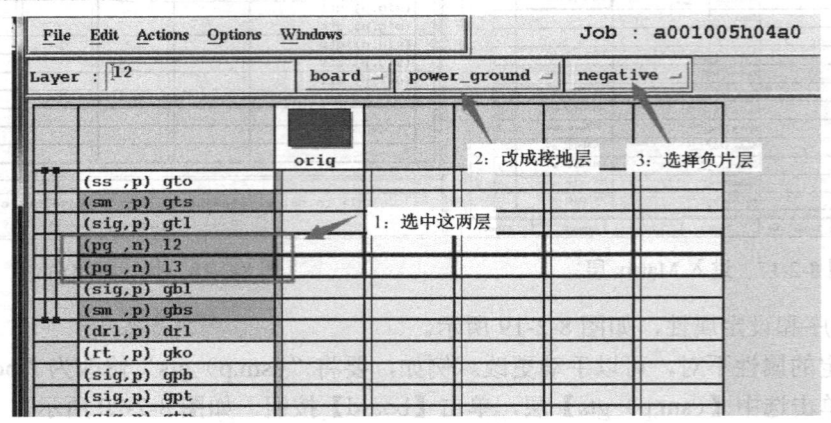

图 8-2-22　定义内部板层属性为负片层

其他层属性定义方法如图 8-2-23 所示。

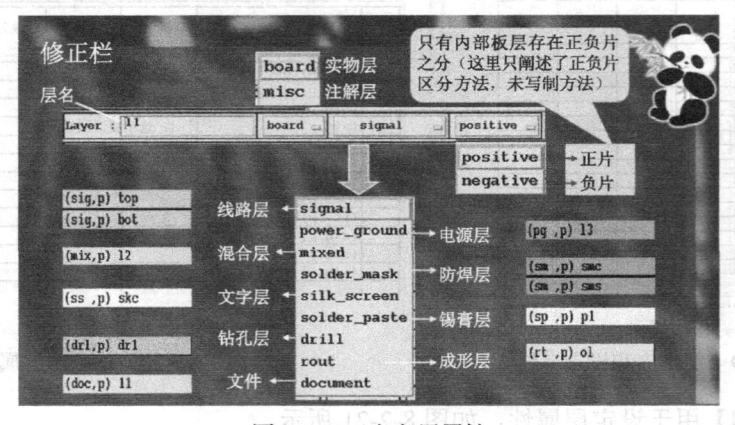

图 8-2-23　定义层属性

2）备份层资料

① 在资料层上按鼠标左键不放，将其拖到所有要备份的层。

② 选中需要备份的层，如图 8-2-24 所示，执行菜单命令【Edit】→【Copy】复制这些层，如图 8-2-25 所示。

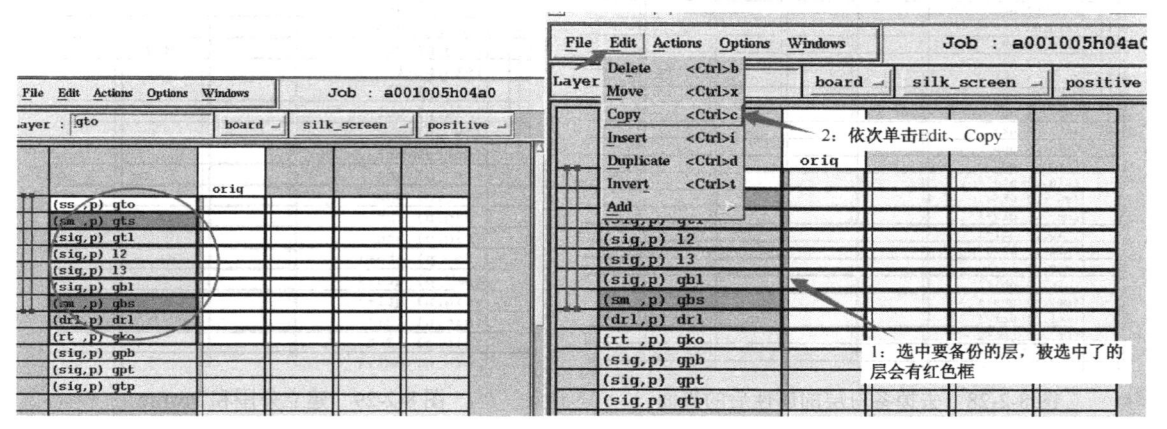

图 8-2-24　选中资料层

图 8-2-25　复制层资料

③ 在下面空白层单击一下，备份的层如图 8-2-26 所示。

④ 去掉备份层的板的属性。选中带"+1"字样的备份层，单击按钮【board】旁的小方块按钮，选择【misc】，如图 8-2-27 所示。

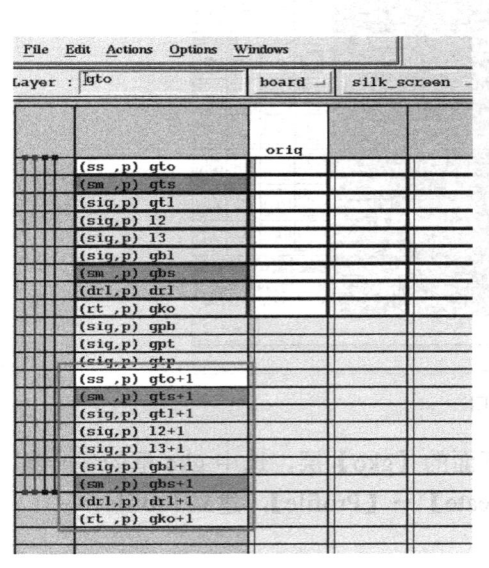

图 8-2-26　复制备份层资料

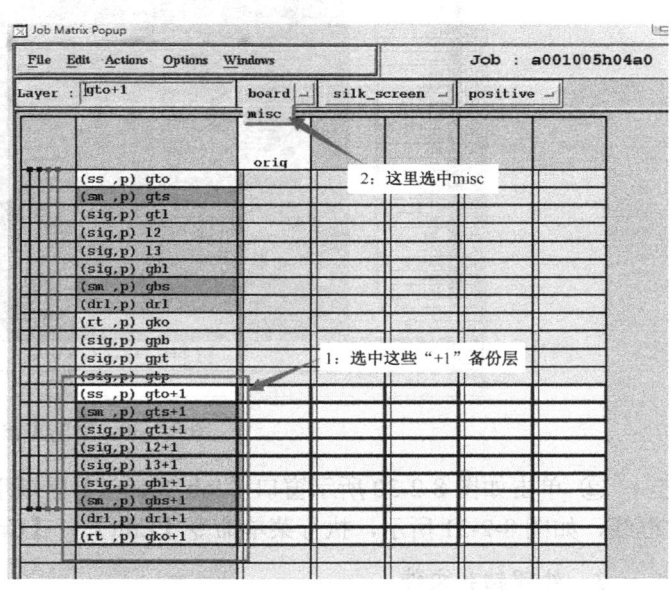

图 8-2-27　去掉备份层的板的属性

去掉备份层属性后的界面如图 8-2-28 所示。

3）建立外围和 Profile（即工作范围）

① 双击【orig】，如图 8-2-29 所示，进入新的主窗口，如图 8-2-30 所示。

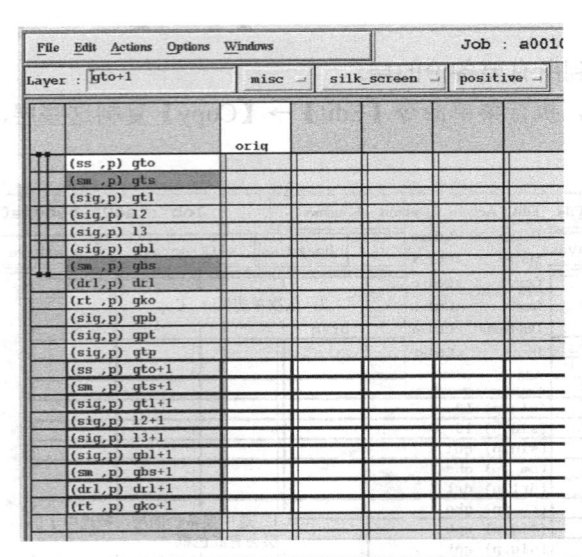

图 8-2-28　去掉备份层的属性后的界面

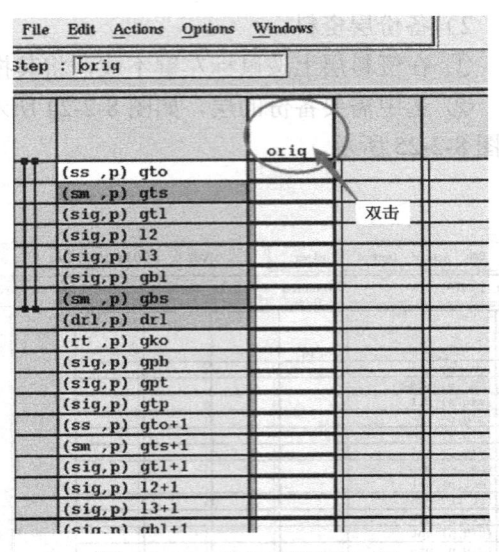

图 8-2-29　建立外围和 Profile

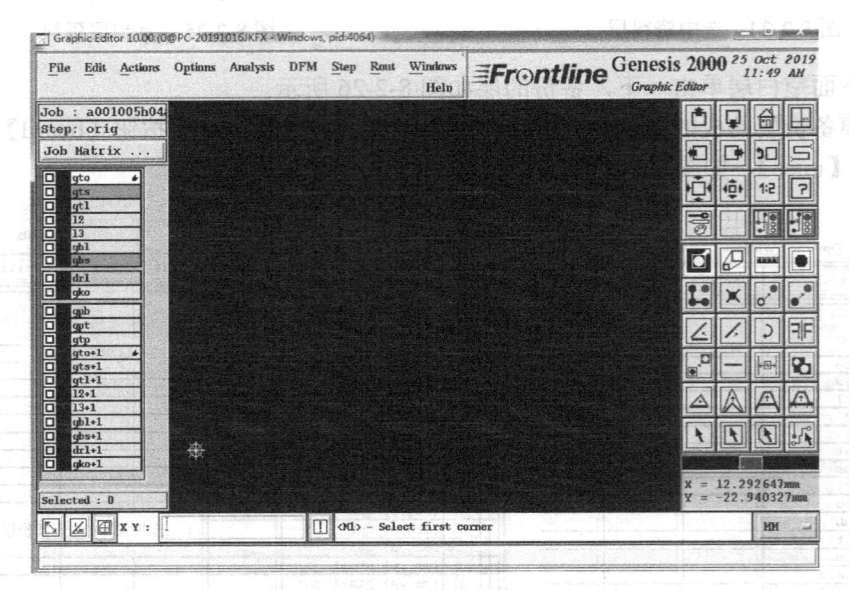

图 8-2-30　新的主窗口

② 单击如图 8-2-30 所示窗口【Job Metrix】区域下面的【gko】层，选中 gko 框的任一条框线，如图 8-2-31 所示，执行菜单命令【Edit】→【Create】→【Profile】，建立 Profile。

3. 处理钻孔文件

1）进入钻孔管理器

（1）在如图 8-2-7 所示窗口中单击【matrix】按钮，建立 Edit 层。

（2）单击选中【orig】层，执行菜单命令【Edit】→【Copy】，单击【orig】旁边的空白处，如图 8-2-32 所示，创建"orig+1"层，如图 8-2-33 所示。

（3）单击选中"orig+1"层，将【Step】文本框中的"orig+1"用小写字母修改为"edit"，如图 8-2-34 所示。

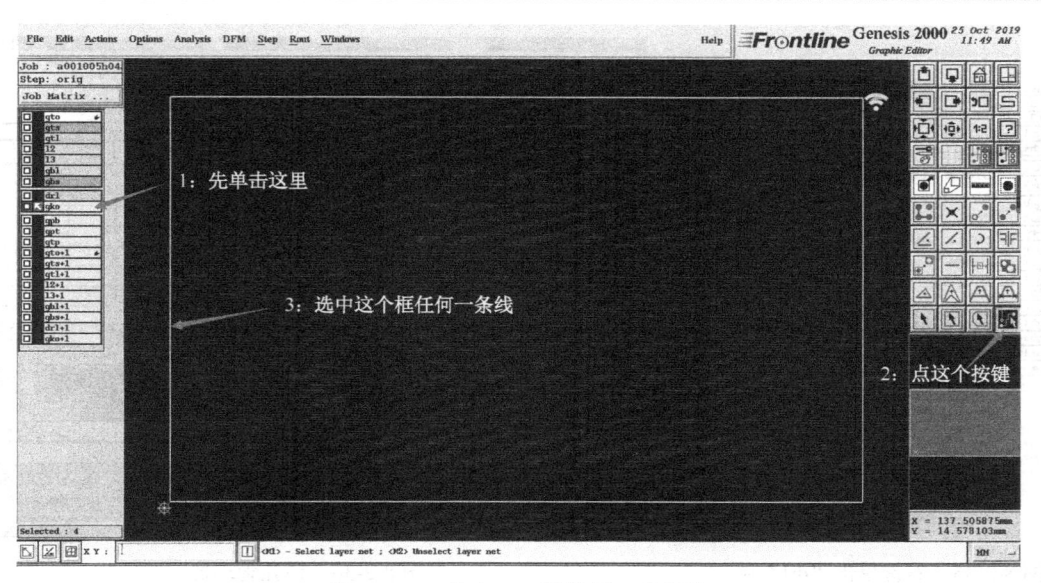

图 8-2-31　选中 gko 框的任一条框线

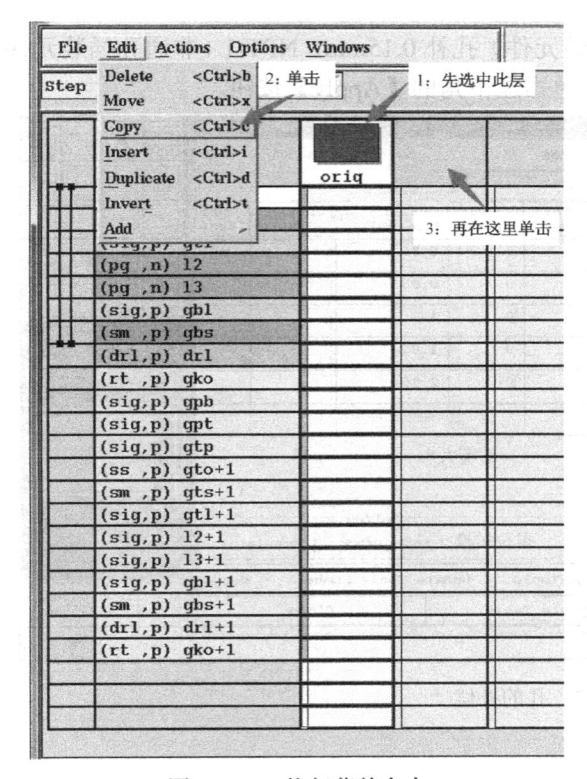

图 8-2-32　执行菜单命令

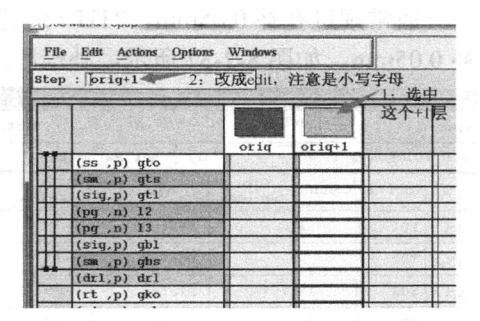

图 8-2-33　创建"orig+1"层

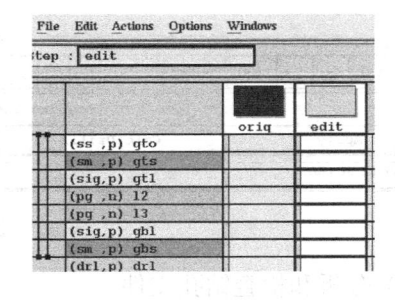

图 8-2-34　双击"edit"

> 📖 **注意：**
> 在 Genesis 2000 里，字母都必须是小写的，大写字母 Genesis 2000 不能识别！

（4）双击"edit"，右键单击"drl"层，在弹出的菜单中选择【Drill tools manager】，如图 8-2-35 所示，进入钻孔管理器，如图 8-2-36 所示。

· 301 ·

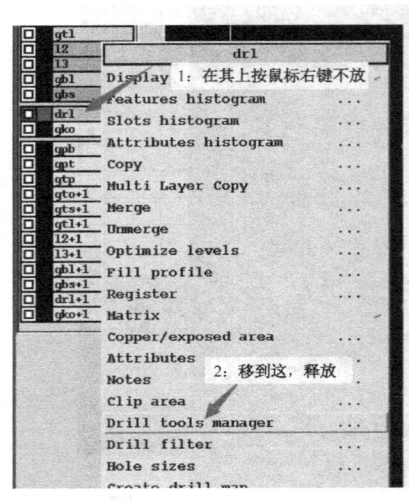

图 8-2-35　右键单击"drl"层　　　　　　图 8-2-36　钻孔管理器

2）孔的补偿

一般常规过孔补 0.05mm，PTH（通孔插装元件）孔补 0.15mm，NPTH（非通孔插装元件）孔补 0.05mm，如图 8-2-37 所示，补偿好后，单击左下角的【Apply】按钮。

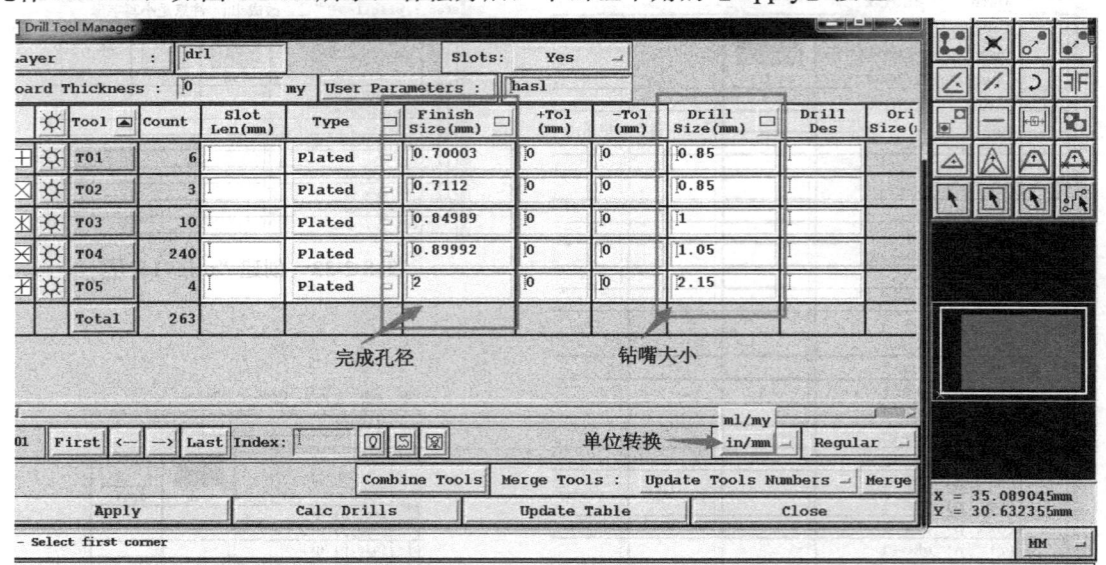

图 8-2-37　孔的补偿

3）分析和检查钻孔文件

执行菜单命令【Analysis】→【Drill Checks】，弹出【Action Screen】对话框，如图 8-2-38 所示。

单击 图标按钮，弹出钻孔分析报告，如图 8-2-39 所示。在如图 8-2-40 所示的分析结果里面有重孔、孔相交、孔太近等问题。

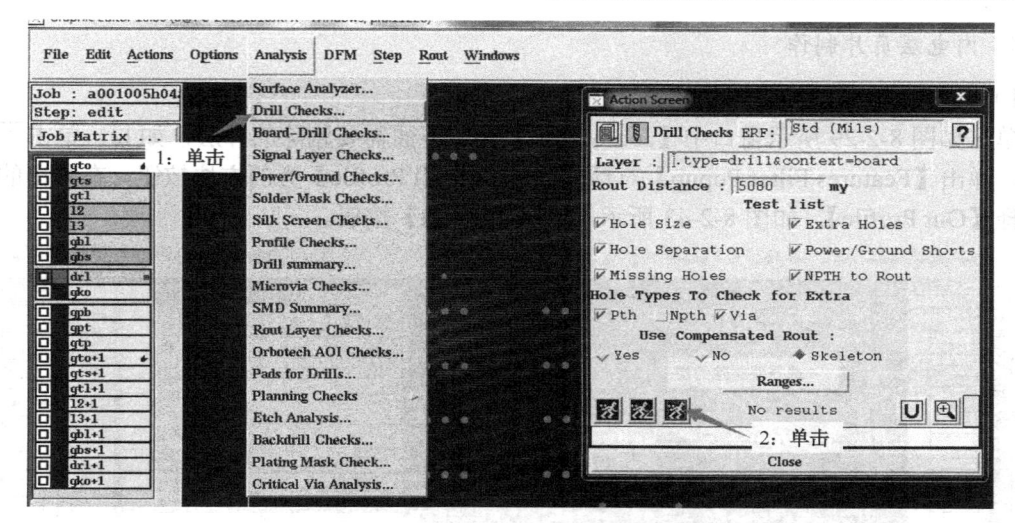

图 8-2-38　打开【Action Screen】对话框

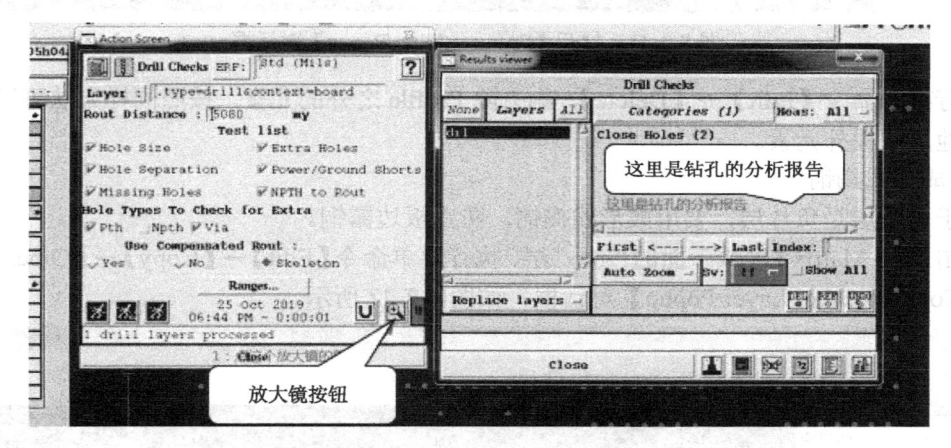

图 8-2-39　查看钻孔分析报告

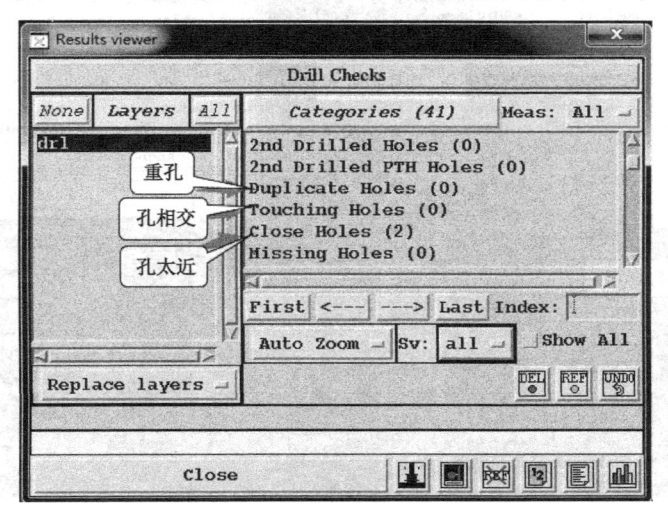

图 8-2-40　分析结果

4. 内电层负片制作

1）删去除 Profile 外的其他元素

单击如图 8-2-29 所示窗口中【Job Matrix】区域下面需要删除的外层，如 l2，单击 ? 图标按钮，弹出【Features Filter Popup】对话框，单击【All Profile】旁的方块按钮，在弹出的菜单中选择【Out Profile】，如图 8-2-43 所示，单出【Select】按钮。

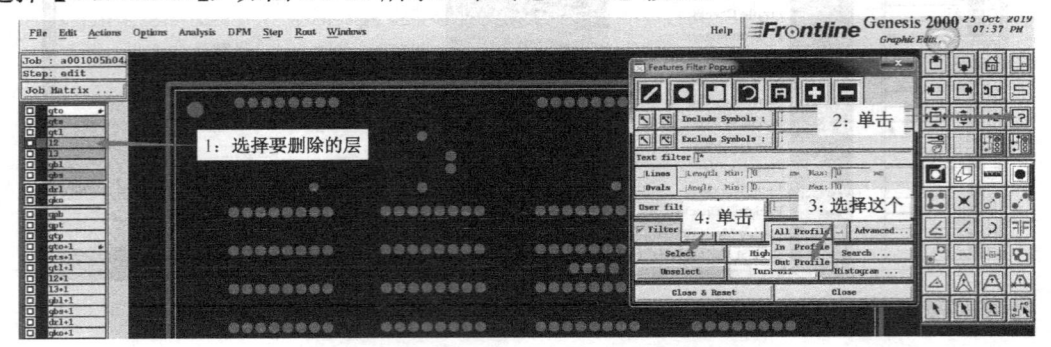

图 8-2-41　打开【Features Filter Popup】对话框

执行菜单命令【Edit】→【Delete】，删去除 Profile 之外的元素。按照同样方法可以删除 l3 层和其他层的板外元素。

2）成形线掏铜

由于内电层是负片层，要用成形线掏铜，防止板边露铜。

单击【Job Matrix】区域下面的"gko"层，执行菜单命令【Edit】→【Copy】→【Other Layer】，弹出【Copy To Other Layer Popup】对话框，如图 8-2-42 所示。

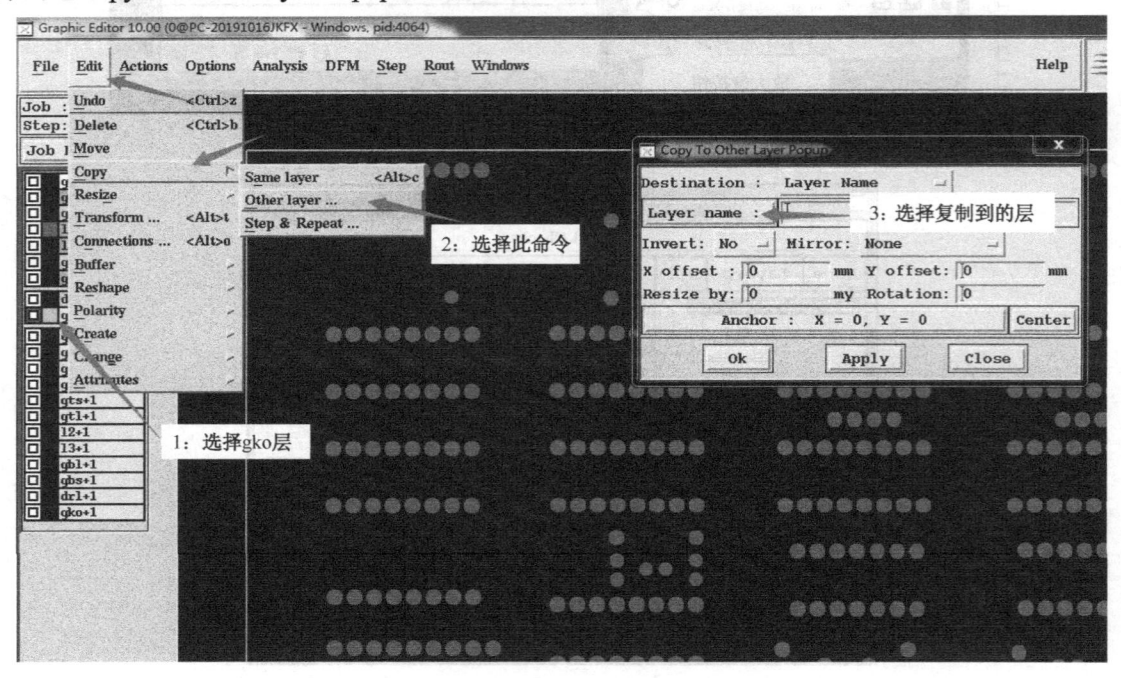

图 8-2-42　打开【Copy To Other Layer Popup】对话框

单击【Layer name:】按钮，选择需要复制到的层，如 l2，在【Resize by】文本框中输入外形加大值 300，如图 8-2-43 所示，单击【OK】按钮。掏铜的效果如图 8-2-44 所示，可以用同样方法处理负片层 l3 掏铜。

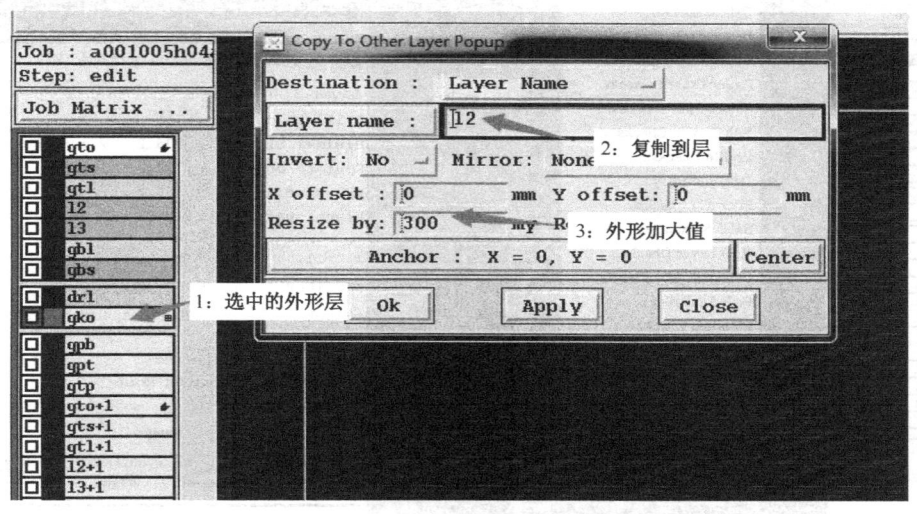

图 8-2-43 成形线掏铜

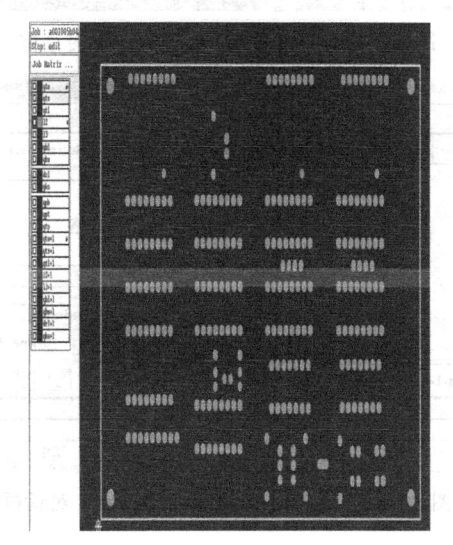

图 8-2-44 掏铜效果图

3）内电层分析

执行菜单命令【Analysis】→【Power/Ground Checks】，弹出【Action Screen】对话框，如图 8-2-45 所示。

单击■按钮（"三个小人"中最右边的那个），再单击■按钮，弹出【Power/Ground Checks】对话框，如图 8-2-46 所示。

5. 外层线路制作

1）线路补偿

选择需要补偿的线路层，如补偿系数：铜厚 1mm，安士补 0.03mm；铜厚 2，安士补 0.07mm。

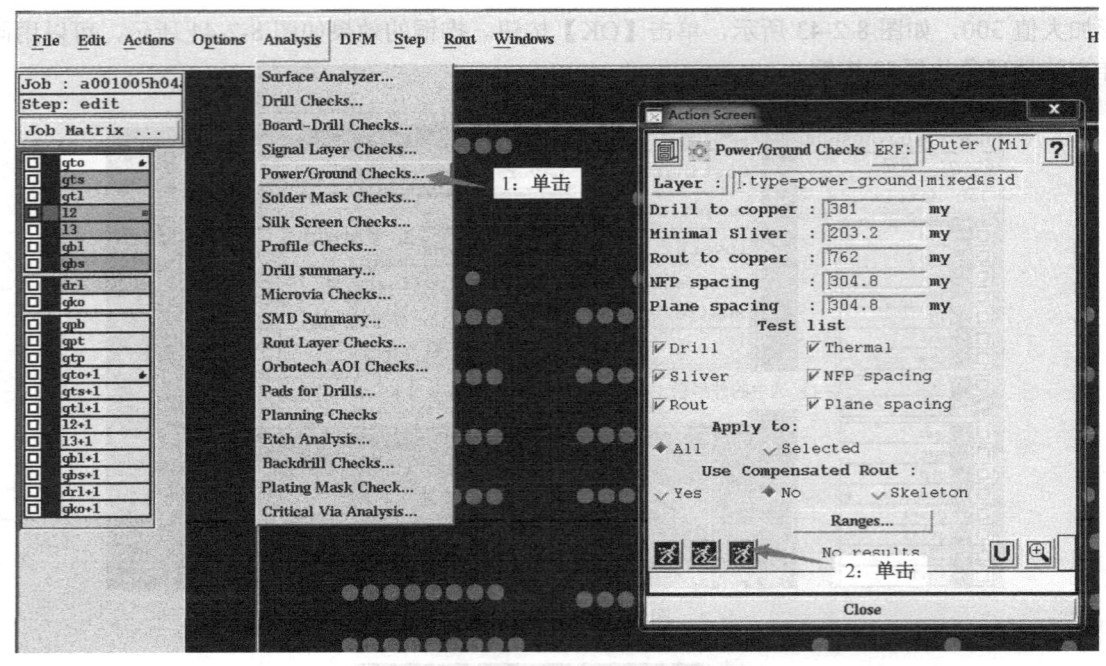

图 8-2-45　打开【Action Screen】对话框

图 8-2-46　【Power/Ground Checks】对话框

单击如图 8-2-29 所示对话框【Job Matrix】区域下面的"gtl",单击 ? 按钮,弹出【Features Filter Popup】对话框,如图 8-2-47 所示。

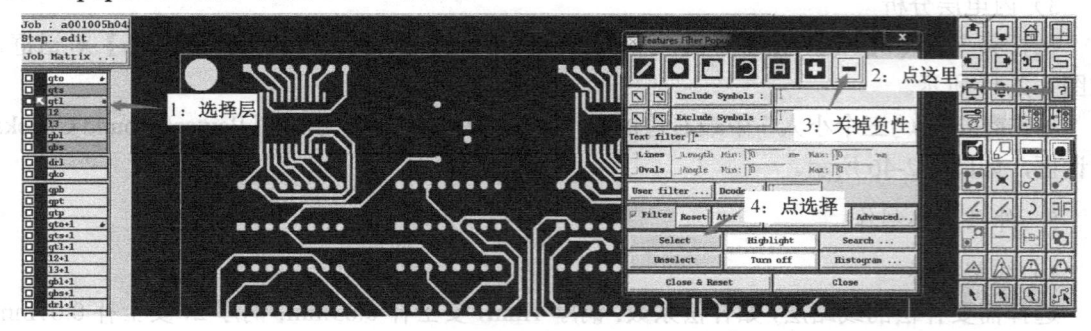

图 8-2-47　打开【Features Filter Popup】对话框

· 306 ·

单击按钮，关掉"负性"，单击【Select】按钮，执行菜单命令【Edit】→【Resize】→【Global】，弹出【Resize Features Popup】对话框，如图 8-2-48 所示。

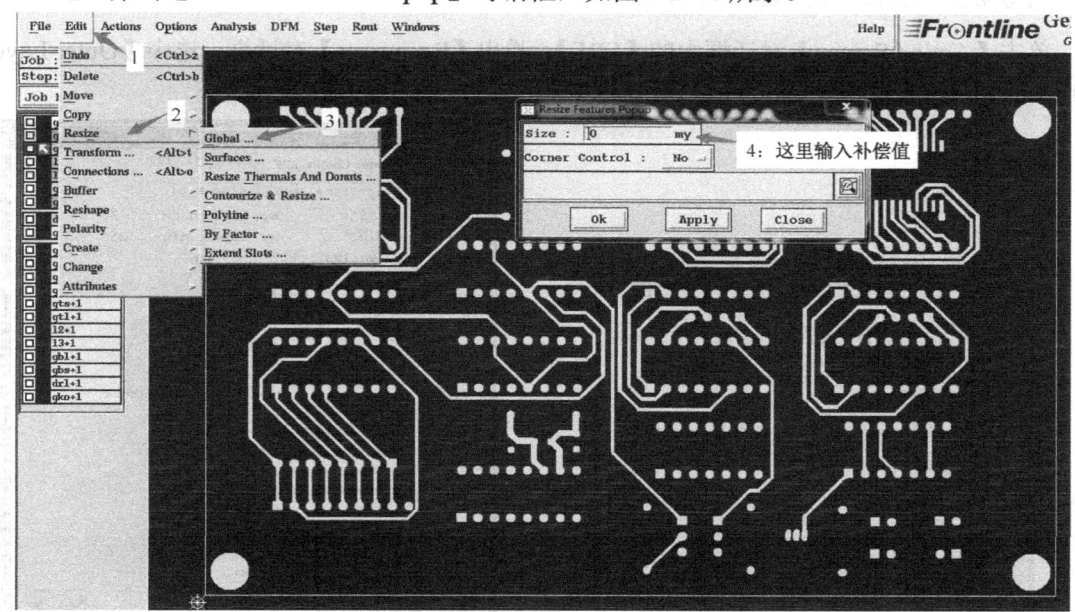

图 8-2-48　打开【Resize Features Popup】对话框

在【Size】文本框中输入补偿值 30，"my"表示微米，如图 8-2-49 所示，单击【OK】按钮，完成线路补偿。

2）优化线路

执行菜单命令【DFM】→【Optimization】→【Signal Layer Opt...】，弹出【Action Screen】对话框，如图 8-2-50 所示。

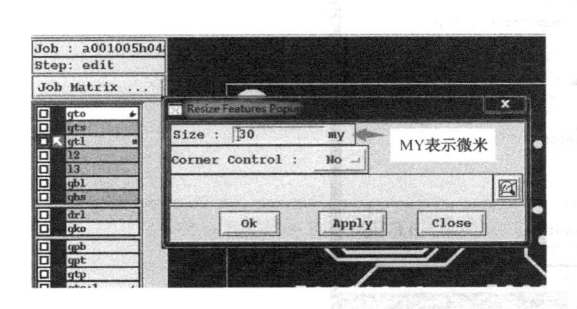

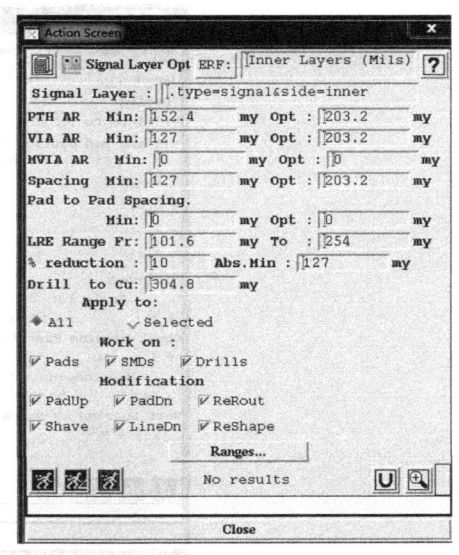

图 8-2-49　线路补偿　　　　　　　图 8-2-50　【Action Screen】对话框

> 📖 注意：

线路层优化界面如图 8-2-51 所示。

单击【Action Screen】对话框中的【ERF】，弹出【Resources】对话框，选中【Outer Layers（Microns）】，单击【Action Screen】对话框中■按钮，如图 8-2-52 所示。

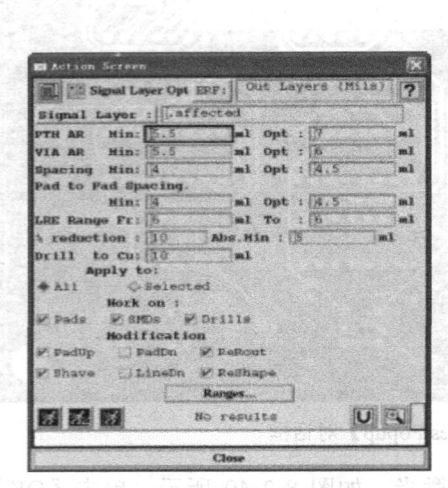

图 8-2-51　线路层优化界面

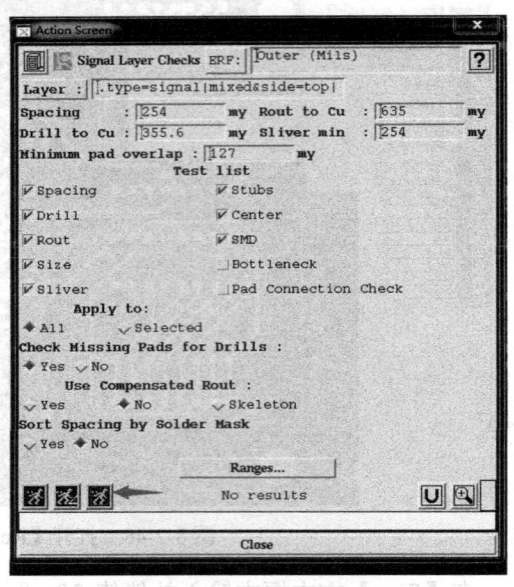

图 8-2-52　打开【Resources】对话框

3）分析线路

执行菜单命令【Analysis】→【Signal Layer Checks】，弹出【Action Screen】对话框，如图 8-2-53 所示。

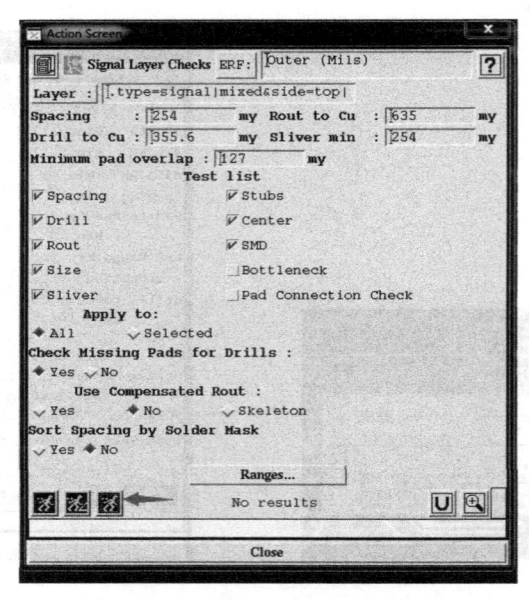

图 8-2-53　【Action Screen】对话框

单击■按钮，再单击■按钮，弹出【Signal Layer Checks】对话框，显示分析报告，如

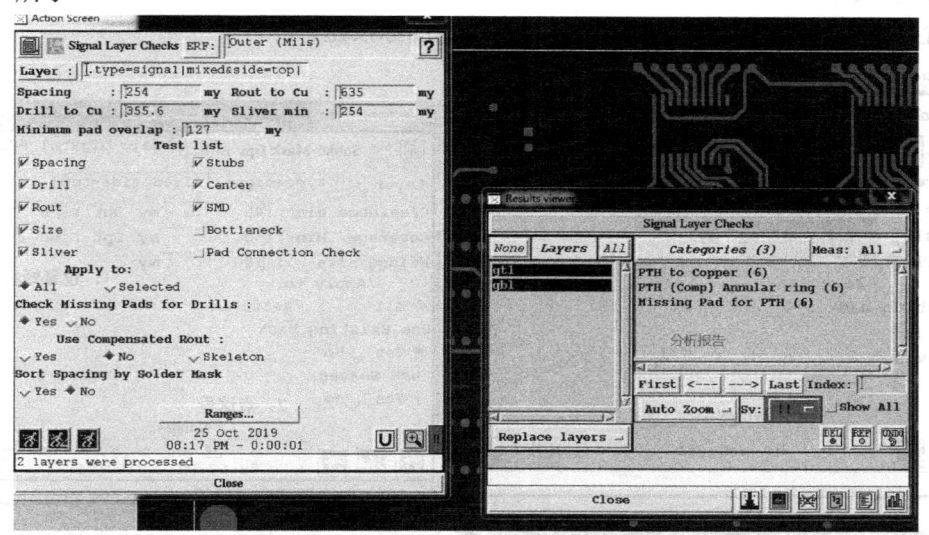

图 8-2-54 所示。

图 8-2-54 【Signal Layer Checks】对话框

4）线路网络对比

执行菜单命令【Actions】→【Netlist Analyzer】，按照图 8-2-55 所示操作，对比线路网络。

6. 阻焊制作

1）阻焊优化

执行菜单命令【DFM】→【Legacy】→【Solder Mask Opt...】，弹出【Action Screen】对话框，如图 8-2-56 所示。

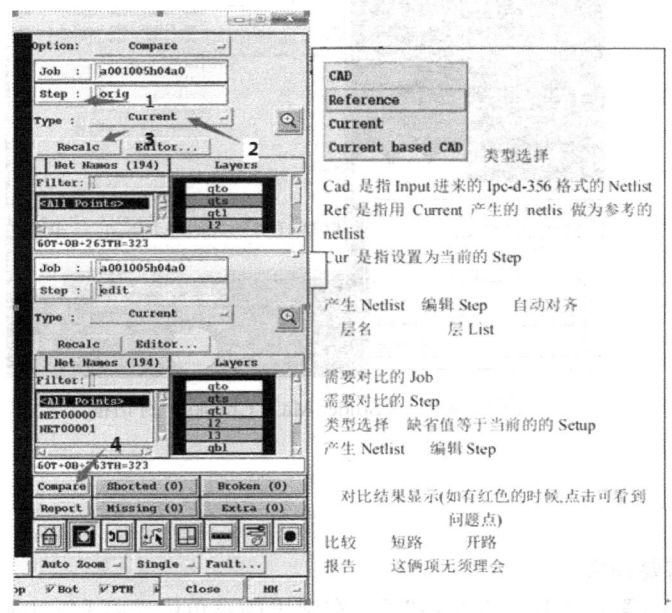

图 8-2-55 线路网络对比

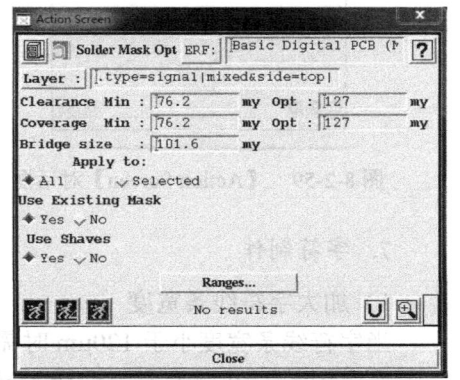

图 8-2-56 打开【Action Screen】对话框

在【Action Screen】对话框中输入阻焊焊盘开窗大小、焊盘开窗到覆铜的间距、阻焊桥的大小，如图 8-2-57 所示。

设置完阻焊参数，如图 8-2-58 所示，单击 图标按钮。

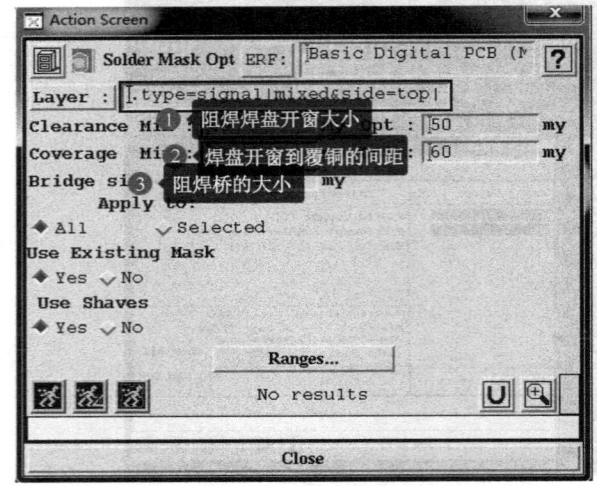

图 8-2-57　设置参数 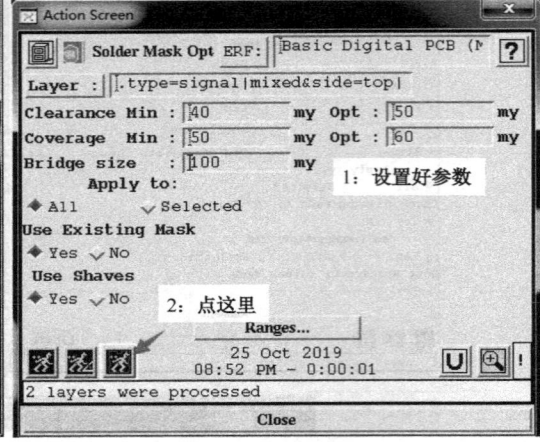　　　　图 8-2-58　设置参数后的界面

2) 阻焊分析

执行菜单命令【Actions】→【Solder Mask Checks】，弹出【Action Screen】对话框，如图 8-2-59 所示。

单击 按钮，再单击 按钮，弹出【Solder Mask Checks】对话框，显示阻焊分析报告，如图 8-2-60 所示。

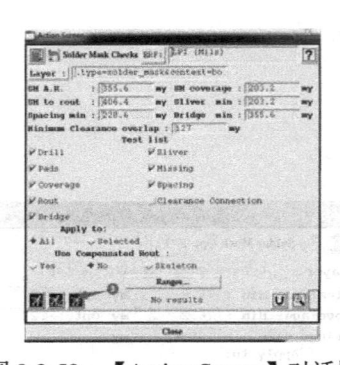

图 8-2-59　【Action Screen】对话框 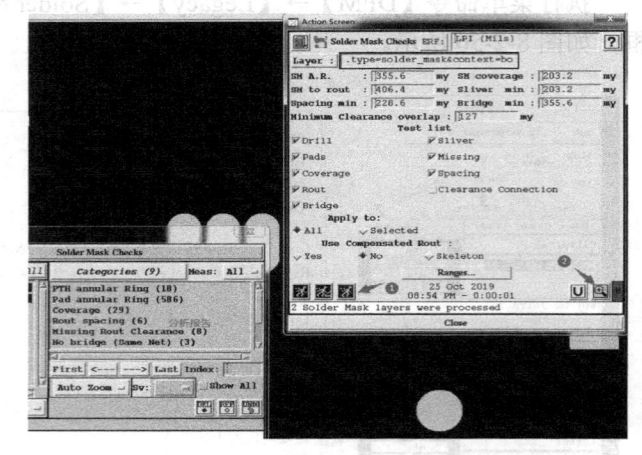　　　　图 8-2-60　【Solder Mask Checks】对话框

7. 字符制作

1) 加大字符线条宽度

当字符线条宽度小于 120μm 时需要加大。

右击图 8-2-29 所示窗口【Job Matrix】区域下面的 "gto" 层，在弹出的菜单中选择【Features histogram】子菜单命令，弹出【Features Histogram Popup】对话框，查看有没有宽度小于 120μm 的线条，如图 8-2-61 所示，如果有则需要修改。修改方法如下：

（1）单击选中要修改的线条，单击【Select】按钮。

（2）在【Size】文本框中将宽度加大到 120μm 以上，如图 8-2-62 所示。

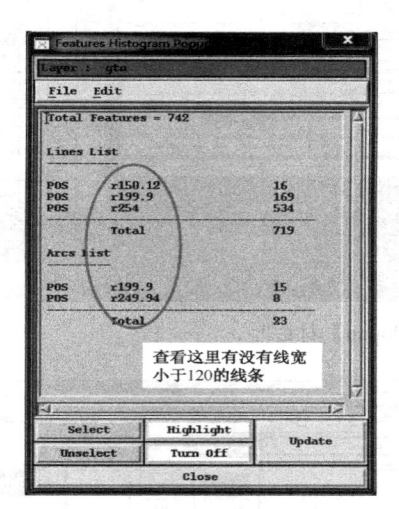

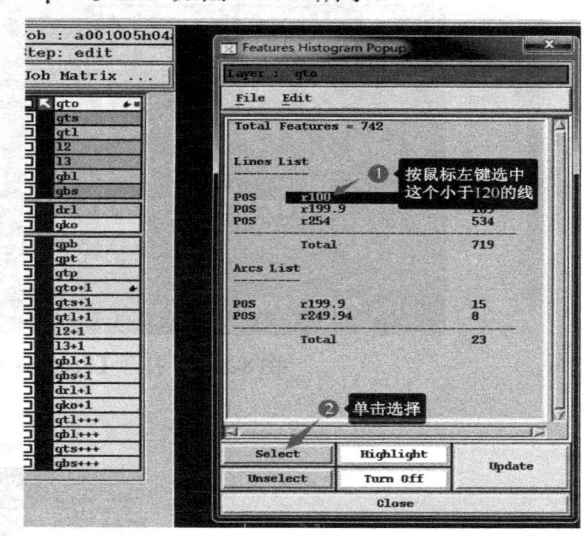

图 8-2-61 【Features Histogram Popup】对话框　　图 8-2-62 选中需要修改宽度的线条

（3）执行菜单命令【Edit】→【Resize】→【Global】，弹出【Resize Features Popup】对话框，在【Size】文本框中将所有宽度小于 120μm 的线条的宽度加大到 120μm 以上，如图 8-2-63 所示，单击【OK】按钮。

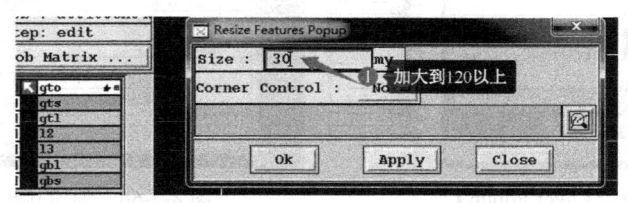

图 8-2-63 修改线条宽度

2）阻焊掏字符

哪一面阻焊，就掏哪一面字符，如对于 gto（顶层字符层）面要掏 gts（底层字符层）面的字符，以防止字符上 PAD（焊盘）。

单击选中【Job Matrix】区域下面的"gts"，单击 按钮，弹出【Features Filter Popup】对话框，单击 图标按钮，关闭"负性"，单击【Select】按钮，如图 8-2-64 所示。

执行菜单命令【Edit】→【Copy】→【Other Layer】，弹出【Copy To Other Layer Popup】对话框，单击【Layer name：】，选择"gto"，单击【Yes】按钮，在【Resize by】文本框中输入 200，表示 PAD 到字符间的距离是 100μm，如图 8-2-65 所示，单击【Ok】按钮。

8. 拼版设计

1）建立新的 panel 层

单击图 8-2-29 所示窗口【Job Matrix】图标按钮，建立新的 panel 层，单击【edit】层旁的空白层，在【Step】文本框中输入"panel"，创建新的 panel 层，如图 8-2-66 所示。

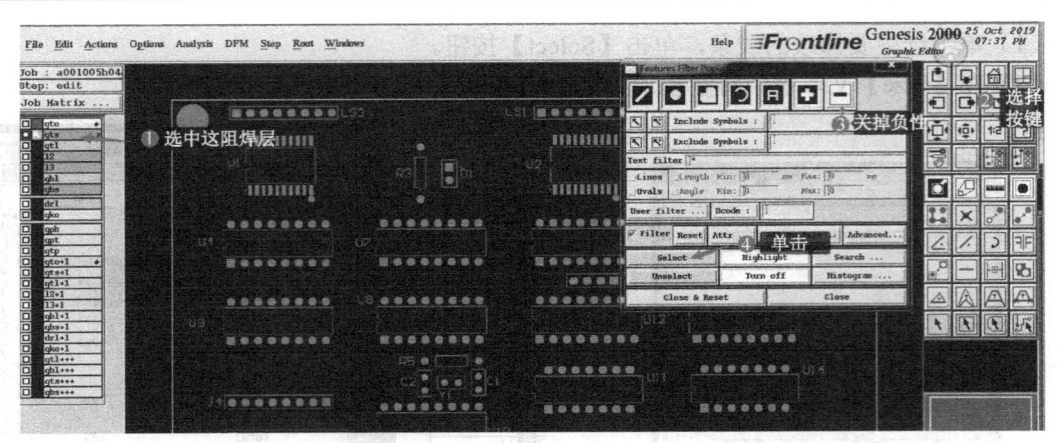

图 8-2-64 打开【Features Filter Popup】对话框

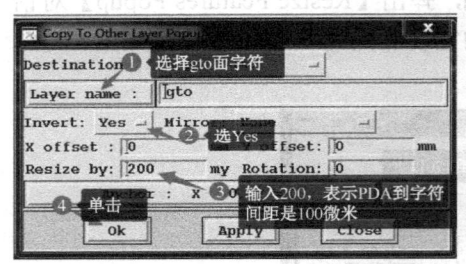

图 8-2-65 【Copy To Other Layer Popup】对话框

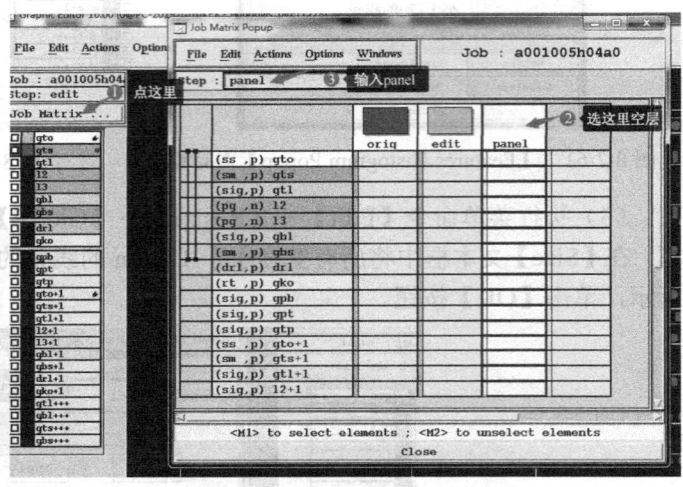

图 8-2-66 创建 panel 层

2）设计拼版尺寸

双击并进入新创建的 panel 层。执行菜单命令【Step】→【Panelization】→【S&R Edit】，弹出【S&R Edit Popup】对话框，如图 8-2-67 所示。

在【Horiz gap:】和【Vert gap:】文本框中输入拼版间距 1600，单击【Panel size】按钮，弹出【Panel Size Popup】对话框，输入高和宽（各个工厂对拼版尺寸的要求不一样），如图 8-2-68 所示。

图 8-2-67 【S&R Edit Popup】对话框

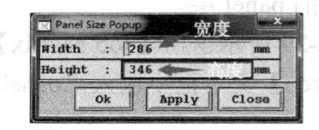

图 8-2-68 【Panel Size Popup】对话框

· 312 ·

单击【Ok】按钮，回到【S&R Edit Popup】对话框，如图 8-2-69 所示，单击【Close】按钮，完成拼版设计。

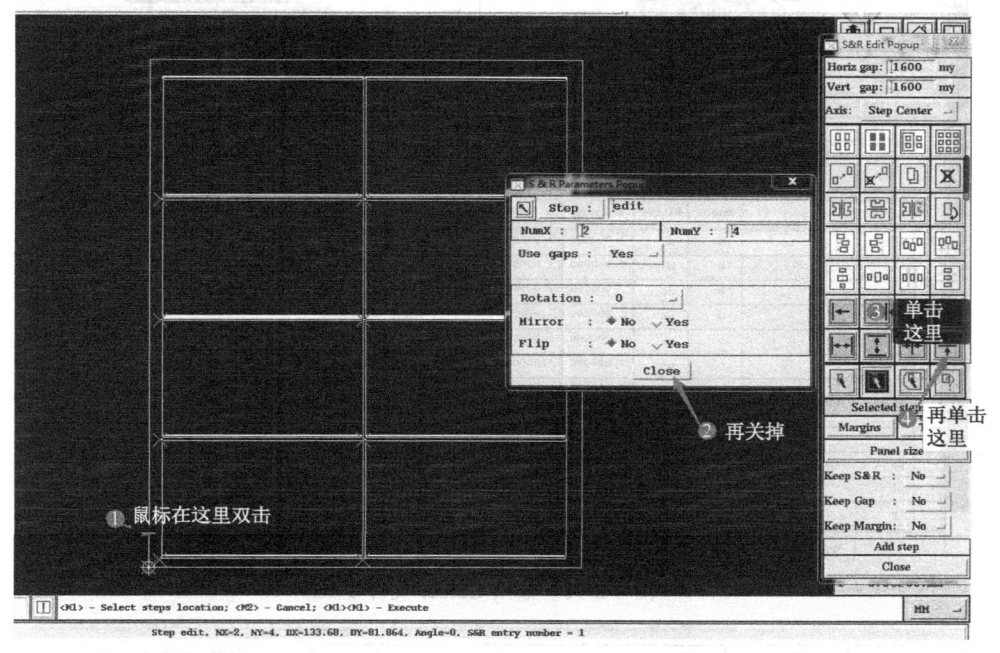

图 8-2-69　完成拼版设计

9. 资料输出

1）输出生产文件

执行菜单命令【Actions】→【Output】，弹出【Output Package】对话框，单击【Step】选择需要输出的板层；单击【Format】选项框右边的按钮，在弹出的选项列表中选择"Gerber274X"；单击【More】，弹出【Output Parameters Popup】对话框，如图 8-2-70 所示。

2）输出 Gerber 文件

单击【Output Parameters Popup】对话框中【Surfaces mode】列表框右边的按钮，在弹出的选项列表中选择【Contour】（整合），单击【Unit】列表框右边的按钮，在弹出的选项列表中选择【Inch】（英制）；在【Number format】选项框中选择小数点前 2 位后 6 位数字；单击【Dri path】，在弹出的对话框中选择输出 Gerber 文件的路径文件夹；在【Files prefix】文本框中输入"后面带点的"输出前缀文件名；勾选【Layer】（层）区域下面需要输出的板层名，单击【Report】按钮，如图 8-2-71 和图 8-2-72 所示。

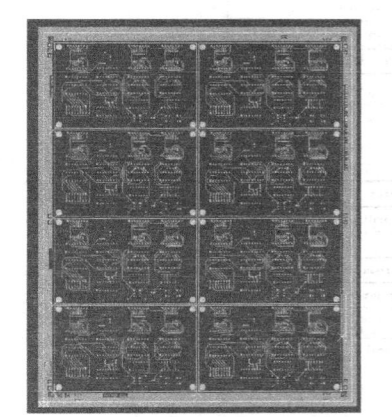

图 8-2-70　拼版图形

> **注意**：
> 输出钻孔文件，只能用脚本输出。

任务实施：多功能智能小车 PCB 四层板的 CAM 制作。

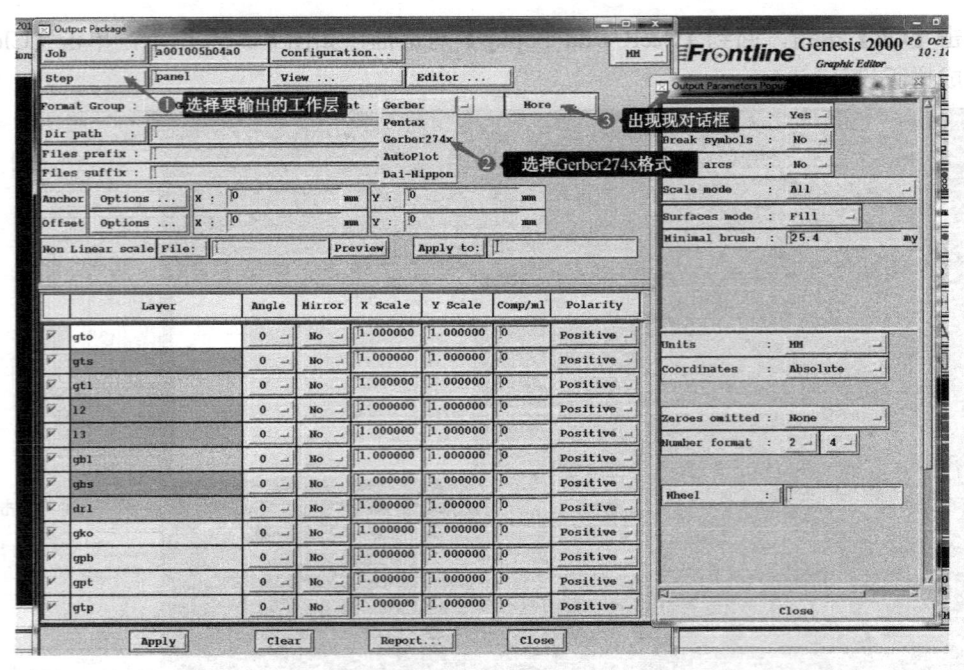

图 8-2-71　输出 Gerber 文件 1

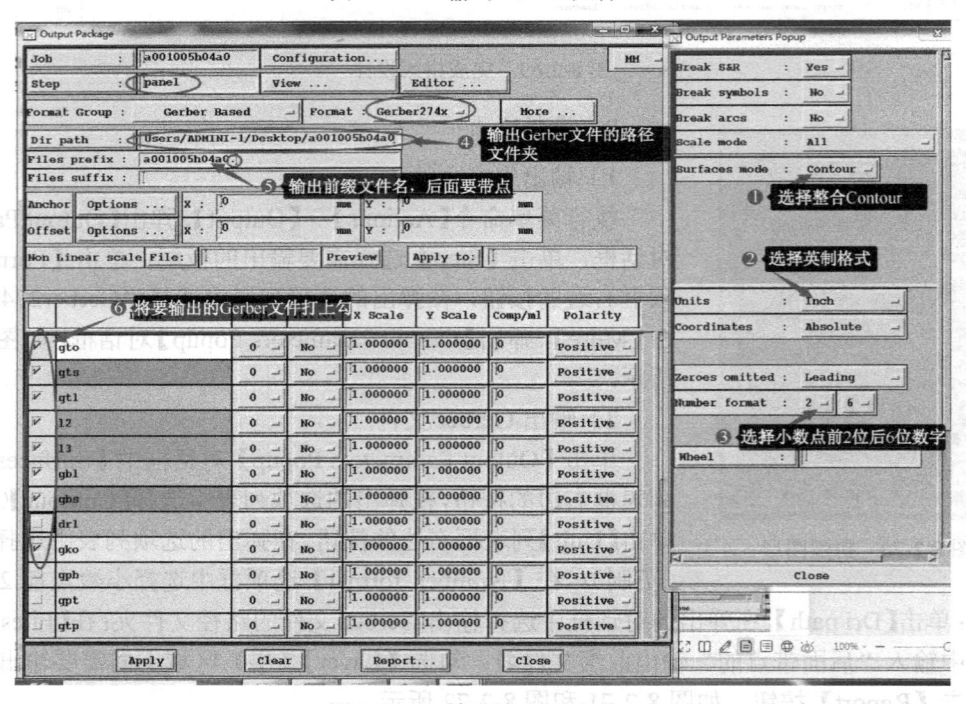

图 8-2-72　输出 Gerber 文件 2

8.2.5　学习活动小结

本部分内容通过普通 PCB 多层板 CAM 制作案例,详细、完整地介绍了 PCB 多层板的 CAM 制作流程、方法和步骤。

8.3 学习活动3 PCB多层板的制作工艺

本学习活动以PCB多层板的生产工艺流程为载体,介绍PCB多层板的制作工艺。

8.3.1 学习目标

理解和掌握PCB的生产工艺流程。

8.3.2 任务描述与分析

学习活动3的工作任务是编制多功能智能小车PCB四层板制作生产工艺流程。

通过本部分内容的学习,学生应懂得PCB制作工艺专业术语,理解和掌握各道工序的目的和工作原理,能叙述PCB多层板的生产工艺流程。

本部分内容的学习**重点**是理解和掌握PCB多层板的生产工艺流程;**难点**是掌握PCB制作工艺专业术语。观看PCB生产工艺的教学视频,有助于理解和掌握PCB生产工艺流程及PCB制作工艺专业术语。

完成学习活动3的设计任务,须弄清楚以下问题:

(1) UNIT、SET、PANEL、拼版设计、内电层干膜、曝光显影、AOI、PP、锣板、棕化、沉铜、压板、针床测试、飞针测试、FQC、OSP等专业术语的含义是什么?

(2) PCB多层板的生产工艺包括哪几道工序?各道工序的目的是什么?每道工序的工艺流程是怎样的?各道工序之间的关系是怎样的?

8.3.3 相关知识

1. UNIT

UNIT是指客户设计的单元图形。

2. SET

SET是指客户为了提高效率、方便生产等原因,将多个UNIT拼在一起形成的一个整体图形。它包括单元图形、工艺边等。

3. PANEL(PNL)

PANEL是指PCB厂家生产时,为了提高效率、方便生产等原因,将多个SET拼在一起并加上工具板边,组成的一块板子。

4. 拼版设计

确定生产板尺寸,为开料提供标准,便于各工序标准拼版作业,如图8-3-1所示。

5. 内电层干膜

内电层干膜是将内电层线路图形转移到PCB上的过程。内电层干膜包括内电层贴膜、曝光显影、内电层蚀刻等多道工序。内电层贴膜就是在铜膜表面贴上一层特殊的感光膜。这种膜遇光会固化，在板子上形成一道保护膜。

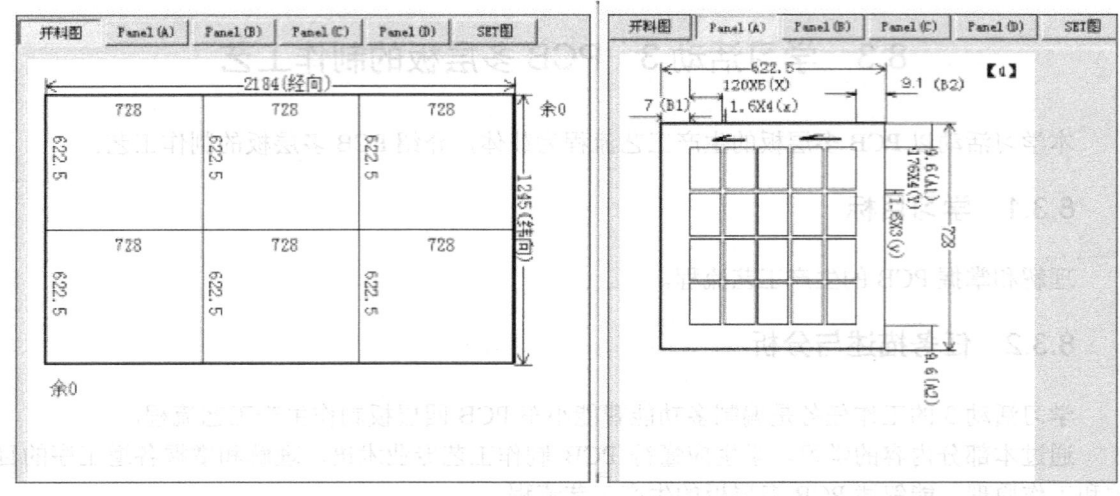

图 8-3-1　拼版设计

6. 曝光显影

曝光显影是将贴好膜的板子进行曝光，透光的部分被固化，没透光的部分还是干膜。然后经过显影，褪掉没固化的干膜，将贴有固化保护膜的板进行蚀刻，再经过退膜处理，这时内电层的线路图形就被转移到板子上了。

7. AOI

AOI 全称为 Automatic Optical Inspection，即自动光学检测。通过光学影像 AOI 机器对 PCB 与 Genesis 2000 中的资料进行对比检测，以保证产品质量。通过光学反射原理将图像回馈至设备处理，与设定的逻辑判断原则或资料图形相比较，找出缺点位置，如图 8-3-2 所示。由于 AOI 所用的测试方式为逻辑比较，很可能会存在误判，故测试后应再通过人工确认。

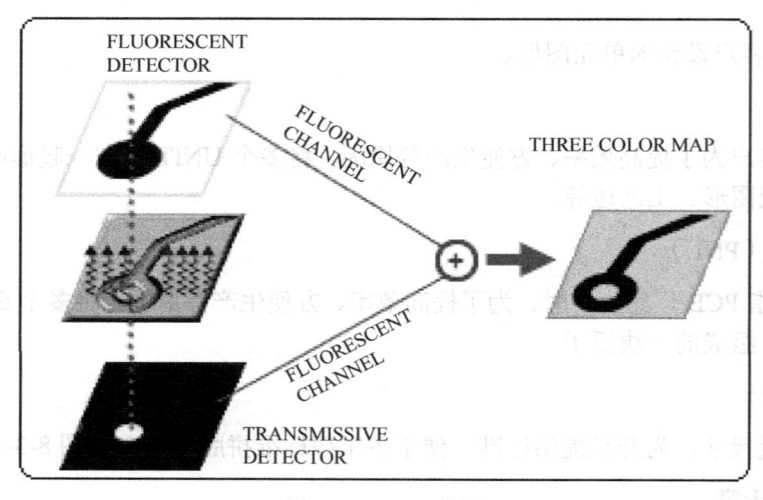

图 8-3-2　AOI 检测

8. PP

PP 即 Prepreg，是 PCB 的薄片绝缘材料，由树脂和玻璃纤维布组成。

9. 锣板

锣板指按客户要求，采用锣机，通过专用铣刀将半成品 PCB 进行切割的过程。

8.3.4 学习活动实施

1. PCB 多层板的生产工艺流程

PCB 多层板的一般生产工艺流程：开料→内电层（包括内电层线路和 AOI）→层压→钻孔→沉铜→VCP→外层（AOI）→阻焊→字符→沉金/喷锡→成形→洗板→电测→FQC→OSP→包装→成品出厂。图 8-3-3 为某企业的 PCB 多层板的生产工艺流程。

生产流程图

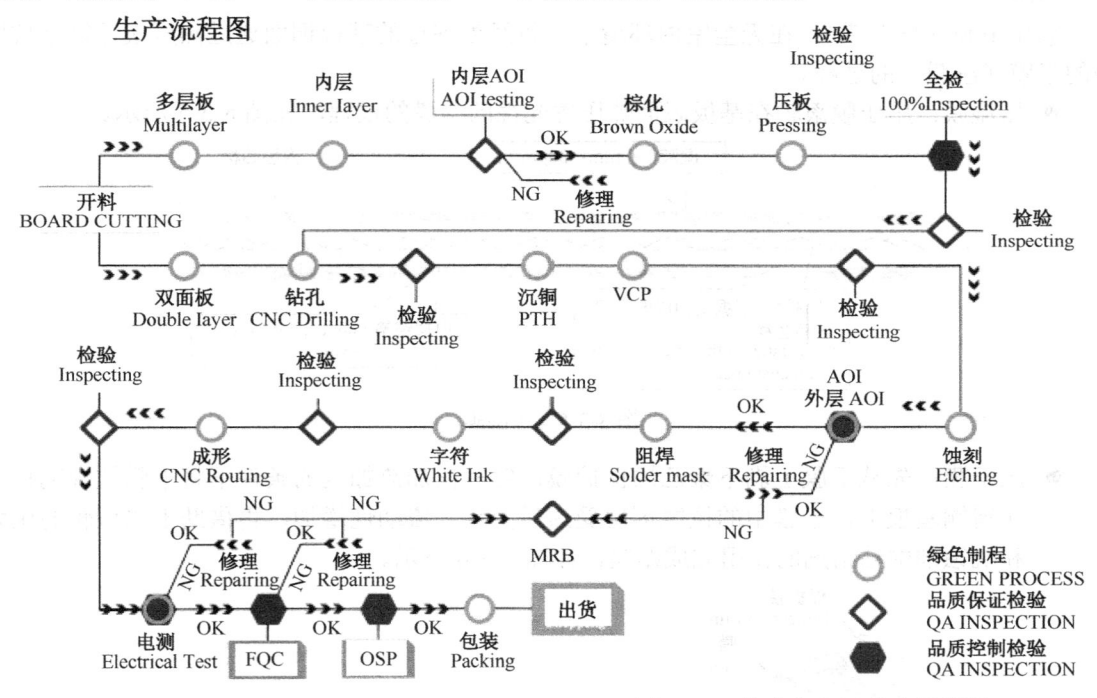

图 8-3-3 某企业 PCB 生产流程图

1）开料

开料是按照 PCB 设计要求，将采购的大块基板材料（大料）裁切成工作所需尺寸的过程，如图 8-3-4 所示。

PCB 生产厂家采购回来的大料有以下几种尺寸（单位为 inch）：36.5×48.5、40.5×48.5、42.5×48.5 等，因此需要将大料剪切分为制造单元——Panel（PNL）。

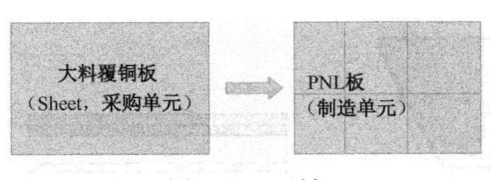

图 8-3-4 开料

开料的艺流程：来料检查→剪板→磨板边→圆角→洗板→后烤。

开料利用率为开料面积中的成品出货面积与开料面积的百分比，PCB 双层板开料利用率一般要求达到 85%以上，PCB 多层板开料利用率要求达到 75%以上。

2）内电层

（1）内电层线路：利用图形转移原理制作内电层线路。将开料后的芯板经前处理微蚀使铜面粗化后，进行压干膜或压湿膜处理，然后将涂了感光层的芯板用菲林进行对位曝光，使需要的线路部分的感光层发生聚合交联反应，经过弱碱显影时保留下来，将未反应的感光层经显影液溶解掉，露出铜面，再经过酸性蚀刻将露铜的部份蚀刻掉，使感光层覆盖区域的铜保留下来而形成线路图形。此过程为菲林图形转移为芯板图形的过程，又称**图形转移**。内电层线路的制作流程如下：

前处理→压干膜（压湿膜）→对位曝光→显影→蚀刻→退膜→AOI 检验。

①前处理（化学清洗线）：去除铜面上的污染物，增加铜面粗糙度，使湿膜与基板更好地粘附，以利于进行后续的压膜工序。用浓度为 3%～5% 的酸性溶液去除铜面氧化层及原基材上防止铜被氧化的保护层，然后再进行微蚀处理，以得到充分粗化的铜表面，提高干膜和铜面的粘附性能。

②压干膜（压湿膜）：在无尘室内环境下，将经处理过的基板铜面通过热压滚轮贴上抗腐蚀的干膜（湿膜）的过程。

● 压湿膜：用压膜滚轴在基板表面热压感光性的湿膜的过程，如图 8-3-5 所示。

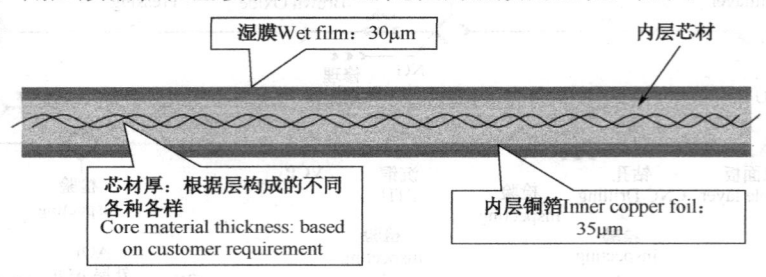

图 8-3-5 压湿膜

● 压干膜：先从干膜上剥下聚乙烯保护膜，然后在加热加压的条件下将干膜抗蚀剂粘贴在覆铜基板上，干膜中的抗蚀剂层受热后变软，流动性增加，再借助于热压辊的压力和抗蚀剂中粘结剂的作用完成贴膜，如图 8-3-6 所示。

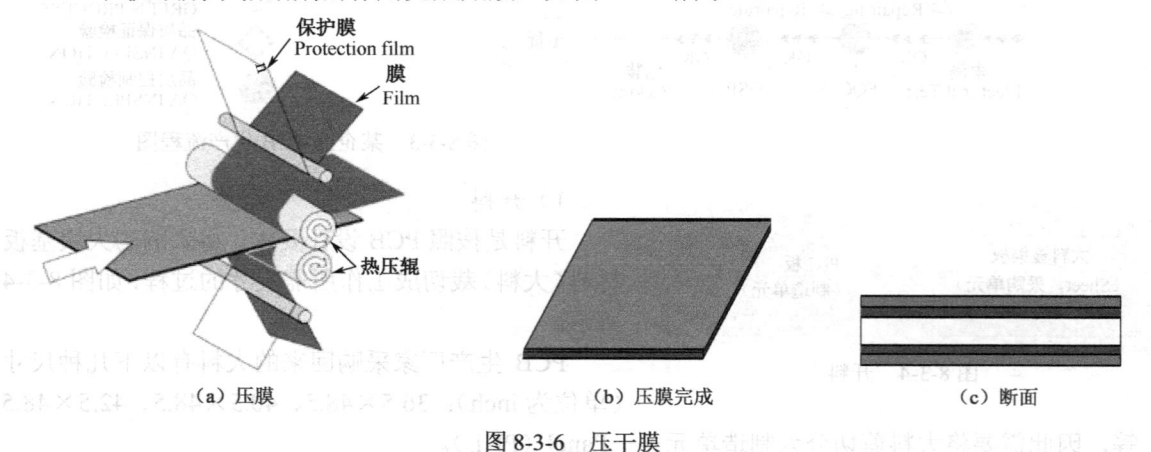

（a）压膜　（b）压膜完成　（c）断面

图 8-3-6 压干膜

③ 对位曝光：使用曝光机，进行曝光，如图 8-3-7 所示。

干膜曝光原理：在紫外光照射下，光引发剂吸收光能分解成游离基，游离基再引发光聚合单体进行聚合交联反应,反应后形成不溶于弱碱的立体大分子结构。

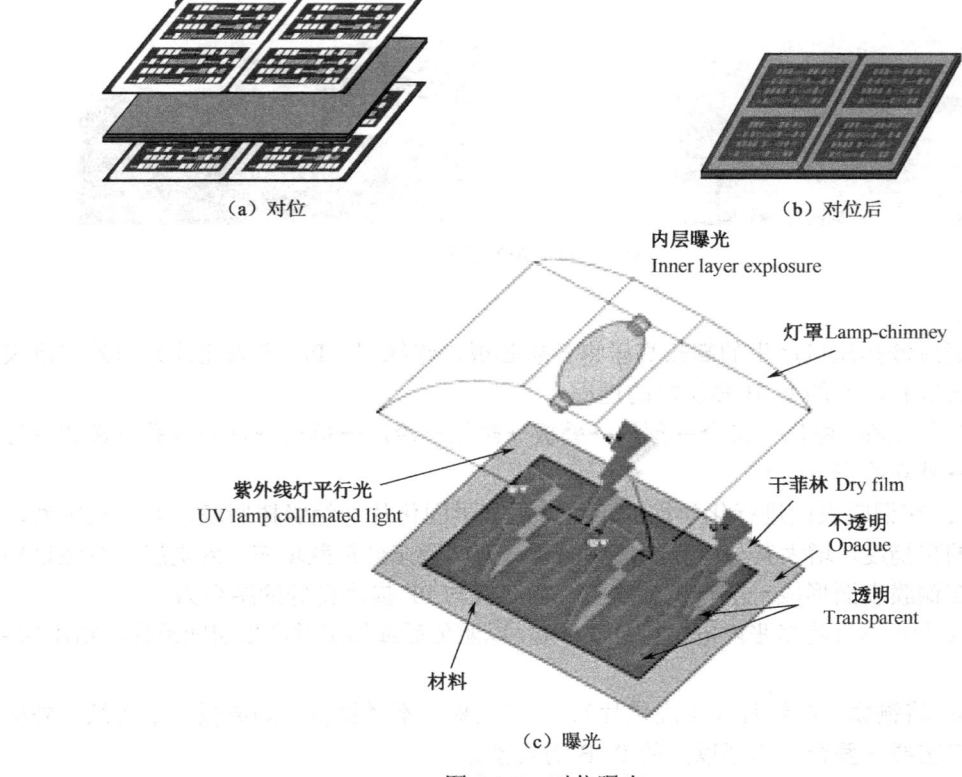

(a) 对位

(b) 对位后

(c) 曝光

图 8-3-7 对位曝光

④ 显影:用碱性显影液(含 Na_2CO_3)将未发生曝光化学反应之干膜(湿膜)部分冲掉,如图 8-3-8 所示。

显影原理:感光膜中未曝光部分的活性基团与弱碱溶液反应,生成可溶性物质,并被溶解下来;曝光的感光膜不与弱碱溶液反应而被保留下来,从而得到所需的线路图形。

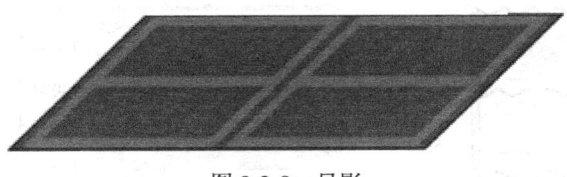

图 8-3-8 显影

⑤ 蚀刻:用酸性蚀刻液将显影后露出的铜腐蚀掉,形成内电层线路图形,如图 8-3-9 所示。

⑥ 退膜:用碱性退膜液(含 NaOH)去除保护线路图形的膜,露出线路图形,如图 8-3-10 所示。

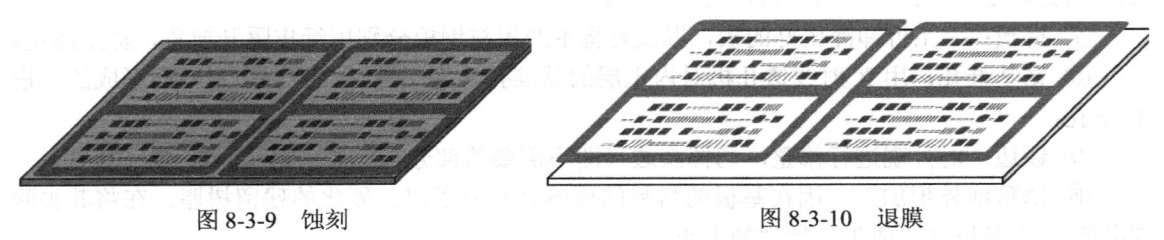

图 8-3-9 蚀刻

图 8-3-10 退膜

⑦ AOI 检验:用 AOI 检查线路是否存在短路、开路和缺口,将不符合品质规定的 PCB 挑选出来,如图 8-3-11 所示。

图 8-3-11　AOI 检验

3）层压

层压指通过冷热压机产生的高热高压将各层芯板、绝缘层（PP 半固化片）与外层铜膜压合成需要的层数和厚度的 PCB 多层板的过程。

层压的工艺流程：棕化→铆合→预排→叠板→热压→冷压→拆板→钻基准孔→锣边→修整或外形加工→外观检查。

① 棕化：在铜膜表面进行化学性的粗化，提高半固化片（绝缘树脂底片）的粘附性，增大铜膜表面的粗糙度，增大其与树脂的接触面积，使树脂充分扩散填充。内电层芯板经过棕化药水处理，在铜膜表面形成一层有机金属膜，为芯板与 PP 提供良好的结合力。

② 铆合：利用铆钉将多张内电层板钉在一起，以避免后续加工时产生层间滑移，如图 8-3-12 所示。

③ 预排：将铜膜、黏结片（半固化片）、内电层板、不锈钢板、隔离板、牛皮纸、外层钢板等材料按工艺要求叠合。六层以上的 PCB 需要预排。

④ 叠板（Lay-up）：将完成排序的各板叠成待压 PCB 多层板形式，如图 8-3-13 所示。

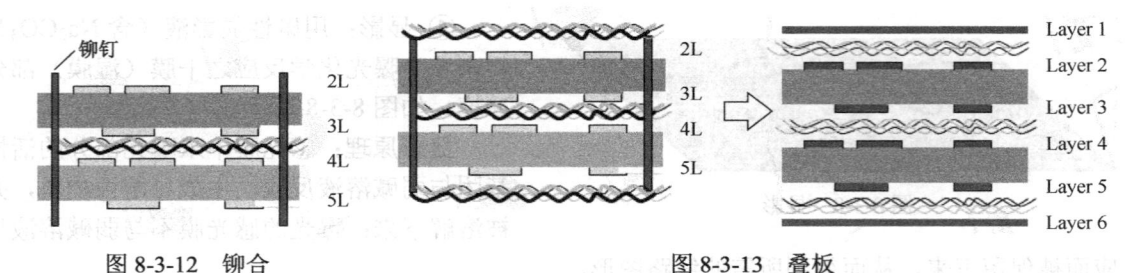

图 8-3-12　铆合　　　　　　　　图 8-3-13　叠板

⑤ 热压：通过热压方式将叠好的板压成 PCB 多层板的过程。

⑥ 冷压：将热压仓压好的板运至冷压仓，目的是使板内的温度在冷却水的作用下逐渐降低，以更好地释放板内的内应力，防止弯曲。

⑦ 拆板：手工拆卸冷压好的板，拆板时将生产板与钢板分别用纸皮隔开放置，防止擦花。

⑧ 钻基准孔：用 X 射线透孔机对内电层的基准孔（为了进行"外层"工序而形成的）进行钻孔。

⑨ 锣边：对外观进行修整，切掉余边（即不需要的部分）。

⑩ 修整或外形加工：因在基板的材料的周围存在着溢出、硬化的残留树脂，在将其去除的同时，把基板加工成生产尺寸的大小。

⑪ 外观检查：对压合后的材料的外观进行目视检查，将不符合品质规定的基板挑选出来。

4）钻孔

钻孔即利用钻刀在 PCB 板面上钻出层与层之间线路连接的导通孔的过程，如图 8-3-14 所示。

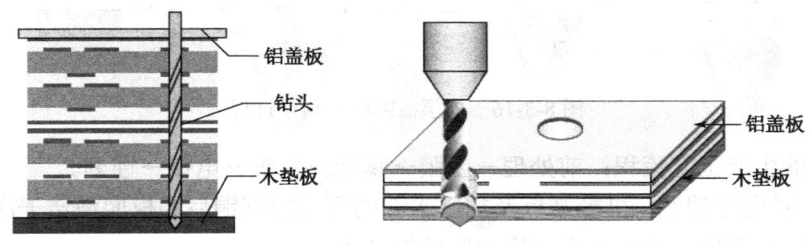

图 8-3-14　钻孔

钻孔的生产工艺流程：来板→钻定位孔→上板→输入资料→钻孔→首板检查→拍红胶片→打磨披峰。

- 铝盖板的作用：铝盖板在钻孔工序中起导热、定位的作用，也可减少孔口披峰及预防板面刮伤。
- 打磨披峰：钻孔时因板材的材质不同，造成孔口边出现披峰，钻孔后须用手动打磨机将孔口披峰打磨掉。
- 拍红胶片：首板钻孔时，PCB 同红胶片一起钻，然后用孔点菲林检查首板是否有钻歪和漏钻的问题，若首板检查合格，可用红胶片对批量生产板进行检查，确认是否有钻歪和漏钻的问题。

5）沉铜

沉铜又称为电镀或孔金属化，指的是将钻孔后的 PCB，通过化学处理方式，在已钻的孔内沉积（覆盖）一层均匀的、耐热耐冲击的金属铜，从而使其表面及内电层能被导通，如图 8-3-15 所示。

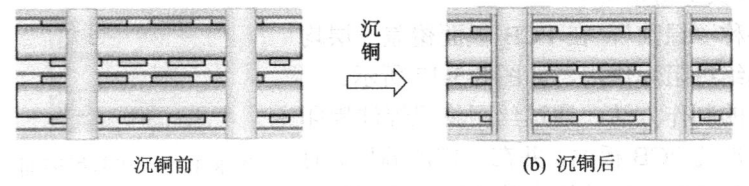

图 8-3-15　沉铜

工艺流程：去毛刺→去胶渣→化学铜→一次铜。

① 去毛刺：去除孔边缘的毛刺，防止镀孔不良。
② 去胶渣：裸露出各层需要互连的铜环，膨松剂可改善孔壁结构，增强电镀铜附着力。
③ 化学铜：通过化学沉积的方式使表面沉积厚度为 20～40mil 的化学铜。
④ 一次铜：镀上 200～500mil 的厚度的铜以保护仅有 20～40mil 厚度的化学铜不被后面制作过程破坏，造成孔破。

6）外层线路图形

通过影像转移的方式把线路图形转移到铜面干膜层上，利用干膜感光固化的原理在铜面上形成与所需线路相反的固化干膜绝缘层，如图 8-3-16 所示。

将经过前处理的板子贴上感光层（贴干膜），并用菲林图形进行对位，然后将已对位的 PCB 送入曝光机曝光，再通过显影机将未反应的感光层溶解掉，最终在板上得到所需要的线路图形。

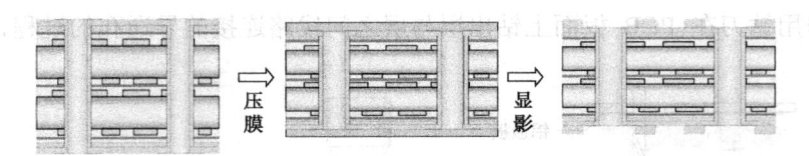

图 8-3-16 外层线路图形制作过程

外层线路的生产工艺流程：前处理→压膜→曝光→显影→电镀→蚀刻。

① 前处理：通过酸洗、机械磨板及加压水洗的方式将沉铜后的板面清洁干净，去除油污，对板面进行氧化并粗化，增加干膜与板面间的结合力。

② 压膜：在加温、加压的条件下将感光膜（半固体介质干膜）牢牢贴在一块洁净的板面上进行固化的过程。

③ 曝光：将菲林贴在感光膜上，使其经过紫外光的照射产生交联聚合反应，完成图形转移的过程。

④ 显影：通过药水将覆铜板上未固化的感光膜部分退洗显像，完成外层图形转移。

⑤ 电镀：电镀是利用电流使金属或合金沉积在工件表面，以形成均匀致密、结合力良好的金属层的过程。电镀的目的是增加导线和孔内镀层厚度，提高孔内镀层导电性能和物理化学性能。其中镀铅锡工序的作用是提供保护性镀层，保护图形部分的铜导线不被蚀刻液腐蚀。

⑥ 蚀刻：用化学方法将不受保护的铜溶解掉，留下已保护的铜，再将线路层上的保护层（锡层）退掉，最终得到所需要的线路图形。

7）蚀刻生产工艺流程：放板→退膜→水洗→蚀刻→水洗→退锡→水洗→烘干。

8）AOI 半测

通过对 PCB 进行半成品的图形对比，找出异常，保证产品质量。

9）阻焊（又称湿菲林）

阻焊，俗称"绿油"，在 PCB 板面覆盖一层均匀的油墨，起绝缘阻焊作用，如图 8-3-17 所示。

（1）阻焊的制作方法：通过丝网将阻焊油墨印刷到经过前处理的 PCB 板面，并在一定的温度、时间及通风量的条件下，使油墨中的溶剂初步挥发，

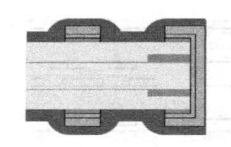

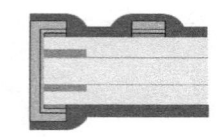

图 8-3-17 在基板表面涂布感光性的阻焊油墨

再用菲林图形将客户所需焊盘及孔保护住，进行曝光，显影时，未与光反应的油墨将被溶解掉，最终得到客户所需的焊盘和过孔。

（2）阻焊的生产流程：磨板→丝印→预烤→曝光→显影→PQC→固化。

① 磨板：通过酸洗、机械磨刷、金刚砂喷刷及加压水洗的方式将蚀刻后的板面清洁干净，去除油污及氧化并粗化铜面，为丝印制程做准备，以增加油墨与铜面的结合力。

② 丝印：在 PCB 板面覆盖一层均匀的油墨，起绝缘阻焊作用。

③ 预烤：将已丝印好的阻焊油墨烘干，为对位曝光做准备。

④ 曝光：将菲林贴在感光膜上，使其经过紫外光的照射产生交联聚合反应，完成图形转移的过程。

⑤ 显影：通过碳酸钠药水将板上未曝光的阻焊层溶解掉，使已曝光固化的阻焊图形部分显像出来。

⑥ PQC：略。

⑦ 固化：通过高温烘烤让油墨中的环氧树脂彻底硬化。

10）字符

在一定作用力下，把客户所需要的字符油墨透过一定目数的网纱丝印在 PCB 表面，形成字符图形，为元件安装和今后维修 PCB 提供信息。

11）沉金/喷锡

在露出的铜面上镀锡或镀金，用来防止氧化以及确保其上锡性。

生产工艺流程：微蚀→水洗→涂助焊剂→喷锡→气床冷却→热水洗→水洗→烘干→PQC。

12）成形

使用冲切机和 NC 锣机对基板的外形和孔进行加工，使其成为用户指定的形状与大小。

生产工艺流程：钻定位孔→上板→输入资料→锣板→清洗成品板。

13）电测

电测即 PCB 的电气性能测试，又称 PCB 的"通断测试"。使用导通测试机对所有完成的基板进行检查，检查有无短路或断线，在 PCB 厂家使用的电气测试方式中，最常用的是针床测试和飞针测试两种，如图 8-3-18 所示。

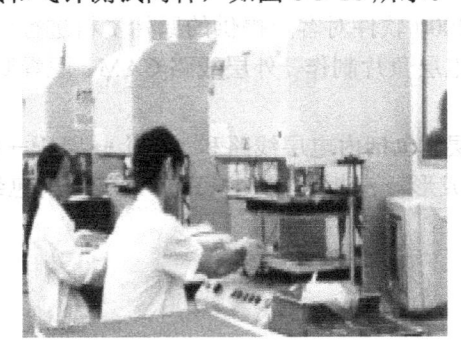

（a）针床测试 　　　　　　　　　　　　（b）飞针测试

图 8-3-18　电测

（1）针床测试。进行针床测试需要提前制作专用的针床。由于针床制作的成本非常高，所以主要用于量产产品的测试。其缺点是制作成本高，而且一旦改版，哪怕微小的变动也会导致专用针床的报废。优点是测试速度非常快，在大批量生产时效率高。

（2）飞针测试。进行飞针测试使用的是飞针测试机，它通过两面的移动探针（多对）分别测试每个网络的导通情况。由于探针可以自由移动，所以飞针测试也属于通用类测试。其优点是通用性强，任何设计都可以通过改变程序来进行测试；缺点是测试速度非常慢，通常要数十分钟甚至数十小时才能测一块板。

14）FQC（成品检验）

根据客户验收标准及企业检验标准，对成品 PCB 外观进行检查，如有缺陷则应及时修理，保证为客户提供优良的品质控制。

15）OSP（表面处理）

对露出的铜面进行抗氧化处理，防止氧化及确保上锡性。

16）成品包装

按客户要求，利用真空包装膜，在加热及抽真空的条件下对已检验合格的成品 PCB 完成包装，防止成品 PCB 返潮及便于存放运输。

8.3.5 学习活动小结

本部分内容简要介绍了 PCB 多层板制作工艺的专业术语,重点介绍了 PCB 多层板生产工艺流程,并对各工序及其原理进行了详细讲解。

学习任务小结

(1) PCB 多层板与 PCB 双层板最大的不同就是增加了内部电源层(内电层)和接地层,电源和地线网络主要在内电层上布线。PCB 多层板的设计与 PCB 双层板的设计方法基本相同,其关键是需要添加和分割内电层,因此 PCB 多层板设计的基本步骤除了遵循 PCB 双层板设计的步骤外,还需要对内电层进行操作。

(2) 内电层设计的主要内容包括添加内电层、定义内电层、分割内电层和设置内电层规则等。

(3) 在生产制作 PCB 之前,需要使用 Genesis 2000 软件对客户提供的原始资料进行修正,称为 CAM 制作。CAM 制作包括处理钻孔文件、内电层负片制作、外层线路 CAM、阻焊制作、字符制作、拼版等内容。

(4) PCB 多层板的生产工艺流程:开料→内电层(包括内电层线路和 AOI)→层压→钻孔→沉铜→VCP→外层→阻焊→字符→沉金/喷锡→成形→洗板→电测→FQC→OSP→包装→成品出厂。

拓展学习

(1) 对学习任务 2 拓展学习设计电路进行仿真验证,设计电路的 PCB 四层板。
(2) 尝试将中文环境切换为英文环境并完成本学习任务各设计任务。
(3) 试用思维导图描绘本学习任务需要掌握的知识和技能。

思考与练习

(1) 简述 PCB 多层板设计与 PCB 双层板设计的不同之处。
(2) 什么是内电层?什么是内电层分割?正片与负片有何不同?
(3) 简述添加电源/接地层的一般步骤。
(4) 简述内电层设计的流程。
(5) 简述 CAM、原稿、工作料号、Gerber 文件和钻孔文件的概念。
(6) 试述 Genesis2000 在 PCB 制板中的应用。
(7) 简述 CAM 处理钻孔文件的方法。
(8) 简述内电层负片 CAM 制作方法。
(9) 简述外层线路 CAM 制作方法。
(10) 简述阻焊的 CAM 制作方法。

（11）简述字符的 CAM 制作方法。
（12）简述拼版的 CAM 制作方法。
（13）简述开料的目的和生产工艺流程。
（14）什么是图形转移？干膜与湿膜有何不同？
（15）试述内电层图形是如何制作的？
（16）什么是 AOI？AOI 检测与 AOI 半测有何不同？
（17）什么是棕化？热压和冷压的目的有何不同？
（18）试述沉铜的制作工艺。
（19）试述外层线路的制作工艺。
（20）试述阻焊的制作方法。
（21）什么是电测？常用的有哪几种？

实训题

（1）将如图 2-4-12 所示的智能小车控制板电路设计成 PCB 四层板，自动布线，并进行 CAM 制作，编制 PCB 制板生产工艺流程。

（2）将 ZYD2-1 型智能小车电路设计成 PCB 四层板，手工布线，并进行 CAM 制作，编制 PCB 制板生产工艺流程。

（3）将如图 5-0-1 所示电路设计成 PCB 四层板，手工布线，并进行 CAM 制作，编制 PCB 制板生产工艺流程。

附录 A Protel 常用元件库

序号	库文件名	元件库说明
1	FSC Discrete Diode.IntLib	二极管
2	FSC Discrete Rectifier.IntLib	1N系列整流器
3	NSC Discrete Diode.IntLib	1N系列二极管
4	FSC Discrete BJT.IntLib	三极管
5	Motorola Discrete BJT.IntLib	
6	ST Discrete BJT.IntLib	2N系列三极管
7	Motorola Discrete Diode.IntLib	1N系列稳压二极管
8	Motorola Discrete JFET.IntLib	场效应管
9	Motorola Discrete MOSFET.IntLib	MOS管
10	IR Rectifier - Bridge.IntLib	整流桥
11	IR Discrete SCR.IntLib	可控硅
12	Motorola Discrete SCR.IntLib	
13	Teccor Discrete SCR.IntLib	
14	Motorola Discrete TRIAC.IntLib	双向可控硅
15	Teccor Discrete TRIAC.IntLib	
16	KEMET Chip Capacitor.IntLib	粘贴式电容
17	C-MAC Crystal Oscillator.IntLib	晶振
18	Dallas Microcontroller 8-Bit.IntLib	存储器
19	Motorola Power Mgt Voltage Regulator.IntLib	LM系列电源
20	NSC Power Mgt Voltage Regulator.IntLib	78系列电源块
21	ST Power Mgt Voltage Regulator.IntLib	78、LM317系列电源块
22	ST Power Mgt Voltage Reference.IntLib	TL、LM38系列电源块
23	FSC Logic Flip-Flop.IntLib	CD40系列
24	NSC Logic Counter.IntLib	
25	ST Logic Counter.IntLib	
26	ST Logic Register.IntLib	
27	ST Logic Special Function.IntLib	
28	ST Logic Flip-Flop.IntLib	4017
29	ST Logic Switch.IntLib	4066系列
30	FSC Logic Latch.IntLib	74系列
31	NSC Logic Counter.IntLib	
32	ON Semi Logic Counter.IntLib	
33	ST Logic Counter.IntLib	
34	ST Logic Flip-Flop.IntLib	
35	ST Logic Latch.IntLib	
36	TI Logic Flip-Flop.IntLib	
37	TI Logic Gate 1.IntLib	
38	TI Logic Gate 2.IntLib	
39	TI Logic Decoder Demux.IntLib	SN74L138

附录 B 几种常用元件封装规格尺寸

1. DIP-8

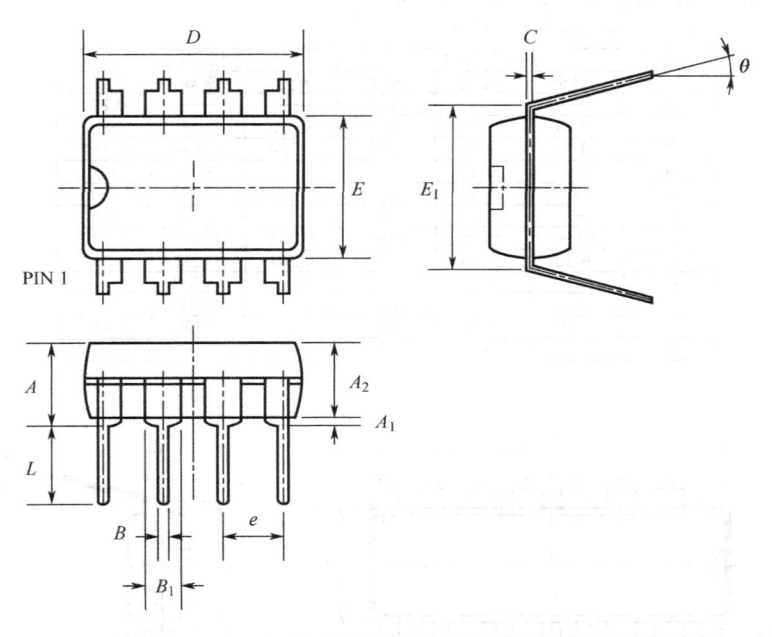

符号	尺寸1（mil）最小	尺寸1（mil）常规	尺寸1（mil）最大	尺寸2（inch）最小	尺寸2（inch）常规	尺寸2（inch）最大
A	——	——	4.31	——	——	0.170
A_1	0.38	——	——	0.015	——	——
A_2	3.15	3.40	3.65	0.124	0.134	0.144
B	0.38	0.46	0.51	0.015	0.018	0.020
B_1	1.27	1.52	1.77	0.050	0.060	0.070
C	0.20	0.25	0.30	0.008	0.010	0.012
D	8.95	9.20	9.45	0.352	0.362	0.372
E	6.15	6.40	6.65	0.242	0.252	0.262
E_1	——	7.62	——	——	0.300	——
e	——	2.54	——	——	0.100	——
L	3.00	3.30	3.60	0.118	0.130	0.142
θ	0°	——	15°	0°	——	15°

2. DIP-14

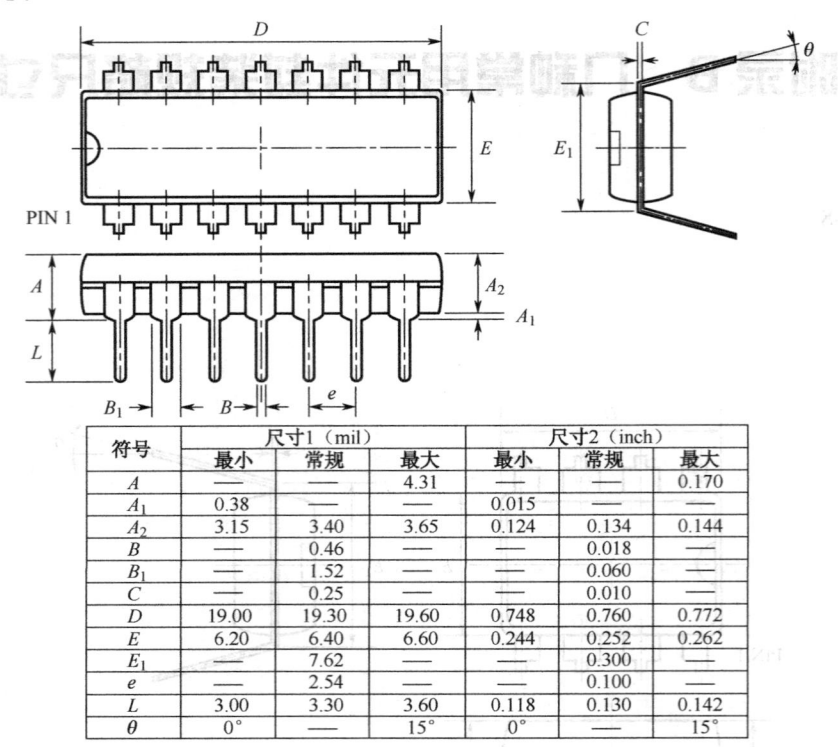

符号	尺寸1（mil）最小	尺寸1（mil）常规	尺寸1（mil）最大	尺寸2（inch）最小	尺寸2（inch）常规	尺寸2（inch）最大
A	—	—	4.31	—	—	0.170
A_1	0.38	—	—	0.015	—	—
A_2	3.15	3.40	3.65	0.124	0.134	0.144
B	—	0.46	—	—	0.018	—
B_1	—	1.52	—	—	0.060	—
C	—	0.25	—	—	0.010	—
D	19.00	19.30	19.60	0.748	0.760	0.772
E	6.20	6.40	6.60	0.244	0.252	0.262
E_1	—	7.62	—	—	0.300	—
e	—	2.54	—	—	0.100	—
L	3.00	3.30	3.60	0.118	0.130	0.142
θ	0°	—	15°	0°	—	15°

3. DIP-16

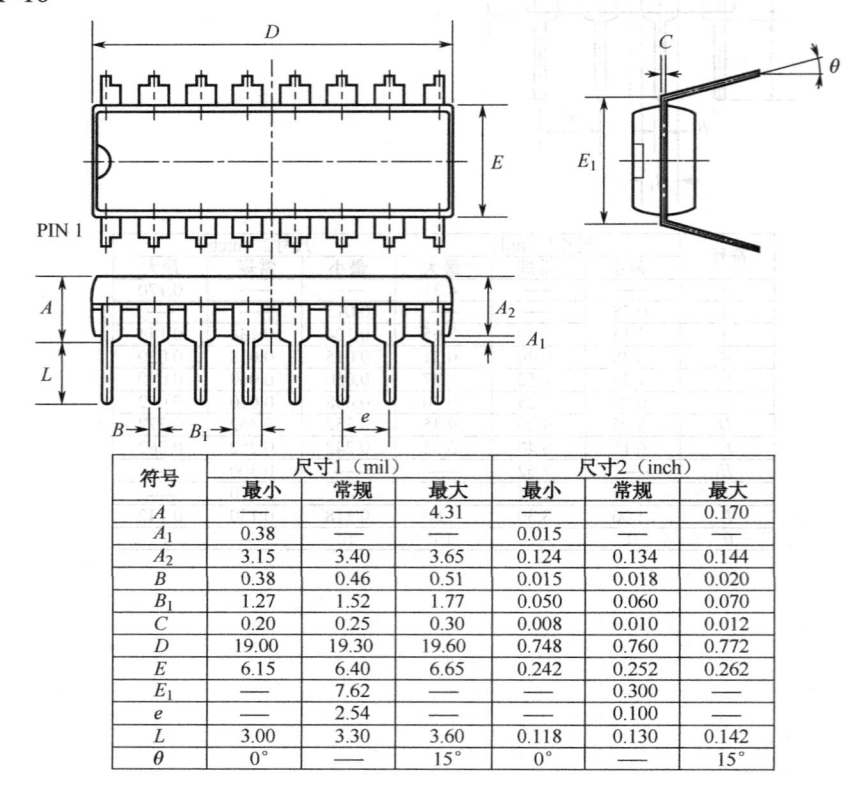

符号	尺寸1（mil）最小	尺寸1（mil）常规	尺寸1（mil）最大	尺寸2（inch）最小	尺寸2（inch）常规	尺寸2（inch）最大
A	—	—	4.31	—	—	0.170
A_1	0.38	—	—	0.015	—	—
A_2	3.15	3.40	3.65	0.124	0.134	0.144
B	0.38	0.46	0.51	0.015	0.018	0.020
B_1	1.27	1.52	1.77	0.050	0.060	0.070
C	0.20	0.25	0.30	0.008	0.010	0.012
D	19.00	19.30	19.60	0.748	0.760	0.772
E	6.15	6.40	6.65	0.242	0.252	0.262
E_1	—	7.62	—	—	0.300	—
e	—	2.54	—	—	0.100	—
L	3.00	3.30	3.60	0.118	0.130	0.142
θ	0°	—	15°	0°	—	15°

附录 B 几种常用元件封装规格尺寸

4. DIP-28

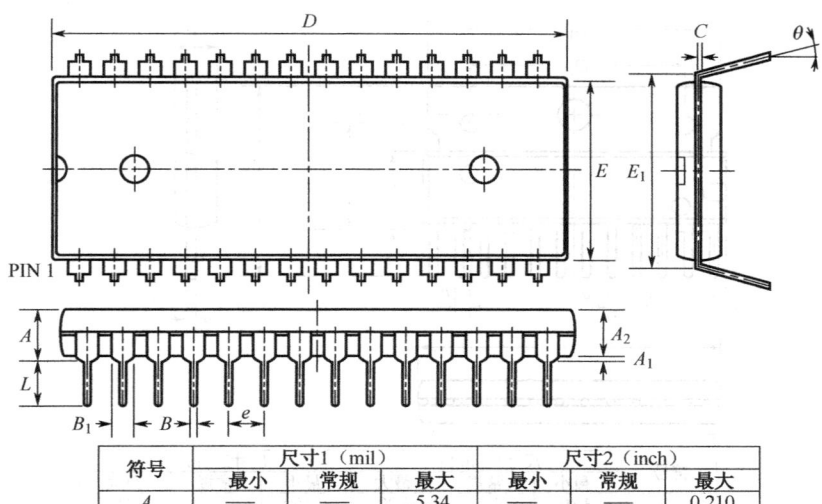

符号	尺寸1（mil）			尺寸2（inch）		
	最小	常规	最大	最小	常规	最大
A	—	—	5.34	—	—	0.210
A_1	0.38	—	—	0.015	—	—
A_2	3.65	3.85	4.05	0.144	0.152	0.159
B	—	0.46	—	—	0.018	—
B_1	—	1.52	—	—	0.060	—
C	—	0.25	—	—	0.010	—
D	36.80	37.10	37.40	1.449	1.461	1.472
E	13.40	13.70	14.00	0.528	0.539	0.551
E_1	—	15.24	—	—	0.600	—
e	—	2.54	—	—	0.100	—
L	3.00	3.30	3.60	0.118	0.130	0.142
θ	0°	—	15°	0°	—	15°

5. DIP-12H

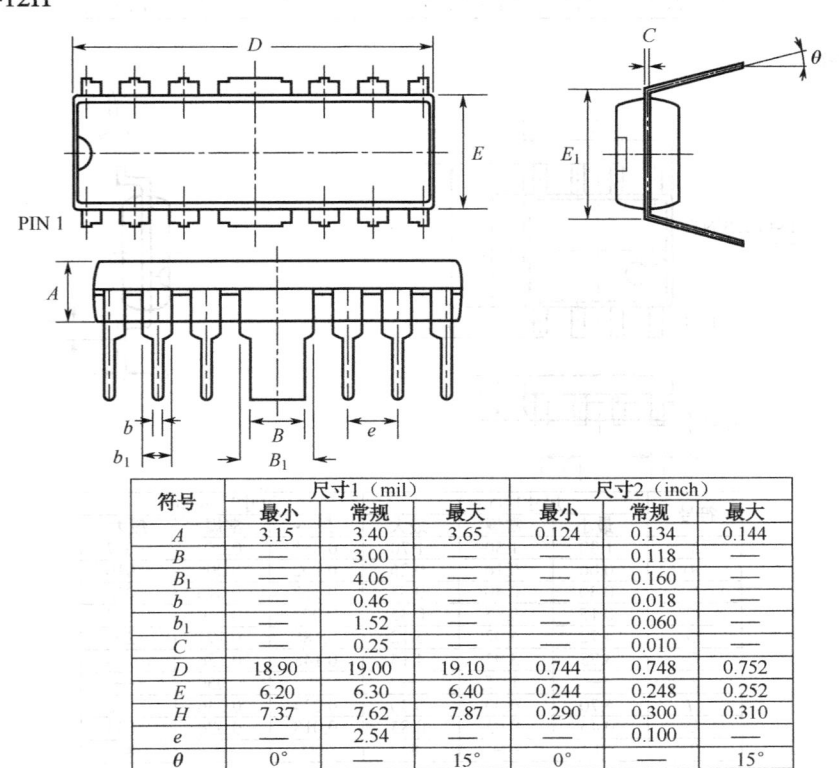

符号	尺寸1（mil）			尺寸2（inch）		
	最小	常规	最大	最小	常规	最大
A	3.15	3.40	3.65	0.124	0.134	0.144
B	—	3.00	—	—	0.118	—
B_1	—	4.06	—	—	0.160	—
b	—	0.46	—	—	0.018	—
b_1	—	1.52	—	—	0.060	—
C	—	0.25	—	—	0.010	—
D	18.90	19.00	19.10	0.744	0.748	0.752
E	6.20	6.30	6.40	0.244	0.248	0.252
H	7.37	7.62	7.87	0.290	0.300	0.310
e	—	2.54	—	—	0.100	—
θ	0°	—	15°	0°	—	15°

6. FSIP-12H

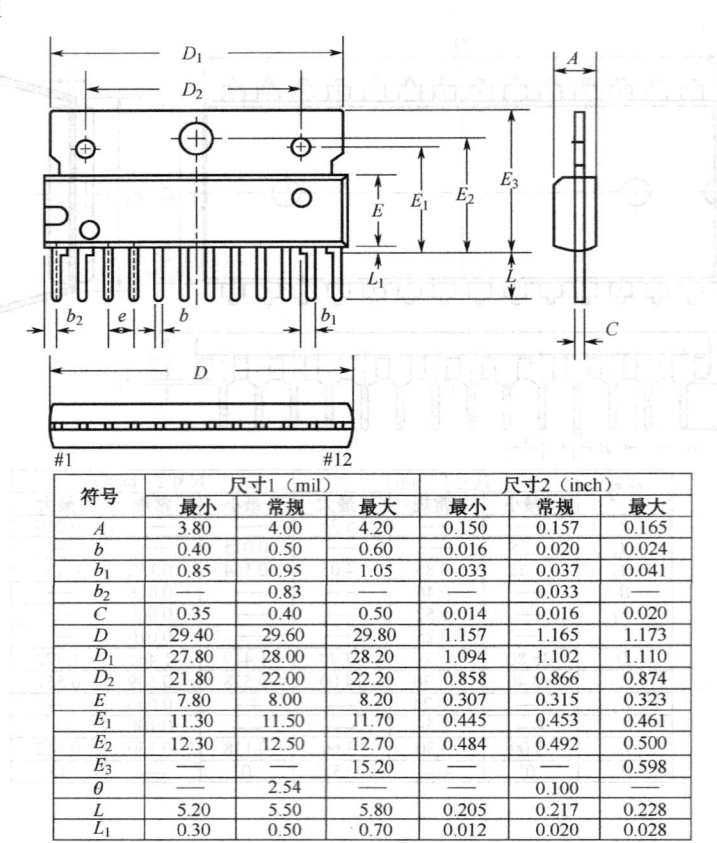

符号	尺寸1（mil）最小	常规	最大	尺寸2（inch）最小	常规	最大
A	3.80	4.00	4.20	0.150	0.157	0.165
b	0.40	0.50	0.60	0.016	0.020	0.024
b_1	0.85	0.95	1.05	0.033	0.037	0.041
b_2	—	0.83	—	—	0.033	—
C	0.35	0.40	0.50	0.014	0.016	0.020
D	29.40	29.60	29.80	1.157	1.165	1.173
D_1	27.80	28.00	28.20	1.094	1.102	1.110
D_2	21.80	22.00	22.20	0.858	0.866	0.874
E	7.80	8.00	8.20	0.307	0.315	0.323
E_1	11.30	11.50	11.70	0.445	0.453	0.461
E_2	12.30	12.50	12.70	0.484	0.492	0.500
E_3	—	—	15.20	—	—	0.598
θ	—	2.54	—	—	0.100	—
L	5.20	5.50	5.80	0.205	0.217	0.228
L_1	0.30	0.50	0.70	0.012	0.020	0.028

7. SOP-8

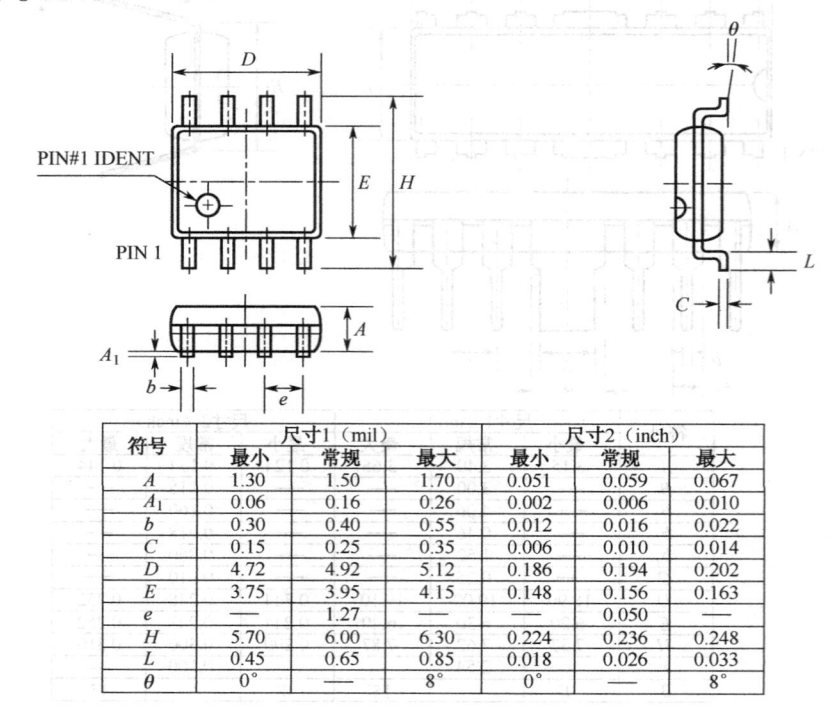

符号	尺寸1（mil）最小	常规	最大	尺寸2（inch）最小	常规	最大
A	1.30	1.50	1.70	0.051	0.059	0.067
A_1	0.06	0.16	0.26	0.002	0.006	0.010
b	0.30	0.40	0.55	0.012	0.016	0.022
C	0.15	0.25	0.35	0.006	0.010	0.014
D	4.72	4.92	5.12	0.186	0.194	0.202
E	3.75	3.95	4.15	0.148	0.156	0.163
e	—	1.27	—	—	0.050	—
H	5.70	6.00	6.30	0.224	0.236	0.248
L	0.45	0.65	0.85	0.018	0.026	0.033
θ	0°	—	8°	0°	—	8°

8. SOP-14

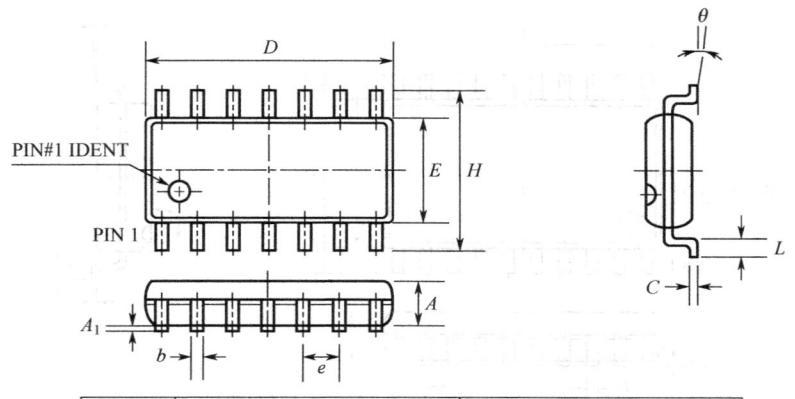

符号	尺寸1（mil）			尺寸2（inch）		
	最小	常规	最大	最小	常规	最大
A	1.30	1.50	1.70	0.051	0.059	0.067
A_1	0.08	0.16	0.24	0.003	0.006	0.009
b	—	0.40	—	—	0.016	—
C	—	0.25	—	—	0.010	—
D	8.25	8.55	8.85	0.325	0.337	0.348
E	3.75	3.95	4.15	0.148	0.156	0.163
e	—	1.27	—	—	0.050	—
H	5.70	6.00	6.30	0.224	0.236	0.248
L	0.45	0.65	0.85	0.018	0.026	0.033
θ	0°	—	8°	0°	—	8°

9. SOP-16

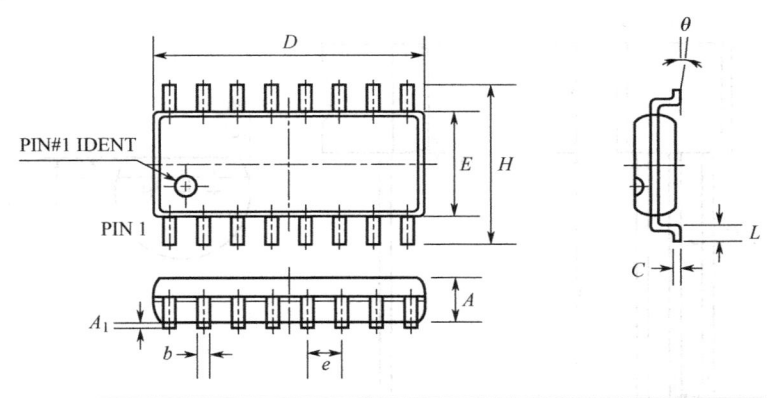

符号	尺寸1（mil）			尺寸2（inch）		
	最小	常规	最大	最小	常规	最大
A	1.30	1.50	1.70	0.051	0.059	0.067
A_1	0.06	0.16	0.26	0.002	0.006	0.010
b	0.30	0.40	0.55	0.012	0.016	0.022
C	0.15	0.25	0.35	0.006	0.010	0.014
D	9.70	10.00	10.30	0.382	0.394	0.406
E	3.75	3.95	4.15	0.148	0.156	0.163
e	—	1.27	—	—	0.050	—
H	5.70	6.00	6.30	0.224	0.236	0.248
L	0.45	0.65	0.85	0.018	0.026	0.033
θ	0°	—	8°	0°	—	8°

10. SOP-20

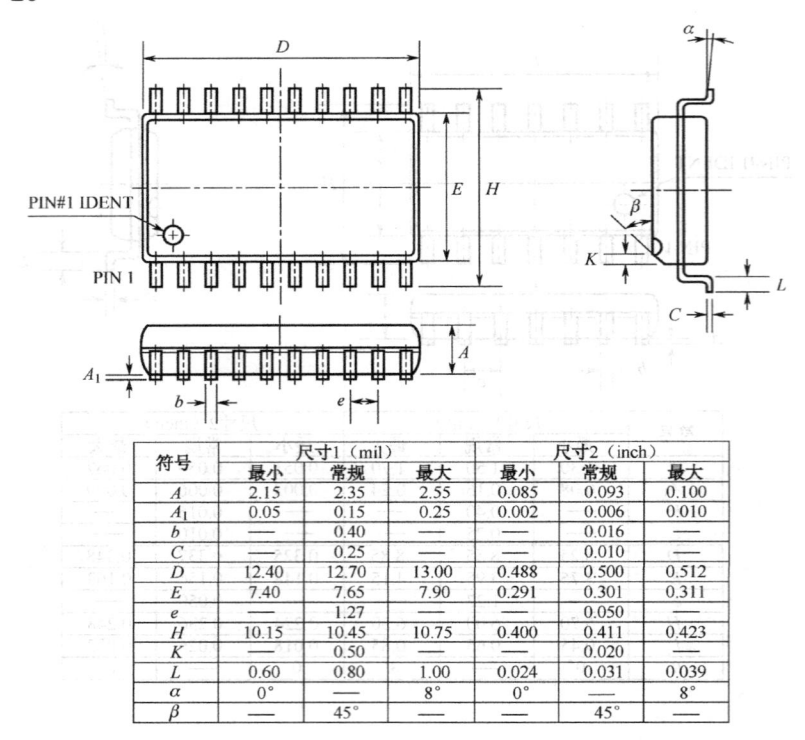

符号	尺寸1(mil) 最小	常规	最大	尺寸2(inch) 最小	常规	最大
A	2.15	2.35	2.55	0.085	0.093	0.100
A_1	0.05	0.15	0.25	0.002	0.006	0.010
b	—	0.40	—	—	0.016	—
C	—	0.25	—	—	0.010	—
D	12.40	12.70	13.00	0.488	0.500	0.512
E	7.40	7.65	7.90	0.291	0.301	0.311
e	—	1.27	—	—	0.050	—
H	10.15	10.45	10.75	0.400	0.411	0.423
K	—	0.50	—	—	0.020	—
L	0.60	0.80	1.00	0.024	0.031	0.039
α	0°	—	8°	0°	—	8°
β	—	45°	—	—	45°	—

11. TO-92

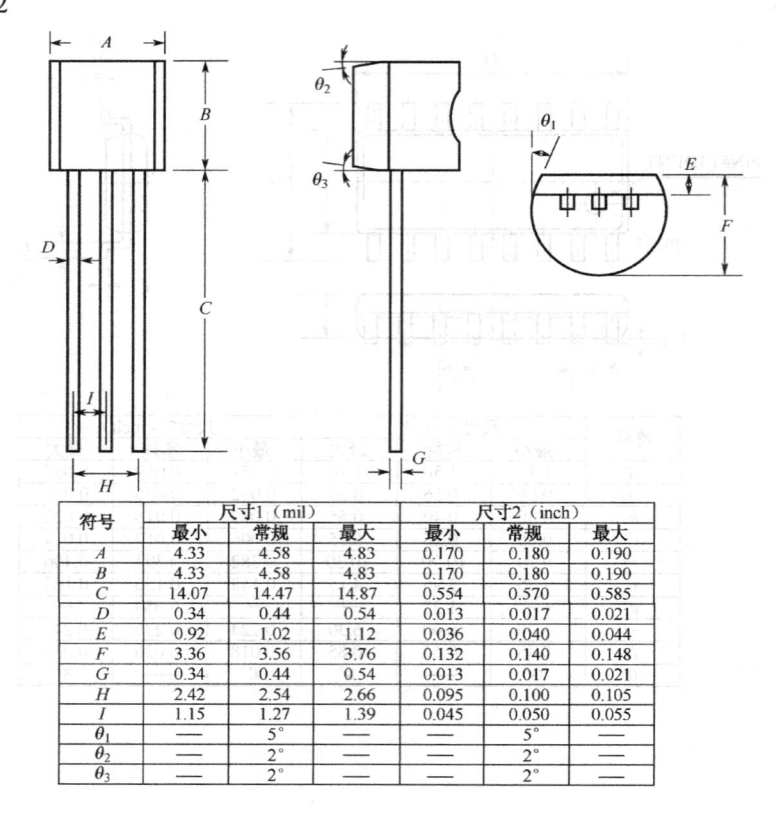

符号	尺寸1(mil) 最小	常规	最大	尺寸2(inch) 最小	常规	最大
A	4.33	4.58	4.83	0.170	0.180	0.190
B	4.33	4.58	4.83	0.170	0.180	0.190
C	14.07	14.47	14.87	0.554	0.570	0.585
D	0.34	0.44	0.54	0.013	0.017	0.021
E	0.92	1.02	1.12	0.036	0.040	0.044
F	3.36	3.56	3.76	0.132	0.140	0.148
G	0.34	0.44	0.54	0.013	0.017	0.021
H	2.42	2.54	2.66	0.095	0.100	0.105
I	1.15	1.27	1.39	0.045	0.050	0.055
θ_1	—	5°	—	—	5°	—
θ_2	—	2°	—	—	2°	—
θ_3	—	2°	—	—	2°	—

12. TO-126

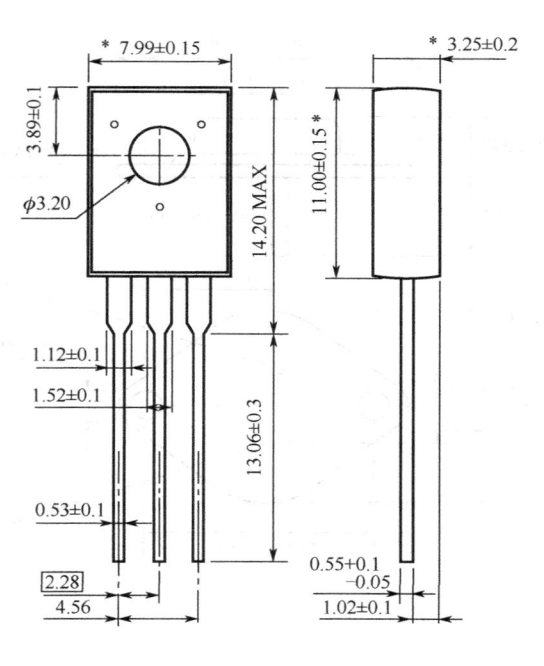

13. TO-220

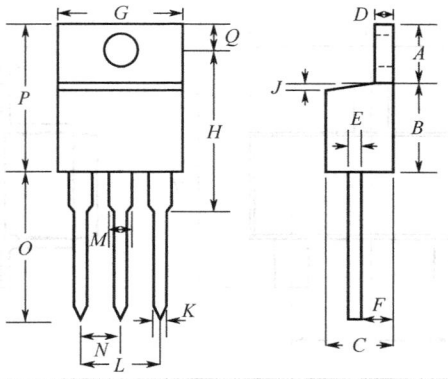

符号	尺寸1（mil） 最小	尺寸1（mil） 常规	尺寸1（mil） 最大	尺寸2（inch） 最小	尺寸2（inch） 常规	尺寸2（inch） 最大
A	5.58	6.54	7.49	0.220	0.257	0.295
B	8.38	8.64	8.90	0.330	0.340	0.350
C	4.07	4.45	4.82	0.160	0.175	0.190
D	1.15	1.27	1.39	0.045	0.050	0.055
E	0.35	0.45	0.60	0.014	0.018	0.024
F	2.04	2.42	2.79	0.080	0.095	0.110
G	9.66	9.97	10.28	0.380	0.393	0.405
H	—	16.25	—	—	0.640	—
I	3.68	3.83	3.98	0.145	0.151	0.157
J	—	—	1.27	—	—	0.050
K	0.75	0.85	0.95	0.030	0.033	0.037
L	4.83	5.08	5.33	0.190	0.200	0.210
M	1.15	1.33	1.52	0.045	0.052	0.060
N	2.42	2.54	2.66	0.095	0.100	0.105
O	12.70	13.48	14.27	0.500	0.531	0.562
P	14.48	15.17	15.87	0.570	0.597	0.625
Q	2.54	2.79	3.04	0.100	0.110	0.120

14. TO-3

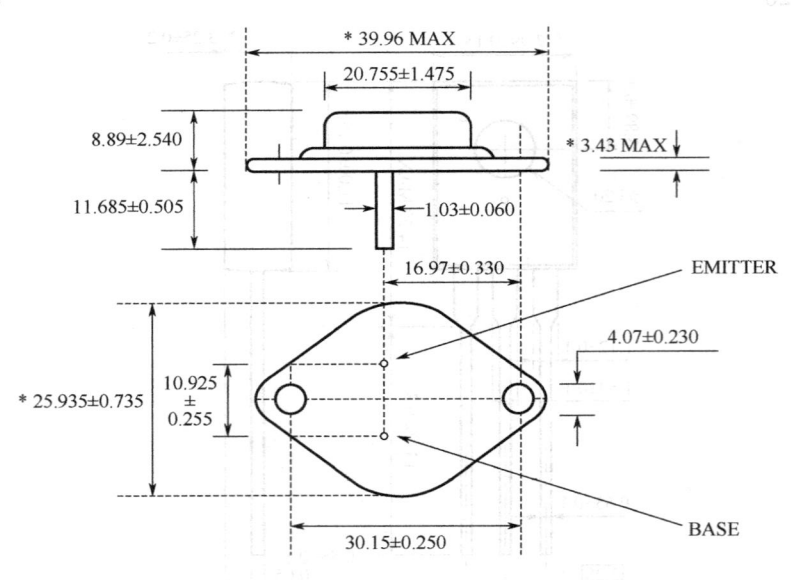

15. SOT-23

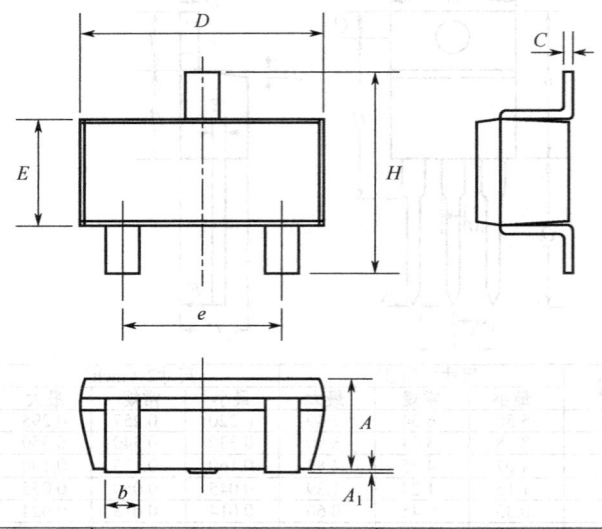

符号	尺寸1（mil）			尺寸2（inch）		
	最小	常规	最大	最小	常规	最大
A	1.05	1.15	1.35	0.041	0.045	0.053
A_1	—	0.05	0.10	—	0.002	0.004
b	0.35	0.40	0.55	0.014	0.016	0.022
C	0.08	0.10	0.20	0.003	0.004	0.008
D	2.70	2.90	3.10	0.106	0.114	0.122
E	1.20	1.35	1.50	0.047	0.053	0.059
e	1.70	1.90	2.10	0.067	0.075	0.083
H	2.35	2.55	2.75	0.093	0.100	0.108

附录 C 作业指导书

项目名称	绘制智能小车电源电路原理图

1. 项目目标：学会设计简单电路原理图
   （1）重点：创建原理图文件；加载元件库；放置元件；元件连线。
   （2）难点：设置元件属性。
2. 场地、设备、材料、工具
   （1）线上学习环境：SPOC 学习平台（或手机微信学习平台、QQ 群学习平台）。
   （2）线下学习场地：专业机房、实训室。
   （3）工具：手机、计算机。
   （4）材料及文献：智能小车实物、教学视频、Protel 软件、PPT、引导文。
3. 程序内容
   原理图的设计流程：

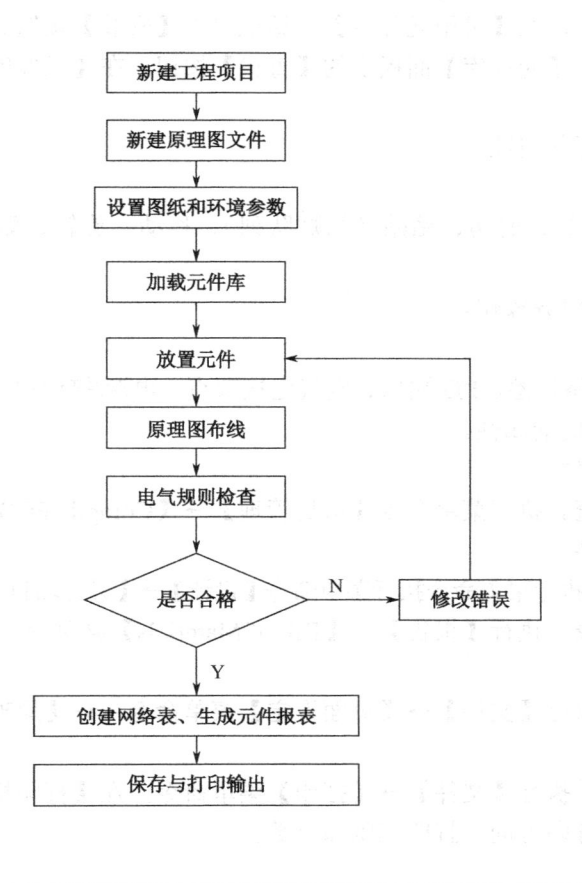

```
新建工程项目
    ↓
新建原理图文件
    ↓
设置图纸和环境参数
    ↓
加载元件库
    ↓
放置元件 ←──────────┐
    ↓               │
原理图布线           │
    ↓               │
电气规则检查         │
    ↓               │
  是否合格 ──N──→ 修改错误
    │ Y
    ↓
创建网络表、生成元件报表
    ↓
保存与打印输出
```

4. 作业内容

(1) 创建 PCB 项目文件，设置系统参数。

① 创建项目文件（执行菜单命令【文件】→【创建】→【项目】→【PCB 项目】，创建名为"PCB_Project1.PrjPCB"的项目文件。

② 设置常用系统参数：设置系统备份参数（执行【DXP】→【Preferences】菜单命令，在【Preferences】对话框中设置系统备份参数和系统字体等参数）。

(2) 设置图纸参数和工作环境参数：

① 新建原理图文件。执行菜单命令【文件】→【创建】→【原理图】，创建名为"Sheet 1.SchDoc"的原理图文件，保存方法与项目文件相同。

② 设置图纸参数。执行菜单命令【设计】→【文档选项】，弹出【文档选项】对话框，设置图纸尺寸、放置方向、标题栏的模式、图纸的颜色、边框颜色、网格的大小。

③ 设置绘图工作环境参数。执行菜单命令【工具】→【原理图优先设定】，在【优先设定】对话框中设置网格的颜色和光标的形状。

(3) 填写标题栏：在【文档选项】对话框中选中【参数】选项卡，填写图纸信息（Title、Sheet Total、Sheet Number、Revision、Drawn By），用放置文本字符串方式将其填入原理图标题栏。

(4) 加载元件库，放置元件：

① 加载元件库。执行菜单命令【设计】→【浏览元件库】，打开【元件库】面板，单击【元件库】按钮，在【可用元件库】对话框单击【安装】按钮。

② 查找元件。单击【元件库】面板上的【查找】按钮，在【元件库查找】对话框输入元件名。

③ 放置元件并设置其属性。

④ 原理图布局。

(5) 执行选中、复制、剪切、粘贴（粘贴队列）、移动、旋转、删除等编辑操作，重点是删除操作。

(6) 元件的排列与对齐操作。

(7) 原理图布线。

(8) 放置导线、网络标签、I/O 端口、电气连接节点、电源/接地符号、文本字符串、文本框，并设置它们的属性。

(9) 用导线连接元件。

(10) 电气规则检查。执行菜单命令【项目管理】→【Compile PCB Project.PRJPCB】。

(11) 生成报表文件。

(12) 创建网络表。执行菜单命令执行菜单命令【设计】→【设计项目的网络表】→【Protel】。

(13) 创建元件报表。执行【报告】→【Bill of Materials】菜单命令。

(14) 打印输出。

(15) 页面设置。执行【文件】→【页面设定】菜单命令，在【原理图打印属性】对话框设置。

(16) 打印机设置。执行【文件】→【打印】菜单命令，在【打印机配置】对话框选择打印机，设置打印方向、打印范围和页数。

(17) 保存。

附录 D 学习过程记录表

项目名称							
任务名称							
姓名		学号			完成时间		

<table>
<tr><td rowspan="2">学习过程</td><td rowspan="2">学习阶段</td><td rowspan="2">学习和工作内容</td><td colspan="3">学生自查</td><td rowspan="2">教师检查</td></tr>
<tr><td>完成</td><td>部分完成</td><td>未完成</td></tr>
<tr><td rowspan="10">（任务名称）</td><td rowspan="3">课前线上学习</td><td>观看教学视频</td><td></td><td></td><td></td><td></td></tr>
<tr><td>线上作业</td><td></td><td></td><td></td><td></td></tr>
<tr><td>制定学习计划</td><td></td><td></td><td></td><td></td></tr>
<tr><td rowspan="4">课中学习</td><td></td><td></td><td></td><td></td><td></td></tr>
<tr><td></td><td></td><td></td><td></td><td></td></tr>
<tr><td></td><td></td><td></td><td></td><td></td></tr>
<tr><td></td><td></td><td></td><td></td><td></td></tr>
<tr><td rowspan="3">课后学习</td><td>参与线上讨论</td><td></td><td></td><td></td><td></td></tr>
<tr><td>课后作业</td><td></td><td></td><td></td><td></td></tr>
<tr><td>编写学习思维导图</td><td></td><td></td><td></td><td></td></tr>
<tr><td rowspan="2">学生检查</td><td colspan="2">考勤</td><td colspan="2">团队合作</td><td colspan="2">保持工作环境卫生、整洁及结束时将现场恢复原状</td></tr>
<tr><td colspan="2"></td><td colspan="2"></td><td colspan="2"></td></tr>
</table>

附录 E 教学过程设计样例

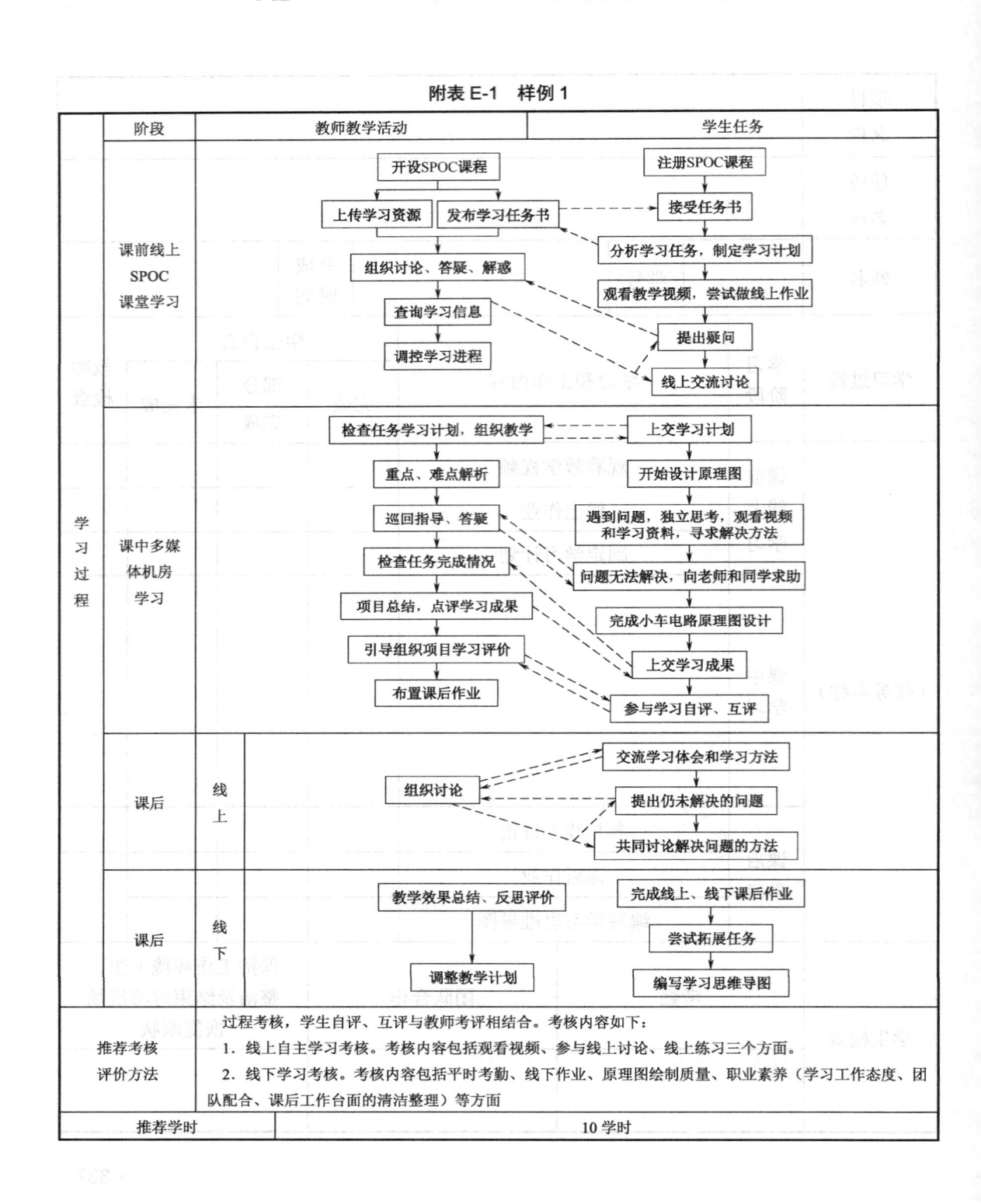

附表 E-1 样例 1

阶段		教师教学活动	学生任务
学习过程	课前线上SPOC课堂学习	开设SPOC课程 → 上传学习资源、发布学习任务书 → 组织讨论、答疑、解惑 → 查询学习信息 → 调控学习进程	注册SPOC课程 → 接受任务书 → 分析学习任务，制定学习计划 → 观看教学视频，尝试做线上作业 → 提出疑问 → 线上交流讨论
	课中多媒体机房学习	检查任务学习计划，组织教学 → 重点、难点解析 → 巡回指导、答疑 → 检查任务完成情况 → 项目总结，点评学习成果 → 引导组织项目学习评价 → 布置课后作业	上交学习计划 → 开始设计原理图 → 遇到问题，独立思考，观看视频和学习资料，寻求解决方法 → 问题无法解决，向老师和同学求助 → 完成小车电路原理图设计 → 上交学习成果 → 参与学习自评、互评
	课后 线上	组织讨论	交流学习体会和学习方法 / 提出仍未解决的问题 / 共同讨论解决问题的方法
	课后 线下	教学效果总结、反思评价 → 调整教学计划	完成线上、线下课后作业 → 尝试拓展任务 → 编写学习思维导图
推荐考核评价方法		过程考核，学生自评、互评与教师考评相结合。考核内容如下： 1. 线上自主学习考核。考核内容包括观看视频、参与线上讨论、线上练习三个方面。 2. 线下学习考核。考核内容包括平时考勤、线下作业、原理图绘制质量、职业素养（学习工作态度、团队配合、课后工作台面的清洁整理）等方面	
推荐学时		10 学时	

附表 E-2　样例 2

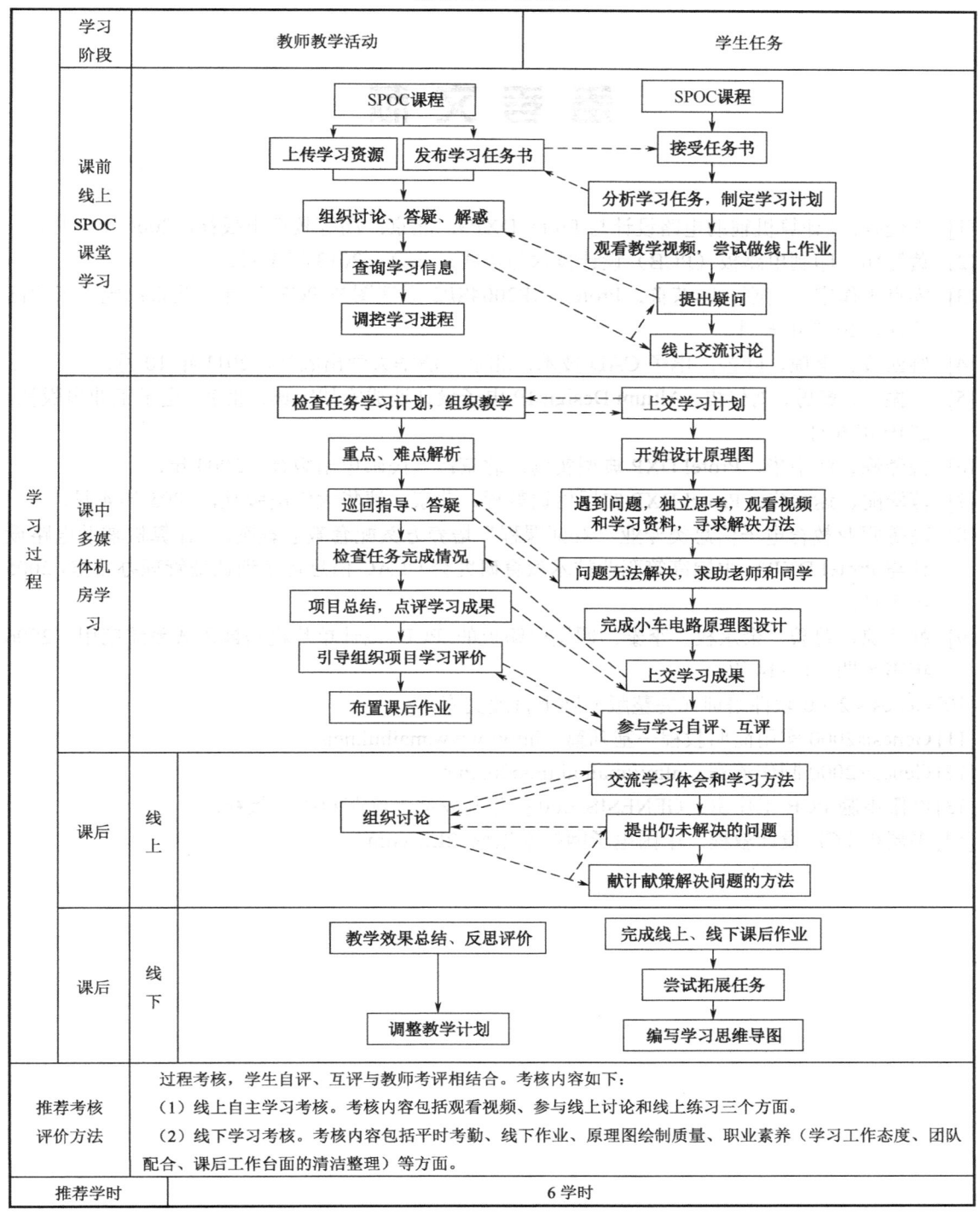

学习阶段		教师教学活动	学生任务
学习过程	课前线上 SPOC 课堂学习	SPOC课程 → 上传学习资源、发布学习任务书 → 组织讨论、答疑、解惑 → 查询学习信息 → 调控学习进程	SPOC课程 → 接受任务书 → 分析学习任务，制定学习计划 → 观看教学视频，尝试做线上作业 → 提出疑问 → 线上交流讨论
	课中多媒体机房学习	检查任务学习计划，组织教学 → 重点、难点解析 → 巡回指导、答疑 → 检查任务完成情况 → 项目总结，点评学习成果 → 引导组织项目学习评价 → 布置课后作业	上交学习计划 → 开始设计原理图 → 遇到问题，独立思考，观看视频和学习资料，寻求解决方法 → 问题无法解决，求助老师和同学 → 完成小车电路原理图设计 → 上交学习成果 → 参与学习自评、互评
	课后线上	组织讨论	交流学习体会和学习方法 / 提出仍未解决的问题 / 献计献策解决问题的方法
	课后线下	教学效果总结、反思评价 → 调整教学计划	完成线上、线下课后作业 → 尝试拓展任务 → 编写学习思维导图
推荐考核评价方法		过程考核，学生自评、互评与教师考评相结合。考核内容如下： （1）线上自主学习考核。考核内容包括观看视频、参与线上讨论和线上练习三个方面。 （2）线下学习考核。考核内容包括平时考勤、线下作业、原理图绘制质量、职业素养（学习工作态度、团队配合、课后工作台面的清洁整理）等方面。	
推荐学时		6 学时	

参 考 文 献

[1] 李俊婷.《计算机辅助电路设计与 Protel DXP》. 北京：高等教育出版社，2006 年 2 月.
[2] 黄智伟. 印制电路板（PCB）设计技术与实践. 北京：2013 年 1 月.
[3] 零点工作室、刘刚、彭荣群. ProtelDXP2004SP2 原理图与 PCB 设计. 北京：电子工业出版社，2007 年 6 月.
[4] 姚四改、李琼、叶莎. 电子 CAD 技术. 北京：清华大学出版社，2011 年 10 月.
[5] 郑振宇、黄勇、刘仁福. Altium Design 19 电子设计速成实战宝典. 北京：电子工业出版社，2019 年 6 月.
[6] 倪泽峰、江中华. Protel DXP 典型实例. 北京：人民邮电出版社，2004 年.
[7] 范翠丽、逯富广. Protel DXP 实用培训教程. 北京：清华大学出版社，2005 年 4 月.
[8] 高等职业教育电子信息类专业"双证课程"培养方案配套教学教案.《计算机辅助电路设计与 Protel DXP》. 中国高等职业技术教育研究会 CEAC 信息化培训认证管理办公室，2005 年 3 月.
[9] 韩洁琼、曾碧、余永权、李泰. 四层电路板的 PCB 设计单片机与嵌入式系统应用. 2006 年第 8 期 11～14 页.
[10] Genesis 2000 软件培训（完整版）网上百度文库.
[11] Genesis2000 实用简明教程—基础篇 http://www.maihui.net/
[12] Genesis2000 制作流程. http://maihui.tpop263.net
[13] 红阳电脑 PCB 工作室. GENESIS2000 操作与安装. 红阳科技出版社.
[14] 多层板 PCB 设计教程. 中国电子网技术论坛 2Lic.com.

反侵权盗版声明

电子工业出版社依法对本作品享有专有出版权。任何未经权利人书面许可，复制、销售或通过信息网络传播本作品的行为；歪曲、篡改、剽窃本作品的行为，均违反《中华人民共和国著作权法》，其行为人应承担相应的民事责任和行政责任，构成犯罪的，将被依法追究刑事责任。

为了维护市场秩序，保护权利人的合法权益，我社将依法查处和打击侵权盗版的单位和个人。欢迎社会各界人士积极举报侵权盗版行为，本社将奖励举报有功人员，并保证举报人的信息不被泄露。

举报电话：（010）88254396；（010）88258888
传　　真：（010）88254397
E-mail：　　dbqq@phei.com.cn
通信地址：北京市万寿路173信箱
　　　　　电子工业出版社总编办公室
邮　　编：100036